乡村电气化工作指导手册

国网山东省电力公司　编

中国电力出版社
CHINA ELECTRIC POWER PRESS

内 容 提 要

为深入贯彻习近平新时代中国特色社会主义思想和党的十九大精神，落实山东省委政府和国家电网有限公司党组工作部署，按照国家电网有限公司《关于服务乡村振兴战略大力推动乡村电气化的意见》要求，国网山东省电力公司作为试点单位，在山东寿光开展了示范项目建设工作，大力推动乡村电气化，促进乡村能源生产和消费升级，为服务山东省乡村振兴提供坚强电力保障。本书重点围绕农业生产、乡村产业、农村生活和供电服务四大领域，充分总结提炼示范项目可复制可推广的经验、模式和成果。

本书可供从事乡村电气化工作的从业人员及管理人员使用。

图书在版编目（CIP）数据

乡村电气化工作指导手册 / 国网山东省电力公司编. —北京：中国电力出版社，2020.11（2021.2 重印）
ISBN 978-7-5198-4793-7

Ⅰ. ①乡… Ⅱ. ①国… Ⅲ. ①农业电气化–手册 Ⅳ. ①S24-62

中国版本图书馆 CIP 数据核字（2020）第 119704 号

出版发行：中国电力出版社
地　　址：北京市东城区北京站西街 19 号（邮政编码 100005）
网　　址：http://www.cepp.sgcc.com.cn
责任编辑：罗　艳（010-63412315）
责任校对：黄　蓓　郝军燕
装帧设计：张俊霞
责任印制：石　雷

印　　刷：三河市百盛印装有限公司
版　　次：2020 年 11 月第一版
印　　次：2021 年 2 月北京第三次印刷
开　　本：787 毫米×1092 毫米　16 开本
印　　张：19
字　　数：473 千字
印　　数：3001—4000 册
定　　价：89.00 元

前 言

能源是国民经济和社会发展的基础，党的十八大以来，面对能源供需格局新变化、国际能源发展新趋势，习近平总书记从保障国家能源安全的全局高度，提出“四个革命、一个合作”能源安全新战略，引领我国能源行业发展进入了新时代。“三农”领域作为经济社会发展的稳定器、压舱石，一直是党和国家关注的焦点，在能源安全新战略背景下，能源生产消费结构亟待转型升级。自 2018 年起，我国开始全面实施乡村振兴战略，山东省政府结合农村实际发展情况，提出打造生产美产业强、生态美环境优、生活美家园好“三生三美”乡村振兴齐鲁样板。2019 年，中共中央、国务院印发《中共中央、国务院关于坚持农业农村优先发展做好“三农”工作的若干意见》，明确指出“全面实施乡村电气化提升工程”的工作要求，在打赢脱贫攻坚战和全面建成小康社会的重要历史交汇期，乡村电气化被赋予助力乡村振兴、推动农村能源革命的新时代使命。

为深入贯彻习近平新时代中国特色社会主义思想和党的十九大精神，落实山东省委省政府和国家电网有限公司党组工作部署，按照国家电网有限公司《关于服务乡村振兴战略大力推动乡村电气化的意见》要求，国网山东省电力公司（简称公司）作为试点单位，在山东省寿光市开展了示范项目建设工作，大力推动乡村电气化，促进乡村能源生产和消费升级，为服务山东省乡村振兴提供坚强电力保障。在山东省委省政府和国家电网有限公司的坚强领导下，公司主动将建设工作融入乡村振兴齐鲁样板的重大战略部署之中，坚持“人民电业为人民”的企业宗旨，建立了覆盖省、市、县三级的建设体系，与当地政府密切配合，在农业生产、乡村产业、农村生活、乡村供电服务四个领域开展了 11 个智慧用能示范项目建设工作。

作为对服务乡村振兴战略的重要实践，山东省乡村电气化示范项目建设实现了农业生产、乡村产业、农村生活电气化升级，促进了农业产业效能提高，全面提升了农业产业的发展质量和效益，示范项目建设取得显著成效。

一是优化用能结构，提高农业产业用能成效。通过用电驱动生产设备替代传统高耗能、高污染设备，提高乡村产业用能清洁化、设备技术自动化和标准化水平。通过源网荷储的综合利用，实现资源的合理配置，持续推进创新服务模式、电气化产品及技术应用，推进生产、生活、生态三级融合，促进提高农业产业生产效率、降低社会用能成本。同时，提升新能源消纳能力，提高农村现有资源利用率，促进乡村产业向低碳高效方向转变，改善乡村生态环境，助力全省打赢污染防治攻坚战。

二是探索智慧农业，帮助农业产业提质增效。充分运用电力物联网新技术，开创“智慧能源+智慧农业”新模式，通过应用智慧能源服务平台和“365 电管家”手机 APP，农户可对生产环境参数进行遥感，对电气化生产设备进行遥视、遥调、遥控，改善养殖、种植生产工艺，提高农产品的产量和质量，实现农民省时省力省钱省心，提升农业农村生产智能化、经营网格化、管理数据化、服务在线化水平，助推农业生产"智慧变革"。

三是搭建服务平台，实现聚集聚合共享共赢。依托公司开发的智慧能源服务平台，聚集聚合农业产业园区、设备厂商等上下游各级主体，通过共享信息、对接需求、分享资源、匹配供需，激活上下游企业发展新动能，促进新技术、新模式创新，培育新业务、新业态，为农户企业创造更大发展机遇，为投资者提供了更广阔市场空间，实现了多方互利共赢，提高了全省乡村产业的竞争力和经济收益，助推乡村产业化升级。

四是建设示范项目，打造可复制可推广模式。所有示范项目均经过多级专家论证，取得了很好的实践效果。数据应用上，通过用能数据的采集和分析，为农户企业提供用能监测、分析服务，引导客户优化用能方式和资源配置；为政府相关决策提供多维度、全方位的数据服务，助力政府制定行业发展策略。技术路线上，融合"平台+生态"理念，利用了"大云物移智"等最新的互联网技术，通过数据有效贯通和统一物联管理，实现了数据全面接入、状态全息感知、服务全新周到、开发合作共享。合作模式上，积极探索多方合作发展模式，依托综合能源公司，为企业农户提供"一揽子"整体解决方案和清洁、智慧、高效的多元化服务，构建共建共享格局。

本书重点围绕农业生产、乡村产业、农村生活和乡村供电服务四大领域，充分总结提炼示范项目可复制可推广的经验、模式和成果，编制了《设备蔬菜大棚电气化技术标准》《设备蔬菜大棚智能化技术标准》《蔬菜大棚电气化改造典型设计》等技术标准，研发了 AEC Ⅰ（Ⅱ、Ⅲ）型能源控制器等技术产品，形成了《一种云边互动智慧大棚用能控制系统》等专利成果，希望对从事乡村电气化工作的读者提供参考帮助，更希望读者在本书的启发下，能在今后的乡村电气化工作中取得更大的成绩，为乡村振兴贡献自己的力量。

由于编写仓促，书中难免存在不足之处，欢迎各位读者批评指正。编写过程中得到有关单位的大力支持，在此表示衷心的感谢。

编　者

2020 年 5 月

目 录

第一章 乡村电气化工作概述

第一节 背景与意义

乡村电气化是指通过改造升级乡村配电网，提高乡村供电服务水平和用电保障能力，促进能源需求向电力转化，提高电能在终端能源消费中的比重。主要包括农业生产、乡村产业、农村生活电气化和乡村供电服务四个方面。

“三农”工作作为经济发展的稳定器、压舱石，一直是党和国家关注的焦点。随着我国社会经济相继走上工业化、现代化，小康社会即将全面建成，“三农”领域仍有不少必须完成的硬任务。自2018年起，党和国家开始全面实施乡村振兴战略，提出了“农村美、农业强、农民富”的战略目标，山东省政府结合本省农村发展情况，全力打造生产美产业强、生态美环境优、生活美家园好“三生三美”乡村振兴齐鲁样板。加速建设农村，加速改善农民生活，加速推进农业现代化，充分尊重农村想法，将新农村建设扎实稳步推进、社会主义新农村建设要求的提出，标志着我国把思想观念从“消灭农村”转向了“建设农村”，农村发展方向有了一个根本的转变。2019年《中共中央、国务院关于坚持农业农村优先发展做好“三农”工作的若干意见》针对做好“三农”工作，明确提出了“全面实施乡村电气化提升工程”的工作意见，在打赢脱贫攻坚战和全面建成小康社会的重要历史交汇期，乡村电气化被赋予助力乡村振兴的新时代使命。

党的十九大提出，我国已经进入了发展新的历史方位——中国特色社会主义进入了新时代，乡村电气化工作的提出契合了新时代乡村发展需求。农业生产、乡村产业、农村生活等领域具有使用能源种类多、设备种类多、使用形式多等特点，同时伴随着能源资源利用率、自动化、标准化水平不高的问题，有较大提升空间。根据乡村具体条件、能源结构和生产特点，有针对性地推动电气化，不仅有助于缓解区域能源供给紧张的局面，也利于农村环境建设和涉农综合效益的提升。若能在农村能源方面依托乡村电气化解决方案，形成研发—生产—销售—服务一条龙的以电为中心的农村能源消费利用体系，推动乡村用能结构转型升级，提高乡村用能效能、生产效率和可再生能源利用水平，降低农业生产劳动强度、污染排放和用能成本，能在很大程度上解决农村能源、区域贫困、生态环境恶化等问题，是对“创新、协调、绿色、开放、共享”发展理念的具体实践，是能源革命的重要工作内容。

同时，随着新一轮农网升级改造的完成，农网基础得到进一步夯实，为农村从“用上电”向“用好电”转变提供了坚强保障，但长期以来农村电能所占终端能源消费却提升缓慢。面对潜力巨大农村电力市场，通过实施乡村电气化工程，在提升供电企业在广大农村地区的供电服务水平、综合能源服务能力的同时，促进农村电能消费和能源互联网发展，改善新增用电量少、运行成本高、经济效益低等影响农网投入产出水平的问题，助力农网精准投资，保障农村能源产业健康持续发展。

第二节 现状及需求

一、农村能源消费现状

农村能源是指农村范围内的各类能源以及从能源开发至最终应用过程中的生产、消费、技术、经济、政策和管理等问题总称。我国幅员较广，不同地区的气候特点有明显差异，经济水平有所差别，农村面积相当广阔，农村人口在总人口中的比重约为50%，加上农村规模相对偏小和分散等诸多原因，国内不同区域的农村用能需求和供能模式有很大差异。2016年，我国农村能源消费总量达3.31亿t标准煤，其中农业生产用能0.99亿t标准煤，农村生活用能2.32亿t标准煤。2000～2016年，农村能源消费总量从1.46亿t标准煤增长到3.31t标准煤，年平均增长速度为5.05%。农村人均能源消费量从2000年的188kg标准煤增长到2016年的561kg标准煤，年平均增长速度为9.81%。我国从20世纪90年代开始在农村大力推广用电，2016年年底，实现村村通电，2019年农村99.7%的村庄通电，2016年农村的用电量为9238.3亿kWh，折合标准煤11 353.87万t，占农村能源消费的34%。目前，农村能源供求呈现多元趋势，可再生能源发展较快，农村消费结构经历了由2005年以前的煤、秸秆、薪柴为主，逐渐演变成了电、煤、沼气为主，液化石油气、天然气为辅，商品性能源的比例不断提高。

二、乡村电气化发展现状

（一）国外发展现状

乡村电气化典型场景方面，美国的乡村发展起步早，农民职业化、农村现代化程度高，城乡生活水平差距较小，电气化家电具有很高的普及率。在农业生产方式上已实现机械化，对电力等能源消耗很大。日本农村电力被广泛应用在大田作业、电育苗、电热烘干、园艺栽培、热泵暖房等农业生产场景，农民的生活用电也由照明、广播、电视机升级到电气化厨房、空调用电。近年来，日本电动汽车产业发展迅速，日本政府也在大力扶持农村汽车充电桩的建设，并对化石燃料使用征税，积极推动乡村绿色出行。

乡村智慧用能方面，国际上很多企业已经推出了较为成熟的解决方案。曾经专注于能源物联网的美国C3 energy公司已经升级为物联网开发平台公司C3IoT，该公司开发了3个分析工具［C3电网分析（C3 Energy Grid Analytics）、C3石油天然气分析（C3 Energy Oil & Gas Analytics）和C3客户分析（C3 Energy Customer Analytics）］以及多个应用APP。其中，C3电网分析主要服务于供给侧的诸如公用事业公司、调度机构、输配电公司等智能电网拥有者、操作者、使用者，用于电网运营中降低成本、预测并应对系统故障、掌握客户耗能情况等。C3电网分析逐步形成了智能仪器控制、资产保护、预测性维护、需求响应分析、负荷预测等10种成熟的解决方案。截至2017年年底，C3 IoT在全球智能电能表市场占据40%的市场份额，连接智能电能表、发电和配电设备和传感器总计超过7000万台，其强大的数据聚合和集成功能，使其能够与设备管理和边缘处理平台无缝集成，同时为应用程序、接口和流程提供拖放式开发环境，设计的平台可以应用于任何行业的任何客户。法国的施耐德电气公司针对

中国市场全新开发了一款云能源管理系统，可以实现包括乡村在内的各类用能场景的就地能源智慧管理。

乡村电气化推广策略方面，1935以前美国仅10.9%的农业区得到少量的电力供应，1935年5月美国成立了国家农村电气化管理局（REA），通过发放优惠贷款和提供技术指导加快了农村电气化的步伐。1942年，为了维护农村电力合作社的利益，刺激农村地区电能消费需求，美国国内的农村电力合作社成立了全国农村电力合作社协会（NRECA），NRECA向社会宣传农村电气化及农村电力合作社，这一措施使美国农村在三四十年间实现较发达的电气化水平，为农村生活和生产带来了革命性的变革。日本在早期通过电价优惠引导农民生活及排灌、谷物脱粒等电气化，在电力过剩后，日本千方百计推动低谷电力在农业生产、养殖、园艺栽培等方面应用。同时，日本针对乡村在内的独栋或联排住宅大力推广零耗能住宅，积极推广高能效家用电器。以农业为主的泰国，结合本国实际实施的全国农村电气化25年计划中，由美国国际开发署赠款资助完成可行性研究，项目投资则由长期、优惠贷款解决，并由较富裕的村庄自愿集资部分建设费用。

（二）国内发展现状

乡村电气化典型场景方面，我国乡村幅员辽阔、人口众多、气候多样，农业生产、乡村产业、农村生活场景丰富，随着近年来电能替代技术的不断普及，电气化应用越来越广泛。在农业生产领域主要包括电灌溉、大棚种植、畜牧养殖、水产养殖、农产品仓储等；在乡村产业领域包括电炒茶、电烤烟、电窑炉、果蔬电烘干、全电民宿、分布式光伏发电等；在农村生活领域包括电采暖、电动汽车、智能家电等。

乡村智慧用能方面，国家电网有限公司作为电力能源供应方，积极贯彻“四个革命、一个合作”能源安全新战略，全面建设具有中国特色国际领先的能源互联网企业，大力推进新型基础设施建设，在终端能源消费环节持续创新实践，开展客户侧能源托管、运行维护等智慧能源服务，建设智慧能源服务平台，构建智慧能源生态圈，全面提升全社会能效水平。2019年，国家电网有限公司在国网山东省电力公司、国网江苏省电力公司等单位开展智慧能源服务平台试点建设。智慧能源服务平台的目标是实现全社会用能信息广泛采集、客户能效在线分析、用能优化科学决策、需求响应实时管理、源网荷储协调互动等功能。为全面提升社会综合能效水平，2020年，国家电网有限公司将完成第二批10家单位省级平台部署上线，2021年实现27家省公司平台全面上线。

推广策略方面，随着国内农村经济快速发展，许多大型集中型企业正在向县城、农村、郊区转移，农村生产要素也在发生着变化，农村电力需求的增长被迅速拉动。除此之外，以光伏发电为代表的清洁能源在乡村地区得到了普遍推广，原有的乡村电网无法稳定灵活地应对用电负荷的不断增长以及分布式能源的大量接入情况，乡村电气化亟需向更加精细化和智慧化的方向发展。针对农村基础设施薄弱问题，国家大力对农村电网进行建设和改造，2016年国家发改委印发的《电力发展“十三五”规划（2016—2020年）》中提出，要实施新一轮农网改造提升工程，加快新型小乡镇、中心村电网和农业生产供电设施改造升级，结合农光互补、光伏扶贫等分布式能源发展模式，建设可再生能源就地消纳农村配网示范工程，针对不同地区发展水平不同的农村，该规划还指出要推进东中部地区城乡供电服务均等化进程，逐步提高农村电网信息化、自动化、智能化水平，进一步优化电力供给结构。同年发布的《全国农村经济发展“十三五”规划》中也指出，要实施新一轮农村电网改造升级工程，建设结构合理、技术先进、安全可靠、智能高效的现代化农村电网，提升供电能力和服务水平，促进全国农村地区基本实现稳定可靠的供电服务全覆盖。同时，2018 年中共中央、国务院印发的《乡村振兴战略规划（2018—2022）》中强调，要推进农村能源消费升级，大幅提高电能在农村能源消费中的比重，加快实施北方农村地区冬季清洁取暖，积极稳妥推进散煤替代。

2019 年，国家电网有限公司在寿光、安吉、潜江开展了乡村电气化示范项目建设工作，坚持政企联合，主动对接各级政府，抢抓国家生态环境治理与产业转型升级新机遇，将乡村电气化融入地方乡村振兴发展规划，积极争取各级政府在项目建设、财政补贴、专项奖励等方面政策支持，推动工程顺利实施，确保项目取得预期收益，彰显惠农富民成效，起到了积极地示范引领作用。

第三节　工作总体思路

以习近平新时代中国特色社会主义思想为指导，紧扣全面建成小康社会和脱贫攻坚目标任务，以建设具有中国特色国际领先的能源互联网企业为目标，以“三农”领域能源利用突出问题为导向，以各地区乡村振兴、脱贫攻坚重点工程、重大项目为抓手，按照“政府主导、电力服务、客户参与”的原则，将乡村电气化与公司各项生产经营重点任务充分结合，结合辖区内各地区资源禀赋和产业布局，加快推进农业生产、乡村产业、农村生活电气化和乡村供电服务。通过大力实施电能替代、深化智慧能源服务平台应用、规范乡村电气化项目用电服务、保障农业生产季节性用电等措施，提升“三农”领域电气化水平，打造出一批政府支持、客户满意、电网盈利的乡村电气化惠民富农项目，增强公司在农村地区的服务水平和综合能源服务开拓能力，助力解决“三农”领域存在的能源利用形式落后、效率低、成本高等问题，努力构建“以电气化促乡村现代化、以物联网促电气化高质量发展”的方式，引领带动乡村电气化全面开展，在创新提升乡村振兴上实现新作为。

第四节　工作目标

1. 智慧用能，提供价值服务

以电网为枢纽，发挥电网公司基层乡村营销渠道和品牌价值优势，整合现有资源和力量，创新平台服务内容和模式，提供智慧化共享服务，满足客户多元化用能需求，为客户提供更加科学合理的用电优化策略和更加智慧便捷的用电生活服务。

2. 创新模式，实现互利共赢

将物联网与乡村电气化示范项目建设有机结合，深挖数据价值、深化数据应用、实现数据增值变现，创新引领能源服务业务业态，带动产业链上下游联动发展，优化社会用能结构，降低整体用能成本，构建形成开放共享、合作共赢的能源互联网生态圈。

3. 示范引领，助力乡村振兴

在农业生产、乡村产业、农村生活和乡村供电四个领域，因地制宜建设典型智慧用能和服务项目，实现智慧用能和农业生产、乡村产业、农村生活的深度融合，有效助力农村实现由电驱动的用能高效化和清洁化，提高农村供用电服务水平，增强农村电气化用电保障能力，

提升农业生产、乡村产业、农村生活电气化水平，切实提高乡村生产效率、农业质量、生活品质，带动引领乡村电气化全面推进，积极助力农业更强、农村更美、农民更富。

第五节　实施原则

1. 坚持目标导向，创新发展

科学把握寿光市农业大棚生产、果蔬加工产业和智慧供暖生活等多样性、差异性、区域性特征，密切结合本地资源禀赋、区域产业发展布局和能源消费特点，推动体现地方特色的典型可推广化的智慧用能和服务项目建设，坚持感知执行、边缘计算和综合能源控制技术研发和关键装备创新应用，探索电力物联网下的电气化示范项目建设新模式，有效发挥引领带动作用。通过持续创新服务模式、电气化产品及技术应用，不断拓展电能消费领域，促进提高客户生产效率、降低社会用能成本、改善乡村生态环境，充分体现电气化建设成果，促进生产生活生态相协调。科学把握山东省乡村的多样性、差异性、区域性特征，合理设定乡村电气化建设标准，遵循电气化发展客观规律、尊重客户意愿，结合各市县公司实际，有计划、分阶段实施，扎实推进。

2. 坚持规划引领，政企协同

统筹能源开发利用、经济社会可持续发展等要素，有效衔接乡村振兴战略规划，立足特色布局，突出产业内容，合理规划符合寿光市实际的电气化示范项目。坚持政府主导、企业助力，主动融入山东省乡村振兴战略规划，在乡村电气化规划、项目实施、政策配套等方面，加强与政府沟通汇报，积极争取政策支持，建立政企高效推进工作机制，营造政企合作的工作和政策环境，加大扶持补贴力度，提高社会参与乡村电气化建设的积极性和主动性。乡村电气化建设应密切结合山东省各地资源禀赋、地区产业发展布局和能源消费特点，突出建设重点、体现地方特色，合理配置资源，推动试点示范工程建设，有效发挥引领带动作用。

3. 坚持安全可靠，融合集成

按照国家和电力行业网络安全总体要求，重点加强对互联网边界安全、数据安全、物联终端安全的防护设计，系统基于高可靠、高性能边缘计算和采集控制功能，保证运行可靠性。充分利用已有乡村电气化和电力物联网建设成果，支持符合技术要求的终端设备即插即用和标准化组件及微应用的快速迭代，确保投资效益最优。

第二章

农业生产领域典型应用

第一节　电气化大棚智慧用能

全面推广电动通风、电动卷帘、电动喷淋、电补光、电动控温、水肥一体机等电气化设备，建设六要素电气化大棚。通过采集温度、湿度、光照强度、电量等信息，对大棚数据进行集中处理和分析，农户可以实时进行远程浇水、施肥、控温等操作，实现对大棚内相关电气化设备的智能管控和用能分析，达到了电、水、化肥、农药等精准使用的效果。

一、实施方案

（一）建设目标

1. 智慧用电

通过农业电气化大棚物联改造，实现农业生产全过程全方位的设备用能、农业生产和种植环境的监控，并根据农业生产情况进行智慧用电控制。

2. 能效提升

通过建设农业电气化大棚采集和智能控制设备，实现电、水、化肥、农药等精准使用。预计节约用水 40%～60%，节约肥料 30%～50%。提升农业生产自动化水平，年节省劳动力约 20 人·天/亩。

3. 产业提升

通过开放物联网基础设施和综合能源服务，建立“政府支持—厂商受委参与—电力公司引导”的农村大棚种植电气化生态圈，联合设备厂商提高农村电气化设备使用率，推动电气化大棚智能化工业生产大规模推广。

（二）建设内容

（1）常规电气化建设。使用电动通风、电动卷帘、电动喷淋、电补光、电动控温、水肥一体机、自动喷药、自动植保等电气化设备，建设电气化农业大棚。

（2）设备智能化改造。电动通风、电动卷帘、电动喷淋、电补光、电动控温、水肥一体机、自动喷药等设备加装传感器、控制器。本地部署能源控制器，接入大棚的土壤水分、土壤电导率、土壤温度、土壤 EC 值、空气温湿度、光照强度、二氧化碳浓度等数据信息。在能源控制器上研发电气化大棚智慧用能控制边缘计算模块，执行能效控制策略。涉及客户产业信息的数据采集，优先使用客户原有的设备接入，对于未安装设备的客户，若客户确有需求，公司负责为客户安装相关数据采集设备。

（3）在智慧用能控制系统中增加电气化大棚智慧用能模块，包括能源路由器数据接入应用，农业用能设备生产状态、作业程度信息推送应用，设备用能分析应用。

（4）研发客户端服务系统，大棚农户可通过手机、电脑等终端设备实时掌握大棚内的环境状况并对相关设备进行操作控制，为客户提供配电设备运行状态、台区经理联系方式、停送电信息等相关查询功能，同时为客户提供设备故障报修等需求即时响应等服务。

（5）项目实施地点：古城番茄小镇、洛城全国蔬菜质量标准中心试验示范基地、田柳现代农业创业示范园、寿光市智能化蔬菜大棚示范园区。

（三）技术路线及主要装备

电气化大棚智慧用能系统架构如图 2–1 所示。

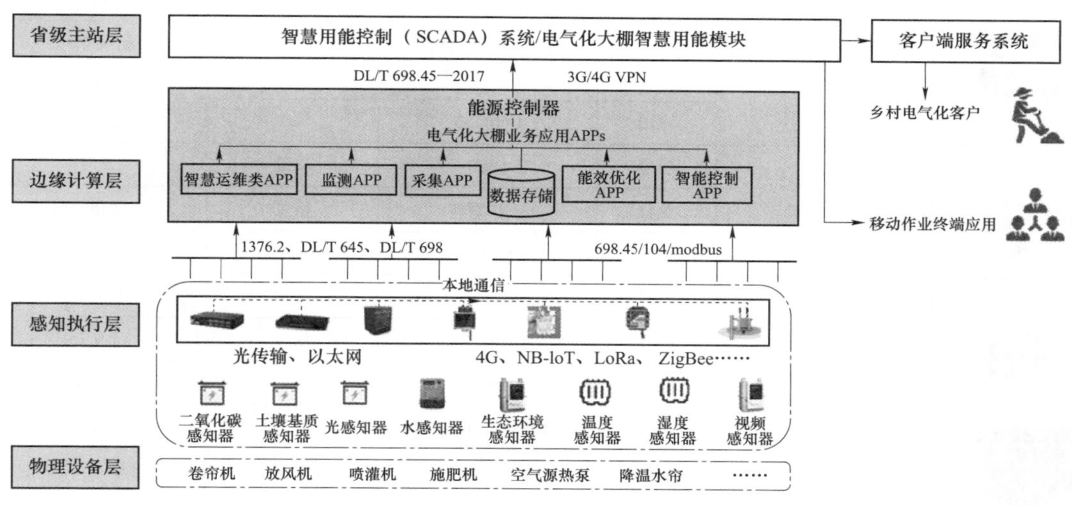

图 2–1　电气化大棚智慧用能系统架构

省级主站层：增加电气化大棚智慧用能控制模块，实现用能、环境、农业生产等全量信息采集感知，用能设备、环境控制和农业生产设备的综合监测、能效分析等服务。

边缘计算层：在客户侧部署能源控制器，拓展协议转换应用模块、边缘计算应用模块，支撑规范化数据采集与客户侧用能控制系统（CPS）本体安全防护。

感知执行层：包括卷帘机、放风机、施肥机、空气源热泵、降温水帘等设备用能感知控制和大棚环境传感装置等智能物联终端。通过光纤、4G、NB–IoT 等方式传输采集信息。采用 698.45、104、modbus 等协议向能源控制器发送数据。

物理设备层：包括卷帘机、放风机、施肥机、空气源热泵、降温水帘等电气化设备等。

农业电气化大棚智慧用能主要传感器及控制器见表 2–1。

表 2–1　　　农业电气化大棚智慧用能主要传感器及控制器

参考图片	产品名称	技术参数			
	无线温湿度传感器	型号	XMZN–WS–0201	接口	2 线电流
		量程	温度 –20～85℃ 湿度 0～85%	精度	温度 0.3℃，湿度 3%
		输出	Loro433	供电	12V

续表

参考图片	产品名称	技术参数			
	无线光照度传感器	型号	XMZN－GZ－0201	接口	2线电流
		量程	－20～85℃	精度	7LUX
		输出	Loro433	供电	12V
	无线 CO_2 浓度传感器	型号	XMZN－CO_2－0501	接口	2线电流
		量程	0～5000mL/L	精度	±10mL/L
		输出	Loro433	供电	12V
	无线土壤温湿度传感器	型号	XMZN－TRWS－0101	接口	2线电流
		量程	温度－40～80℃ 湿度0～100%	精度	温度0.5℃ 湿度3%
		输出	Loro433	供电	12V
	高清球机	型号	AD6500－3	质量	5.5kg
		量程	360°旋转	精度	22倍变焦
		输出	RS485	供电	220V
	无线土壤pH值温度传感器	型号	XMZN－PH－0301	接口	2线电流
		量程	pH0～14	精度	±0.3pH
		输出	RS485	供电	12V
	LED数字显示器	型号	XMZN－LED－0101	字符数	横8汉字，竖4汉字
		规格	P10，单色	尺寸	130×75mm
		功能	RS485	供电	12V
	物联网基站	型号	XMZN－TXJZ－0101	通信频率	433MHz，15M频段
		传输速度	9600bit/s 约每秒400汉字	通信距离	室内大于200m，室外开阔地带1000m以上
		功能	通信数据连接，实现设备之间的实时信息双向传输，上传云端服务器，下发指令控制设备		
	物联网温控放风卷膜机	型号	XMZN－WKJ－0101	负载功率	1700W
		控制信号	测温－9～70℃ 控温－5～50℃	精度	高精度NTC－10K 3435热敏电阻
		输出	Loro433及GPRS	供电	220V交流电机
		工作模式	监测温度大于开棚温度电机正转；监测温度小于开棚温度电机反转，根据传感器数据实现自动化		
	物联网卷帘控制器	型号	XMZN－JLQ－0101	工作频率	315MHz
		量程	80～150m（根据卷帘机承载范围）	负载类型	根据接触器决定功率
		输出	Loro433及GPRS	供电	220V/380V
		工作模式	可以通过手机遥控、操作设备实现大棚卷帘正反转操作，根据传感器数据实现自动化		

续表

参考图片	产品名称	技术参数			
	物联网风机控制器	型号	XMZN－FJ－0101	工作频率	315MHz
		量程	8～12 个风机为一组	负载类型	根据接触器决定功率
		输出	Loro433 及 GPRS	供电	220V/380V
		工作模式	可以通过手机遥控、操作设备实现大棚风机正反转操作，根据传感器数据实现自动化		
	物联网内外遮阳控制器	型号	XMZN－ZY－0101	工作频率	315MHz
		量程	60～90m（根据电机承载范围）	负载类型	根据接触器决定功率
		输出	Loro433 及 GPRS	供电	220V/380V
		工作模式	可以通过手机遥控、操作设备实现大棚内外遮阳正反转操作，根据传感器数据实现自动化		
	物联网开窗（顶、侧）控制器	型号	XMZN－KC－0101	工作频率	315MHz
		量程	80～150m（根据电机承载范围）	负载类型	根据接触器决定功率
		输出	Loro433 及 GPRS	供电	220V/380V
		工作模式	可以通过手机遥控、操作设备实现大棚开窗正反转操作，根据传感器数据实现自动化		
	物联网水帘控制器	型号	XMZN－SL－0101	工作频率	315MHz
		量程	20～60m（根据现场水帘长度承载范围）	负载类型	根据接触器决定功率
		输出	Loro433 及 GPRS	供电	220V/380V
		工作模式	可以通过手机遥控、操作设备实现水帘设备的开关操作，根据传感器数据实现自动化		
	物联网水肥	型号	XMZN－SFY－0101	工作频率	315MHz
		量程	30～50m 单路控制	负载类型	根据接触器决定功率

（四）数据交互需求

电气化大棚智慧用能数据交互内容见表 2－2。

表 2－2　　电气化大棚智慧用能数据交互内容

序号	数据项分类	数据子项
1	环境数据	棚内外温度
2		棚内外湿度
3		二氧化碳浓度
4	土壤数据	温度
5		湿度
6		EC 值
7	光照数据	光照强度

续表

序号	数据项分类	数据子项
8	用水数据	水速、流量、累计用水量水压
9	用电数据	电压、电流、频率、有功功率、无功功率、视在功率、用电量
10	电气化设备数据	运行状态数据
11	视频监控数据	音视频数据

二、建设标准

（一）设备蔬菜大棚电气化技术标准

1. 术语与定义

（1）乡村配电网：主要为除县级政府所在建制镇以外的县级行政区域内的乡（镇）村或农场及林、牧、渔场等各类客户供电的110kV及以下各级配电网。其中，35～110kV电网为高压配电网，10kV电网为中压配电网，220V/380V电网为低压配电网。

（2）供电可靠性：配电网向客户持续供电的能力。

（3）10kV主干线：由变电站或开关站馈出、承担主要电能传输与分配功能的10kV架空或电缆线路的主干部分，具备联络功能的线路段是主干线的一部分。

（4）10kV分支线：由10kV主干线引出的，除主干线以外的10kV线路部分。

（5）配电变压器：将10kV变换为380/220V并分配电力的配电设备，简称配变。按绝缘材料可分为油浸式配变、干式配变。

（6）电能计量装置：由各种类型的电能与计量用电压、电流互感器（或专用二次绕组）及其二次回路相连接组成的用于计量电能的装置，包括成套的电能计量柜（箱、屏）。

（7）电缆分支箱：一种用来对电缆线路实施分接、分支、接续及转换电路的设备，多数用于户外。

（8）乡村电气化：通过改造升级乡村配电网，提高乡村供电服务水平和用电保障能力，促进能源需求向电力转化，提高电能在终端能源消费中的比重。主要包括农业生产、乡村产业、乡村生活电气化与乡村供电服务方面。

（9）架空线路：主要指架空明线，架设在地面之上，是用绝缘子将输电导线固定在直立于地面的杆塔上以传输电能的输电线路。

（10）10kV柱上变压器：安装在电杆上的户外式配电变压器。

2. 基本原则

（1）大棚电气化应满足标准化建设要求、差异化设计，设备及材料选型应坚持安全可靠、经济适用、节能环保、寿命周期合理的原则。积极采用成熟的新技术、新设备、新材料和新工艺，入网的设备及材料均应符合国家、行业和企业标准的规定并抽检合格。

（2）大棚电气化建设和改造应采用先进的施工技术和检验手段，合理安排施工周期，严格按照标准验收，所采用的施工工艺应便于验收检验，隐蔽工程应在工程实施各阶段予以介入管控并落实相应技术要求。

（3）大棚电气化配套配电网建设与改造的规划设计应符合《农村电力网规划设计导则》（DL/T 5118—2010）的规定，电压等级的选择应符合《标准电压》（GB/T 156—2017）的规定。

3. 设施蔬菜大棚电气化

（1）配电计量。

1）配电计量箱。

a. 配电计量箱应符合《低压计量箱技术规范》（Q/GDW 11008—2013）的规定。

b. 配电计量箱箱体材质主要分为金属和非金属两大类，材料应满足试验的要求。

c. 配电计量箱的安装满足相关的保护接地要求。

d. 配电计量箱最高观察窗中心线距安装处地面不宜高于 1.8m。单体或组合配电计量箱下沿距安装处地面不小于 1.4m。

e. 配电计量箱应充分考虑并采取措施，防止非正常情况下由于导电物体进入箱体可能发生的触电事故。

2）低压电缆分支箱要求。

a. 低压电缆分支箱应设置在尘埃少、无腐蚀、干燥和振动轻微的地方。

b. 选址应遵循安全、可靠、适用和经济等原则，并便于安装、进出线、操作、检修和试验。

c. 落地式电缆分支箱底部宜安装于高出地面不小于 200mm 的混凝土浇筑基础或金属安装架上，电缆敷设通道应满足电缆弯曲半径要求，箱体下方及预埋管进出口应进行封堵。

d. 金属电缆分支箱外壳应可靠接地，接地体可采用钢管或角钢，钢管壁厚不应小于 3.5mm，管径不小于 25mm，角钢厚度不应小于 4mm。接地体埋深应不小于 0.6m，接地引下线宜采用绝缘导线，截面积不小于 16mm^2。接地电阻不应大于 10Ω。

e. 分支箱设置在室内且地面已做硬化处理的，宜就近从室外引入接地线。

f. 低压电缆分支箱电气主接线应采用单母线接线。

g. 低压电缆分支箱按照安装方式分为落地式与挂墙式，接线方式应采用一进四出。低压电缆分支线进线开关用隔离开关，出线开关选用塑壳断路器。户内型电缆分支箱防护等级不低于 IP33，户外型电缆分支箱防护等级不低于 IP44。低压电缆分支箱结构采用元件模块拼装、框架组装结构，箱内母线及馈出均绝缘封闭，母线采用铜导体，额定电流为 630A；壳体采用不锈钢材质或玻璃纤维增强不饱和聚酯塑料（SMC）。

（2）低压线路。低压线路部分主要是指低压架空线路和低压电缆线路。

1）低压架空线路。

a. 导线截面选取。

（a）按照《配电网规划设计技术导则》（Q/GDW 1738—2012）要求，出线走廊拥挤、树线矛盾突出区域推荐采用 JKLYJ 系列铝芯交联聚乙烯绝缘架空导线；出线走廊宽松，安全距离充足的城郊、乡村区域可采用裸导线。

（b）低压架空线路根据不同负荷需求可以采用 16、25、35、50、70mm^2 等多种截面的导线。

（c）主干线应按负荷需求选取，并进行动稳定、热稳定校验，导线截面满足末端电压质量的要求，推荐选用 35～70mm^2，分支线推荐选用 16～35mm^2，接户线推荐选用 35mm^2 及以下截面的导线。零线宜与相线等截面、同型号。

b. 杆型选取。

（a）杆型按照一杆多头、一杆多用的原则进行分类。

（b）根据低压架空线路中电杆的不同用途，分为直线水泥杆、直线转角水泥杆、45°和90°转角水泥杆、终端水泥杆、无拉线耐张转角杆和跨越杆等。

（c）采用使电杆受力最大的杆头型式进行结构计算。仅考虑单回水平排列低压架空线路。

（d）0.4kV 线路不宜同杆架设弱电线路，不同电源的电力线路严禁同杆架设。

（e）电杆选择。选用《环形混凝土电杆》（GB 4623—2014）中的锥形普通非预应力电杆和部分预应力电杆共 5 种。按杆高分为 10、12、15m 共 3 种规格；按电杆梢径分为 190、350mm 共 2 种规格；按检验弯矩分为 I、M、T 共 3 个等级。

（f）杆型选择。电杆宜采用符合《环形混凝土电杆》（GB 4623—2014）规定的定型产品，宜采用长度为 12m 的非预应力钢筋混凝土电杆，梢径 190mm，强度等级为 M 级。导线一般采用水平排列，零线应设置于靠近电杆两侧，线路相位宜从左到右（面向受电侧）依次排列为 ABNC。

c. 绝缘子选择。

（a）零线绝缘子与相线绝缘子应有颜色区别。

（b）绝缘子的选择应与杆型、导线规格相匹配，直线杆一般选用 ED-1 型蝶式绝缘子、P-6T 型针式绝缘子，耐张绝缘子串宜选用 XP-40 型悬式绝缘子。

（c）耐张杆上 380V/220V 导线耐张串由 1 片交流悬式盘型瓷绝缘子、耐张线夹和匹配的连接金具组成。

（d）采用的闭口销或开口销不应有折断、裂纹等现象。当采用开口销时应对称开口，开口角度应为 30°～60°。严禁用线材或其他材料代替闭口销、开口销。

（e）穿越和接近导线的电杆拉线必须装设与线路电压等级相同的拉线绝缘子。拉线绝缘子应装在最低穿越导线以下，且在下部断拉线情况下距地面处不应小于 2.5m。

d. 其他要求。

（a）0.4kV 配电网实行分区供电，主干线不应跨区供电。低压馈线应采用放射形供电模式。

（b）低压架空线路选用三相四线架空线路方式。

（c）架空绝缘线路适用于线路通道富裕以及对整体环境要求不高的场所，线路布局应与大棚规划相协调，做到路径短、转角少、不妨碍公共安全、施工和运行维护方便。

（d）0.4kV 架空绝缘线路应在线路首端、末端、分支线等装设接地挂环。

（e）金具选用应考虑强度、耐冲击性能、耐用性、紧密性和转动灵活性等要求，根据导线类型和最大使用拉力、绝缘子强度等要求在国家电网有限公司标准物料库内选用匹配的金具。

2）低压电缆线路。

a. 电缆线路应符合表 2-3 所示的运行条件。

表 2-3　电缆线路运行条件

标称电压	380V
允许电压偏差	单相+7%～-10%，三相±7%
系统频率	50Hz
系统接地方式	TT

b. 路径选择。

（a）电缆敷设路径综合考虑路径长度、施工、运行和维护等因素，在符合安全性要求下，电缆敷设路径应有利于降低电缆及其构筑物的综合投资。

（b）应避开可能挖掘施工的地方，避免电缆遭受机械性外力、过热、腐蚀等危害。

（c）电缆线路宜采用排管、电缆沟两种敷设方式，有需求的地区可采用直埋敷设方式，电缆应选择带铠装层型号。引出地面的电缆应采用钢管保护，保护钢管埋入地下深度不小于0.5m，管口应采用防火堵料封堵。

（d）电缆在任何敷设方式及其全部路径条件的上下左右改变部位，均应满足电缆允许弯曲半径要求。电缆允许最小弯曲半径应为电缆外径的15倍。

（e）如遇湿陷性、淤泥、冻土等特殊地质，应进行相应的地基处理。

（f）电缆自电杆引下或引出地面至墙上配电箱（计量箱）时，离地面2m内应用钢管进行保护。

c. 选用原则。电力电缆选用应满足负荷要求、热稳定校验、敷设条件、安装条件、对电缆本体的要求、运输条件等。

（a）电缆截面的选择。选择电缆截面，应在电缆额定载流量的基础上，考虑环境温度、并行敷设、热阻系数、埋设深度等因素。按照导线截面一次选定的建设原则，主干电缆截面宜采用240mm^2，分支线电缆截面宜采用150、95mm^2。电缆零线与相线截面宜相同。

（b）低压380V电力电缆线路一般选用四芯电缆，建议选用ZC－YJLV22系列交联聚乙烯电力电缆。

d. 安装要求。

（a）导体之间及导体与其他电气设备之间的连接应安全且接触可靠。在容易接触到雾滴的导体连接处，要有可靠地防水措施。

（b）电线电缆安装位置不应影响温室内人员的活动和农艺或园艺机械的正常工作。

（c）电线电缆不应在温室内单独走线，以避免其成为攀附类植物的支撑，造成不安全因素。

（d）电线电缆在沿温室长度方向布置时。尽量沿天沟或桁梁走线。沿温室宽度方向布置时沿水平承插管件走线。保证与温室环境协调、整洁。

（e）温室内2.6m高以下的布线应有线路保护套管，以防机械损伤。

（f）控制系统面板布线应采用维修方便的板前安装和布线。

（g）电源控制柜不在温室内放置时，电缆或电线可以从空中或地下进入温室。从空中进入温室时，架线高度应以不影响其他作业活动为原则。从地下进入温室时，电缆电线埋深0.8m以下并超过冻土深度，电线应用PVC塑料管保护。

e. 其他要求。

（a）电缆上杆。电缆与架空绝缘导线一般采用铜铝设备线夹连接、电缆冷缩套保护。

（b）低压配电系统接地型式应根据电力客户用电特性、环境条件或特殊要求等具体情况进行选择，并根据《剩余电流动作保护装置安装和运行》（GB 13955）的有关规定采取剩余电流保护，完善自身接地系统，防范接地故障引起火灾及电击事故。

（c）电缆典型设计按照《国家电网公司配电网工程典型设计》（2017年版）《国家电网公司380/200V架空配电线路典型设计》（2018版）进行方案选用。

（d）根据低压系统接地型式，低压开关柜（低压综合配电箱）应配置塑壳式断路器保护或熔断器保护。低压馈电断路器应具备过电流和短路跳闸功能。

（3）10kV 柱上变压器。

1）电气设备布设。

a. 考虑到安全因素及运行经验，采用双杆或单杆布置。

b. 低压综合配电箱（兼有计量、出线、补偿、综合测控功能）可落地安装，也可安装于变压器下部或电杆侧面，其下端距地面至少 2m 以上，变压器台架宜相应抬高。低压综合配电箱应加锁，有防止触电的警告并采取可靠的接地和防盗措施。

c. 低压综合配电箱出线开关宜选用空气断路器，配置相应保护，TT 系统要求配置剩余电流脱扣器或剩余电流保护器控制接触器，应配置带通信接口的配电智能终端和 T1 级电涌保护器。

d. 低压侧采用开关柜时应设专用低压配电室，低压设备布置在室内。

2）变压器选择。

a. 柱上三相变压器容量选择不超过 400kVA。

b. 应选择高效节能型、无载调压、三相两绕组油浸式变压器，接线组别为 Dyn11。

c. 变压器电压额定变比为 10±5（2×2.5）%/0.4kV，阻抗电压为 $U_k\%=4\%$，冷却方式为自冷式。

3）其他要求。

a. 柱上变压器 10kV 线路采用架空进线 1 回，低压出线 1～3 回，出线回路数可按需要配置。

b. 变压器电气主接线应根据变压器供电负荷、供电性质、设备特点等条件确定，电气主接线应综合考虑供电可靠性、运行灵活性、操作检修方便、节省投资、便于过度和扩建等要求。

c. 10kV 侧选用跌落式熔断器，10kV 避雷器采用金属氧化物避雷器。

（4）10kV 线路。10kV 线路主要包括 10kV 架空线路和 10kV 电缆线路。

1）10kV 架空线路。

a. 导线选取和使用。

（a）10kV 架空线路根据不同的供电负荷需求可以采用 50、70、95、120、150、185、240mm^2 等多种截面导线。

（b）导线的适用档距是指导线允许使用到的最大档距（即工程中相邻杆塔的最大间距）。典型设计绝缘导线的适用档距不超过 80m，裸导线的适用档距不超过 120m。

b. 杆型选择。

（a）直线杆一般采用单横担，当跨越公路、河流等特殊地形时采用双横担。耐张段长度不宜超过 10 基。

（b）耐张转角杆。推荐采用 0°～45° 耐张转角杆、45°～90° 耐张转角杆。当线路转角为 0°～45° 时，应采用单层双横担耐张固定，导线搭接宜采用带绝缘罩的并沟线夹。当线路转角为 45°～90° 时，采用双层横担耐张固定，导线搭接宜采用带绝缘罩的并沟线夹。

（c）分支杆。分支杆上下横担间的具体一般为 0.4m，线路相序排列应与供电侧保持一致。

（d）终端杆。终端杆应用双横担耐张固定，末端留有适当长度的尾线，线头应做绝缘处理。

2）10kV 电缆线路。

a. 运行条件。10kV 电缆线路运行条件见表 2-4。

表 2-4　　10kV 电缆线路运行条件

项目	参数	项目	参数
系统额定电压	10kV	系统频率	50Hz
系统最高运行电压	12kV	系统接地方式	中性点不接地或经消弧线圈接地

b. 电缆路径选择。

（a）电缆线路应与城镇总体规划相结合，电缆线路路径应征得当地政府部门认可。

（b）电缆敷设路径综合考虑路径长度、施工、运行和维护方便等因素，做到经济合理、安全适用。

（c）应便于敷设与维修，应有利于电缆接头及终端的布置与施工。

c. 电缆选择原则。

（a）电力电缆采用交联聚乙烯绝缘电缆。

（b）电缆截面的选择。应在不同敷设条件下电缆额定载流量的基础上，考虑环境温度、并行敷设、热阻系数、埋设深度等因素。

d. 其他要求。

（a）电缆导体材质选择。电缆导体可选用铝或铜等材质。但以下情况应选用铜导体：重要电源、移动式电气设备需保持连接具有高可靠性的回路；振动剧烈、有爆炸危险或对铝有腐蚀性等严酷的工作环境；耐火电缆；紧靠高温设备布置；安全性要求高的公共设施；工作电流较大，需增多电缆根数时。

（b）电缆与主干线路的连接根据主干线路导线型号，使用相应型号的线夹。

（c）电缆两端宜使用冷缩性终端头。

（二）设备蔬菜大棚智能化技术标准

1. 术语与定义

（1）物联网：利用局部网络或互联网等通信技术把传感器、控制器、机器、人员和物等通过新的方式联系在一起，形成人与物、物与物相连，实现信息化、远程管理控制和物联网的网络。

（2）智能电能表：由测量单元、数据处理单元、通信单元等组成，具有电能量计量、信息存储及处理、实时监测、自动控制、信息交互等功能的电能表。

（3）用电信息采集终端：对各测量点进行用电信息采集的设备，简称采集终端。可实现电能表数据的采集、管理、转发或执行控制命令。用电信息采集终端按应用场所分为厂站采集终端、专用变压器采集终端、集中抄表终端（包括集中器、采集器）、回路状态巡检仪等类型。

（4）智能控制箱（网关）设备：多个网络间提供数据转换服务的计算机系统或设备。

（5）土壤 EC 值：即土壤电导率，是测定土壤水溶性盐的指标。土壤水溶性盐是表层土壤中可被植物迅速利用的矿质营养的一个重要指标，是判定土壤中盐类离子是否限制作物生长的因素。

（6）LoRa：LPWAN 通信技术中的一种，是美国 Semtech 公司采用和推广的一种基于扩频技术的超远距离无线传输方案。

2. 基本原则

（1）大棚物联网应以建设坚固耐用、资源节约、环境友好、智能互动的现代化大棚为目标，打造统一、标准和实用的设施蔬菜大棚典范。

（2）大棚物联网应满足标准化建设要求、差异化设计，设备及材料选型应坚持安全可靠、经济适用、节能环保、寿命周期合理的原则。应采用成熟的新技术、新设备、新材料和新工艺，入网的设备及材料均应符合国家、行业和企业标准的规定并抽检合格。

（3）大棚物联网建设和改造应采用先进的施工技术和检验手段，合理安排施工周期，严格按照标准验收，所采用的施工工艺应便于验收检验，隐蔽工程应在工程实施各阶段予以介入管控并落实相应技术要求。

（4）大棚前端采集、监测和控制设备数据的传输应满足物联网平台的规范要求，所采集的各类数据必须从现场物联网设备、智能控制箱（网关）直接（不得通过第三方平台转接）实时传输到平台，满足平台数据实时获取、处理、控制和决策等要求，智能控制箱（网关）设备的时间要与上级平台同步。

（5）大棚前端采集、监测和控制设备在数据格式、通信协议、接口标准、指令解析、时空基准服务等方面必须与平台衔接。

（6）大棚前端采集、监测和控制设备需定时或实时自动采集相应参数，采集频率根据相关标准或不同作物、环境设定；设备应具有数据双发（同时传输至本地中心和上级平台）、容错和工况报告等功能；具有现场或远程编程能力，支持设备固件远程升级和设备参数远程设置；各类传感器的量程和精度应满足棚内各类作物生产的实际需要，物联网系统能够现场长期稳定可靠的工作（使用寿命不少于 5 年）。

3. 设施蔬菜大棚物联网

设施蔬菜大棚物联网技术主要包括数据采集、设备控制、物联通信等，通过部署统一标准的传感器和电能表，实时采集大棚内土壤温湿度、土壤 EC 值、空气温湿度、光照强度、二氧化碳浓度等环境量和电气量数据，通过信息采集箱接入平台，实现采集数据、告警数据的上送以及控制指令的接收；通过智能控制箱实现补光灯、电动卷帘机、电动喷淋机等非物联网设备的物联网控制；通过标准化控制协议，实现水肥一体机、电动放风机等物联网设备的直接控制。

（1）数据采集。

1）土壤温湿度传感器。

a. 性能要求。

（a）实时采集土壤温湿度信息并上传。

（b）土壤湿度传感器测量范围应为 0～100%。

（c）土壤湿度传感器在 0～53%范围内的测量精度应至少为±3%；在 53%～100%范围内的测量精度应至少为±5%。

（d）土壤湿度传感器需满足的工作温度为−45～115℃。

（e）土壤温度传感器测量范围为−40～80℃，测量精度需控制在±0.5℃内，探针材料应采用不锈钢。

（f）应符合 IP68 级防尘防水设计，且具备高可靠性。

b. 布设要求。

（a）应垂直挖直径大于 20cm 的坑，在既定的深度将传感器钢针水平插入坑壁，将坑填埋严实，稳定一段时间后，应进行连续数天、数月乃至更长时间的测量和记录。

（b）测量时钢针必须全部插入土壤里。

（c）应避免强烈阳光直接照射到传感器上而导致温度过高。

（d）不宜长时间在空气中处于通电状态。

（e）每亩应至少设置 3 个点，日光温室由里到外沿种植行前中后对角线布点，连栋温室在设施内沿对角线均匀布设，注意避开设施门口、通风口等。

c. 通信基本参数见表 2–5。

表 2–5　　通 信 基 本 参 数

参数	内容	参数	内容
编码	8 位二进制	停止位	1 位
数据位	8 位	错误校验	CRC（冗余循环码）
奇偶校验位	无	波特率	2400、4800、9600bit/s 可设，出厂默认为 9600bit/s

2）土壤 EC 传感器。

a. 性能要求。

（a）实时采集土壤 EC 值信息并上传。

（b）土壤 EC 传感器测量范围应为 0～10 000μs/cm，分辨率应大于 10μs/cm。

（c）响应时间应小于 1s。

（d）应符合 IP65 级防尘防水设计，且具备高可靠性。

b. 布设要求。

（a）应垂直挖直径大于 20cm 的坑，在既定的深度将传感器钢针水平插入坑壁，将坑填埋严实，稳定一段时间后，应进行连续数天、数月乃至更长时间的测量和记录。

（b）测量时钢针必须全部插入土壤里。

（c）应避免强烈阳光直接照射到传感器上而导致温度过高。

（d）不宜长时间在空气中处于通电状态。

（e）每亩应至少设置 3 个点，日光温室由里到外沿种植行前中后对角线布点，连栋温室在设施内沿对角线均匀布设，注意避开设施门口、通风口等。

c. 通信基本参数见表 2–6。

表 2–6　　通 信 基 本 参 数

参数	内容	参数	内容
编码	8 位二进制	停止位	1 位
数据位	8 位	错误校验	CRC（冗余循环码）
奇偶校验位	无	波特率	2400、4800、9600bit/s 可设，出厂默认为 9600bit/s

3）二氧化碳浓度传感器。

a. 性能要求。

（a）实时采集棚内二氧化碳浓度信息并上传。

（b）二氧化碳浓度传感器量程应为0～5000mL/L，测量精度应控制在±5mL/L以内，反应时间应小于30s。

（c）二氧化碳浓度传感器工作温度范围应为-40～80℃，湿度范围应为0～95%。

（d）应符合IP65级防尘防水设计，应具备高可靠性。

b. 布设要求。

（a）二氧化碳浓度传感器应布设在植物冠层中部。

（b）安装应避开易于传热且会造成与待测区域产生温差的地带。

（c）应安装在环境稳定的区域，避免直接光照，远离窗口及空调、暖气等设备，避免直对窗口、房门。

（d）应远离大功率（变频器/电动机）干扰设备，防止测量有误。

（e）每亩应设置2个点以上，日光温室由里到外沿种植行前中后对角线布点，连栋温室在设施内沿对角线均匀布设。

c. 通信基本参数见表2-7。

表2-7　　通信基本参数

参数	内容	参数	内容
编码	8位二进制	停止位	1位
数据位	8位	错误校准	CRC冗长循环码
奇偶校验位	无	波特率	2400、4800、9600bit/s可设，出厂默认为9600bit/s

4）空气温湿度传感器。

a. 性能要求。

（a）实时采集棚内空气温湿度信息并上传。

（b）空气温湿度传感器温度测量范围应为-40～80℃，在5～60℃范围内最大偏差应在±0.5℃内。

（c）温度分辨率应为0.1℃，温度长期稳定性不应超过0.1℃/年。

（d）空气温湿度传感器湿度测量范围为0～100%，在20%～80%范围内偏差应在±3%内。

（e）湿度分辨率0.1%，湿度长期稳定性不应大于1%年。

（f）传感器响应时间不应大于15s（1m/s风速）。

（g）传感器工作压力范围应在0.9～1.1倍标准大气压。

b. 布设要求。

（a）空气温湿度传感器应垂直放置，布设在植物冠层中部。

（b）安装应避开易于传热且会造成与待测区域产生温差的地带。

（c）应安装在环境稳定的区域，避免直接光照，远离窗口及空调、暖气等设备，避免直对窗口、房门。

（d）应远离大功率干扰设备（变频器/电动机），防止测量有误。

（e）每亩应至少设置 2 个点，日光温室由里到外沿种植行前中后对角线布点，连栋温室在设施内沿对角线均匀布设。

（f）应符合 IP65 级防尘防水设计，且具备高可靠性。

c. 通信基本参数见表 2-8。

表 2-8　　通信基本参数

参数	内容	参数	内容
编码	8 位二进制	停止位	1 位
数据位	8 位	错误校准	CRC 冗长循环码
奇偶校验位	无	波特率	2400、4800、9600bit/s 可设，出厂默认为 9600bit/s

5）光照强度传感器。

a. 性能要求。

（a）实时采集棚内光照强度信息并上传。

（b）光照强度传感器测量范围应为 0～65 535Lux 或 0～200 000Lux，光照强度精度分辨率应控制在±5%（25℃）以内。

（c）长期稳定性（光照强度）不应大于 5%/年。

（d）工作压力范围应为 0.9～1.1 倍标准大气压。

b. 布设要求。

（a）光照强度传感器应安装于无遮挡、透光条件好的位置（一般设置在作物上方 10cm 处）。

（b）光照强度传感器应与地平面水平安装，使感光位置正对天空。如需测量当前实时光强度，则应使感光位置正对太阳光入射位置。

（c）每亩应至少设置 3 个点，日光温室由里到外沿种植行前中后对角线布点，连栋温室在设施内沿对角线均匀布设，注意避开设施门口、通风口等。

c. 通信基本参数见表 2-9。

表 2-9　　通信基本参数

参数	内容	参数	内容
编码	8 位二进制	停止位	1 位
数据位	8 位	错误校准	CRC 冗长循环码
奇偶校验位	无	波特率	2400、4800、9600bit/s 可设，出厂默认为 9600bit/s

6）电气量采集器。

a. 性能要求。

（a）准确度等级应满足有功 1 级、无功 2 级。

（b）工作温度范围应为-10～55℃。

（c）极限工作温度范围应为-40～70℃。

（d）相对湿度应为年平均小于75%，不结露。

（e）大气压范围应为86～106kPa.

（f）采集电气量信息表详见表2-10。

表2-10　　采集电气量信息表

序号	采集电气量	序号	采集电气量
1	线电压 U_{ab}	10	合相有功功率 P_t
2	线电压 U_{bc}	11	A相有功功率 P_a
3	线电压 U_{ca}	12	B相有功功率 P_b
4	相电压 U_a	13	C相有功功率 P_c
5	相电压 U_b	14	合相功率因数 P_{ft}
6	相电压 U_c	15	A相功率因数 P_{fa}
7	A相电流 I_a	16	B相功率因数 P_{fb}
8	B相电流 I_b	17	C相功率因数 P_{fc}
9	C相电流 I_c		

b. 布设要求。

（a）每个大棚应装设一路总表，采集大棚内总体电气量信息。

（b）可根据实际情况布设分路电能表，分路采集电动卷帘和水肥一体化等重要用电设备的电气量信息。

7）网络摄像机。

a. 性能要求。

（a）网络摄像机像素应大于200万像素，分辨率应大于1100TVL，红外可探测距离应大于240m，应支持20倍光学变焦。

（b）水平调节范围应为0°～360°，支持连续旋转；垂直调节范围应为-10°～90°，支持图像自动翻转，设备的上仰角不低于15°。

（c）应支持H.265/H.264格式，满足-30～60℃工作温度要求，满足小于95%（无凝结）工作湿度要求。

（d）电源供应支持DC 12V或POE供电功能802.3af标准。

（e）应符合IP67级防尘防水设计，且具备高可靠性。

（f）视频信息采集监测站摄像头的选型及安装应符合GB/T 28281及GB 50198中的要求。

b. 布设要求。

（a）立杆的位置距离监控目标区域最近距离不得小于5m，最远距离不得大于50m。

（b）立杆位置应避开遮挡物体，还要为作物以后的生长留下空间。

（c）大棚控杆按高度3～4m、臂长0.8m安装。

（d）监控杆必须有避雷针及良好的接地保护，并通过导线导入地下（导电不走杆体）；立杆设计风载应大于23N/m²；疲劳寿命应大于30年。

（e）没有特殊情况，所有监控立杆预埋件混凝土应为 C25，所配钢筋应符合国家标准及受风要求。

c. 通信要求。

（a）视频监测设备能够根据上传平台的对接需要，随时进行视频信息采集和传输。

（b）要求采用高效压缩技术，视频流畅、图像清晰，低光照强度条件下仍有较好效果。

（c）能够在上传平台远程控制云台动作，变换摄像头方位和焦距，灵活调整视角。

（d）视频帧速、图像大小远程可调节。

（e）支持主备式传输通道，能长期稳定可靠运行。

（2）设备控制。

1）水肥一体机。

a. 功能要求。

（a）水肥一体化设备管理控制器应根据水肥一体化设备的实际情况和管理需要，采集水肥一体化设备的灌溉时长、灌水量、施肥量、水肥溶液 EC 值等运行状态参数，对设备进行智能控制，实现水肥的精准灌溉。

（b）控制器内置嵌入式控制软件，同时应具备自动监测、水肥一体化方案及模型下载、项目区与设备参数配置、远程闭环智能控制、数据就地显示、异常报警、自动灌溉、定时灌溉、智慧灌溉等功能，并能够将数据传送到平台。

b. 性能要求。

（a）水肥一体设备管理控制器应配备 Cortex－A7 及以上 CPU，且支持 Linux 操作系统。

（b）水肥一体机工作环境温度应满足－40～80℃，湿度应满足 5%～95%。

（c）控制器触摸屏应不小于 7 寸，客户交互界面友好。

（d）应支持有线和无线两种通信模式和无线自组网功能，支持 TCP、UDP 协议。

（e）应支持接口数字量不少于 16 路、模拟量不少于 8 路、RS485 不少于 2 路、开关量（输出）不少于 16 路、CAN 总线不少于 1 路。

（f）应支持电压 6～40V，最大功率不大于 3W，支持 DC 5V 电源输出。

（g）应支持 SD 卡本地存储，保存至少 3 年灌溉记录。

c. 控制方式。为满足不同环境和客户的需求，设备应具备智能控制、自动控制和手动控制三种控制方式：

（a）智能控制。设备可接入云平台，上传现场信息，下载模型分析的水肥一体化灌溉专家方案，按照作物需水、需肥规律，自动控制水源泵、施肥泵和灌溉阀门，实现作物的科学、精准、全自动灌溉施肥。

（b）自动控制。可通过设备触摸屏、云平台设定灌溉时间、灌溉水量、施肥种类和施肥量等参数，进行自动控制灌溉。

（c）手动控制。可通过设备触摸屏、云平台和手机 APP 进行手动控制设备灌溉。

2）电动放风机。

a. 功能要求。

（a）可根据设定温度自动开关风口，有效控制大棚内温度。

（b）可精准控制风口大小，运行平稳无卡涩。

b. 性能要求。

（a）电动放风设备工作环境温度范围为−40～80℃，湿度范围为5%～95%。

（b）应支持有线和无线两种通信模式和无线自组网功能，支持TCP、UDP协议。

（c）控制通道不小于8路。

（d）防护等级为IP67，且具有高可靠性。

c. 控制方式。为满足不同环境和客户的需求，设备应具备自动控制和手动控制两种控制方式：

（a）自动控制。通过平台或手机APP提前设定温度值，通过温度传感器实时采集棚内温度，在温度达到预设门限值时，按自动控制逻辑对系统执行温度控制操作，实现自动开关风口。

（b）手动控制。通过智能控制箱、平台或手机APP对设备进行手动控制设备开关风口。

3）电动卷帘机。

a. 功能要求。

（a）电动卷帘系统须能够安全、可靠地实现大棚草帘、草毡子及保温被等棚用材料的卷起和覆盖。

（b）通过智能控制箱采集的棚内光照、温湿度等信息实现电动卷帘的自动启停功能。

b. 性能要求。

（a）设备往复运行，各部件应运行平稳，满足设备性能要求或设计要求。

（b）在运行过程中，能实现任意位置的停止和启动。

（c）在运行过程中卷轴不得出现弯曲或翘曲变形。

c. 控制方式。为满足不同环境和客户的需求，设备应具备自动控制和手动控制两种控制方式：

（a）自动控制。通过平台或手机APP提前设定卷帘、放帘时间或温度门限值，当条件满足时，实现自动开关卷帘机。

（b）手动控制。通过智能控制箱、平台或手机APP对设备进行手动控制设备卷帘、放帘。

4）补光灯。

a. 功能要求。

（a）应根据大棚植物实际生长需求安装，在光照不足时为作物提供足够的光照。

（b）通过光照传感器实时采集的棚内光照强度，在光照强度达到预设告警值时通过智能控制箱实现补光灯自动启停、定时、存储、可读取补光数据等功能。

b. 性能要求。

（a）红光波峰波长范围为640～670nm。

（b）蓝光波峰波长范围为420～470nm。

（c）使用寿命应大于20 000h。

（d）光子通量应大于0.7μmol/（m^2·s）。

c. 控制方式。为满足不同环境和客户的需求，设备应具备自动控制和手动控制两种控制方式：

（a）自动控制。通过光照传感器实时采集棚内光照强度，在光照强度达到预设告警值时，通过智能控制箱自动实现补光灯开闭，以保证作物的生长需求。

（b）手动控制。通过智能控制箱、平台或手机APP对设备进行手动控制电动补光灯的开闭。

5）电动喷淋机。

a. 功能要求。

（a）通过高压喷头喷射出的冷雾降温，有效控制大棚室内的湿度和温度。

（b）根据棚内湿度、温度及视频终端上传的作物生长信息和实际需求等，进行智能控制，实现自动喷淋、定时喷淋、智慧喷淋等功能。

b. 性能要求。

（a）供水压力应大于 0.25MPa。

（b）喷嘴孔径范围为 2～2.5mm。

（c）雾滴直径范围为 0.05～0.2mm。

c. 控制方式。为满足不同环境和客户的需求，设备应具备自动控制和手动控制两种控制方式：

（a）自动控制。通过土壤温湿度传感器实时采集土壤温湿度，在土壤湿度达到预设告警值时，通过智能控制箱自动实现喷淋设备开闭，以保证作物的生长需求。

（b）手动控制。通过智能控制箱、平台或手机 APP 对设备进行手动控制喷淋设备的开闭。

（3）物联通信。物联通信是状态感知和自动控制的支撑，应充分考虑物联设备的功能和性能要求，以经济适用、稳定可靠为基本原则，综合利用 RS485 串行通信、LoRa 无线组网、4G/5G 移动通信、光纤通信、以太网通信等各种通信方式，实现物联设备的互联互通。

1）智能控制箱。

a. 功能要求。

（a）将环境量数据和电气量数据接入平台，实现本地化信息展示和采集数据、告警数据的上送以及控制指令的接收。

（b）通过标准化协议实现补光灯、电动卷帘机、电动喷淋机等设备的物联网控制。

b. 性能要求。

（a）工作环境温度应满足−20～60℃。

（b）工作湿度应小于 75%，无凝露。

2）数据通信。平台与智能控制箱（网关）之间通信数据参考 GB/T 18657.3—2002 规定的增强性三层参考模型，制定实用的帧结构，传输顺序为高位在前，低位在后；高字节在前，低字节在后。

采用异步式传输帧格式。

注册客户数据见表 2−11。

表 2−11　　　　注 册 客 户 数 据

序号	编码名称	长度	编码说明
1	设备编号	8 字节	设备唯一标识符
2	通道类型	1 字节	通道类型，0—主用，1—备用
3	设备类型	1 字节	0—备用 1—NVR 2—DVR 3—GPRS

续表

序号	编码名称	长度	编码说明
3	设备类型	1字节	4—G6000 5—G7000 6—G8000 7～255—保留
4	连接方式	1字节	默认3G 1—GPRS 2—3G 3—有线 4—4G

传输规则应按以下规定执行：

a. 帧的字符之间、帧与帧之间线路空闲间隔应考虑信道网络延时、中间环节延时、终端响应时间等因素。

b. 帧校验CS是控制域、应用服务数据单元（应用层）的字节的和校验。

c. 接收方校验，如检出了差错，舍弃此帧。帧的字符之间、帧与帧之间应考虑线路的空闲间隔。

3）设备通信。

a. 上联通信。传感器与智能控制箱（网关）之间的通信应综合考虑安装条件和成本，选择合适的通信方式，原则上以RS485串行有线通信为主，特殊安装需求下可以考虑内嵌LoRa通信模块的方式实现无线通信。智能控制设备、智能控制箱与平台之间通过MQTTv3.1版本协议进行数据通信，实现数据的上行通信。数据内容采用json字符串方式。

【数据格式】

device：设备编号

属性标签1：属性值1

属性标签2：属性值2

【topic】

数据上行topic：sys/a1TymkIzezE/thing/event/property/post

参数上下行topic：a1TymkIzezE/user/get

报警上行topic：a1TymkIzezE/user/war

【数据表】

数据表见表2-12。

表2-12　　数据表

1	空气温度	airtemp_1	float（单精度浮点型）	取值范围：-40～100
2	空气湿度	airhumi_1	float（单精度浮点型）	取值范围：0～100
3	二氧化碳	CO_2_1	int32（整数型）	取值范围：0～65 536
4	光照强度	light_1	int32（整数型）	取值范围：0～999 999 999
5	土壤温度	soiltemp_1	float（单精度浮点型）	取值范围：-40～100

续表

6	土壤湿度	soilhumi_1	float（单精度浮点型）	取值范围：0～100
7	土壤电导率	EC_1	int32（整数型）	取值范围：0～1000
8	土壤 pH	pH_1	int32（整数型）	取值范围：0～14
9	光合有效辐射	PAR_1	int32（整数型）	取值范围：0～4000
10	空气温度 2	airtemp_2	float（单精度浮点型）	取值范围：－40～100
11	空气温度 3	airtemp_3	float（单精度浮点型）	取值范围：－40～80
12	空气湿度 2	airhumi_2	float（单精度浮点型）	取值范围：0～100
13	空气湿度 3	airhumi_3	float（单精度浮点型）	取值范围：0～100
14	二氧化碳 2	CO_2_2	int32（整数型）	取值范围：0～65 536
15	二氧化碳 3	CO_2_3	int32（整数型）	取值范围：0～65 536
16	光照强度 2	light_2	int32（整数型）	取值范围：0～999 999 999
17	光照强度 3	light_3	int32（整数型）	取值范围：0～999 999 999
18	土壤温度 2	soiltemp_2	float（单精度浮点型）	取值范围：－40～100
19	土壤温度 3	soiltemp_3	float（单精度浮点型）	取值范围：－40～100
20	土壤湿度 2	soilhumi_2	float（单精度浮点型）	取值范围：0～100
21	土壤湿度 3	Soilhumi _3	float（单精度浮点型）	取值范围：0～100
22	土壤电导率 2	EC_2	int32（整数型）	取值范围：0～100
23	土壤电导率 3	EC_3	int32（整数型）	取值范围：0～100
24	土壤 pH2	pH_2	int32（整数型）	取值范围：0～14
25	土壤 pH3	pH_3	int32（整数型）	取值范围：0～14
26	光合有效辐射 2	PAR_2	int32（整数型）	取值范围：0～4000
27	光合有效辐射 3	PAR_3	int32（整数型）	取值范围：0～4000
28	总用电量	GeneralEp	float（单精度浮点型）	取值范围：0～10 000
29	分路一用电量	Branch1Ep	float（单精度浮点型）	取值范围：0～10 000
30	分路二用电量	Branch2Ep	float（单精度浮点型）	取值范围：0～10 000

【参数表】

参数表见表 2－13。

表 2－13　　　　参　数　表

1	空气温度上限报警值	airtempUP_war	float（单精度浮点型）	取值范围：－40～100
2	空气温度下限报警值	airtempDN_war	float（单精度浮点型）	取值范围：－40～100
3	空气湿度上限报警值	airhumiUP_war	float（单精度浮点型）	取值范围：0～100
4	空气湿度下限报警值	airhumiDN_war	float（单精度浮点型）	取值范围：0～100
5	二氧化碳上限报警值	CO_2UP_war	int32（整数型）	取值范围：0～65 536
6	二氧化碳下限报警值	CO_2DN_war	int32（整数型）	取值范围：0～35 536

续表

7	光照上限报警值	lightUP_war	int32（整数型）	取值范围：0～999 999 999
8	光照下限报警值	lightDN_war	int32（整数型）	取值范围：0～999 999 999
9	土壤电导率上限报警值	ECUP_war	int32（整数型）	取值范围：0～100
10	土壤电导率下限报警值	ECDN_war	int32（整数型）	取值范围：0～100
11	土壤 pH 上限报警值	pHUP_war	int32（整数型）	取值范围：0～14
12	土壤 pH 下限报警值	pHDN_war	int32（整数型）	取值范围：0～14
13	光合有效辐射上限报警值	PARUP_war	int32（整数型）	取值范围：0～4000
14	光合有效辐射下限报警值	PARDN_war	int32（整数型）	取值范围：0～4000
15	土壤温度上限报警值	soiltempUP_war	float（单精度浮点型）	取值范围：−40～80
16	土壤温度下限报警值	soiltempDN_war	float（单精度浮点型）	取值范围：−40～80
17	土壤湿度上限报警值	soilhumiUP_war	float（单精度浮点型）	取值范围：0～99
18	土壤湿度下限报警值	soilhumiDN_war	float（单精度浮点型）	取值范围：0～99
19	ID	CCID	text（字符串）	数据长度：2048
20	报警	war	text（字符串）	数据长度：2048
21	采集频率	up_time	int32（整数型）	取值范围：0～65 535
22	报警上报频率	up_wartime	int32（整数型）	取值范围：0～65 535

b. 下联通信。

（a）智能控制。智能控制设备、智能控制箱与平台之间通过 MQTTv3.1 版本协议进行数据通信，实现数据的下行通信。数据内容采用 json 字符串方式。

【topic】

参数上下行 topic：a1q04qjosGa/user/irr_set

数据上行 topic：/sys/a1q04qjosGa/thing/event/property/post

【数据表】

数据表见表 2-14。

表 2-14　　数　据　表

1	工作状态	work_state	enum（枚举型）	枚举值：0—空闲；1—清水；2—肥水
2	倒计时	in_time	int32（整数型）	取值范围：0～1500
3	当前灌溉分区	at_partition	enum（枚举型）	枚举值：1—1 分区；2—2 分区；0—空闲

【参数表】

参数表见表 2-15。

表 2-15　　参　数　表

1	启停	switch	bool（布尔型）	布尔值：0—停止；1—启动
2	灌溉类型	to_type	enum（枚举型）	枚举值：0—默认；1—清水；2—肥水

续表

3	灌溉时长	to_time	int32（整数型）	取值范围：0～1500
4	需要灌溉分区	need_partition	enum（枚举型）	枚举值：1—1 分区；2—2 分区；3—1 和 2 分区

（b）非智能控制。非物联网设备需要通过智能控制箱下联继电器，来实现物联网控制。平台与智能控制箱之间通过 MQTTv3.1 版本协议进行数据通信，实现数据的下行。智能控制箱通过继电器控制卷帘、通风、喷淋、补光、补二氧化碳、植保机等设备，原则上智能控制箱和继电器之间以 RS485 串行有线通信为主。继电器通过控制线与被控设备相连。数据内容采用 json 字符串方式。

控制命令下行 topic：/sys/a1TymkIzezE/{设备编号}/set。

控制命令下行表见表 2–16。

表 2–16　　控制命令下行表

1	卷帘卷起开关	0—关；1—开	SW1	卷帘的卷起和放下不能同时为开
2	卷帘放下开关	0—关；1—开	SW2	
3	放风开风口开关	0—关；1—开	SW3	放风的卷起和放下不能同时为开
4	放风关风口开关	0—关；1—开	SW4	
5	喷雾	0—关；1—开	SW5	
6	补光	0—关；1—开	SW6	
7	补二氧化碳	0—关；1—开	SW7	
8	植保机	0—关；1—开	SW8	

三、建设成效

（一）项目背景

寿光市是冬暖式蔬菜大棚的发源地，2018 年大棚蔬菜种植面积达到 60 多万亩，总产量 45 亿公斤，是“中国蔬菜之乡”。大棚蔬菜种植是寿光市经济发展的主要驱动，但是随着技术和产业发展，寿光市大棚蔬菜种植暴露出很多问题。一方面，传统的大棚种植是典型的劳动密集型产业，生产条件艰苦，对年轻人的吸引力不足，从业人员老龄化严重，“谁来种地”问题成为制约寿光市大棚种植的一大要素。另一方面，随着现代工业向农业领域的渗透和微电子技术的应用，寿光市农业虽然在全国具备领先优势，但是与发达国家比还存在较大差距，主要表现在：设施水平低，对设施内温、光、水、肥、气等环境因子的调控能力不足；机械化程度低，劳动强度大，生产仍以人力为主；设施栽培技术不配套、不规范、缺乏量化指标，栽培管理主要靠经验，科技含量低，“如何种好地”问题亟待解决。

针对以上问题，2016 年寿光市引入产业智慧化理念，在全市铺开大田改大棚、旧棚改新棚“两改”工作，新建第七代新式蔬菜大棚 1.5 万多个、面积 9 万亩，土地利用率提高 40%以上，同时广泛应用水肥一体机、自动放风机等智能化设备，农民劳动生产率提升 200%以上。目前 80%以上的新建大棚采用了智能温控、水肥一体化等物联网技术，不断提升蔬菜种植的技术、品质和效应，打造了大棚智能化发展模式。大棚智能化改造具有广阔的市场空间。

但是随着产业智慧化的推进，又出现了新的问题。农业智能化设备厂商众多，缺少统一的功能和技术规标，标准不一致，不同厂家的设备之间互不兼容，难以形成合力。同时大棚智能化改造主要关注环境数据采集和手动远程控制，对电、水、肥等要素的管理仍较为粗放，能效管理和用电安全问题突出。大棚智能化发展迫切需要一个具有强大品牌号召力和技术支撑力的平台型企业的加入。

（二）项目简介

本项目依托“365 电管家”智慧能源服务平台，开发智慧大棚应用模块，在古城番茄小镇、洛城全国蔬菜质量标准中心试验示范基地、现代农业高新技术集成示范区、田柳现代农业创业示范园、寿光市智能化蔬菜大棚示范园区 5 个园区，共计 150 个大棚开展智能化改造（建设）并接入平台。

各园区智能化改造（建设）大棚数量见表 2－17。

表 2－17　各园区智能化改造（建设）大棚数量

园区名称	运营单位	Ⅰ类大棚（个）	Ⅱ类大棚（个）
古城番茄小镇	寿光市金投集团	30	0
洛城全国蔬菜质量标准中心试验示范基地	寿光市农发集团	0	24
现代农业高新技术集成示范区	寿光市金宏集团	0	45
田柳现代农业创业示范园	寿光市金投集团	0	27
寿光市智能化蔬菜大棚示范园区	寿光市港投集团	0	24
合计		30	120

本项目涉及的大棚主要分为Ⅰ类大棚和Ⅱ类大棚两类：

Ⅰ类大棚（30 个）指新建且尚未实现智能化的大棚。此类大棚由客户自行投资，公司通过集体企业或综合能源服务公司，汇聚智慧农业上下游企业组成联合招标体参与项目招标，完成大棚智能化建设和数据接入。

Ⅱ类大棚（120 个）指已经建成的智能化大棚，有独立的平台技术支撑，公司出资对其进行电气量采集改造，并通过与原平台数据对接实现环境量数据的接入。

以寿光供电公司/综合能源服务潍坊分公司作为独立运营主体，积极探索“综合能源+智慧农业+精准营销”等新模式、新业态。寿光供电公司/综合能源服务潍坊分公司利用标准优势、平台优势、品牌优势，联合智慧农业设备厂商，提供涵盖电力设施配套、综合能源、大棚智能化建设一揽子工程服务，推广具备标准供电模式和能效管理能力的一体化智慧大棚解决方案，不仅为种植户提供可信赖的品牌，使农户省钱、省力、省时、放心，也带动了产业链上下游联动发展，为智慧农业设备厂商拓宽了市场推广渠道，而且降低农业整体用能成本，助力寿光市智慧农业发展。

（三）项目实施

1. 项目建设内容

政府侧：在政府主导下，充分发挥国家电网有限公司央企的品牌和平台优势，同智慧农

业上下游厂商和农业科研机构深度合作，推动成立电气化农业产业联盟，共同起草《设施蔬菜大棚智能化及电气化技术标准》，规范蔬菜大棚智能化、安全用电设计等要求，确保大棚智能化和电气化的统一、标准和实用，提升大棚用电安全和用能效率。

平台侧：依托“365 电管家”智慧能源服务平台，开发智慧大棚应用模块，通过 Web 服务和手机 APP 两种方式，为接入平台的大棚客户提供物联管理、实时监测、告警服务、智能控制、能效分析等基础功能和供电服务、安全用电、一键建棚、农事百科、菜价查询等增值服务。通过与环球公司合作，借助环球公司现有软件资源，以应用链接的方式，为客户提供蔬菜问诊（点农网）、百姓卖菜（万初启程）等共享服务。形成端到端的大棚智能化解决方案，支撑标准落地应用。

客户侧：在古城番茄小镇（30 个大棚）园区共计 30 个Ⅰ类大棚，由客户自行投资，公司依托平台支撑和国家电网品牌效应，促使集体企业或综合能源服务公司与明基等智慧农业上下游企业组成联合招标体参与项目招标，按照客户要求，结合大棚智能化及电气化技术标准，布设成套传感装置、电能表、能源控制器（信息采集箱）、智能控制柜等设备，实现大棚的智能化和平台数据接入，公司从中抽取交易服务费，形成标准和模式示范。

在田柳现代农业创业示范园（27 个大棚）、寿光市智能化蔬菜大棚示范园区（24 个大棚）、洛城全国蔬菜质量标准中心和现代农业高新技术集成示范区（69 个大棚）4 个园区共计 120 个Ⅱ类大棚进行改造，在大棚内装设电能表和能源控制器（信息采集箱）实现电气量采集，通过与园区原有平台进行数据对接获取其他数据，拓展平台客户数和数据量，实现寿光市存量智能化大棚的数据接入，形成平台价值示范，总投资 19.8 万元，平均每个大棚的投资为 2000 元左右。

合作企业侧：联合腾讯公司 AI Lab，基于“365 电管家”智慧能源服务平台汇集的大量蔬菜大棚环境量数据，试点验证人工智能种植解决方案，针对寿光市特色蔬菜种植品类，研发种植模型，通过算法寻找每一时刻下最适宜作物生长的环境状态并提供调控建议，最大化产量，最优化资源利用，探索未来智慧农业发展方向，助力寿光市农业现代化发展。

智能化大棚典型设备及功能见表 2-18。

表 2-18　　智能化大棚典型设备及功能

序号	设备名称	功能
1	环境温度传感器	采集棚内温度
2	环境湿度传感器	采集棚内湿度
3	二氧化碳传感器	采集二氧化碳浓度
4	土壤温度传感器	采集土壤温度
5	土壤湿度传感器	采集土壤湿度
6	土壤 EC 传感器	采集土壤 EC 值
7	光照传感器	采集棚内光照强度
8	电气量采集器（电能表）	采集电压、电流、频率、有功功率，无功功率，视在功率、用电量
9	能源控制器（信息采集箱）	集中汇集各类传感器数据，上传至“365 电管家”智慧能源服务平台

续表

序号	设备名称	功能
10	智能控制柜（可选）	补光灯、电动卷帘机等非智能化设备智能控制
11	LED 显示屏（可选）	本地化采集数据和告警信息展示
12	监控摄像头（可选）	视频监控

2. 技术原理

通过布设成套传感装置和电气量采集装置，采集大棚内土壤温度、土壤湿度、土壤 EC 值、空气温度、空气湿度、光照度、二氧化碳浓度等环境量数据和电气量数据，通过能源控制器（信息采集箱）接入“365 电管家”智慧能源服务平台，实现本地化信息展示（需要单独配置 LED 屏）和采集数据、告警数据的上传以及控制指令的接收，借助智能控制箱，实现补光灯、电动卷帘机、电动喷淋机等非智能化设备的智能化控制，通过标准化控制协议，实现水肥一体机、自动放风机等智能化设备的直接控制，通过监控摄像头（可选），实现视频监控。

3. 运营及商业模式

以寿光供电公司/综合能源服务潍坊分公司作为独立运营主体，积极探索“综合能源+智慧农业+精准营销”等新模式、新业态。联合农业信息化厂商、智慧大棚设备厂商、农业科研单位，建立“政府主导—企业助力—社会多方参与”的农业智慧用能综合服务生态圈，深度参与政府主导成立的电气化农业产业联盟，将“365 电管家”智慧能源服务平台定位为产业联盟的支撑平台和开放共享平台。

项目面向的客户群体主要为参与农业产业链的利益相关方，如农业种植园区、智慧农业解决方案提供商、智慧农业设备制造商、农业研究机构、农业电商平台、农业保险金融机构。公司作为枢纽平台联合智慧农业各方建设力量和数据，以“365 电管家”智慧能源服务平台为支撑，充分发挥电网企业专业优势和客户经理、供电所团队力量，通过建立合理的市场团队绩效激励机制（由项目运营团队制定并实施），调动基层积极性，实现项目线下推广、线下代维服务和平台线上服务相结合的盈利模式。基于公司市场推广能力、品牌影响力、客户服务响应能力、平台数据规模，开展面向平台企业客户（智慧大棚解决方案提供商、能源服务提供商等关联企业）的交易促和、设备推广、平台接入等多种服务。当前可通过联合投标推广一体化解决方案或推广相关电气化设备，与参与方形成交易促和和设备推广协议，进行分成。未来可利用平台接入的农业生产数据，通过金融或人工智能手段延伸服务边界，赚取长期收益，如通过推广农业数据种植模型服务或流量变现获得间接收益。通过较高增值的定价提供贷款担保、农业种植保险等服务。

（四）项目成效

对园区和农户：一是省时省力。安装电动卷帘、自动放风、水肥一体化等电气化设备，代替传统的人力操作，平均每亩地每天可节省半个小时操作时间，每年大概节省工时 20（人・天），提高生产效率，减少人工投入。二是省钱。通过对外输出标准和平台支撑，助推产业发展，提高园区和农户对智能化大棚和智能化设备的接受程度，推动智慧农业的发展。

通过电气化和智能化设备的引入及物联改造，实现电、水、化肥、农药等精准使用，能够节约用水 40%～60%，节约肥料 30%～50%，让农户种植更省钱。通过节省劳动力，让园区节省成本，以一个 5 亩的大棚为例，每年节省劳动力 100（人·天），按每人每天工时费 200 元算，每年节省开支 2 万元。

对平台关联企业：拓宽了产品推广渠道，提升产品销售量和知名度，国家电网有限公司为其提供产品代维服务、标准化服务和平台服务，提升相关企业客户黏性，实现市场和数据赋能。

对政府：提供农业大数据分析支撑服务，为政府智慧农业策略的制定提供数据支撑。带动农业产业链上下游联动发展，统一农业能效管理标准，降低农业整体用能成本，助力寿光市农业现代化。

对公司：一是抢占智慧农业标准高地。公司牵头编制《设施蔬菜大棚智能化及电气化技术标准》，规范大棚用电设计、智慧化改造和能效指标，推广具备标准供电模式和能效量化管理的智慧大棚解决方案，该标准已作为寿光市地方标准立项，借助寿光蔬菜大棚技术影响力，获得智慧农业领域话语权。二是拓展综合能源服务业务。借助公司标准、平台、品牌优势，综合能源服务公司提供设计、施工、种植、能效分析、综合能源服务、电力设施配套、电力设施代维一揽子服务，拓展业务渠道和客户群体，增加公司收入和客户黏度。综合能源服务公司已经与全国蔬菜标准质量中心（二期）、寿光市金投集团番茄小镇、金宏集团智慧农业科技园达成了合作意向，提供涵盖电力设施配套、综合能源、大棚智能化建设一揽子工程服务，预计达成合同额 1600 余万。三是培育新的综合能源服务赢利点。通过做大做强“365 电管家”智慧能源服务平台，对接入平台的大棚收取平台接入费，以潍科软件科技有限公司的收费标准，每个大棚的接入费用是 1000 元。以综合能源服务公司或集体企业参与的方式，与明基等智慧农业上下游企业组成联合招标体，借助国家电网有限公司品牌影响力和“365 电管家”智慧能源服务平台技术吸引力，促成大棚智能化改造（建设）项目的交易，每个项目抽取 10%左右的交易服务费。

四、产品研发

（一）AEC Ⅰ（Ⅱ、Ⅲ）型能源控制器

1. *产品简介*

（1）AEC Ⅰ（Ⅱ、Ⅲ）型能源控制器是公司推出的针对农业大棚种植应用的新一代智慧能源网关产品，可以为农业电气化设备提供安全、可靠的双向无线数据通信服务。

（2）AEC Ⅰ（Ⅱ、Ⅲ）型能源控制器终端设备之间可以建立双向通信，集中汇集电压、电流、二氧化碳浓度、土壤温湿度、土壤 EC 值、空气温湿度、光照强度等传感器数据，并下发控制指令。能源控制器通过 NBIoT 网络连接到服务器。

（3）LED 屏实时显示环境信息，实时告警信息。工业设计，防水性能好。具备边缘计算功能，响应速度快。NBIoT+MQTT 通信，数据传输稳定安全。

2. *主要规格参数*

主要技术规格参数见表 2-19。

表 2-19　　主要技术规格参数

<table>
<tr><td rowspan="7">硬件参数</td><td>协议标准</td><td>MQTT 协议</td></tr>
<tr><td>联网方式</td><td>NB-IoT、WiFi、4G</td></tr>
<tr><td>主控芯片</td><td>Cortex-M3</td></tr>
<tr><td>电源</td><td>330V 交流（Ⅰ、Ⅱ）
220V 交流（Ⅱ）</td></tr>
<tr><td rowspan="2">存储</td><td>256K FLASH</td></tr>
<tr><td>48K SRAM</td></tr>
<tr><td>屏幕尺寸</td><td>7 寸（Ⅰ、Ⅱ）</td></tr>
<tr><td rowspan="3">工作环境</td><td>工作温度</td><td>-20～85℃</td></tr>
<tr><td>储存温度</td><td>-40～125℃</td></tr>
<tr><td>湿度</td><td>10%～90%　无冷凝</td></tr>
<tr><td rowspan="5">外部接口</td><td>电源接入</td><td>1 路 380V 三相四线接口（Ⅰ、Ⅱ）
1 路交流 220V（Ⅱ）</td></tr>
<tr><td>电源输出</td><td>1 路 DC 24V 接口（传感器供电）（Ⅰ）
2 路交流 380V 三相四线接口（为其他用电设备供电）（Ⅱ、Ⅲ）</td></tr>
<tr><td>串行接口</td><td>2 路 RS485 接口（1 路传感器通信，1 路 LED 屏通信）</td></tr>
<tr><td>控制接口</td><td>8 路控制节点</td></tr>
<tr><td>天线接口</td><td>1 路 NB-IoT 天线接口（N 型母头）</td></tr>
<tr><td rowspan="2">外形参数</td><td>$L \times W \times H$（mm×mm×mm）</td><td>500×600×200（Ⅰ）
300×400×200（Ⅱ）
400×500×200（Ⅲ）</td></tr>
<tr><td>材质</td><td>钣金（Ⅰ、Ⅱ）
注塑（Ⅲ）</td></tr>
</table>

3. 安装方式

（1）AEC Ⅰ型控制器设备分为控制和采集上传两部分，控制箱为触屏控制，支持壁挂、搭建支架安装，支架安装时控制箱安装于铝合金防腐底座上，设备背面有支撑架固定。AEC Ⅰ型控制器位置图如图 2-2 所示。

图 2-2　AEC Ⅰ型控制器位置图

（2）AEC Ⅱ型控制器控制箱部分为触控屏控制，建议安装于棚头房内，防止暴晒减少设备使用寿命，与电能表采集箱保持合适距离，保证采集控制信号稳定，设备为金属外壳，壁挂式（用胀栓固定在墙面上）安装，AEC Ⅱ型控制器位置图如图 2-3 所示。

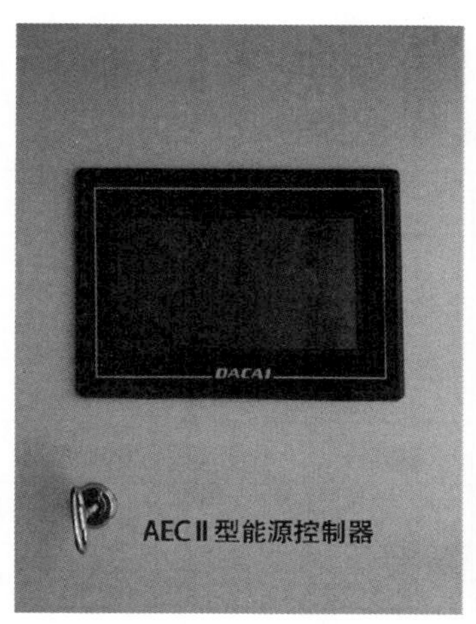

图 2-3　AEC Ⅱ型控制器位置图

（3）AEC Ⅲ型控制器电能表设备融采集、控制及上传为一体，设备安装靠近配电箱，方便采集，同时保障数据采集准确。设备为绝缘塑制箱体，设备有外壳壁挂用安装鼻，AEC Ⅲ型控制器位置图如图 2-4 所示。

图 2-4　AEC Ⅲ型控制器位置图

（二）UEC 型能源控制器

1. 产品简介

（1）UEC 型能源控制器是公司推出的新一代智慧能源网关产品，可以为电网设备提供安全、可靠、低功耗的支持大面积应用的双向无线数据通信服务。

（2）UEC 型能源控制器采用 LoRa 扩频调制技术，工作于 470～510MHz 频段。上行有 4

路接收信道，下行有 2 路发射信道，可实现全双工并发通信。能源控制器和终端设备之间可以通过不同的信道建立通信，速率可以实现自适应调整以减少终端设备的功耗。能源控制器通过标准的 IP 网络连接到服务器。

2. 主要规格参数

主要技术规格参数见表 2－20。

表 2－20　　主要技术规格参数

类别	项目	参数
硬件参数	协议标准	MQTT 协议
	组网方式	星形
	主控芯片	工业级 MCU
	电源	12V 直流
	工作电流	满负荷工作电流＜1.5A @12V
		正常状态工作电流＜600mA @12V
		空闲状态工作电流＜70mA @12V
	工作频段	470～510MHz LoRa
	上行接收信道数量	4 路（支持 4 路并行接收）
	下行发射信道数量	2 路（支持 2 路并行发送）
	最大发射功率	20dBm
	接收灵敏度	最大－142dBm
	最大链路预算	162dB
工作环境	工作温度	－40～85℃
	储存温度	－40～125℃
	湿度	10%～90%无冷凝
外部接口	电源接口	1 路 DC 接口（防水接口，与 RS485 共用）
	Ethernet 接口	1 路 RJ45（防水接口）
	串行接口	2 路 RS485 接口（防水接口，与电源接口共用）
	信号指示灯	1 路（防水信号灯）
	线接口	2 路 LoRa 天线接口（N 型母头）
		1 路 4G 天线接口（N 型母头）
外形参数	$L \times W \times H$（mm × mm × mm）	250 × 250 × 120
	材质	钣金

3. 尺寸参数

尺寸标注如图 2－5 所示。

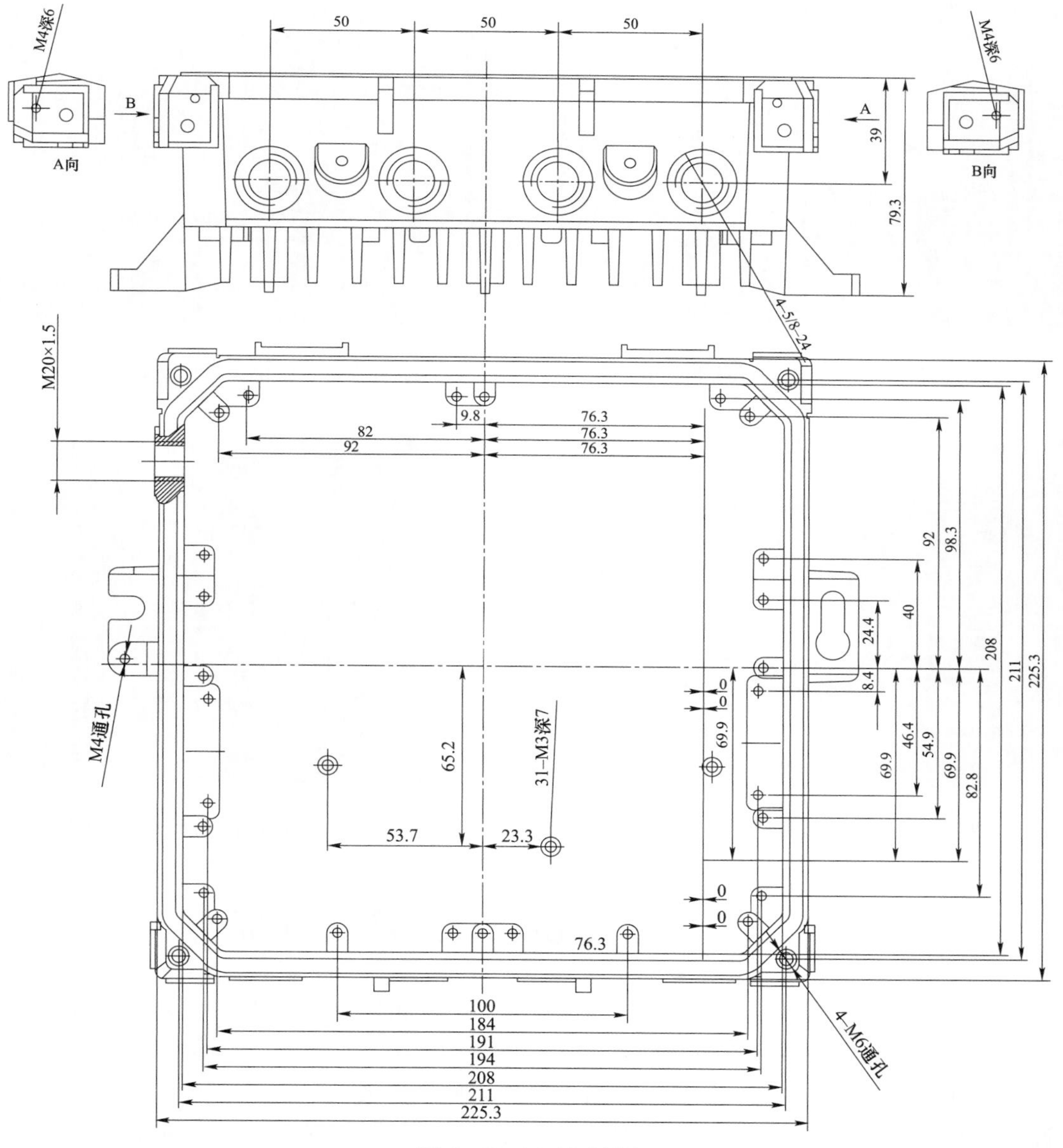

图 2-5　尺寸标注图

4. 安装方式

步骤 1：取出设备安装结构件，主要有 2 块铝合金安装板、2 套抱箍、配套螺丝。设备结构架图如图 2-6 所示。

步骤 2：将 2 块铝合金安装板用螺丝固定好，铝合金安装板图如图 2-7 所示。

步骤 3：将安装好的铝合金安装板固定在设备外壳上，如图 2-8 所示。

步骤 4：使用抱箍将设备固定在合适的安装支架上，如图 2-9 所示。

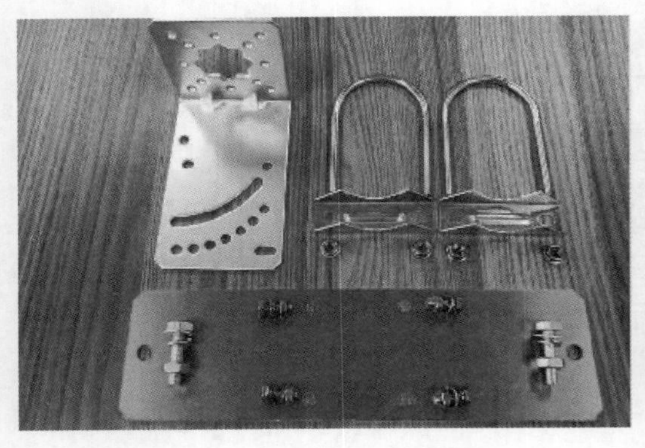

图 2-6　设备结构架图

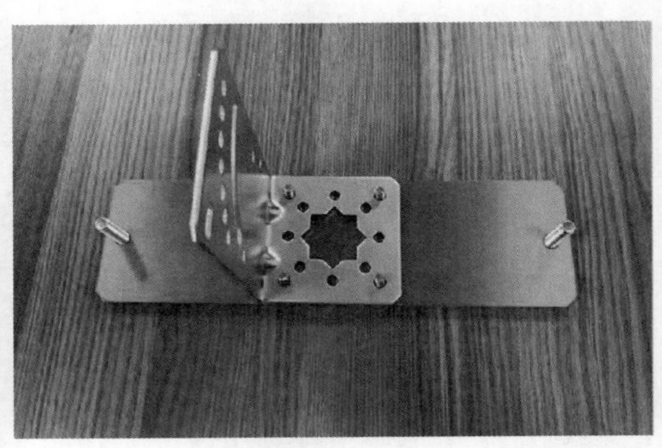

图 2-7　铝合金安装板图

图 2-8　铝合金固定在设备外壳图

图 2-9　设备固定在安装支架图

第二节　电气化畜牧养殖智慧用能

利用电保温、电循环风、电孵化、自动喂食、自动挤奶、自动清粪等技术，实现畜牧养殖生产全过程电气化，具有养殖品种多样化、环境污染小、食品安全保障性高等优势，促进畜牧养殖行业标准化、现代化发展。部署电气量、环境量采集和能源控制设备，实时监测空气温度、照明强度和电气量数据，并对电气化设备智能控制，保证孵化车间合适温度以提高鸭苗孵化率。

一、实施方案

（一）建设目标

1. 智慧用电

推广畜牧养殖业具备感控功能的电气化设备，实现孵化、养殖生产全过程电气设备互联与集中监控，根据生产需要实现智慧用能的精准控制和安全可靠。

2. 能效提升

通过使用电孵化设备，自动地、精准地控制孵化机内的温度、湿度、通风和翻蛋，辅助

孵化作业，使孵化成功率提升至 90%以上。通过自动喂食、自动清粪等设备，辅助养殖作业，年节省劳动力约 60（人·天）/万只。

3. 产业提升

通过开放物联网基础设施和综合能源服务，建成“政府支持—厂商受委参与—电力公司引导”的乡村畜牧养殖电气化新生态圈，联合设备厂商提高农村电气化设备覆盖率，推动产业标准化大规模生产。

（二）建设内容

（1）常规电气化建设。使用电能孵化箱替代传统炕孵化、缸孵化。使用电保温、电循环风、电孵化、自动喂食、自动清粪设备。完善备用发电机组自动启停功能，实现与电网互动。建设综合能源供应中心，实现水电气热协调供应。

（2）设备智能化改造。安装视频监控设备，在空调系统、燃气锅炉、孵化箱加装传感器、控制器，实现用能设备全息感知，并根据实际生产环境需求，自动控制用能设备。本地部署能源控制器，接入用能设备、环境等数据信息。在用能源控制器上研发电气化畜牧养殖智慧用能控制边缘计算模块，执行能效控制策略。

涉及客户产业信息的数据采集，优先使用客户原有的设备接入，对于未安装设备的客户，若客户确有需求，公司负责为客户安装相关数据采集设备。

（3）在智慧用能控制系统中增加畜牧养殖智慧用能模块，采集及展示用电量、温度、湿度等信息。根据孵化室、孵化箱的温湿度，计算协同优化孵化室空调系统与孵化箱用能策略，并根据用气量、用热量、用电量，分析最优用能策略。

（4）项目实施地点：天惠种禽有限公司养殖基地。

（三）技术路线及主要装备

畜牧养殖智慧用能系统构架如图 2-10 所示。

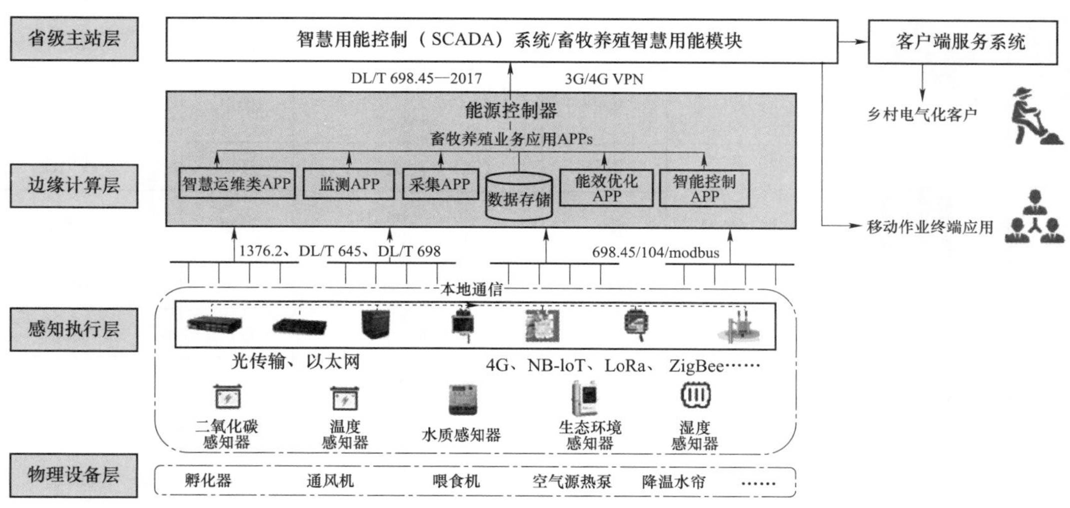

图 2-10　畜牧养殖智慧用能系统架构

在智慧用能控制系统中添加畜牧养殖智慧用能模块，实现养殖类生产设备用能分析等功能。本地部署能源控制器设备，拓展不同协议转换应用模块、生产报警、温度调控策略等边缘计算应用模块，支撑规范化数据采集与 CPS 安全保障。感知执行层加装电气设备智能物联终端，通过光纤、4G、NB－IoT 等方式传输采集信息，采用 698.45、104、modbus 等协议向能源控制器发送数据。设备层加装孵化器、通风机、空气热源泵、降温水帘、监控设备等电气化设备。

畜牧养殖智慧用能主要传感器及控制器见表 2－21。

表 2－21　　畜牧养殖智慧用能主要传感器及控制器

产品	参考图片	产品名称	技术参数			
物联网智能监测设备		无线温湿度传感器	型号	XMZN－WS－0201	接口	2 线电流
			量程	温度－20～85℃ 湿度 0～80%	精度	温度 0.3℃ 湿度 3%
			输出	LoRa433	供电	12V
		无线二氧化碳浓度传感器	型号	XMZN－CO_2－0501	接口	2 线电流
			量程	二氧化碳 0～5000mL/L	精度	正负 10mL/L
			输出	LoRa433	供电	12V
		无线温、湿度传感器	型号	XMZN－TRWS－0101	接口	2 线电流
			量程	温度－40～80℃ 湿度 0～100%	精度	温度 0.5℃　湿度 3%
			输出	RS485	供电	12V
		智能水量计	型号	DS－CSW	接口	2 线电流
			量程	DN50－DN300	精度	0.01m^3/H
			输出	RS485 接口 Modbus/RTU 协议	供电	内置锂电池或外供 12～24V
		智能燃气流量计	型号	G2.5 户用流量表	接口	2 线电流
			量程	0.025～4m^3/H Pmax 10kPa	精度	1.5 级别
			输出	4～20MA　RS485 协议	供电	6V
		智能电能表	型号	ZMAi－90	接口	2 线电流
			量程	输入相电压 AC220V； 输入电流比 100A/5A	精度	1 级
			输出	RS485 接口 Modbus/RTU 协议	供电	单相 220V
		高清球机	型号	AD6500－3	质量	5.5kg
			量程	360°旋转	精度	22 倍变焦
			输出	RS485	供电	220V

（四）数据交互需求

畜牧养殖智慧用能数据交互内容见表 2–22。

表 2–22　　畜牧养殖智慧用能数据交互内容

序号	数据项分类	数据子项
1	环境数据	温度
2		湿度
3		二氧化碳浓度
4	电能数据	电压、电流、频率、有功功率、无功功率、视在功率、用电量
5	用水数据	水速、流量、累计用水量、水压
6	用气数据	气体流速、气体流量、累计用气量、气压
7	设备状态数据	电保温、电循环风、电孵化、自动喂食自动清粪等设备状态监测数据

二、建设标准

（一）术语和定义

（1）养殖设备电气化：以电气化养殖设备代替传统的养殖设备、养殖技术及人力输出模式，达到降低劳动强度，减少人力成本，提高养殖质量和产量的目的。主要是指家禽（畜）养殖电气孵化、饲料粉碎、饲料搅拌、自动喂料、自动清便等。

（2）环境控制自动化：通过温湿度传感器采集养殖现场数据，上传至监控平台，由平台下达控制指令，控制养殖现场温控、光控等设备运行，实现养殖场所内温湿度、照度等环境因素的实时调节，优化养殖环境，提高养殖质量和产量。

（3）通用型能源控制器：集合 LoRa 传输、RS485 线传输和 4G 传输于一身的信号传输设备，用于监控平台与采集终端之间的数据交互以及监控平台下达命令实现对现场设备的控制。

（4）智能能效采集终端：由测量单元、数据处理单元、通信单元等组成，具有电能量计量、线缆温度采集、信息存储及处理、实时监测、自动控制、信息交互等功能的能效采集装置。

（5）电锅炉：也称电加热锅炉、电热锅炉，是以电力为能源，并将其转化为热能，经过锅炉转换，向外输出具有一定热能的蒸汽、高温水或有机热载体的锅炉设备。

（6）智能配电台区：应用配电变压器侧安装的智能配变终端和客户侧安装的智能采集终端、智能客户交互终端配合双向高效通信信道实现配电台区信息模型的标准化和台区智能化综合管理，具备信息化、自动化、互动化等智能特征的配电台区。

（7）分布式光伏发电：光伏发电技术的一种，指在客户场地附近建设，运行方式以客户侧自发自用、多余电量上网，且在配电系统平衡调节为特征的光伏发电。它倡导就近发电、就近并网、就近转换、就近使用的原则。

（二）基本原则

（1）适用性。根据畜牧养殖基地所处的地理环境、气候特点、畜牧养殖类型等实际情况，进行规划设计、设备选型，确定建设模式、方案，确保建设安全顺利进行。

（2）安全性。畜牧养殖智慧用能建设要首先考虑安全用电问题，全面感知畜牧养殖各个用电设施的用电信息，实时监测畜牧养殖设备电气量参数，规范畜牧养殖安全用电管理，及时发现消除用电安全隐患，避免发生安全事故。

（3）前瞻性。从设备选型、新技术应用考虑，并留有下一步扩展的空间。

（4）示范性。畜牧养殖智慧用能应大力推广智能配电、养殖设备电气化、环境控制自动化、智能供暖等技术，以规范电气建设为重点，以智能化为技术支撑，形成统一的智慧用能建设标准，发挥示范引领带动作用。

（5）可持续性。通过持续创新综合能源服务模式，综合考虑适用性、安全性、前瞻性、示范性等要素，加快畜牧养殖智慧用能建设，改善畜牧养殖用能模式，提高用能效率，减少电能浪费和人工成本，打造可持续发展的智慧用能畜牧养殖。

（三）建设要求

畜牧养殖电气化智慧用能项目包括智能配电系统、养殖设备电气化、环境控制自动化、电供暖系统等。

1. 智能配电系统

通过畜牧养殖厂区配电设备实现对供电设备运行状态监测控制、无功补偿和故障隔离；通过加装智能能效采集终端和测温终端，对用电量、电压、电流和设备温度等进行实时监测，并上传监控平台，完成畜牧养殖用能状态信息的全面感知，达到配网设备精益运检与远程运维、故障快速处置与精准主动抢修，指导畜牧养殖用电安全综合管理。智能配电系统由配电设备、智能监控设施等组成。

（1）配电设备。应充分考虑畜牧养殖用电负荷的特点和实际需求，为畜牧养殖电气孵化、饲料粉碎、饲料搅拌、自动喂料、自动清便、自动调温、照明、供暖等提供安全连续可靠的电能，实现对供电设备运行状态监测控制、无功补偿和故障隔离。主要包括高压进线电缆、跌落开关、避雷器、变压器、低压出线线缆、低压配电箱、接地装置、分布式光伏发电等。

（2）智能监控设施。通过加装智能能效采集终端，对用电量、电压、电流、电缆运行温度等进行实时监测，通过通用型能源控制器上传至监控平台，实现对畜牧养殖厂区用能的全面监控和精益化用电管理。由智能能效采集终端、通用型能源控制器、监控平台等组成。

2. 养殖设备电气化

畜牧养殖电气化建设，首先要进行传统养殖设备和养殖技术的改造，以先进电气化设备替代传统的自然式养殖和人力输出模式，实现养殖设备的电气化。主要是指对家禽（畜）养殖电气孵化、饲料粉碎、饲料搅拌、自动喂料、自动清便等工序配置电气化设备，以达到降低劳动强度，减少人力成本，提高养殖质量和产量的目的。

3. 环境控制自动化

温湿度传感器、光照强度传感器等采集模块采集养殖现场温湿度和光照强度数据，通过通用型能源控制器上传至监控平台，进行实时数据显示，并由监控平台下达控制指令，通过由断路器、传感器、继电器等元器件组成的控制回路，控制养殖现场温控、光控等设备运行，实现养殖场所内温湿度、照度等环境因素的实时调节，优化养殖环境，提高养殖质量和产量。主要包括电动窗、排风扇、空调器、照明回路和自动化控制回路等环节。

4. 电供暖系统

通过安装电供暖设备，将清洁的电能转换为热能的一种优质舒适环保的供暖方式。畜牧

养殖厂区电供暖设备建设主要包括电锅炉和空气源热泵等。

（四）技术条件

1. 智能配电系统

（1）配电室（台区）选址。

1）配电室（台区）不应处于影响配电设备安全运行的地方（如油气管道、环境污秽严重、地势低洼等）。

2）配电室（台区）位置相对独立，不应影响正常养殖生产活动。

3）高压进线线路不宜通过人员密集场所。

（2）配电设备。

1）高压进线电缆。

a. 路径选择。

（a）电缆线路路径应征得当地政府主管部门认可。

（b）电缆敷设路径综合考虑路径长度、施工、运行和维护方便等因素，在符合安全性要求下，电缆敷设路径应有利于降低电缆及其构筑物的综合投资。

（c）应避开可能挖掘施工的地方，避免电缆遭受机械性外力、过热、腐蚀等危害。

（d）如遇湿陷性、淤泥、冻土等特殊地质，应进行相应的地基处理。

b. 选型原则。

（a）电力电缆选用应满足负荷要求、热稳定校验、敷设条件、安装条件、对电缆本体要求、运输条件等。

（b）选择电缆截面，应在电缆额定载流量的基础上，考虑环境温度、并行敷设、热阻系数、埋设深度等因素。

c. 建设标准。

（a）电缆敷设方式根据现场实际情况，可采用架空、直埋、隧道、穿管、电缆沟等。

（b）电缆直埋敷设时，应沿电缆路径全长铺沙，覆盖宽度不小于电缆两侧各50mm的保护盖板，宜采用混凝土盖板；电缆外皮距地表深度不得小于0.7m，当位于行车道或路口地下时，应适当加深，且不宜小于1m；直埋敷设的电缆，严禁位于地下管道的正上方或正下方。

（c）电缆与电缆、管道、道路、构筑物等之间的容许最小距离，应符合规程规定。

（d）电缆在任何敷设方式及其全部路径条件的上下左右改变部位，最小弯曲半径均应满足设计或规范要求，电缆的允许弯曲半径，应符合电缆绝缘及其构造特性要求，一般大于电缆外径15倍。

（e）排管在选择路径时，应尽可能取直线，排管连接处应设立管枕，排管敷设应整齐有序，排管应采用混凝土包封，上层应设置严禁开挖警示带。

（f）电缆采用保护管敷设时，保护管内壁和管口应光滑无毛刺，采用通管器来回拖拉清理管内杂物，管口应采取防止损伤电缆的处理措施，如将管口做倒角，减少对电缆外皮的割滑。

（g）盖板为钢筋混凝土预制件四周宜设置预埋护口件（宜为热镀锌角钢）。位于机动车道上的盖板应采用加强型盖板。

（h）电缆沟底板反水坡度应统一指向积水坑，反水坡度宜大于0.5%，积水坑尺寸应能满足排水泵放置要求；坑顶设置保护盖板，盖板上设置泄水孔；具备条件情况下，需同“三污干管”（雨水管、污水管、废水管）连通或设置强排装置。

（i）电缆通道回填土应分层夯实，回填土中不应含有石块、建筑垃圾或其他硬质物；在通道本体上部应铺设防止外力损坏的警示带（及电缆桩），然后再分层夯实回填至地面修复高度。

（j）相同电压的电缆并列敷设时，电缆间的净距不应小于 100mm。

（k）电缆敷设完成后应留有伸缩裕度，电缆应固定在支架上，并应保证电缆配置整齐。

（l）电缆管道的使用应按照从下至上有序使用的原则，提前规划好管孔使用位置，避免交叉和敷设混乱的情况发生；电缆进入电缆沟、隧道、竖井、建筑物、盘（柜）以及穿入管子时，出入口应封闭，管口应密封；电缆构筑物中电缆引至电气柜、盘或控制屏、台的开孔部位，电缆贯穿隔墙、楼板的孔洞处，工作中电缆管孔等均应实施阻火封堵；电缆进入变（配）电站或电缆竖井时，应设置阻燃点。阻燃点可采用无机堵料防火灰泥或者有机堵料，如防火泥、防火密封胶、防火泡沫、防火发泡砖、矿棉板或防火板等封堵，防火隔板厚度不宜小于 10mm。

（m）电缆进入电气盘、柜的孔洞处应做防火封堵，采用防火材料（防火隔板、防火封堵泥）封堵平整；防火隔板厚度不宜小于 10mm。用隔板与有机防火堵料配合封堵时，防火堵料应略高于隔板，高出部分应形状规则。

（n）电缆应固定在电缆固定支架上，电缆和夹具间要加衬垫。固定电缆的夹具应表面平滑、便于安装、具有足够的机械强度和耐久性。

（o）金属电缆支架全线均应有良好接地，接地线焊接要求：扁钢焊接面不小于其宽度 2 倍，圆钢不小于其直径 6 倍，焊接处应采取防腐措施。

（p）电缆终端头金属屏蔽层、铠装层应用不同接地线引出，不得并接，应在不同点分别接地。

（q）电缆线路应具有符合现场实际的电缆走径图，合格证、试验报告齐全。

2）配电变台电杆。

a. 选型原则。

（a）电杆宜采用符合《环形混凝土电杆》（GB 4623—2014）规定的定型产品，并应考虑电杆当地运行工况，如风速、覆冰等。

（b）配电变台采用等高杆方式，电杆采用非预应力混凝土杆，杆高原则上为 12、15m 两种。

b. 建设标准。

（a）配电变台电杆埋深标准见表 2-23。

表 2-23　配电变台电杆埋深标准

杆长（m）	10	12	15
埋深（m）	2.0	2.2	2.5

（b）台区两基坑根开 2.5m，中心偏差不应超过±30mm。

（c）底盘基坑开挖为正方形，底部应夯实、平整，底盘放置基坑中心并清理表面余土。

（d）卡盘 U 形抱箍安装距地面距离为 500mm，允许偏差±50mm；配电变台卡盘安装在

顺线路方向，两杆错位安装。

（e）电杆根部应与底盘中心重合，横向位移不大于 50mm。

（f）回填土的土块应打碎，土块直径不大于 30m；回填土后的电杆应制作防沉土台，土台面积应大于坑口面积，培土高度应超出地面 300mm。

（g）配电变台出线杆不允许安装接户线。

3）跌落开关。

a. 选型原则。满足使用环境、最大负荷电流的要求。

b. 安装标准。

（a）跌落式熔断器熔丝管轴线与地面的垂线夹角为 15°～30°。

（b）熔断器横担对地高度为 6m，避雷器横担与熔断器横担距离为 800mm，安装应水平牢固。

4）避雷器。

a. 选型原则。应考虑使用环境条件、系统运行条件和被保护对象来确定避雷器类型，避雷器应具有良好的非线性特性。

b. 建设标准。

（a）可卸式避雷器轴线与地面的垂线夹角为 15°～30°，避雷器横担与熔断器横担距离为 800mm，安装应水平牢固。

（b）三相避雷器底部应使用 BV−35mm^2 铜芯绝缘导线短接后引入接地装置，引下线应短而直，连接紧密，接地电阻应符合规定。接地引线与避雷器底部连接时，应采用铜接线端子。

5）变压器。

a. 选型原则。

（a）配电变压器容量应根据养殖公司平时负荷和最大负荷进行合理选择。

（b）配电变压器选用新技术、新材料、新工艺的新型高效节能变压器。

b. 建设标准。

（a）杆架变压器。变压器双杆支持架水平中心线对地距离应为 3～4m，两根双杆支持架应固定在同一水平面上，水平倾斜不大于台架根开的 1/100；变压器双杆支持架应采用 HBG 型横担抱箍和双头螺杆配合安装，禁止双杆支持架开口方向朝向电杆侧；变压器应使用双头螺杆加横担的方式固定在双杆支持架上。

（b）配电站房：变压器方位和距墙尺寸应与图纸相符，允许误差为±25mm，图纸无标注时，纵向按轨道定位，横向距离不得小于 800mm，距门不得小于 1000mm。

（c）箱式变电站：箱式变电站应选用美式箱式变电站和欧式箱式变电站，变压器选用 S13 及以上节能型油浸湿变压器。

（d）配电变压器的进出线应采用电力电缆或绝缘导线，配电变压器的高低压接线端应安装绝缘护套。

6）低压配电盘。

a. 选型原则。按照养殖公司实际低压用电负荷、环境条件、技术性能及管理等需求情况选择低压配电盘。

b. 建设标准。

（a）杆架变台：JP 柜（低压综合配电箱）安装固定在双杆支持架中心，并固定牢固可靠；

JP 柜采取悬挂式安装，下沿距离地面不低于 2.0m，有防汛需求可适当加高；JP 柜进出线电缆的弯曲弧度不宜过小，弧垂最低点不得高于进出线孔。

（b）配电站房：JP 柜进出线孔应采用使用防水和防火材料的有机堵料进行封堵，封堵应严密牢固，无漏光、漏风、裂缝和脱漏现象，表面光洁平整。配电变压器配置低压电容器进行无功补偿，电容器容量应根据配电变压器容量和负荷性质，通过计算确定。低压无功补偿装置宜按配电变压器容量的 10%～30%配置，可实现共补、分补以及相间补偿，采用复合开关自动投切（可控硅投切、接触器运行）方式。高、低压配电室安装备用照明，备用照明照度不低于正常照明的 50%。若采用自带蓄电池的应急照明灯具时，备用照明持续时间不应小于 30min。

7）低压出线线缆。

a. 选型原则。电力电缆选用应满足负荷要求、热稳定校验、敷设条件、安装条件、对电缆本体要求、运输条件等；选择电缆截面，应在电缆额定载流量的基础上，考虑环境温度、并行敷设、热阻系数、埋设深度等因素。

b. 安装标准。

（a）低压电缆出线分为电缆入地和电缆上返架空两种形式。低压电缆入地应采用热镀锌钢管保护。

（b）低压综合配电箱内接线，低压电缆使用接线端子连接到断路器的进线、出线端，并做好绝缘防护，各相排列整齐有序，相间距离不少于 20mm，有明显相序标识。

8）低压配电箱。

a. 选型原则。根据实际使用要求，选择符合环境条件的配电箱，配置设备装置性能良好，保护功能齐全，线径截面和出线路数满足所带负荷（设备）要求，并留有扩展空间。

b. 建设标准。

（a）低压配电箱宜在室内安装，室外或潮湿环境宜应用防雨配电箱，配电箱宜避光安装。

（b）低压配电箱安装牢固、端正，箱底距离地面距离不应小于 1.2m。

（c）低压配电箱进出线缆应使用防护圈，设有电缆牌。

（d）低压配电箱接地良好，接地电阻一般不大于 10Ω。

（e）低压配电箱及箱内设备（元器件）标示牌（名称）正确、齐全。

9）接地装置。

a. 选型原则。配电变台的接地装置设水平和垂直接地的复合接地网，接地电阻小于 4Ω，不产生跨步电压和接触电压。

b. 建设标准。

（a）接地网沟槽深度不小于 0.6m，宽度不小于 0.4m，不应接近煤气管道及输水管道。

（b）接地体敷设成围绕配电变台的闭合环形，设 2 根及以上垂直接地极，接地电阻应符合规定。

（c）接地体一般采用镀锌钢，腐蚀性较高的地区宜采用铜包钢或者石墨；垂直接地体长度不小于 2.5m，接地桩间距一般不小于 5m。

（d）接地装置引上线应沿电杆内侧敷设，并在适当位置采用不锈钢扎带固定。

（e）接地引上线与设备连接点不少于 2 个，且连接可靠。

10）安全设施。

a. 选性原则。配电变台及设施周围装设安全围栏，悬挂安全警示标志牌。

b. 建设标准。

（a）杆架式台区标识牌。在台架正面变压器横梁右侧安装，距离右侧杆体 100mm，上沿与变压器横梁上沿对齐，并用钢包带固定在横梁上。

（b）配电室台区标识牌。台区标识牌装设在门边线右侧与配电室外墙边线中间，标识牌底沿距离地面 1.8m。

（c）台区标识牌尺寸为 330mm×260mm，白底红色黑体字。

（d）杆架式台区两侧的电杆上安装“禁止攀登，高压危险”标识牌，尺寸为 300mm×400mm。

（e）配电室。在避雷器支架下方距地 2.0m 处装设“禁止堆放”“禁止攀登，高压危险”标识牌。在配电室门线左边中间位置安装“未经许可，不得入内”标识牌，底沿距离地面 1.8m。

11）分布式光伏发电。

a. 选型原则。

（a）供电企业负责按照国家、行业、企业相关技术标准及规定，制定接入系统方案，审定 380/220V 多并网点及 10、35kV 分布式电源接入系统方案，出具评审意见，其中 35、10kV 接入项目同时出具接入电网意见函。

（b）由客户出资建设的分布式电源及其接入系统工程，其设计单位、施工单位及设备材料供应单位应由客户自主选择。承揽接入工程的施工单位应具备政府主管部门颁发的承装（修、试）电力设施许可证。设备选型应符合国家与行业安全、节能、环保标准规定。

（c）分布式电源的发电出口以及与公用电网的连接点均应安装电能计量装置。

（d）分布式电源接入电网前，其运营管理方与电网企业应按照统一调度、分级管理的原则，签订并网调度协议和发用电合同。

b. 建设标准。

（a）组件安装前，应按产品说明书检查组件及部件的外观，确保无破损及外观缺陷。

（b）根据组件参数，对每块组件进行性能测试确认，其参数值应符合产品出厂指标，测试项目包括开路电压和短路电流。

（c）根据额定工作电流作为依据进行组件分类，可将额定工作电流相等或相接近的组件进行串联。

（d）安装组件应轻拿轻放，防止硬物刮伤和撞击组件表面玻璃和后面背板。

（e）组件在支架上的安装位置和排列方式应符合设计规定。

（f）对于螺栓紧固方式安装的组件，如组件固定面与支架表面不相吻合，应用金属垫片垫至用手自然抬、压无晃动感为止，之后方可紧固连接螺丝，严禁用紧拧连接螺丝的方法使其吻合。

（g）对于压块安装方式安装的组件，如组件固定面与支架表面不相吻合，应调整轨道和压块，禁止采用工具敲击的方式使其吻合。

（h）组件与支架的连接螺丝应全部拧紧，按设计要求做好防松措施。

（i）组件在支架上的安装应目视平直，支架间空隙不应小于 8mm。

（j）组件安装完毕后，应检查清理组件表面上污渍、异物，避免组件电池被遮挡。

（3）智能监控设备。

1）智能能效采集终端。

a. 选型原则。

（a）能够采集用电量、电流、电压以及线缆运行温度等数据。

（b）具备 LoRa 信息远程功能，能够完成与能源控制器的数据传输。

b. 建设标准。

（a）在配电室每一路出线低压配电柜内安装智能能效采集终端，采集终端本体及附属配件均应固定安装在支架或底板上，不得悬吊在电器及连线上。

（b）采集终端本体及附属配件应与柜内带电设备保持足够的安全距离，不应受到空间的妨碍，不应有触及带电体的可能。

（c）组装所用紧固件及金属零部件均应有防护层，对螺钉过孔、边缘及表面的毛刺、尖峰应打磨平整。

（d）采集终端天线宜安装在配电盘内，如需将天线引至配电箱外，其馈线长度原则上不超过 5m，且应加装套管保护。

（e）天线底座应安装牢固，且天线头与天线底座应紧固连接。天线头部伸出角度尽量与地面垂直。

2）通用型能源控制器。

a. 选型原则。

（a）具备 LoRa 远传或 RS485 线传输功能，能够实现与厂区数据采集设备间的数据传输。

（b）具备 4G 传输功能，能够实现与监控平台间的数据传输。

b. 建设标准。

（a）在厂区内安装能源控制器，根据 LoRa 传输设备的数量及相互之间的距离，确定能源控制器安装数量，确保都在能源控制器传输范围之内。

（b）能源控制器安装时，箱体安装应牢固，封闭良好，并应能防潮、防尘。箱体的接线入口及接线盒等应做密封处理，防水防潮。

（c）当采用膨胀螺栓固定时，应按产品技术要求选择螺栓规格；其钻孔直径和埋设深度应与螺栓规格相符。

（d）安装位置便于检查，应远离热源、易燃气体，不能靠近高频设备、高功率无线电装置等，防止干扰。

（e）固定能源控制器时，不应使箱体内部受到额外应力。

2. 养殖设备电气化

（1）设备分类。畜牧电气化设备主要分为电孵化箱、饲料粉碎机、饲料搅拌机、自动喂料设备、自动清便机五类。

1）电孵化箱是禽类种蛋孵化的辅助器具，能够提供种蛋孵化最适宜的温度，适用于鸡、鸭、鹅、鸟等各类禽类种蛋的孵化。

2）饲料粉碎机适用于玉米、豆类、谷物和小麦等颗粒类物料的粉碎作业，也可用于红薯、洋芋等块状物以及干燥的秸秆等粗纤维的切断、粉碎。饲料粉碎的目的是增加饲料表面积和调整粒度，增加适口性，有利于提高消化率，使禽畜更好地吸收饲料影响成分。

3）饲料搅拌机可以将多种饲料配合成均匀的混合物，适用于生产预混料、浓缩料，养猪、兔、羊、鸡、牛等畜牧养殖业。

4）自动喂料设备主要包括储料塔、自动输料机、自动喂料机和饲槽四个部分。喂料流程

为储料塔饲料经过自动输料机送至自动喂料机，再由自动喂料机送至饲槽供禽畜采食。

5）自动清便机是一种主要用于牛舍、猪舍、鸡舍等各种养殖场的牲畜粪便清扫的机器，适用于禽畜的阶梯式笼养以及高床式饲养。

（2）建设标准。

1）设备的规格、型号应符合设计要求及国家电器产品标准的有关规定。

2）应根据饲料粉碎机位置，确定管线走向、标高及开关、插座的位置。

3）电源线（缆）配线时，所用线缆截面积应满足相应数量饲料粉碎机的最大输出功率。

4）电线与暖气、热水、煤气管之间的平行距离不应小于 300mm，交叉距离不应小于100mm。

5）线管、线槽布置要按照横平竖直、注重观感的原则，空间布置要合理。

6）饲料粉碎机用电宜采用单独回路供电，并设置相应规格的漏电保护措施。

7）为保证人身和设备安全，饲料粉碎机的金属外壳要有良好的接地措施。

3. 环境控制自动化

环境控制可分为就地控制和平台控制两种方式。就地控制通过养殖现场人工操作完成，平台控制可通过监控平台或者手机 APP 完成。

（1）电动窗。

1）功能要求。窗户通过齿轨连接，利用电动机齿轮传动，拖动窗体，实现开窗和关窗功能，达到自然通风散热的目的，减少规模化养殖人力开窗的劳动强度，消除登高开窗带来的安全隐患。

2）建设标准。

a. 将普通窗户进行窗体改造，在普通窗户的基础上，通过机械连接，将多个窗户连接在一起，满足电机拖动“一拖多”的要求。

b. 根据窗户拖动的力矩选择合适规格、型号的电动机。

c. 根据窗户的位置和拖动数目，确定电机的安装位置。

d. 电机的固定应牢靠，稳固电机的支架、螺栓等部件，增强机械强度满足电机运行要求。

e. 电机拖动通过齿轮传动实现，齿轨与圆齿轮应可靠咬合，接触部分不应小于齿宽的2/3。

f. 电机接线应牢固可靠，接线方式应与供电电压相符。

g. 电机线缆通过线管固定，走线应美观，布局要合理。

h. 电机外壳保护接地（接零）应良好。

（2）排风扇。

1）功能要求。通过安装窗式排风扇进行机械通风，在自然通风无法满足温度调节需求时，进行通风和散热，达到控制温度和湿度的目的。

2）建设标准。

a. 根据排风需求选择相应规格、型号和数量的排风扇。

b. 风扇安装时应注意电机的水平位置，安装后电机不可有倾斜现象。

c. 排气扇安装必须可靠、牢固，与地面相距 2.3m 以上，与屋顶相距 5cm 以上。

d. 排风扇电机接线宜通过线管固定，走线应美观，布局要合理。

e. 电源线中黄绿双色线为接地线，必须良好地接地。

（3）空调器。

1）功能要求。利用空调器的制冷（制热）、换气等功能，在通风方式无法满足温湿度调节需求时，进行温度和湿度调节，优化养殖环境。

2）建设标准。

a. 根据实际需求，选择相应规格、型号、数量的空调器。

b. 空调器的电气接线应参照产品说明书或电气接线图进行。

c. 供电电源电压和频率应满足工作要求。

d. 空调器安装时应配置合格的漏电开关或空气开关。

e. 空调器应确保接地（接零）良好。

f. 接线线缆规格、型号应满足空调器功率需求。

g. 线缆接线与接线端子压接牢固，无松动。

h. 线缆敷设应满足标准施工工艺，考虑工艺美观。

i. 在不通电情况下测量电源线对地绝缘电阻，不应小于 2MΩ。

（4）照明回路。

1）功能需求。通过人工控制光照或补充照明，适当延长光照时间或者提高光照强度，可促进种禽种畜特别是幼仔的食欲，增强消化机能，提高免疫力，进而提高种禽种畜的增重速度和幼仔成活率。对于种禽来说，还可以提高产蛋率和产蛋质量。照度控制也是对畜牧养殖产生重要影响因素之一。

2）建设标准。

a. 照明回路电气接线应参照施工图纸或电气接线图进行。

b. 根据养殖现场需求，选择照明灯具的规格、型号、数量和安装位置，确保光照强度适中。

c. 灯具和开关的安装位置及高度应符合规定，接线应牢固。

d. 导线敷设应穿管，要按照横平竖直、注重观感的原则，空间布置要合理。

e. 保护接地应良好，防止漏电。

（5）自动化控制回路。

1）功能需求。利用自动断路器、无线继电器、交流接触器、温湿度传感器、光照强度传感器等组成二次控制回路，通过继电器接收监控平台命令，达到控制电动窗开闭、排风扇启停、空调启停和照明回路启停的目的。

控制回路功能表见表 2-24。

表 2-24　　控制回路功能表

主要元器件	功　能
通用型能源控制器	具备 LoRa、4G、RS485 线传输功能，用于实现监控平台与采集终端和二次控制回路之间的数据交互
控制箱	放置无线继电器、交流接触器、自动断路器等二次元器件
温湿度传感器	用于采集养殖现场温度和湿度数据，并通过能源控制器上传至监控平台
光照强度传感器	用于采集养殖现场照度数据，并通过能源控制器上传至监控平台

续表

主要元器件	功　能
自动断路器	集控制和保护功能于一身，除分合电路外，还具备电流、电压保护功能
无线继电器	通过能源控制器接收控制信号，用来开断交流接触器
交流接触器	受无线继电器控制，启停窗户、排风机、空调风机、照明回路
旋钮开关	具备选择功能，用于实现设备就地控制和平台控制方式选择
交直流转换器	将交流电转换为直流电，为控制回路提供电源
UPS 不间断电源	在停电、光照条件不足时为照明回路提供不间断电源

2）建设标准。

a. 所有元器件应按制造厂规定的安装条件进行安装。

b. 组装前首先看明图纸及技术要求。

c. 检查产品型号、元器件型号、规格、数量等应与图纸相符。

d. 元器件组装顺序应从板前视，由左至右，由上至下。

e. 同一型号产品应保证组装一致性。

f. 对于螺栓的紧固应选择适当的工具，不得破坏紧固件的防护层，并注意相应的扭矩。

g. 所有电器元件及附件，均应固定安装在支架或底板上，不得悬吊在电器及连线上。

h. 接线面每个元件的附近有标牌，标注应与图纸相符。除元件本身附有供填写的标志牌外，标志牌不得固定在元件本体上。

i. 电气接线按图施工、连线正确。

j. 二次线的连接（包括螺栓连接、插接、焊接等）均应牢固可靠，线束应横平竖直，配置坚牢，层次分明，整齐美观。

k. 二次线截面积要求：单股导线不小于 $1.5mm^2$，多股导线不小于 $1.0mm^2$，弱电回路不小于 $0.5mm^2$，电流回路不小于 $2.5mm^2$，保护接地线不小于 $2.5mm^2$。

l. 所有连接导线中间不应有接头。

m. 每个电器元件的接点最多允许接 2 根线。

n. 每个端子的接线点一般不宜接 2 根导线，特殊情况时如果必须接 2 根导线，则连接必须可靠。

o. 控制箱入箱线缆口应用防火泥进行封堵，并做好控制箱内器件防潮措施。

p. 控制箱外壳接地良好。

q. 温湿度传感器安装时尽可能垂直安装，需要水平安装时，应加装支撑架。对倾斜和水平安装的温湿度传感器接线盒出线孔应该向下，以免水汽、脏物等落入接线盒中。

r. 在厂区内安装通用型能源控制器，根据 LoRa 传输设备的数量及相互之间的距离，确定能源控制器安装数量，确保都在能源控制器传输范围之内。

s. 通用型能源控制器安装时箱体安装应牢固，封闭良好，并应能防潮、防尘。箱体的接线入口及接线盒等应做密封处理，防水防潮。

t. 通用型能源控制器安装位置便于检查，应远离热源及易燃气体，不能靠近高频设备、高功率无线电装置等，防止干扰。

4. 电供暖系统

（1）选型原则。电供暖系统的选择，应根据建筑规模、建筑类型、使用功能、电供暖设备类型、供电条件、价格以及国家节能减排和环保政策的相关规定，通过综合论证确定，并应符合下列规定：

1）技术经济合理时，宜优先利用空气源、浅层地能、污水源等可再生能源，采用电驱动热泵的供暖系统。

2）执行分时电价、峰谷电价差较大的地区，经技术经济比较，采用低谷电能够节省运行费用，且蓄热式供暖的放热时段能够与建筑需热时段相对应时，宜采用蓄热式电供暖系统。

3）采用可再生能源作供暖热源，需要设置电辅助热源时，应充分利用低谷电，必要时可设蓄热装置。

4）当不具备采用电驱动热泵和蓄热式电供暖系统条件时，可选择分散式电供暖系统。

5）集中式电供暖系统宜按楼栋设置。采用区域集中式电供暖系统时，应对输配管网热损失及水力平衡采取有效控制措施。

（2）建设标准。

1）电锅炉。

a. 电锅炉的锅炉房应由具有相应资质的单位进行设计。

b. 电锅炉的安装应由具有相应级别锅炉安装许可证的单位按 GB 50273 和制造企业提供的锅炉安装说明书的规定进行。

c. 电锅炉的锅炉及其动力柜、控制柜应有可靠、良好地接地，接地电阻应不大于 4Ω。

d. 安装电锅炉的技术文件和施工质量证明资料，在安装验收合格后，应移交使用单位存入电锅炉技术档案。

e. 电锅炉的供电电压应符合设计规定。

f. 电锅炉的周围环境不应有易燃、易爆、腐蚀性气体和导电粉尘，也不应有明显的冲击和振动。

g. 电锅炉应按规定取得锅炉使用登记证后方可投入运行。

h. 使用单位应做好锅炉水质管理工作，使锅炉的给水、补给水和锅水的水质符合 GB 1576 或锅炉使用说明书的要求。

i. 电锅炉的运行操作应按制造企业提供的锅炉使用说明书的规定进行。

j. 独立操作的锅炉司炉人员应持有相应级别的司炉操作证，并应经过相关电气知识和操作要求的培训。

2）空气源热泵。

a. 空气源热泵供暖应用于严寒地区、寒冷地区和夏热冬冷地区，在严寒地区使用时，应进行经济性分析。

b. 空气源热泵供暖系统热源可采用热水机组或热风机组、直接冷凝式机组，必要时应设置辅助供暖。

c. 空气源热泵供暖系统连续供暖时热源宜选用热水机组。

d. 空气源热泵供暖系统室内末端优先采用低温辐射供暖末端。

e. 供暖热负荷应按《民用建筑供暖通风与空气调节设计规范》（GB 50736—2012）的规

范进行计算。

f. 采用辐射供暖末端时，供暖热负荷计算还应满足：① 室内设计温度应比对流末端供暖的设计温度降低 2℃取值；② 进深大于 6m 的房间宜以距外墙 6m 为界分区，分别计算热负荷和进行加热部件布置；③ 高度大于 4m 的房间，应在基本耗热量和朝向、风力、外门附加耗热量之和的基础上计算高度附加率，每高出 1m 应附加 1%，但最大附加率不应大于 8%；④ 对敷设辐射供暖部件的建筑地面和墙面，不应计算其传热损失。

g. 空气源热泵供暖系统的电气系统设计应符合《通用用电设备低压配电设计规范》（GB 50055—2011）、《低压配电设计规范》（GB 50054—2011）、《建筑物防雷设计规范》（GB 50057—2010）、《民用建筑电气设计规范》（GB 51348—2019）和《建筑设备监控系统工程技术规范》（JGJ/T 331—2014）的规定。

h. 空气源热泵供暖系统的电气系统应采用单独回路供电，并宜采用设置计量装置。供暖系统的主要设备应设置就地控制装置，宜设置自控系统。供暖系统电气系统的安全防护设计应符合国家标准的有关规定。

i. 空气源热泵供暖配电系统设计应符合：① 空气源热泵供暖系统供电电源电缆宜采用埋地或架空进线；② 机组和辅助热源宜分别采用单独回路供电；③ 配电导体应采用铜芯电缆或电线，其导体载流量不应小于预期负荷的最大计算电流和按保护条件所确定的电流；④ 配电箱设在室外时应选择室外型箱体。

三、建设成效

（一）项目背景

近几年我国畜牧养殖业发展迅速，曾经作为家庭副业的畜牧养殖业，现如今成为农业及农村经济的支柱产业，养殖业的发展水平决定了一个国家和地区的农业发达程度。随着农业经济的不断发展和农业现代化进程的不断加快，畜牧养殖现代化成为全面实现现代农业生产的重要指标。

寿光市畜牧养殖业发达，现有猪、鸡、鸭规模化养殖基地 853 处，禽类孵化养殖场 5 处，禽类存栏 2022.69 万只，生猪存栏 101.59 万只。

当前畜牧养殖业还是以传统养殖技术为主，养殖设备、技术条件都比较落后，缺乏现代科学技术来管理和经营，改变和提升传统畜牧业、开拓创新现代智慧畜牧业，加快推进畜牧业现代化、信息化建设成为畜牧发展越来越重要的因素。在种禽养殖行业，利用物联网技术实现养殖户精准掌握环境参数，轻松调整环境温度，降低养殖过程中的风险，保产增产已经成为当前种禽养殖的迫切需求。公司响应国家依靠科技提高农业生产力的号召，通过物联网技术帮助畜牧养殖客户实现环境在线监测，控制设备智能联动、助力智慧养殖产业发展。

（二）项目简介

畜牧养殖示范项目在寿光市天惠种禽养殖基地落地实施，寿光市天惠种禽养殖基地位于洛城街道北官庄村北，日孵化鸭苗 24 万只，有 3 台 1250kVA 变压器，2018 年用电量 521 万 kWh。基地建有孵化厅 6 座，孵化箱共 702 台，建有鸭舍 20 栋，可饲养种鸭 10 万只。孵化工艺基本依靠电气化设施，但孵化厅环境温度需要靠人工开闭窗户、启动排风机、空调来控制，尤其是借助梯子登高开启窗户的流程，需要耗费大量时间，且有安全隐患，企业本身有强烈的自动化改造意向。

建设方式：该示范项目由公司投资，初期采用直接投资建设典型示范项目，通过政府宣传，吸引企业关注，后期由农业局推介，联合寿光市畜牧业协会，向寿光乃至全省具备实施条件的客户重点推荐，由企业出资建设，综合能源公司负责提供智能化改造服务。

运营方式：由综合能源公司负责项目运营，负责项目投运后的设备运维、故障处理以及后续向客户提供的智能检测、数据分析、能效提升与诊断等增值服务。

推广方式：以建成的示范项目为依托，由综合能源业务市场拓展人员向潜力客户展示建成项目的成效、收益，吸引客户投资建设。

预期成效：提高畜牧养殖自动化水平，提升孵化率，减少孵化、养殖事故，形成畜牧养殖电气化标准，实现畜牧养殖产业标准化发展。

（三）项目实施

1. 项目建设内容

（1）改造内容。

恒温控制改造：在 5 号孵化车间安装温湿度传感器，通过采集到的温度信息对孵化车间的电动窗、排风机、空调风机进行自动控制，实现 5 号孵化车间的温度恒定，并可通过手机 APP 对 5 号孵化车间的环境参数进行实时监测和控制。

智能照明改造：针对鸭舍无光会发生鸭群惊慌踩踏现象，选取一个鸭舍安装光照强度传感器，配置 UPS 电源，当鸭舍照度低于设定最低标准或线路断电时，自动启动应急照明回路，防止鸭群踩踏造成损失。

（2）实现方式。

平台侧：在“365 电管家”智慧能源服务平台上搭建畜牧养殖模块，实时监测孵化车间温湿度、鸭舍光照强度以及电气设备用能信息，对安全监测、节能改造和能效分析进行展示。

客户侧：一是在 6 个孵化车间安装 14 块智能电能表，采集所有孵化车间的用能信息，5 号孵化车间安装 8 个温湿度传感器，采集 5 号孵化车间的温湿度；安装 80 路无线继电器和 80 台交流接触器，用来控制 74 扇窗户、36 台风机、7 个空调风机，无线继电器及交流接触器安置在 10 个带有自动断路器的控制箱内，安装 3 台能源控制器，同智慧能源服务平台进行数据传输。二是在鸭舍内安装 2 个照度传感器和 2 个温湿度传感器；安装 1 套 UPS 不间断电源，作为照明备用电源。

（3）设备。

1）能源控制器：由公司自主研发，实现智慧能源服务平台与采集终端之间的数据交互，通过平台设定的程序和阈值自动控制孵化车间和鸭舍的电气设备启停。

2）LoRa 远传智能电能表：采集客户的电能数据，通过能源控制器上传至智慧能源服务平台。

3）温湿度传感器：采集 5 号孵化车间和鸭舍的温湿度，通过能源控制器上传至智慧能源服务平台。

4）照度传感器：采集鸭舍的光照数据，通过能源控制器上传至智慧能源服务平台。

5）无线继电器：通过能源控制器接收控制信号，用来开断交流接触器。

6）交流接触器：受无线继电器控制，启停窗户、排风机、空调风机回路。

7）UPS 不间断电源：为鸭舍照明回路提供不间断电源。

8）控制箱：放置无线继电器、交流接触器、自动断路器。

设备模型如图 2-11 所示。

能源控制器 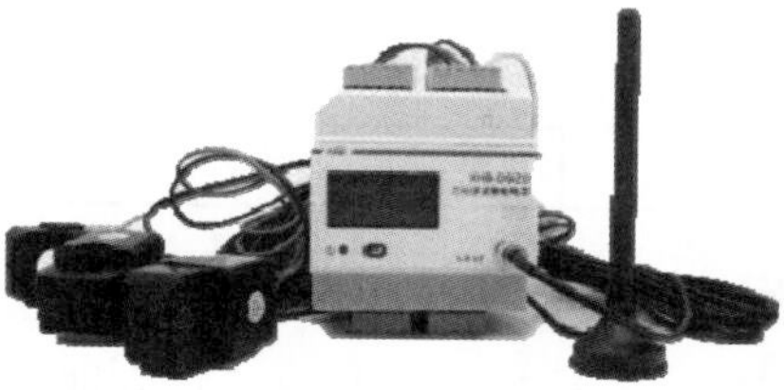　　LoRa 远传智能电能表

无线继电器 　　温湿度传感器 　　光照强度传感器

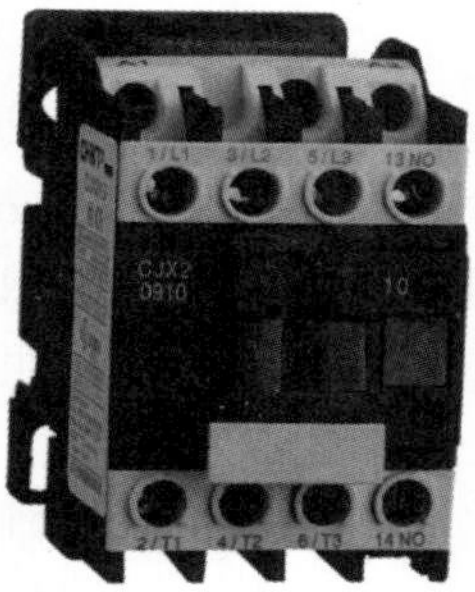

交流接触器 　　UPS 电源

图 2-11　设备模型图

设备清单见表 2-25。

表 2-25　　**设　备　清　单**

序号	主要材料	数量	单位
1	能源控制器	3	个
2	LoRa 无线远传智能电能表	14	个
3	温湿度传感器	10	个
4	光照强度传感器	2	个
5	无线继电器	80	个
6	交流接触器	80	个
7	自动断路器 2P2A	10	个
8	自动断路器 3P2A	10	个
9	控制箱	10	个

续表

序号	主要材料	数量	单位
10	UPS 不间断电源 5kVA	1	台
11	应急灯	4	个
12	设计＋施工＋调试	45	天

2. 项目运营模式

本项目由综合能源公司负责提供智能化改造服务。

（四）项目成效

1. 对社会

（1）推动畜牧养殖行业标准化。通过实施自动化改造，完善畜牧养殖行业用能数据的采集、分析功能，能为政府提供养殖行业大数据分析服务，为政府智慧养殖策略制定提供数据支撑，有助于养殖行业用能标准的制定，助力政府制定畜牧养殖发展策略。

（2）推进畜牧养殖行业现代化。畜牧养殖已由传统生产方式向现代化生产方式转变，通过畜牧养殖智能化改造，提升行业整体的用能水平和自动化程度，为畜牧养殖行业的发展提供技术指导，进一步推进畜牧养殖行业的现代化进程。

2. 对客户

（1）保障员工安全，降低人力成本。通过对孵化车间电动窗、排风机和空调风机的自动化改造，实现温控设备的自动化控制，既降低了劳动强度又保障了员工安全；通过智能电能表的数据上传及智慧能源服务平台的统计功能，可以便捷的展示企业的用能数据，提供可视化的数据分析，使企业摆脱低效、传统的人工抄表现状，节省人力。按照一个孵化车间可节约人力 0.5 人天，人工费 4000 元/月计算，每年可节约人力成本 2.4 万元。

（2）节能降耗。通过孵化车间温控设备的自动化改造，实现恒温控制，使孵化车间温度维持在孵化箱节能运行最适温度范围，达到节能降耗的目的。同时依托智慧能源服务平台进行大数据分析，为客户提供能耗监测、能效分析和用能优化等增值服务，减少电能浪费。天惠种禽养殖基地 2018 年用电量 521 万 kWh，电费为 0.54 元/kWh，按照 70%为孵化车间用电，预计节能 5%计算，可节约电费 1.6 万元。

（3）避免养殖事故。天惠种禽养殖基地负责人反映鸭舍无光会造成鸭群惊慌踩踏事故，导致种鸭死亡，影响种鸭产蛋率和种蛋受精率，每年造成经济损失 20 余万元。通过改造，利用 UPS 提供不间断电源，搭配应急照明灯作为后备照明回路，能够避免照明线路故障或者市电停电引起鸭舍无光事件，有效避免鸭群惊慌踩踏事故的发生，降低种鸭死亡率、保证种鸭产蛋率和种蛋受精率，使客户省心。改造一个鸭舍，预计可减少损失 1 万元。

3. 对公司

（1）拓展综合能源业务收入。通过对 5 号孵化车间和鸭舍的智能化改造，降低了客户的事故风险，增加了经济收益，吸引客户实施其余孵化车间和鸭舍的电气自动化改造，增加综合能源收益，以其他 5 个孵化车间和 19 个鸭舍智能化改造计算，改造总费用 70 万元，收入 10 万元，后期将通过农业局、寿光市畜牧业协会对寿光全市的 853 处种禽养殖基地、5 处孵化基地，按照可对其 25%进行同规模改造计算，预计市场潜力 1.5 亿元。

（2）提升公司企业形象。通过畜牧养殖示范项目的建设，向公众展示公司为畜牧养殖行业提

供智能改造服务以及后续的电气设备运维托管、用能安全与电能质量管理、用电量及电费管理、能效分析与诊断等服务，凸显公司助力寿光市畜牧养殖行业发展，服务乡村振兴的企业形象。

第三节　电气化水产养殖智慧用能

利用电动增氧机、电加热锅炉、循环水泵等电气化设备，建设电气化水产养殖项目，改善水质条件，提高鱼类成活率及放养密度，增加养殖对象的摄食强度，使亩产大幅度提高，达到养殖增收的目的。部署电气量、环境量采集和能源控制设备，并对鼓风机进行节能改造，实时监测水温、水位、水质、溶氧和电气量等数据，及时预警异常情况，保证养殖安全。

一、实施方案

（一）建设目标

1. 智慧用电

推广具备感控功能的水产养殖电气化设备，实现水产养殖全产业链电气设备物联，智能化监控增氧机、地源热泵等电气设备运行状态和用能信息，辅助水产养殖安全生产。

2. 能效提升

利用电动增氧机、电加热锅炉、鼓风机、地源热泵、水质监测等电气化设备，改善养殖水质条件，提高鱼虾类成活率及放养密度，增加鱼虾的摄食强度，使亩产大幅度提高，达到养殖增收的目的。

3. 产业提升

联合设备厂商提高水产养殖电气化设备使用率，融合物联网基础设施和综合能源服务，创新水产养殖模式，建立“政府支持—厂商受委参与—电力公司引导”的电气化水产养殖生态圈，推动产业标准化大规模生产。

（二）建设内容

（1）常规电气化建设。应用鼓风机、视频监控、循环水设备、增氧机、地源热泵、冷库、粉碎机等电气化水产养殖设备。

（2）设备智能化改造。安装水质、含氧量等监测终端，对水温、pH 值、含氧量等水环境信息实时监测。本地部署能源控制器，接入用能设备、水环境等数据信息。研发基于能源控制器所有用能信息的采集设备控制、数据汇聚和本地计算、能效策略下发等应用模块。

涉及客户产业信息的数据采集，优先使用客户原有的设备接入，对于未安装设备的客户，若客户确有需求，公司负责为客户安装相关数据采集设备。

（3）在智慧用能控制系统中增加水产养殖智慧用能模块，感知与展示水产养殖环境信息，分析水产养殖综合用能。

（4）项目实施地点：海之鲜水产养殖公司。

（三）技术路线及主要装备

水产养殖智慧用能系统架构如图 2–12 所示。

在智慧用能控制系统中添加水产养殖用能控制模块，实现对水产用能的实时监测、数据存储和智能分析等功能。本地部署能源控制器设备，拓展协议转换应用模块、生产报警、温度调控策略等边缘计算应用模块，支撑规范化数据采集、本地告警及控制和 CPS 安全保障。感知层加装电气设备的智能物联终端。通过光纤、4G、NB–IoT 等方式传输采集信息，采用

698.45、104、modbus 等协议向能源控制器发送数据。设备层加装空气源热泵、潜水泵、增氧机、电动饵料加工机等设备电气化设备。

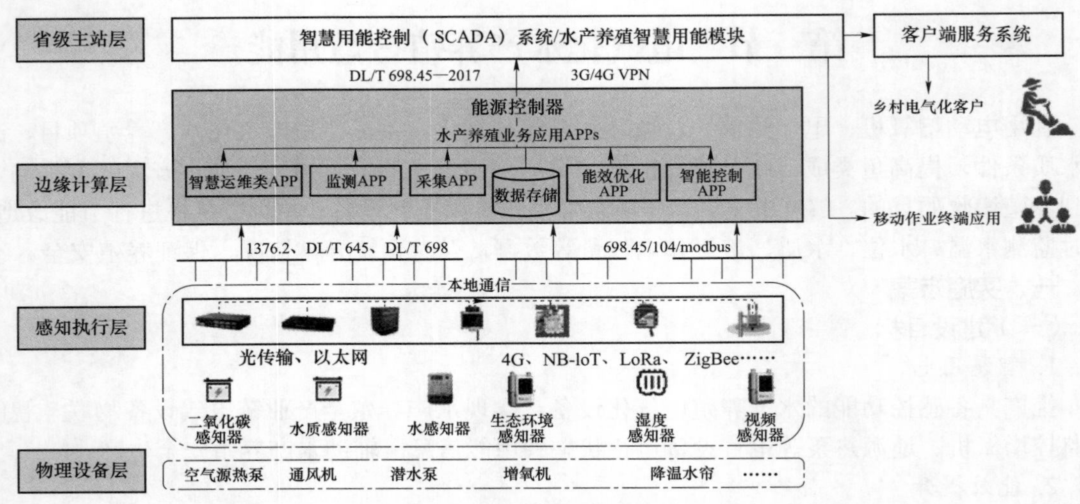

图 2-12 水产养殖智慧用能系统架构

水产养殖智慧用能主要传感器及控制器见表 2-26。

表 2-26 水产养殖智慧用能主要传感器及控制器

产品	参考图片	产品名称	技术参数			
物联网智能监测设备		水溶氧传感器	型号	SIN-DM2800	接口	2 线电流
			量程	0～60℃ 0～20mg/L	精度	±1% ±0.5%
			输出	LoRa433	供电	12V
		水质感知器	型号	XMZN-CO_2-0501	接口	2 线电流
			量程	综合	精度	正负 10mL/L
			输出	LoRa433	供电	12V
		高清球机	型号	AD6500-3	质量	5.5kg
			量程	360°旋转	精度	22 倍变焦
			输出	RS485	供电	220V
		智能电能表	型号	ZMAi-90	接口	2 线电流
			量程	输入相电压 AC220V 输入电流比 100A/5A	精度	1 级
			输出	RS485 接口 Modbus/ RTU 协议	供电	单相 220V

（四）数据交互需求

水产养殖智慧用能数据交互内容见表 2-27。

表 2－27　水产养殖智慧用能数据交互内容

序号	数据项分类	数据子项
1	水环境数据	水位监测数据
2		含氧量、含氮量、pH 值、水温
3	设备状态数据	鼓风机、增氧机、地源热泵等设备状态监测数据
4	电能数据	电压、电流、频率、有功功率，无功功率，视在功率、用电量
5	视频数据	音视频数据

二、建设标准

（一）术语和定义

（1）水产养殖：利用可供养殖（包括种植）的水域，按照养殖对象的生态习性和对水域环境条件的要求，运用水产养殖技术和设备，从事水生经济动、植物养殖的生产活动。按养殖水域，可分为淡水养殖、海水养殖、浅海滩涂养殖；按养殖对象，可分为鱼类养殖、贝类养殖、虾类养殖、蟹类养殖、藻类栽培；按养殖方式，可分为精养、粗养、单养、混养、工厂化养殖以及静水式、流水式养殖。

（2）工厂化养殖：在室内水池中，利用先进的机械、生物、化学和自动控制等现代技术装备，控制养殖水体的温度、光照、溶解氧、pH 值、投饵量等因素，进行高密度、高产量的水生动植物养殖的生产方式，主要分为大棚养殖和车间养殖。

（3）大棚养殖：将水生养殖动植物养殖在保温大棚内的工厂化养殖方式，主要包括养殖大棚、配水大棚、养殖池、用电设备、智能用能控制系统等主要设施。

（4）养殖大棚：用于水产动植物育苗、保种繁育、养殖的保温大棚。

（5）配水大棚：用于水产动植物养殖水体过滤、净化、分配的大棚。

（6）养殖池：经人工开挖或自然形成的用于水产养殖的场所。

（7）用电设备：水产养殖过程中以电作为能源的设备。

（8）智慧用能监控系统：系统基于物联网、云计算技术及大数据等现代信息技术，由智能终端、无线传输设备，通过智能传感器，将水产养殖的各类数据进行实时在线监测，统计分析，汇总各类数据传送至平台。

（9）水质：水体质量的简称，标志着水体的物理（如色度、浊度、臭味等）、化学（无机物和有机物的含量）和生物（细菌、微生物、浮游生物、底栖生物）的特性及其组成的状况。

（10）水温：养殖池内水体的温度。

（11）pH 值：水中氢离子浓度的负对数值，表示水的酸碱度。

（12）放养密度：单位面积或体积放养水产养殖动物的数量或重量。

（13）增氧：用机械、化学、生物等方法，增加水体中的含氧量，常用的有增氧机、鼓风机等设备。

（14）曝气：用向水中充气或机械搅动等增氧和去除水中有害气体的方法，目的是获得足够的溶解氧，防止池内悬浮体下沉。

（15）氨氮含量：水体中以游离氨和铵离子形式存在的氨氮的含量，可导致水富营养化现象产生，是水体中的主要耗氧污染物，对鱼类、虾类等水生生物有害。

（16）含氧量：以分子状态溶存于水中的氧气单质含量，随着水温、大气压力及海水盐度而异。

（17）PLC 控制系统：在传统顺序控制器的基础上引入了微电子技术、计算机技术、自动控制技术和通信技术而形成的新型工业控制装置，目的是用来取代继电器、执行逻辑、计时、计数等顺序控制功能，建立柔性的远程控制系统。具有通用性强、使用方便、适应面广、可靠性高、抗干扰能力强、编程简单等特点。

（二）基本原则

（1）因地制宜。遵循电气化发展客观规律，尊重水产养殖客户意愿，针对不同水产养殖客户电气化、智能化等建设需求，体现多样化、差异性和区域性特征，并与当地经济发展水平相适应。

（2）安全可靠。水产养殖电气化智慧用能项目建设要符合水产养殖行业标准，在建设和运行过程中要始终坚持安全、稳定、可靠的建设原则。

（3）示范引领。水产养殖电气化智慧用能项目应大力应用电气化水产养殖技术，并结合电力物联网建设最新应用，有效解决水产养殖风险大、安全隐患高等行业痛点，有效发挥引领带动作用。

（4）适度超前。水产养殖电气化智慧用能项目建设要适度超前于地方经济社会发展水平，优先采用先进、环保、节能的用电设备和设施，但应防止盲目追求高标准。

（5）可持续性。通过持续创新综合能源服务模式、电气化产品和技术应用，以提升客户生产效率、降低社会用能成本为根本，使其具备可持续发展活力。

（三）功能要求

水产养殖电气化智慧用能项目包括智能配电系统、用电系统、智慧用能监控系统三部分。通过项目建设可以实现如下功能：① 实时掌握养殖环境，通过安装智能能效采集终端、水环境采集设备，精准测量并实时上传相关数据，客户可在线查看温度、含氧量、水位、压力等水环境数据以及设备用电情况和能耗分布；② 有效提升企业收益，通过实时监测温度、含氧量、水位和送风管道压力等参数，确保重要参数保持在合理的范围内，并在发生故障及时声光报警和手机提醒，避免发生养殖事故；③ 降低生产成本，安装鼓风机、潜水泵变频器，降低设备用电量。

1. 智能配电系统

通过水产配电设备实现对供电设备运行状态监测控制、无功补偿和故障隔离；通过加装智能能效采集终端和测温终端，对用电量、电压、电流和设备温度等进行实时监测，并上传监控平台，完成水产养殖用能状态信息的全面感知，达到配网设备精益运检与远程运维、故障快速处置与精准主动抢修，指导水产公司用电安全综合管理。智能配电系统由配电设备、智能监控设施等组成。

（1）配电设备。应充分考虑水产公司用电负荷的特点和实际需求，为水产养殖提供安全连续可靠的电能，实现对供电设备运行状态监测控制、无功补偿和故障隔离等。由高压进线电缆、跌落开关、避雷器、变压器、低压配电盘、低压出线线缆、低压配电箱、接地装置等组成。

（2）智能监控设施。智能监控设施通过加装智能能效采集终端，对用电量、电压、电流等进行实时监测，通过测温终端传感器，监测电缆运行工况温度，通过 LoRa、通用型能源控

制器、4G上传至监控平台，实现对水产养殖用能的全面监控和精益化用电管理。

2. 用电系统

用电系统主要由水产养殖中使用的以电为原动力的设备构成，具有增加养殖水体含氧量、促进水体交换、增加水体温度等作用。用电系统包括增氧设备、潜水泵、自动投饵机、空气源热泵、电动阀门等。

（1）增氧设备。通过安装鼓风机、增氧机及气体流通的管道，增加养殖水中的含氧量，避免因氧气不足而对水生作物产生危害。

（2）潜水泵。通过安装深水井泵和各类潜水泵，把地下水提取到地表或者用于水体各水池之间交换，实现水体交换的目的。

（3）自动投饵机。通过安装自动投饵机，解决人力投饵工作量大、费时费力、投放不均匀等弊端。

（4）空气源热泵。通过安装空气源热泵，提升养殖水体温度，控制温度在合理区间，解决养殖作物对水温有严格要求的问题。

（5）电动阀门。安装电动阀门，节省人力，电动阀使用电能作为动力来通过电动执行机构来驱动阀门，实现阀门的开关动作。

3. 智慧用能监控系统

智慧用能监控系统包括电气量采集设备、环境量采集设备、节能设备、声光报警设备、平台控制系统。

（1）电气量采集设备。安装智能能效采集终端，实时采集各类用电设备的电压、电流、用电量等数据，通过设定程序对各类数据进行边缘计算，并上传至设定平台，实时监测水产客户用能情况，通过对电能数据进行横向和纵向比对，深入挖掘潜在应用场景，进一步节能改造、降低养殖成本、提升能效管理。

（2）环境量采集设备。安装各类传感器，实时采集水温、水位、水质、管道压力等水环境数据，包括水位传感器、温度传感器、水质分析仪、电接点压力表、管道压差表。

1）水位传感器，实时采集上传养殖池等水位高度，避免水位过高或过低造成溢池或缺水死亡事故。

2）温度传感器，对养殖池和配水池水体温度进行监测，实时传送水温，防止因温度超标造成水生养殖作物减产或死亡。

3）水质分析仪，对养殖池和配水池中的氨氮含量进行分析，并实时传送，防止因氨氮含量过高造成水生养殖作物减产或死亡。

4）电接点压力表、管道压差表，对鼓风机出口压力和管道压力实施监测，并实施上传，避免管道破裂不能及时发现，造成水生养殖作物因缺氧死亡。

（3）节能设备。安装变频调速控制装置，控制鼓风机和潜水泵转速，以适应生产需求，达到节省能耗、降低生产成本的目的。

（4）声光报警设备。通过与PLC控制系统和平台连接，养殖环境数据超出规定范围后，发出声音报警，提醒工作人员对养殖环境做出改变。

（5）平台控制系统。安装PLC控制系统，开发部署平台系统及手机APP系统，根据实际生产需要，对各类智能设备进行智能控制。

（四）技术条件

1. 用电系统

（1）鼓风机。

1）根据水深和养殖面积的大小，合理选择鼓风机，水深 1.5m、养殖面积 5 亩时宜选用 18.5kW 鼓风机。

2）鼓风机的安装可参阅一般机械设备安装规范，按照工厂说明书给定的尺寸进行安装。

3）鼓风机安装在室内或者机房里面，如果没有条件，可以制作简易的遮阳棚，避免常年被风吹日晒，影响鼓风机的使用寿命。

4）鼓风机周围环境应整洁，鼓风机主要输送的是清洁空气，周边环境如果不整洁，存在有大量的灰尘，鼓风机便会吸入很多的灰尘，造成空气滤清器堵塞，引起风机故障，如果有大颗粒，可能引发叶轮过度磨损等情况。

5）鼓风机电源应采用电缆供电，线径根据鼓风机功率合理选择。

6）鼓风机电缆宜沿墙套管敷设，设就地开关。

7）鼓风机安装必须装有接地线，宜采用多股软铜线，线径不小于 $16mm^2$。

8）连续供氧的水生作物，宜装备相同功率的备用鼓风机。

（2）增氧机。

1）增氧机的装载负荷一般考虑水深、面积和池形。叶轮式增氧机每千瓦动力能满足 3.8 亩水面的增氧需要。

2）增氧机严格按照说明书要求安装，固定牢固。

3）增氧机应用电缆供电，采用防水电缆，电缆绝缘良好，电缆必须有足够的长度，不允许有接头。

4）电缆沿配水棚钢架套铁管敷设，铁管应可靠接地，接地电阻不小于 4Ω。

5）增氧机安装必须装有接地线，宜采用多股软铜线，线径不小于 $16mm^2$。

（3）潜水泵。

1）潜水泵严格按照说明书要求安装，了解流量、扬程、泵转速、配套功率、额定电流、效率、出水口管径等。

2）潜水泵采用电缆供电，采用防水电缆，电缆绝缘良好，潜水电缆必须有足够的长度，不允许有接头。

3）电缆线径根据潜水泵电机功率大小，合理选择。

4）潜水泵电缆与潜水泵电机接线盒密封应可靠，其内外均不能向潜水电机接线盒渗漏水。

5）在有地下热水的地方，需要热水潜水泵，热水潜水泵可适用于从深井中提取地下水，一般流量可以达到 5～650m^3/h，扬程可达到 10～550m。

（4）自动投饵机。

1）工厂化养殖宜选用使用电压 220V 的自动投饵机。

2）自动投饵机的电机功率一般 30～120W，投饵距离 2～18m，料箱容量 60～120kg，每台投饵机的覆盖面积 5～20 亩，根据养殖池大小合理选择。

3）安装时，离地面 50cm 以上为宜，以利于养殖作物抢食，避免遇风造成损失。

4）安装投饵机要选择合适的位置，应面对水池的开阔面，这样投饵面宽。投饵机安装要平稳，避免饵料积块堵塞，烧坏电机。

5）投饵机采用电缆供电，利于移动，电缆绝缘良好，必须有足够的长度，不允许有接头。

6）电缆线径根据投饵机电机功率大小，合理选择。

7）自动投饵机安装必须装有接地线，宜采用多股软铜线，线径不小于 $16mm^2$。

（5）空气源热泵。

1）空气源热泵的选型原则是满足冬季供暖负荷和夏季制冷负荷二者中较大规格选型。

2）空气源热泵安装必须装有接地线，宜采用多股软铜线，线径不小于 $16mm^2$。

3）电气系统施工安装、检验、调试、验收严格按照《建筑电气工程施工质量验收规范》（GB 50303—2015）、《电气装置安装工程电气设备交接试验标准》（GB 50150—2016）、《电气装置安装工程低压电器施工及验收规范》（GB 50254—2014）、《建筑物防雷工程施工与质量验收规范》（GB 50601—2010）的相关规定。

（6）电动阀门。

1）安装前，应详细阅读说明书，清楚热水的流向。

2）安装位置。养殖池加热管道热水控制阀并联安装电动控制阀。

3）电动阀门必须垂直或水平安装。

2. 智能化建设

（1）智能能效采集终端。

1）智能能效采集终端应安装在室内，室外安装时应采用专用的仪表箱保护。智能能效采集终端的安装底板应固定在坚固耐火且不易振动的墙面上，周围空气中不能有腐蚀性的气体，避免沙尘、盐雾等。

2）安装智能能效采集终端时必须严格按照表尾盖内的接线图进行接线，接入端子座的引线建议采用铜线，端子座内固定引线的螺钉应拧紧，避免因接触不良发热而使电能表烧毁。

（2）水位传感器。

1）水位传感器安装在养殖池内和配水池内，安装位置位于巡视走廊附近，有利于安装和日常维护。

2）电源线和信号线严格按照厂家说明书连接，避开高温环境，由 24V 电源供电，电源线为 $1mm^2$ 的软铜线，信号线为 RS485 加密屏蔽双绞线。

3）水位传感器不能在超高温、超量程、强磁场环境下使用，避免因环境严重影响液位计的精度和使用寿命。

4）水位传感器测量静态水位时，水位计要投到容器底部但不要接触底部的泥沙或淤泥。

5）水位传感器安装方向为垂直，安装位置应远离出入口及振动源。

（3）温度传感器。

1）温度传感器安装在养殖池内和配水池内，安装位置位于巡视走廊附近，有利于安装和日常维护。

2）温度传感器电源线和信号线严格按照厂家说明书连接，避开高温环境，由 24V 电源供电，电源线为 $1mm^2$ 的软铜线，信号线为 RS485 加密屏蔽双绞线。

3）温度传感器安装方向为垂直，安装位置应远离出入口及振动源。

（4）水质分析仪。

1）水质分析仪安装在养殖池内和配水池内，安装位置位于巡视走廊附近，有利于安装和日常维护。

2）水质分析仪电源线和信号线严格按照厂家说明书连接，避开高温环境，由 24V 电源供电，电源线为 1mm^2 的软铜线，信号线为 RS485 加密屏蔽双绞线。

3）水质分析仪不能在超高温、超量程、强磁场环境下使用，避免因环境严重影响水质分析仪的精度和使用寿命。

4）按照《氨氮水质自动分析仪技术要求》（HJ 101—2019）执行。

（5）电接点压力表和管道压差表。

1）电接点压力表安装在鼓风机出口处，管道压差表安装在鼓风机管道上。

2）电接点压力表安装注意测量范围的选择。

3）电接点压力表和压差表电源线和信号线严格按照厂家说明书连接，由 24V 电源供电，电源线为 1mm^2 的软铜线，信号线为 RS485 加密屏蔽双绞线。

（6）变频调速控制器。

1）按照鼓风机或潜水泵负荷及日常使用率选择合适的变频器。

2）变频器对周围环境温、湿度有一定要求，严格按照说明书要求执行。

3）变频器安装时，考虑变频器散热问题，不宜安装在封闭的空间内。

4）变频器会产生漏电流，为保证安全，变频器必须接地，宜采用多股软铜线，线径不小于 16mm^2。

（7）声光报警装置。

1）声光报警装置安装在养殖棚和工作人员值班室等明显处，有利于工作人员及时发现报警信号。

2）报警器的安装高度一般应在 180cm 以上，以便于维修人员进行日常维护。

3）声光报警装置由 24V 电源供电，电源线为 1mm^2 的软铜线，信号线为 RS485 加密屏蔽双绞线。

（8）PLC 控制系统。在确保稳定性的前提下，系统的动态性能和稳态性能好，动态过程平稳、响应动作要快、跟踪值要准确。

三、建设成效

（一）项目背景

我国是世界上从事水产养殖历史最悠久的国家之一，养殖经验丰富，2018 年水产品总产量超过 5000 万 t，是世界上唯一养殖水产品总量超过捕捞总量的渔业国家。山东省是全国重要的水产养殖大省，寿光市是重要的水产养殖区和水产品供应基地，拥有淡水养殖、海水养殖（包括池塘养殖和滩涂贝类增养殖）、工厂化养殖等多种养殖模式，目前，寿光有水产养殖公司 15 家，养殖大棚 66 个，100m^2 标准养殖池约有 1500 个，年产量 150 万公斤。

在水产养殖产业中，目前主要使用增氧机、投饵机、循环水泵等电气化设备，特别是增氧机，是普遍使用的电气化设备，在工厂化养殖中使用覆盖率 100%，可有效提高养殖用水含氧量，增加放养密度和摄食强度，大幅度增加单位面积产量。

虽然水产养殖行业已基本实现电气化，但是传统水产养殖风险大、安全隐患高等问题以及“靠经验、靠人力、靠天气”的养殖现状仍然存在，水资源利用率和劳动生产率不高，且随着人力成本的逐年上升，从事水产养殖的专业化人群逐年稀缺，传统的水产养殖模式越来越难以适应时代的发展，发展“物联网+水产养殖”是实现水产养殖规模化、智能化、标准化的必然之路。

（二）项目简介

水产养殖示范项目选择在寿光市海之鲜水产养殖公司落地实施。寿光市海之鲜水产养殖公司占地400亩，温室大棚5个，现有员工32人，主要养殖南美白对虾，有配电变压器2台（630kVA），用电性质为农业生产用电，年用电量127.56万kWh（67.36万元），该养殖公司地理位置优越，位于226省道附近，距荣乌高速路口12公里，方便建成后参观学习；内部电力线路布局合理，各养殖大棚面积相当，电气设备数量、负荷相同，便于改造前后收益对比；养殖公司规模适中，发展前景良好。

客户现有电气化用电设备为鼓风机、潜水泵、深水井泵等，具体情况见表2-28。

表2-28　　客户现有设备情况汇总表

序号	主要设备	现状描述
1	鼓风机	10台18.5kW、5台15kW（备用）、10台3kW
2	潜水泵	1台15kW、3台4kW、2台3kW
3	深水井泵	1台45kW
4	冷库	7.5kW
5	增氧机	3kW

（三）项目实施

1. 项目建设内容

客户侧：一是在改造的每个养殖池内安装1个水位温度一体传感器，在鼓风机出口处安装2个电接点微压表，在养殖棚内安装2个声光报警装置、棚外安装1个声光报警装置，在管道上安装4个管道压差表，在配水池安装1个水质分析仪、1个溶氧检测仪；二是在末端养殖池内安装2个溶氧检测仪，在鼓风机上安装1个22kW变频器，利用PLC控制系统控制鼓风机转速；三是在电气设备上安装6个远传智能电能表，利用2个能源控制器进行数据上传。

平台侧：在“365电管家”智慧能源服务平台上开发水产养殖模块，实时监测温度、含氧量、水位、压力参数以及节能改造成效和电气设备用能信息，对安全监测、节能改造和能效分析成效进行展示。

2. 实现功能

选取一个养殖大棚的20个养殖池进行安全监测，选取一个养殖大棚的1个鼓风机进行变频控制，与同一个棚的另外1个鼓风机进行节能对比，采集鼓风机、潜水泵、深水井泵等电气设备的用能数据进行能效分析。

（1）安全监测。安装采集检测设备，实时检测温度、含氧量、水位、压力等水环境数据是否符合安全养殖的要求，将检测到的水环境数据传送至PLC控制系统，根据内置控制策略判断养殖大棚是否发生故障，发生故障时及时声光报警和手机提醒，提示现场值班人员快速处理，避免损失的发生。

（2）节能改造。在末端养殖池安装溶氧检测仪，实时检测典型溶氧值是否符合安全养殖的要求，将检测到的溶氧数据传送至PLC控制系统，根据内置控制策略控制鼓风机的工作频率，实现设备节能的目的。

（3）能效分析。一是分类分析用能情况，将采集数据分鼓风机、潜水泵、深水井泵等电气设备进行分类统计，横向对比能效情况，为节能改造提供参考；二是测算养殖用能成本，根据水产养殖客户整体用能和单个大棚用能情况，横向和纵向分析电能、人力、饲料、药物等要素所占比重，为客户降低成本提供参考；三是提出设备购买建议，待平台接入寿光市规模水产养殖企业用能数据后，通过进行大数据分析，横向对比不同厂家设备用能情况，为客户提供设备采购参考。

3. 实现方式

通过安装各类传感器和智能电能表，实时监测水产养殖环境数据和设备用能情况，经 PLC 控制系统、能源控制器上传至平台进行分析控制，通过平台和手机 APP，实现电气化设备智能操控。

水产养殖工作原理如图 2-13 所示。

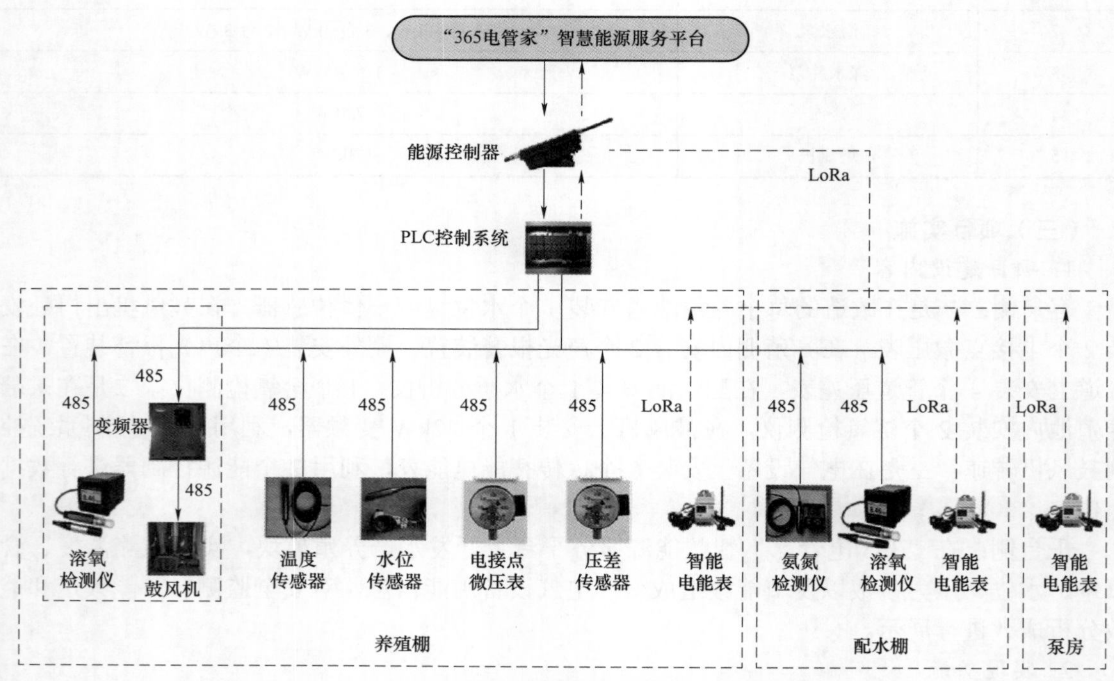

图 2-13　水产养殖工作原理图

4. 所需设备

客户所需设备汇总表见表 2-29。

表 2-29　客户所需设备汇总表

序号	主要设备	设备性能	数量
1	能源控制器	采集养殖大棚水环境信息和电气设备用能数据，并进行处理、储存和上传，实现智慧能源服务平台与采集终端之间的数据交互	2
2	无线远传智能电能表	采集电气设备的电能数据，并通过能源控制器上传至智慧能源服务平台	6

续表

序号	主要设备	设备性能	数量
3	水位温度一体传感器	采集每个养殖池水位、温度数据，并将数据传送至 PLC 控制系统和平台	20
4	电接点微压表	用于测量鼓风机出口处管道压差变化情况，以判断送气管道是否破裂，并将数据传送至 PLC 控制系统和平台	2
5	管道压差表	对送气管道内的压力进行监测，并将数据传送至 PLC 控制系统和平台	4
6	声光报警装置	在养殖池温度、含氧量、水位、压力之一发生问题时，通过 PLC 系统控制进行自动报警	3
7	水质分析仪	采集分析配水池水质数据，并将数据传送至 PLC 控制系统和平台	1
8	溶氧检测仪	采集养殖大棚内末端虾池的含氧量，并将数据传送至 PLC 控制系统和平台	3
9	22kW 变频器	接收 PLC 控制系统的控制信息，改变鼓风机的工作频率	1
10	PLC 控制系统	将采集的温度、含氧量、水位、压力等数据进行程序化处理，用于控制鼓风机启停、声光报警装置报警	1

5. 项目商业及运营模式

商业运营方面，水产养殖项目主要面向水产养殖客户，即省综合能源公司、水产养殖客户作为利益相关方，省综合能源公司作为独立运营主体，依托“365 电管家”智慧能源服务平台，负责为水产养殖客户提供电气化和智能化改造服务，同时负责项目投运后的设备运维、故障处理以及后续提供实时检测、安全监测、节能改造、能效提升与诊断等增值服务。

市场推广方面，一是以示范项目为切入点，以“供电公司报装、综合能源公司托管、属地供电所代维”的运作模式，不断拓展综合能源服务的领域和范围；二是依靠电网企业专业优势、品牌影响力以及台区经理和客户经理团队推广力量，建立合理的团队绩效激励机制，实现线下推广和线上服务相结合，构建以综合能源业务为主体的盈利模式。

（四）项目成效

1. 社会效益

（1）推动水产养殖规模化。通过推广电气化水产养殖技术，用电气化设备替代人工，提升自动控制水平，提高水产品档次和质量，降低水产养殖成本，促进产业结构优化升级，推动水产养殖行业向规模化发展。

（2）推动水产养殖智能化。通过对水产养殖设备进行智能化改造，以良好成效引导水产养殖户转变传统观念，改变以往“靠经验、靠人力、靠天气”的养殖现状，有效解决水产养殖风险大、安全隐患高等行业痛点，促进水产养殖业向智能化发展。

（3）推动水产养殖标准化。通过对海之鲜水产公司设备进行电气化推广和智能化改造，实时采集水产养殖数据信息，积累大量有效数据资源，形成完善的水产养殖数据库，为水产养殖行业发展策略完善和标准制定提供有力数据支撑。

2. 客户效益

（1）实时掌握养殖环境。通过安装电能表、水环境采集设备，精准测量并实时上传相关数据，客户可在线查看温度、含氧量、水位、压力等水环境数据以及设备用电情况和能耗分布。

（2）有效提升企业收益。通过实时监测温度、含氧量、水位和送风管道压力等参数，确保重要参数保持在合理的范围内，发生故障时及时声光报警并手机提醒，避免发生养殖事故（每个养殖棚有 20 个池，每池约 0.1 万 kg 水产，按 80 元/kg 计算，若发生养殖事故，每棚将损失 160 万元），同时可有效降低用工成本（传统方式为人工巡视，按双人值班、两天一轮共 4 名劳动力考虑，可节省 2 名劳动力，按照每人每月 0.4 万元、每年 9 个月计算，预计节省 7.2 万元）。

（3）降低生产成本。通过对 1 台 18.5kW 鼓风机进行节能改造，按照每年 9 个月、每天 24h、电价 0.525 元、节能 10%估算，预计每年可节省电费 0.63 万元，同时还可减少鼓风机运行时间和强度，降低设备维护成本。

（4）提升综合用能水平。根据鼓风机、潜水泵、深水井泵等各类电气设备用能情况和能耗分布，通过对电能数据进行横向和纵向比对，深入挖掘潜在应用场景，进一步节能改造、降低养殖成本、提升能效管理。

3. 公司效益

（1）增加公司售电量。通过推广鼓风机、潜水泵等电气化设备，提高公司售电量。每增加 1 个规模化养殖大棚（2 台 18.5kW 鼓风机），每年预计可增加电量 24 万 kWh。

（2）拓展综合能源收入。拓展电网企业综合能源业务服务领域，深入挖掘采集数据潜在商业价值，增加水产养殖节能改造、安全监测、能效分析等综合能源业务范畴，拓宽电网企业收入来源。通过做大做强“365 电管家”智慧能源服务平台，对接入平台的水产企业收取平台服务费，增加综合能源赢利点。

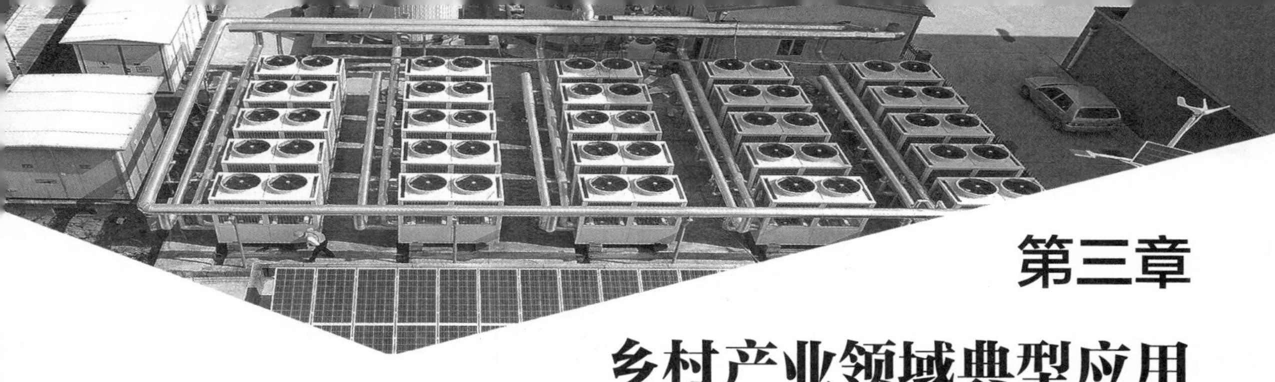

第三章 乡村产业领域典型应用

第一节　果蔬加工仓储智慧用能

利用热泵烘干机、热泵烤房和微波干燥机等电气化设备对蔬菜及水果等进行加热烘干，能源利用率高，干燥速度快，成本低，环境污染小，产品烘干彻底，储存期长。推广保鲜冷链运输温度控制、保温数字化控制技术和冷库使用热泵、冰蓄冷等制冷技术，提供加工、保鲜、包装、传送等全产业链“一条龙”的电能替代服务。部署电气量、环境量采集和能源控制设备，监测冷库温度、包装车间湿度和电气量数据，并对制冷、除湿等设备提出控制策略，有利于提高农产品安全质量和加工效益，促进农产品加工业稳健发展。

一、实施方案

（一）建设目标

1. 智慧用电

实现果蔬加工、仓储、装卸各环节设备电气化；实现加工厂内用能设备的数据采集和监控；实现仓储制冷等高能耗环节的精准监控和安全用电。

2. 能效提升

合理利用光伏、燃气锅炉、热泵空调等多种能源类型，实现能源梯次利用，提升企业综合能源利用水平和经济效益。结合生产过程，参与需求侧响应及电力市场化交易，降低企业用能成本。

3. 产业提升

形成果蔬加工仓储领域智慧用能解决方案和产品标准，探索果蔬加工厂综合能源站商业模式，提升行业综合用能水平，降低行业综合用能成本，促进果蔬加工产业发展。

（二）建设内容

（1）常规电气化建设。部署电净菜机、电烘干机、电动叉车等设备，改造制冷机组和燃气锅炉等，将制冷过程中产生的热量进行综合利用，用于蔬菜加工、大棚补热等环节。

余热利用方案如图 3–1 所示。

（2）设备智能化改造。安装智能感知装置，采集果蔬清洗、分拣、烘干、包装、仓储、装卸各生产环节用能信息，园区光伏、燃气锅炉、液氨制冷机组等综合能源供能信息。

在园区部署能源控制器，实现园区范围所有供能、用能信息的采集设备控制、数据汇聚和计算、能效策略下发等。

涉及客户产业信息的数据采集，优先使用客户原有的设备接入，对于未安装设备的客户，若客户确有需求，公司负责为客户安装相关数据采集设备。

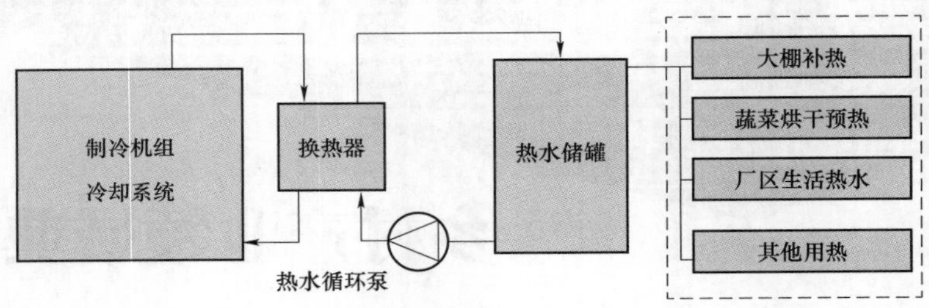

图 3-1　余热利用方案

（3）在智慧用能控制系统中新增果蔬加工仓储智慧用能模块，为工厂提供用能数据统计、用能分布统计功能；进行行业用能数据对比，生成用能评估，为工厂提供用能优化建议；研发需求侧响应代理和电力市场化交易代理模块。

（4）客户端服务系统。研发客户端服务系统，工厂管理人员可通过手机、电脑等终端设备实时掌握工厂区域内用能、供能信息，获取企业用能数据统计、用能数据对比、用能分布统计、负荷预测、用能优化建议、需求侧响应以及电力市场化交易建议，合理利用能源。

（5）项目实施地点：寿光蔬菜产业控制集团粤港澳大湾区菜篮子产品配送中心。

（三）技术路线及主要装备

果蔬加工智慧用能架构如图 3-2 所示。

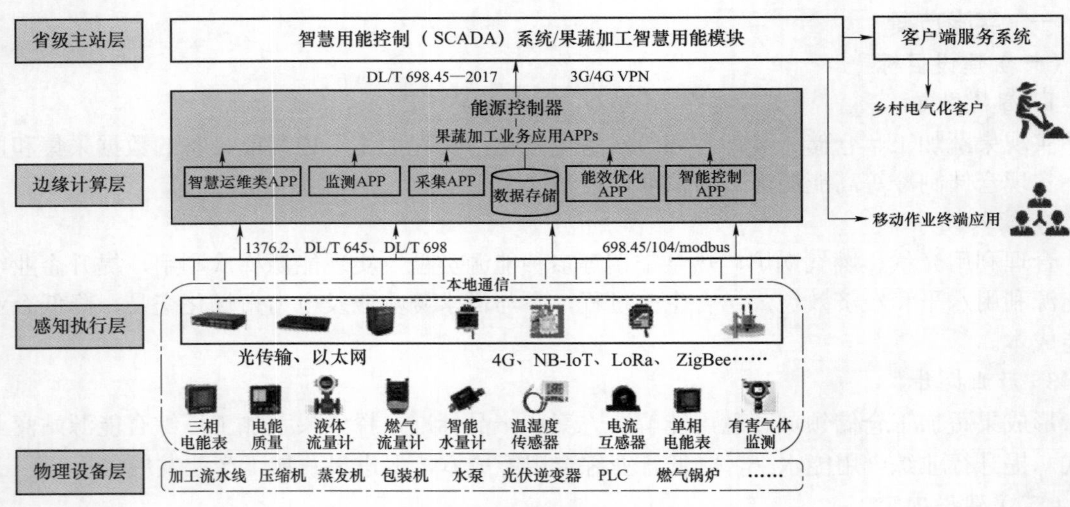

图 3-2　果蔬加工智慧用能架构

在智慧用能控制系统中添加果蔬加工智慧用能模块，进行果蔬加工类生产设备用能分析、综合能源数据分析、光伏发电效益分析。本地部署能源控制器设备，拓展不同协议转换应用模块、生产报警、用能调控策略等边缘计算应用模块，支撑规范化数据采集与 CPS 安全保障。感知层通过智能物联设备实现各类数据采集，根据设备位置采用光纤、4G、NB-IoT、LoRa、ZigBee 等多种方式实现采集信息的近场传输，采用 698.45、104、modbus 等协议向能源控制器发送数据。设备层部署加工、传送、冷藏、装卸等生产、仓储电气化设备，换热器、热水储罐等余热回收设备以及逆变器、控制器等光伏发电设备。

果蔬加工仓储智慧用能系统采集装置例表见表 3-1。

表 3－1　　　　果蔬加工仓储智慧用能系统采集装置例表

参考图片	产品名称	技术参数			
	电能质量监测仪	型号	APMD700	接口	2 线电流
		量程	输入相电压 AC 220V 输入电流比 200A/5A	精度	0.5 级
		输出	RS485 接口 Modbus/RTU 协议	供电	单相 220V
	三相电能表	型号	RS485 接口 Modbus/RTU 协议	接口	2 线电流
		量程	输入相电压 AC 220V 输入电流比 100A/5A	精度	0.5 级
		输出	RS485	供电	单相 220V
	单相电能表	型号	ACR220E（L）	接口	2 线电流
		量程	输入相电压 AC 220V 输入电流比 100A/5A	精度	0.5 级
		输出	RS485 接口 Modbus/RTU 协议	供电	单相 220V
	液体流量计	型号	TM－LDE	接口	2 线电流
		量程	0～9999m³/H	精度	0.5 级
		输出	4～20MA RS485 协议　HART 协议	供电	24、220V 锂电池供电可选
	智能燃气流量计	型号	G2.5 户用流量表	接口	2 线电流
		量程	0.025～4m³/H P_{max} 10kPa	精度	1.5 级
		输出	4～20MA　RS485 协议	供电	6V
	智能水量计	型号	DS－CSW	接口	2 线电流
		量程	DN50－DN300	精度	0.01m³/H
		输出	RS485 接口 Modbus/RTU 协议	供电	内置锂电池或外供 12～24V
	温湿度传感器	型号	RS－WS	接口	2 线电流
		量程	温度－40～80℃ 湿度 0～100%	精度	0.1℃　1%
		输出	RS485 接口 Modbus/RTU 协议	供电	内置锂电池或外供 5～24V
	电流互感器	型号	AKH－0.66 W 系列	接口	2 线电流
		量程	0～100A	精度	0.1A
		输出	RS485 接口 Modbus/RTU 协议	供电	5V
	有害气体监测传感器	型号	氨气监测仪 MOT500－NH3	接口	2 线电流
		量程	0～500、1000、5000mg/L 可选	精度	±3%
		输出	RS485 接口 Modbus/RTU 协议	供电	DC 24V
	制冷机通信转换器	型号	IE－485－LoRa	接口	输入 485，输出 LoRa433MHz
		通信协议	Modus－TCP	供电	单相 220V
	智慧能源路由器	型号	IE－ER&ROOT－LoRa 户外型	上行	4G，有线以太网
		下行	LoRa 485	覆盖半径	空旷场景＞2.5km

（四）数据交互需求

果蔬加工智慧用能数据交互内容见表3–2。

表3–2　果蔬加工智慧用能数据交互内容

序号	数据项分类	数据子项
1	用电数据	电压、电流、频率、有功功率、无功功率、视在功率、用电量
2	设备状态数据	电净菜机、电烘干机、电动叉车状态数据
3	液体流量数据	流速、流量、累计水量、水压
4	燃气流量数据	气体流速、气体流量、累计用气量、气压
5	温湿度数据	温度、湿度
6	有害气体数据	氨气浓度
7	光伏逆变器数据	光伏逆变器工作状态/故障状态，汇流箱电流数据，逆变器交流侧电压/电流，逆变器直流侧电压/电流，光伏发电功率，发电量统计数据，节能减排数据

二、建设标准

（一）术语与定义

（1）果蔬加工成套电气化设备：由气泡清洗机、全自动切片机、全自动燃气蒸煮漂烫机、离心脱水机、真空油炸机、真空包装机组成，结构紧凑，自动化程度高，适合于各种蔬菜水果的加工制作。

（2）低温传感器：采集冷库的温度信息，通过RS485线传输到集中控制箱，经能源控制器上传至监控平台。

（3）温湿度传感器：采集包装车间的温湿度，通过能源控制器上传至监控平台。

（4）RS485数据总线：通信可靠性很高、实时性好，采集范围不受变压器限制，通信距离可达1000m。

（5）智能能效采集终端：由测量单元、数据处理单元、通信单元等组成，具有电能量计量、线缆温度采集、信息存储及处理、实时监测、自动控制、信息交互等功能的能效采集装置。

（6）通用型能源控制器：集合LoRa传输、RS485线传输和4G传输于一身的信号传输设备，用于监控平台与采集终端之间的数据交互以及监控平台下达命令实现对现场设备的控制。

（7）智能配电台区：是指（一台）变压器的供电范围或区域。它是电力经济运行管理名词。

（8）制冷压缩机：制冷系统的核心和心脏，根据工作原理的不同，制冷压缩机可以分为定排量压缩机和变排量压缩机。

（9）分布式光伏发电：指在客户场地附近建设，运行方式以客户侧自发自用、多余电量上网，且在配电系统平衡调节为特征的光伏发电。分布式光伏发电遵循因地制宜、清洁高效、分散布局、就近利用的原则，充分利用当地太阳能资源，替代和减少化石能源消费。

（10）分布式光伏发电系统的基本设备：包括光伏组件、光伏方阵支架、汇流箱、并网逆变器、配电设施、供电系统监控装置和防雷设施。

（二）建设原则

（1）适用性。根据果蔬加工仓储所处的地理环境、气候特点、果蔬加工类型等实际情况，

进行规划设计、设备选型，确定建设模式、方案，确保建设安全顺利进行。

（2）安全性。果蔬加工仓储电气化智慧用能建设首先考虑安全用电问题，全面感知果蔬加工仓储各个用电设施的用电信息，实时监测果蔬加工仓储设备电气量参数，规范果蔬加工仓储安全用电管理，及时发现消除用电安全隐患，避免发生安全事故。

（3）前瞻性。从设备选型、新技术应用考虑，并留有下一步扩展的空间。

（4）示范性。果蔬加工仓储电气化智慧用能应大力推广智能配电、果蔬加工仓储设备电气化、环境控制自动化、分布式光伏发电等技术，以规范电气建设为重点，以智能化为技术支撑，形成统一的智慧用能建设标准，发挥示范引领带动作用。

（5）可持续性。通过持续创新综合能源服务模式，综合考虑适用性、安全性、前瞻性、示范性等要素，加快果蔬加工仓储智慧用能建设，改善果蔬加工仓储用能模式，提高用能效率，减少电能浪费和人工成本，打造可持续发展的智慧用能果蔬加工仓储产业。

（三）功能方面

果蔬加工仓储电气化智慧用能项目包括智能配电系统、果蔬加工设备电气化、仓储设备电气化等。

1. 智能配电系统

通过工厂配电设备实现对供电设备运行状态监测控制、无功补偿和故障隔离；通过加装智能能效采集终端和测温终端，对用电量、电压、电流和设备温度等进行实时监测，并上传监控平台，完成厂区用能状态信息的全面感知，达到配网设备精益运检与远程运维、故障快速处置与精准主动抢修，指导工厂用电安全综合管理。由配电设备、智能监控设施等组成。

2. 果蔬加工设备电气化

果蔬加工设备电气化建设，主要是指对果蔬的清洗、切片、漂烫、脱水、油炸、包装等工序配置电气化设备，降低劳动强度，减少人力成本，达到提高果蔬脆质量和产量的目的。

（1）气泡清洗机。气泡清洗机主要用于蔬菜、水果的清洗。利用箱体前部分设备，箱体中注适量的水，经过加热管将水温加热，原料在经过箱体时，会在气泡机和水的结合作用下做翻滚状态，并随网带不断向前推进，在出水面时，高端设有喷淋头，高压冲洗。

（2）全自动切片机。将完整的果蔬放入载果孔里，随着转盘的转动，将果蔬运送到机针下面，完成去核、切片的工作。去核后的核孔径小、保留果肉多、去核干净、没有残留剩核。设备在完成去核的同时也可以完成切片的效果，并且根据自身的需求，自行设置，一机多用，既提高了生产效率，又降低了劳动成本。

（3）全自动燃气蒸煮漂烫机。以燃气为能源，自动进料、自动出料、自动控温。食物干净美观，产品蒸煮漂烫均匀。设备采用硅酸铝保温材料，保温效果好，减少热能损耗，具有自动提升功能，方便清洗和维护。温度可在98℃内自动调控，上下层水温均匀。

（4）离心脱水机。设备可脱除新鲜果蔬原料中的水分，将其水分活度降低到微生物难以生存繁殖的程度，从而使产品具有良好的包藏性。离心脱水机占地空间小，便于维修及更换；质量小，便于搬运，不易堵塞。设计紧凑，故障少，噪声振动小，螺旋轴的转速约2～3r/min，耗电低。

（5）真空油炸机。防止食用油脂劣化变质，不必加入抗氧化剂，提高油的重复利用率，降低成本。一般油炸食品的含油率高达40%～50%，而真空油炸食品的含油率为10%～20%，节油30%～40%，节油效果显著。食品脆而不腻，可储性能良好。

（6）真空包装机。排出包装容器中部分空气（氧气），能有效防止食品腐败变质。采用阻隔性（气密性）优良的包装材料及严格的密封技术，能有效防止包装内容物质的交换，避免食品减重、失味，又可防止二次污染。真空包装容器内气体已排出，加速热量的传导，可提高热杀菌效率，也避免加热杀菌时，由于气体的膨胀而使包装容器破裂。

3. 仓储设备电气化

果蔬仓储设备电气化建设主要包括制冷压缩机组、冷凝器、蒸发器以及电气成套控制柜等，同时推广电动叉车等电气化设备。通过对仓储设备的电气化建设，提高设备利用率和使用寿命，提高安全运行可靠性，节约能源、降低企业生产成本，提高冷库产品质量。

（1）制冷压缩机组。制冷系统采用自动型制冷压缩机，它是整个系统的关键设备。机组采用控制器控制，每个机组使用一台控制器来控制本机组的运行，并进行保护。机组的人机界面可以就地显示制冷压缩机组的运型参数，如排气压力和温度、吸气压力、油供压力和供油温度、累计运行时间、主机电流等。

（2）冷凝器。冷凝器采用原装进口铜管，加工成梯形低肋管，增强传热能力。接触面大，增强翅片强度及空气扰流效果，依据设计流速需要，采用单、双回流系统，水阻小，热交换性能好，确保腔内无杂质水分存在。

（3）蒸发器。蒸发器选择冷风机，主要由冷却换热排管、轴流风机、分液器、容霜装置、接水盘等 5 大重要部件组成。将冷库热力膨胀阀的低温低压的饱和制冷剂通过冷风机与被冷却介质发生热交换，将饱和制冷空气进行气化并且带走冷库内的热量。

（4）电气成套控制柜。电气成套控制柜主要由空气开关、PLC 模块、直流电源（24V）、继电器、接线端子等组成。可完成设备自动化和过程自动化控制，具有性能稳定、可扩展、抗干扰强等特点。

（5）电动叉车充电桩。电动叉车操作控制简便灵活，其电动转向系统、加速控制系统、液压控制系统以及刹车系统都由电信号来控制，大大降低了操作人员的劳动强度，提高了工作效率。为便于充电，应修建具有自动断电、定时断电、触电保护、漏电保护等多重安全功能的充电桩。

（四）技术条件

1. 果蔬加工电气化设备

（1）果蔬加工车间选址。

1）可靠的地理条件，避免设在流沙、湿陷性黄土、孔性土等地方。

2）地形尽量平坦，方便厂区各车间之间的运输，标高应高于历史最高水位 0.5～1m。

3）应有良好的卫生条件，避免有害气体、放射性源、粉尘和其他扩散性的污染源。

4）车间地面用防滑、坚固、不透水、耐腐蚀的材料修建。

（2）果蔬加工成套电气化设备。

1）选型原则。

a. 泡沫清洗机的压缩空气压力不应小于 0.5MPa，电源线缆线径不小于 2.5mm^2。

b. 全自动切片机应采用循环通风设计，可以有效降低长时间工作产生的热量，保护电动机，延长连续电机工作时间。

c. 全自动燃气蒸煮漂烫机应具有断水、过热、漏电保护、超温、超压等保护功能，废气排放应低于国家标准。

d. 离心脱水机应选择变频控制，控制工序时间均通过外设按钮进行调整。

e. 真空油炸机应能自动控制温度和压力（真空度），采用变频调速；可将蒸发的水油冷却分离，减少水循环的污染，提高水的反复利用率，减少油的损耗。

f. 真空包装机操作系统全封闭，全机宜可用水清洗，真空度不大于 200Pa。

g. 除湿机应根据生产车间面积选择合适的功率，且应能微电脑控制，湿度 5%控制。

h. 烘干机控温精度±1℃，温度均匀性±3℃。

2）建设标准。

a. 果蔬加工成套电气化设备安装前，对基础的混凝土标号、位置、尺寸、强度和平整度进行检查，应符合设计要求。

b. 果蔬加工成套电气化设备现场运输和吊装使用的机具、绳索应有足够的强度，搬运过程对设备要妥善保护，不得出现损伤。对于出厂已安装和调整完好的部分，不得随意拆卸搬运。

c. 果蔬加工成套电气化设备应按设计图纸及安装使用说明书的规定就位、找正和固定，确保安装精度符合要求。

d. 电气控制箱安装位置应在设备的前方，便于监视设备的运行、操作及维修。

e. 电气控制箱地脚螺栓位置要正确，控制箱安装时要找正找平，灌注牢靠。

f. 控制箱装好后，可敷设控制箱到各个电机和仪器仪表的配管。控制箱及电气设备外壳应有良好的接地。

g. 在包装车间内安装温湿度传感器时，应避免死角安装，避开强磁场或者是热源，减少外部因素对结果的影响。

h. 温湿度传感器尽可能垂直安装，需要水平安装时，应加装支撑架；对倾斜和水平安装的温湿度传感器接线盒出线孔应该向下，以免水汽、脏物等落入接线盒中。

i. 加工车间设备及配套设施安装应符合《机械设备安装工程施工及验收通用规范》（GB 50231—2017）。

2. 仓储电气化设备

（1）库房选址。

1）冷库库房旁边不应有污染严重的污染源，应远离有害气体。

2）交通便利，方便进出货。

3）应有比较稳定、可靠的电源。

4）应有充足的水源。

5）库址应布置在城市居住区，夏季最小频率风向是上风侧。

（2）制冷压缩机组。

1）选型原则。

a. 根据冷库的蒸发温度及冷库有效工作容积进行选择。

b. 参考冷冻或冷藏物品的冷凝温度、入库量、货物进出库频率。

c. 小型冷库宜选用全封闭压缩机组，中型和大型冷库宜选用半封闭压缩机组。

d. 机组之间应考虑其互为备用和切换使用的可能性。

e. 选择制冷机组时应考虑其对环境的污染：噪声与振动，要满足周围环境的要求；制冷剂对大气臭氧层的危害程度和产生温室效应的大小。

2）建设标准。

a. 压缩机组的纵向和横向安装水平偏差均不应大于1/1000，并应在底座或与底座平行的加工面上测量。

b. 压缩机组试运行前应脱开联轴器，单独检查电动机的转向应符合压缩机的要求。连接联轴器，其找正允许偏差应符合设备技术文件的规定。

c. 盘动压缩机应无阻滞、卡阻等现象。

d. 应向油分离器、储油器或油冷却器中加注冷冻机油，油的规格及油面高度应符合设备技术文件的规定。

e. 各保护继电器、安全装置的整定值应符合技术文件的规定，其动作应灵敏、可靠。

f. 制冷压缩机组的动力配线可采用铜芯绝缘电线穿钢管埋地敷设，也可采用铜芯交联电缆桥架敷设或敷设在电缆沟内。

g. 每台氨制冷压缩机组及启动控制柜上安装电流表，每台氨制冷机组控制台上安装紧急停车按钮/开关。

（3）冷凝器。

1）选型原则。

a. 根据当地条件确定采用冷凝器的类型，如水质、空气、质量等。

b. 总换热面积应满足最大负荷要求，并有裕量。

c. 冷凝器台数一般应与压缩机对应。

d. 水或空气测流动阻力要合适，不能太大。

e. 技术经济比较，注意初投资与运行费用的综合考虑。

2）建设标准。

a. 基础检验合格后，用墨线在基础上放出冷凝器的钢架基础线。

b. 钢架基础就位时，用水平仪将钢架调水平，误差不大于5mm。

c. 管道组对时，外径和壁厚的管子对口，应做到外壁整齐，对口错边量应小于表3-3的规定。

表3-3　　对口错边量标准

壁厚（mm）	2.5～5	6～10
错边允许偏差值（mm）	0.5	1.0

d. 阀门安装时，应清除阀门的封闭物和其他杂物，开关手轮应放在便于操作的位置，指示标志应正确。

e. 法兰安装应保持平行，偏差不大于法兰外径的1.5‰，且不大于2mm。不得采用加偏垫、多层垫或强力拧紧法兰一侧螺栓的方法，消除法兰接口端面的缝隙。

（4）蒸发器（冷风机）。

1）选型原则。

a. 恒温库宜选用冷风机作为蒸发器，降温速度快。

b. 速冻库和低温库宜选用无缝钢管制作的蒸发排管为主，恒温效果好，实施冷藏。

2）建设标准。

a. 冷库冷风机安装时应充分考虑防漏防腐的问题。

b. 冷库冷风机的背部与冷库保温板的距离最少为300mm，这样有利于冷库内空气循环和方便将来检修。

c. 冷库冷风机回气口要设置U形回油弯，方便冷冻油返回冷库压缩机。

d. 冷库冷风机的出水管要设置U形弯形成液封，避免冷库内外空气流通。

e. 供水管道应设置保温层，且保温层能够延伸到室外2m以外。

（5）电气成套控制柜。

1）选型原则。

a. 供电电源：直流24V，两相交流220V，精度（－10%，＋15%），频率：50Hz。

b. 防护等级：IP41或IP20。

c. 环境温度在0～55℃，防止太阳光直接照射；空气的相对湿度应小于85%（无凝露），远离强烈的振动源，防止振动频率为10～55Hz的频繁或连续振动。避免有腐蚀和易燃的气体。

2）建设标准。

a. 电气设备应有足够的电气间隙及爬电距离以保证设备安全可靠的工作。

b. 电气元件及其组装板的安装结构应尽量考虑正面拆装。

c. 如有可能，元件的安装紧固件应做成能在正面紧固及松托。

d. 各电器元件能单独拆装更换，不影响其他元件及导线束的固定。

e. 发热元件宜安装在散热良好的地方，两个发热元件之间的连线应采用耐热导线或裸铜线套瓷管。

f. 柜内电子元件的布置尽量远离主回路、开关电源及变压器，不得直接放置或靠近柜内其他发热元件的对流方向。

g. 主令操纵电器件及整定电器元件的布置应避免由于偶然触及其手柄、按钮而误动作或动作值变动的可能性，整定装置一般在整定完后应以双螺母锁紧，以免移动。

h. 熔断器安装位置及相互间距离应便于熔体的更换。

i. 不同电压等级的熔断器要分开布置，不能交错混合排列。

j. 强弱电端子应分开布置；若有困难，应有明显标志并设空端子隔开或加强绝缘的隔板。

k. 端子应有序号，端子排列应有更换且接线方便；离地高度宜大于350mm。

l. 有防震要求的电器应增加减震装置，其紧固螺栓应采取放松措施。

m. 线槽应平整，无扭曲变形，内壁应光滑、无毛刺。

（6）照明及电缆。

1）选型原则。

a. 冷库内照明灯具应选用符合食品卫生安全要求和冷库内环境条件、可快速点亮的节能型照明灯具，一般情况不应采用白炽灯具。冷库内照明灯具显色性指数不宜低于60。

b. 库房内应安装备用照明，备用照明照度不低于正常照明的50%。若采用自带蓄电池的应急照明灯具时，备用照明持续时间不应小于30min。

c. 电缆截面的选择应符合长期连续负荷允许载流S和允许电压偏移确定。

d. 电缆类型应根据敷设方式、环境条件选择，埋地敷设宜选用铠装电缆；当选用无铠装电缆时，应能防水、防腐。架空敷设宜选用无铠装电缆。

e. 电缆进出口及穿越墙壁、楼板、盘柜和管道两端时，应用防火堵料封堵。防火封堵材料应密实无气孔，封堵材料厚度不应小于 100mm。

2）建设标准。

a. 冷库内的动力及照明配电、控制设备宜集中布置在冷库外的穿堂或其他通风干燥场所。当布置在低温潮湿的穿堂时，应采用防潮密封型配电箱。

b. 库房宜采用 AC220V/380V TN-S 或 TN-C-S 配电系统。冷库内照明支路宜采用 AC220V 单相配电，照明灯具的金属外壳应接专用保护线（PE 线），各照明支路应设置剩余电流保护装置。

c. 冷库内动力、照明、控制线路应根据不同的冷库温度要求，选用适用的耐低温铜芯电力电缆，并宜明敷。

d. 出入口应设置空气幕、回笼间或软门帘。库门、柱子、墙壁和制冷系统管道等易受碰撞之处，应设置保护装置，并应有防霉、防鼠的设施设备。

e. 在每个冷库内安装低温传感器，通过 RS485 数据总线与能源控制器连接，用于测定、记录冷库温度。记录应准确，并定期校准。

f. RS485 线缆敷设时不宜敷设在高温设备和管道的上方，也不宜敷设在具有腐蚀性液体的设备和管道的下方。

g. RS485 线缆从室外进入室内时，应有防水和封堵措施；线缆进入盘、柜、箱体时宜从下部进入，并采取防水密封措施。

（7）电动叉车充电桩。

1）选型原则。

a. 输出电压为：直流 0～120V（可调）输出电流为：0～500A（可调）。

b. 采用在线充电方式，不再需要更换电池。

c. 具备电池自动检测功能。

d. 具备电量统计功能。

e. 应有漏电、过电压、欠电压、过电流、过热、短路、浪涌、输出反接等保护功能。

2）建设标准。

a. 充电桩的布置不应妨碍车辆和行人的正常通行。

b. 充电桩的布置宜靠近供电电源，以缩短供电线路的路径。

c. 充电桩应垂直安装，偏离垂直位置任一方向的误差不应大于 5°。

d. 室内充电桩基础应高出地坪 50mm，室外充电桩基础应高出地坪 200mm。

e. 交流充电桩应具备过负荷、短路保护和漏电保护功能。交流充电桩漏电保护应符合国家标准《电动汽车传导充电系统　第 1 部分：通用要求》（GB/T 18487.1—2015）的有关规定。

f. 单相交流充电桩接入系统时宜满足三相平衡的要求。

3. 光伏发电设备

（1）选址原则。

1）应保证周围无高大建筑（尤其是正南方向），可避免因建筑体阴影对发电量的影响。

2）混凝土屋面：相对平整、无设备或少设备。

3）钢结构彩钢屋面：少采光带和通气楼、屋面较新、腐蚀较少。

（2）建设标准。

1）组件安装前，应按产品说明书检查组件及部件的外观，确保无破损及外观缺陷。

2）根据组件参数，对每块组件进行性能测试确认，其参数值应符合产品出厂指标，测试项目包括开路电压和短路电流。

3）根据额定工作电流作为依据进行组件分类，可将额定工作电流相等或相接近的组件进行串联。

4）安装组件，应轻拿轻放，防止硬物刮伤和撞击组件表面玻璃和后面背板。

5）组件在支架上的安装位置和排列方式应符合设计规定。

6）对于螺栓紧固方式安装的组件，如组件固定面与支架表面不相吻合，应用金属垫片垫至用手自然抬、压无晃动感为止，之后方可紧固连接螺丝，严禁用紧拧连接螺丝的方法使其吻合。

7）对于压块安装方式安装的组件，如组件固定面与支架表面不相吻合，应调整轨道和压块，禁止采用工具敲击的方法使其吻合。

8）组件与支架的连接螺丝应全部拧紧，按设计要求做好防松措施。

9）组件在支架上的安装应目视平直，支架间空隙不应小于 8mm。

10）组件安装完毕后，应检查清理组件表面上污渍、异物，避免组件电池被遮挡。

三、建设成效

（一）项目背景

产业兴旺是乡村振兴的基础，农产品加工产业是乡村产业的重要组成部分，寿光市被誉为“蔬菜之乡”，是我国最大的蔬菜种植、集散、批发销售中心，已有 20 个大类、100 多种蔬菜通过了中国绿色食品发展中心认证，寿光的果蔬加工产业具备得天独厚的优越条件。

寿光市果蔬脆生产企业主要有蔬菜产业集团、赛维科技、中意农业 3 家公司，其中蔬菜产业集团进入国家级农业产业化重点龙头企业行列。

目前消费者对产品认知度较低，虽然近年来果蔬脆、冻干果蔬等产品广泛推广，但没有被国内消费者广泛接受，销售渠道不够畅通。对加工企业而言，存在加工产业链短、技术装备薄弱、产品附加值低、效益低下的现状，如何在目前的市场环境、技术条件下降低企业成本，成为企业盈利的关键因素，公司响应国家依靠科技提高农业生产力的号召，通过物联网技术获取企业用能数据，通过数据统计、能效分析优化管理策略，帮助企业降低生产成本，提高用能效率、实现果蔬加工、冷藏过程中的环境在线监测，助力果蔬加工仓储用能项目产业发展。

（二）项目简介

果蔬加工仓储智慧用能项目在寿光市蔬菜产业集团粤港澳大湾区菜篮子产品潍坊配送分中心落地实施，蔬菜产业集团果蔬深加工厂位于洛城街道，企业配置 2 台 1600kVA 变压器，一条果蔬脆生产线，18 个果蔬存储冷库，冷库由 7 个制冷机组供冷，2018 年用电量 197 万 kWh。果蔬加工的洗菜—切片—漂烫—脱水—包装基本依靠电气化设施，但包装车间的环境湿度需要靠人工开闭除湿机来控制，且冷库压缩机的用电量无法统计分析，无法与冷库温度相结合，通过大数据分析计算最佳温度，从节能降耗角度考虑，企业本身具有一定节能空间。

建设方式：该示范项目由公司投资，初期采用直接投资建设典型示范项目，通过政府宣传，吸引企业关注，后期由农业局推介，向寿光乃至全省具备实施条件的客户重点推荐，由企业出资建设，综合能源公司负责提供智能化改造服务。

运营方式：由省综合能源公司负责项目运营，负责项目投运后的设备运维、故障处理以及后续向客户提供的智能检测、数据分析、能效提升与诊断等增值服务。

推广方式：以建成的示范项目为依托，由综合能源业务市场拓展人员向潜力客户展示已建成项目的成效、收益，吸引客户投资建设。

预期成效：通过精确、科学的数字化用能控制手段，使生产用能管理更加精细、快速、高效，实现生产用能管理的精准化，实现果蔬加工仓储产业标准化发展。

（三）项目实施

1. 项目建设内容

（1）改造内容。

1）能源采集系统：在配电室内的果蔬加工车间回路、制冷压缩机供电回路安装智能电能表；在冷库安装低温传感器，在厂区安装能源控制器，用以采集电能和温度数据。

2）自动控湿系统：在包装车间安装温湿度传感器，在包装车间除湿机控制回路安装无线继电器，根据温度来控制除湿机的启停。

通过智能电能表，对果蔬生产线、制冷压缩机机组的电流、电压，冷库的温度数据进行采集，经能源控制器将数据传送至智慧能源服务平台，结合冷库存货量和生产情况对用能数据进行分析，寻找最佳控制曲线，从而对提升管理水平提供数据支撑。

在包装车间安装 1 个温湿度传感器，在除湿机供电回路安装 2 个无线继电器，通过温湿度传感器监测环境温度，并根据智慧能源服务平台的预设温度，通过无线继电器自动控制车间除湿设备的启动，保证车间的湿度在许可范围之内。

（2）实现方式。

1）平台侧：在“365 电管家”智慧能源服务平台上搭建果蔬加工仓储模块，对果蔬加工车间、制冷机组的电能信息，包装车间的温湿度、冷库的温度实施采集监测，通过能效分析策略为客户提供最佳的用能建议。

2）客户侧：一是在配电室果蔬加工车间回路安装 2 块智能电能表，7 个制冷压缩机供电回路安装 7 块智能电能表，在 18 个冷库各安装 1 个低温传感器，在厂区安装 4 个能源控制器，二是在包装车间安装 1 个温湿度传感器，在除湿机供电回路安装 1 个无线继电器。

（3）设备。

1）能源控制器：由省综合能源公司自主研发，实现智慧能源服务平台与采集终端之间的数据交互，通过平台设定的程序和阈值自动控制除湿机设备启停。

2）LoRa 远传智能电能表：采集客户的电能数据，通过能源控制器上传至智慧能源服务平台。

3）温湿度传感器：采集包装车间的温湿度，通过能源控制器上传至智慧能源服务平台。

4）低温传感器：采集冷库的温度信息，通过能源控制器上传至智慧能源服务平台。

5）无线继电器：通过能源控制器接收控制信号，用来控制包装车间除湿机的启停。

设备模型如图 3-3 所示。

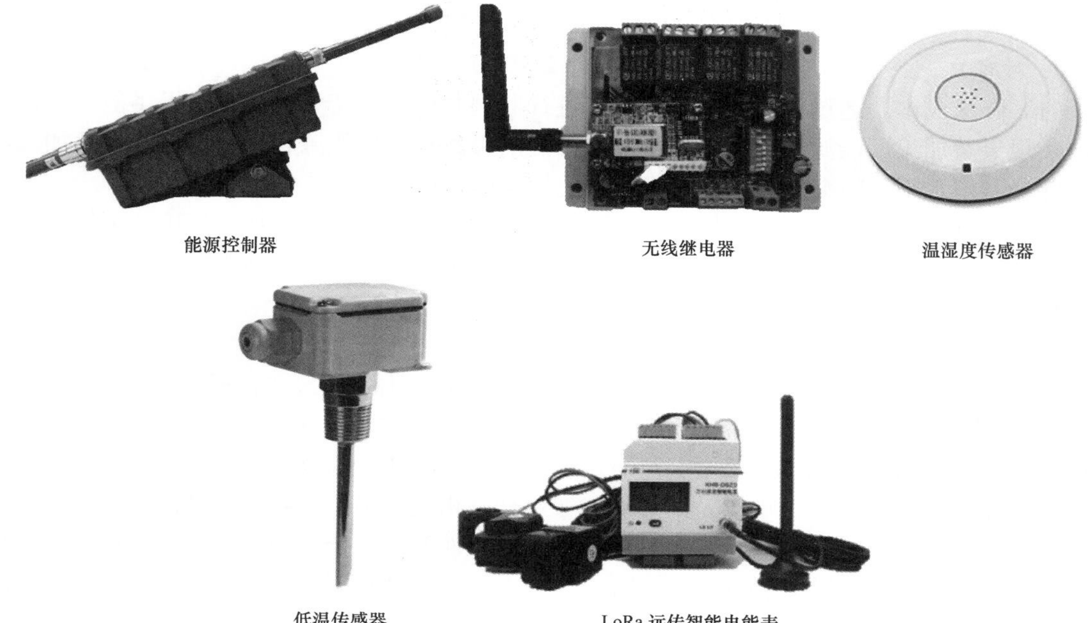

能源控制器　　无线继电器　　温湿度传感器

低温传感器　　LoRa 远传智能电能表

图 3–3　设备模型图

设备清单表见表 3–4。

表 3–4　设 备 清 单 表

序号	主要材料	数量	单位
1	能源控制器	4	个
2	LoRa 远传智能电能表	9	个
3	温湿度传感器	1	个
4	低温传感器	18	个
5	无线继电器	1	个

2. 项目运营模式

本项目由综合能源公司负责提供智能化改造服务。

（四）项目成效

1. 对社会

（1）推动果蔬行业的标准化。通过本项目实施，提高了企业的电气化、自动化水平。通过加工厂内用能设备的数据采集和监控，实现仓储制冷等高能耗环节的精准监控和分析，其用能数据和能效分析策略为政府推广行业标准化提供了数据支撑，助力寿光市果蔬加工行业的快速发展。

（2）推进果蔬加工仓储行业智能化。依靠能效采集终端与“365 电管家”智慧能源服务平台的数据上传、统计分析功能，实现果蔬加工企业精细化能效管理，提高果蔬加工仓储行业电气化、智能化水平，为果蔬加工仓储行业发展提供技术支撑，加快果蔬加工仓储行业智能化进程。

2. 对客户

（1）降低成本。通过对果蔬加工厂用能进行监测并进行诊断分析，可以提供能效改进建议，实现果蔬加工厂能源结构智能优化配置，提高果蔬加工厂能源利用率，提升果蔬加工厂能源综合利用水平和精准智慧用能，降低果蔬加工厂整体能耗，节省成本。

（2）提升管理水平。客户侧用能控制系统的建设，可实现对果蔬加工厂用能测算、分析和优化，清晰地展示果蔬加工厂内用能设备的用电情况，帮助企业提高用能管理工作效率，提升用能管理规范化、标准化、精益化水平。

3. 对公司

（1）提升公司企业形象。通过果蔬加工仓储智慧用能项目的建设，向公众展示公司为果蔬加工行业提供智能改造服务以及后续的电气设备运维托管、用能安全与电能质量管理、用电量及电费管理、能效分析与诊断等服务，凸显公司助力果蔬加工行业发展，服务乡村振兴的企业形象。

（2）拓展综合能源业务市场。果蔬加工行业具有相近的用能设备和生产流程，节能改造的实施方案也具有一定的相似性，针对果蔬行业的共性问题综合能源公司可以提供一整套标准化整体解决方案，形成固定的盈利模式，以目前寿光市果蔬加工及冷链物流企业 23 家计算，市场份额可达 138 万元，前景广阔。

第二节　全电景区智慧用能

在旅游景区的住宿、餐饮、交通等方面，推广应用电加热、电炊具、电动汽车等，建设全电景区。部署电气量采集装置，及时预警异常情况，收集旅游景区全范围内配套设施用能数据，结合淡旺季游客规模，从用能类型、用能分布、用能时间、用能费用等多维度进行综合能效分析，提高景区安全及智能服务水平，美化景区环境，节约运行成本，提高景区游览及生活舒适度和便捷性，引领旅游产业全电气化发展。

一、实施方案

（一）建设目标

1. 智慧用电

在旅游景区住宿、餐饮、交通、游乐设施等配套领域推广电气化设施，利用物联网技术，实现景区各节点用电信息感知，提升景区智能用电和电力设施维护水平。

2. 能效提升

收集旅游景区全范围内配套设施用能数据，结合淡旺季游客规模，从用能类型、用能分布、用能时间、用能费用等多维度进行综合能效分析，提高景区综合能效水平。

3. 产业提升

在旅游景区进行电气化设施改造，探索全电景区建设模式，提升景区环境质量、用能安全水平和游客体验感，推动全电景区产业大规模发展。

（二）建设内容

（1）常规电气化建设。推行绿色游览，在景区内投放电动观光车、电动观光船、共享电动观光车以及配建相应的充电设施；增加光储一体智能路灯；餐饮配套设施升级，增加电蒸箱、电压力锅、电烤箱等电气化厨具；住宿配套制冷/供暖升级，提高电锅炉、空调、暖气等

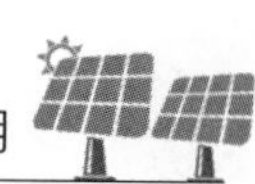

供冷供热设施占比，切实提高景区用电设备占比。

（2）设备智能化改造。在景区配电房、餐饮厨房、充电桩、游乐设施、热水系统、暖气、空调等多个设施单元安装用能数据采集装置，开发相应数据采集装置接口，收集、整理并存储用能数据。在景区配套酒店安装智能插座、智能主机、智能面板等设备，部署智能家居系统。同时景区可根据实际情况选择部署感知传感器进行景区全景感知。包括景区出入口部署门磁统计景区实时人数；景区部署水位传感器和气象传感器，监测水文和气象信息，停车场部署停车地磁，统计车辆信息；完善视频监控；增加路边语音播报系统。

涉及客户产业信息的数据采集，优先使用客户原有的设备接入，对于未安装设备的客户，若客户确有需求，公司负责为客户安装相关数据采集设备。

（3）在智慧用能控制系统中新增景区智慧用能模块，提供景区用能数据统计、用能分布统计服务。建立景区能效分析模型，辅助进行淡旺季票价调整、用能结构调整、运营方式调整。建立旅游行业用能数据综合比对模型，进行景区综合用能比较，提供用能优化策略。

（4）项目实施地点：中国（寿光）国际蔬菜科技博览园、中国·水上王城巨淀湖风景区。

（三）技术路线及主要装备

全电景区智慧用能项目技术路线如图 3-4 所示。

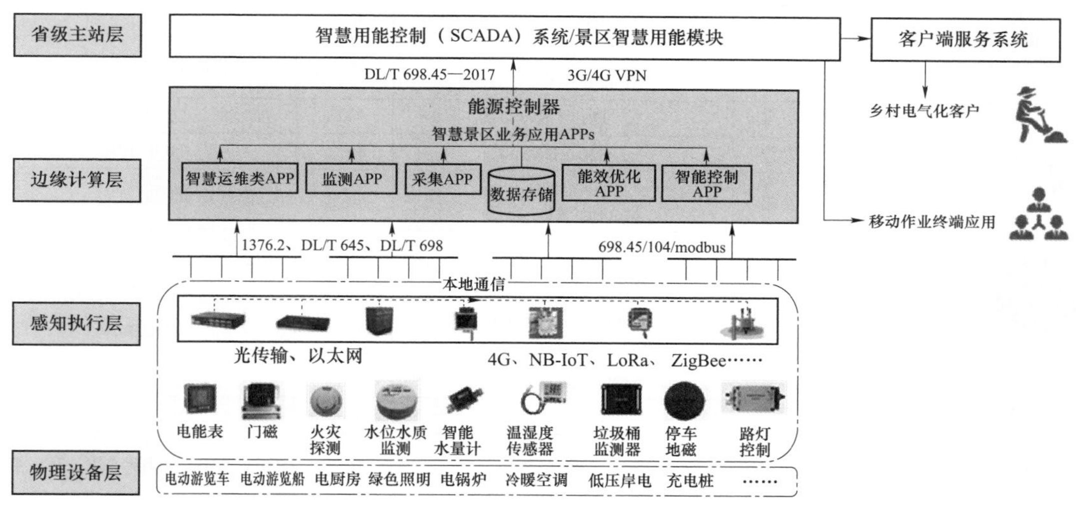

图 3-4　全电景区智慧用能项目技术路线

物理设备层包括电动游览车船、电厨房、游乐设施等景区配套用能设施。感知执行层主要是感知传感器和用能数据采集器，采集电能、水文、气象、视频等数据。感知执行层各传感器特点不一，部署在户外或其他不便布线区域的传感器通过 4G、NB-IoT、LoRa 等无线方式与接收器通信，在通信要求较高或布线方便区域，采用以太网或光线进行有线传输。边缘计算层能源控制器进行数据采集、数据监测、数据存储、能效优化和智能控制。能源控制器将汇总整理好的数据通过 3G/4G VPN 或其他方式传输给智慧用能控制系统进行进一步的数据分析和利用。

全电景区智慧用能主要传感器及控制器见表 3-5。

表 3–5　　全电景区智慧用能主要传感器及控制器

参考图片	产品名称	技术参数			
	电能表	型号	APMD700	接口	2 线电流
		量程	输入相电压 AC220V 输入电流比 200A/5A	精度	0.5 级
		输出	RS485 接口 Modbus/RTU 协议	供电	单相 220V
	摄像头	型号	DS–2CD3T25–I3	接口	以太网
		清晰度	4MP 1080p 5MP	焦距	4、6、8、12mm
		输出	以太网视频信号	供电	AC 220V
	水位传感器	型号	HM21 投入式液位变送器	接口	2 线电流
		量程	0～200m	精度	±0.25%FS
		输出	RS485 接口 Modbus/RTU 协议	供电	DC 5V
	门磁传感器	型号	SK–A	接口	2 线电流
		功能	门窗开合状态监和开合次数统计	精度	0.1A
		输出	RS485 接口 Modbus/RTU 协议	供电	DC 3.3V
	温湿度传感器	型号	RS–WS	接口	2 线电流
		量程	温度 –40～80℃　湿度 0～100%	精度	0.1℃　1%
		输出	RS485 接口 Modbus/RTU 协议	供电	内置锂电池或外供 5～24V
	流量计	型号	DS–CSW	接口	2 线电流
		量程	DN50–DN300	精度	0.01m³/H
		输出	RS485 接口 Modbus/RTU 协议	供电	内置锂电池或外供 12～24V
	停车地磁传感器	型号	VTK–MB	接口	2 线电流
		功能	停车次数，停车时间统计	精度	0.1A
		输出	RS485 接口 Modbus/ RTU 协议 LoRa 无线	供电	DC 3.6V
	智能空气开关	型号	MCB/DZ47–63	特性	C 特性
		安装	导轨安装	频率	50（60）Hz
		输出	Loro433	电压	230V（1P）/400V（2P、3P、4P）
	智能面板	型号	gochi	接口	2 线电流
		功能	开关、调节、控制的操作	精度	—
		输出	Loro433	供电	220（V）
	智能主机	型号	OEV–CHS–EHOME01	接口	2 线电流
		功能	连接智能家居设备，实现开关、调整、 控制等控制功能	精度	—
		输出	ZigBee	供电	单相 220V
	智能插座	型号	HS–PBWGARF4	接口	2 线电流
		功能	远程控制、定时控制、循环定时、 延时关闭	精度	—
		输出	WiFi	供电	单相 220V

（四）数据交互需求

全电景区智慧用能数据交互内容见表3-6。

表3-6 全电景区智慧用能数据交互内容

序号	数据项分类	数据子项
1	电能数据	电压、电流、频率、有功功率、无功功率、视在功率、用电量
2	水文数据	水位
3	冷暖数据	水温、水压、水量
4	气象数据	风速、风向、温度、湿度、光照强度、紫外线强度、天气信息
5	视频数据	监控视频
6	景区传感器数据	景区人流量、垃圾桶垃圾堆积情况、车位信息

二、建设标准

（一）术语和定义

（1）全电景区：在餐饮、住宿、交通、游乐、商铺、绿化、动物饲养等各领域都将电能作为唯一能源供应，实现电能在终端能源深度覆盖的各类旅游景区。

（2）全电厨房：厨房用具都将电能作为唯一能源供应的厨房，具有安全、经济、舒适、方便、环保等优势。厨房用具主要包括储藏用具、洗涤用具、调理用具、烹调用具等。

（3）全电住宿：用能设备都将电能作为唯一能源供应的客房、民宿，具有节能、环保、安全、卫生等优势。用能设备主要包括空气源热泵、蓄能空调、电锅炉等。

（4）全电交通：交通设施都将电能作为唯一能源供应，具有易操控、稳定性强、无污染、零排放等优势。主要交通用具包括电动汽车、电动自行车、电动游船、索道等。

（5）全电游乐：游乐设施及其辅助设备都将电能作为唯一能源供应，具有提升景区环境质量、运行噪声小、提升游客体验、提高设备稳定性等优势。主要游乐设施包括陆上游乐设施和水上游乐设施。

（6）全电商铺：所有用能设备都将电能作为唯一能源供应的景区内商铺，具有安全、环保、卫生等优势。用能设备主要包括空调、电锅炉、电烧烤、电动餐车等。

（7）充换电站：为电动汽车、电动观光车、电动自行车、电动游船等交通工具的动力电池提供充电和动力电池快速更换的能源站。

（8）蓄能空调：将多余的电网负荷低谷段的电力用于制冷或制热，将全部或部分以蓄能载体的形式制备并储存起来，在非电力低谷时段替代制冷（热）设备供冷（热）的空调。

（二）建设原则

（1）适用性。根据景区所处的地理环境、气候特点、景区类型等实际情况，进行规划设计、设备选型，确定建设模式、方案，确保建设安全顺利进行。

（2）安全性。全电景区建设应首先考虑安全用电问题，全面感知景区各个用电设施用电信息，实时监测景区设备电气量参数，规范景区安全用电管理，及时发现消除用电安全隐患，避免发生安全事故。

（3）前瞻性。全电景区建设保证现有发展需求的基础上，可适度超前，优先采用先进、环保、节能的用电设备和设施，并留有下一步扩展建设的空间。

（4）示范性。全电景区应大力推广以电代油、以电代气、空气源热泵等电能替代技术，以全电化为建设重点，以智能化为技术支撑，形成统一的智慧用能建设标准，发挥示范引领带动作用。

（5）美观性。全电景区宜将电气化、智能化建设和景点打造紧密结合，采用线杆融景、变台为景、隐线扩景等方式，实现自然美和人工美和谐统一，提升游客体验感知。

（6）可持续性。通过持续创新综合能源服务模式，综合考虑适用性、安全性、前瞻性、示范性、美观性等要素，加快电能覆盖“吃、住、行、乐”能源消费，减少污染物排放，改善空气质量，打造可持续发展的全电景区。

（三）功能要求

对景区内餐饮、住宿、交通、游乐、商铺等各类设备设施进行全电化智慧用能建设，减少污染排放，提升景区美观度，增强游客感知度，主要包括配电设备、全电餐饮、全电住宿、全电交通、全电游乐、全电商铺等建设内容。

1. 配电设备

（1）应充分考虑景区用电负荷的特点和实际需求，为各类用电设备和智慧用能控制系统提供连续、安全、可靠的电能，实现对供电设备运行状态监测控制、无功补偿和故障隔离。由高压进线电缆、跌落开关、避雷器、变压器、低压配电盘、低压出线线缆、低压配电箱、接地装置等组成。

（2）在普通配电台区中安装智能配电自动化智能终端，打造智能配电台区，具备故障快速定位、隔离，非故障区域恢复供电以及配电自动化终端设备即插即用等功能。

2. 全电餐饮

（1）打造全电厨房，厨房内储藏用具、洗涤用具、调理用具、烹调用具等都将电能作为唯一能源供应。

（2）全电厨房智能化建设，具有厨房设备信息实时上传、智能反馈控制、危险状态自动处理等功能。

3. 全电住宿

（1）打造全电住宿，景区内酒店及民宿的供冷、供热及生活热水由空气源热泵、蓄能空调、电锅炉等节能环保电气设备提供。

（2）为提升景区内住宿场所的安全性、便利性、舒适性，对用电设备进行智能化改造升级，打造智慧住宿系统，包括终端设备层、感知层、传输层和应用层四个部分。

4. 全电交通

（1）在景区内投放电动汽车、电动自行车、电动游船、索道等交通运输车辆，并配套建设充换电设施，实现景区交通全电化、绿色化出行。

（2）对景区内交通工具加装智能车载终端，通过 GPS、GIS、MIS、无线通信网络、遥测遥控等技术实现交通工具定位、里程显示、轨迹回放和指挥调度等功能，达到景区交通智慧化运营。

5. 全电游乐

针对新建景区游乐项目，应优先实施全电化建设，最大限度实现景区内游乐设施绿色化运行。针对扩建、改建景区，宜将景区内燃油、燃气、燃煤等传统用能设备改造建设为敷设

电缆供能、储能电池供能的电气化游乐项目，实现景区电气化建设，全电化用能。

6. 全电商铺

（1）对景区沿街商铺进行全电化供能建设，确保景区绿色化用能。主要建设内容包括供配电系统、低压配电系统、照明、防雷与接地、电气节能等。

（2）全电商铺智能化系统设计宜包括信息化应用系统、智能化集成系统、信息设施系统、建筑设备管理系统、公共建筑能耗监测系统、公共安全系统和机房工程等系统。

（四）技术条件

1. 全电餐饮

（1）全电厨房建设要求。

1）针对新建景区酒店、职工食堂，应优先选择使用电蒸箱、电炒锅、电烤箱和电磁炉等餐厨用具，打造全电厨房。针对需扩建、改建的景区酒店、职工食堂厨房进行电气化改造，将原有燃油、燃煤、燃气炉灶改为电炊具，让景区酒店、职工食堂等厨房设备真正实现电气化。

2）针对新建景区周边小型农家乐客户厨房建设，应优先使用保留农家特色而特殊定制的电蒸箱、电锅炉、电烤箱等全电化电气设备。针对扩建、改建的小型农家乐客户厨房应进行电气化改造，在保留原土柴灶特征的基础上，通过在农家土灶灶芯上加装电能加热装置，改造为电土灶，使用电热管烧铸方式制作的专用电锅，实现农家乐厨房用能设备的全电化覆盖。

（2）全电厨房智能化建设要求。针对景区酒店、职工食堂、农家乐，在电气化建设的基础上，可通过将厨具、厨电联网控制，实现远程操作和信息本地、后台动态显示。可通过安装智能电能表和智能传感设备，实时感知厨房用能情况并动态反馈控制，达到智慧化用能。

2. 全电住宿

（1）空气源热泵供暖系统建设要求。

1）空气源热泵供暖系统的电气系统设计应符合《通用用电设备低压配电设计规范》（GB 50055—2011）、《低压配电设计规范》（GB 50054—2011）、《建筑物防雷设计规范》（GB 50057—2010）、《民用建筑电气设计规范》（GB 51348—2019）和《建筑设备监控系统工程技术规范》（JGJ/T 331—2014）的规定。

2）空气源热泵供暖系统的电气系统应采用单独回路供电，并采用设置计量装置。供暖系统的主要设备应设置就地控制装置，宜设置自控系统。供暖系统电气系统的安全防护设计应符合国家标准的有关规定。

3）空气源热泵供暖配电系统设计应符合下列规定：

a. 空气源热泵供暖系统供电电源电缆宜采用埋地或架空进线。

b. 机组和辅助热源宜分别采用单独回路供电。

c. 配电导体应采用铜芯电缆或电线，其导体载流量不应小于预期负荷的最大计算电流和保护条件所确定的电流。

d. 配电箱设在室外时应选择室外型箱体。

4）空气源热泵线路敷设及箱盘配线应符合下列规定：

a. 布线用导管宜采用金属导管，通信及信号传输线路应与交流电源线路分开敷设。

b. 当电线管路与热水管同侧敷设时，宜敷设在热水管的下面，当有困难时，也可敷设在其上面。相互间的净距离宜符合下列规定：① 当电线管路平行敷设在热水管下面时，净距不宜小于 200mm；② 当电线管路平行敷设在热水管上面时，净距不宜小于 300mm，交叉敷设时，净距不宜小于 100mm。

c. 箱盘配线及连线导线应符合《建筑电气工程施工质量验收规范》（GB 50303—2015）的有关规定。

d. 配线箱内端子排应安装牢固，端子应有序号，强电、弱电端子应隔离布置，端子规格应与导线截面积大小适配。

5）空气源热泵供暖系统的电气系统安全保护应符合下列规定：

a. 空气源热泵供暖系统配电线路应根据具体工程要求装设短路保护、过负荷保护、接地故障保护、过电压及欠电压保护，作用于切断供电电源或发出报警信号。

b. 空气源热泵、水泵、风机的保护应装设相间短路保护和接地故障保护，并应根据具体情况分别装设过负荷、断相或低电压保护。

c. 辅助热源应有安全保护措施。

6）空气源热泵供暖系统的防雷与接地设计除应符合《建筑物防雷设计规范》（GB 50057—2010）和《民用建筑电气设计规范》（GB 51348—2019）的规定外，还应符合下列规定：

a. 空气源热泵供暖系统所有设备金属外壳、金属导管、金属槽盒和线缆屏蔽层，均应可靠接地。

b. 当供电线缆和信号线缆由室外引入室内时，还应配置电源和信号室外电涌保护器。

7）空气源热泵供暖系统电源干扰的防护应符合《民用建筑电气设计规范》（GB 51348—2019）的有关规定。

8）空气源热泵供暖系统配电系统的电击防护应符合《建筑物电气装置电击防护》（GB/T 14821.1—1993）、《民用建筑电气设计规范》（GB 51348—2019）以及《建筑电气工程施工质量验收规范》（GB 50303—2015）的有关规定。

9）空气源热泵供暖系统谐波源设备的电磁兼容及谐波限值要求应符合《电磁兼容环境公共低压供电系统低频传导骚扰及信号传输的兼容水平》（GB/T 18039.3—2017）的规定，还应符合下列规定：

a. 配电系统电源质量不应受到电磁谐波干扰。

b. 为增强控制信号抗电磁干扰性能，信号传输线缆宜选用屏蔽型绞线。

c. 室内外主机安装及线路敷设原理电视机或音响设备，以免发生图像干扰或噪声；数字式控制器或无线控制器设置远离灯具等高频干扰源。

（2）蓄能空调建设要求。

1）在设计蓄能空调系统前，应对建筑物的空调负荷特性、系统运行时间和运行特点进行分析，并应调查当地电力供应条件和分时电价情况。

2）以电力制冷的空调工程，当符合下列条件之一，且经技术经济分析合理时，宜采用蓄冷空调系统：

a. 执行分时电价，且空调冷负荷峰值的发生时刻与电力峰值的发生时刻接近、电网低谷时段的冷负荷较小的空调工程。

b. 空调峰谷负荷相差悬殊且峰值负荷出现时段较短，采用常规空调系统时装机容量过大，且大部分时间处于低负荷下运行的空调工程。

c. 电力容量或电力供应受到限制，采用蓄冷系统才能满足负荷要求的空调工程。

d. 执行分时电价，且需要较低的冷水供水温度时。

e. 要求部分时段有备用冷量，或有应急冷源需求的场所。

3）当符合下列条件之一，并经技术经济分析合理时，宜采用蓄热系统：

a. 执行分时电价，且供暖热源采用电力驱动的热泵时。

b. 供暖热源采用太阳能时。

c. 采用余热供暖，且余热供应与供暖负荷需求时段不匹配时。

4）蓄能空调工程施工前应有完备的施工图纸、技术文件、完善的施工组织设计和施工方案，并应已完成技术交底。

（3）电锅炉建设要求。

1）电锅炉的电气设备的安装应符合《电气装置安装工程接地装置施工及验收规范》（GB 50169—2016）、《电气装置安装工程盘、柜及二次回路接线施工及验收规范》（GB 50171—2012）、《电气工程施工验收规范》（GB 50254—2014）、《电气装置安装工程　电力变流设备施工及验收规范》（GB 50255—2014）、《剩余电流动作保护装置安装和运行》（GB 13955—2017）、《电气装置安装工程母线装置施工及验收规范》（GBJ 149—2014）的有关规定。锅炉及其动力柜、控制柜应有可靠、良好的接地，接地电阻应不大于4Ω。

2）电锅炉应有可靠的电气绝缘性能，设备中带电回路之间以及带电回路与地之间（导体与柜体之间及电热元件与壳体之间）的绝缘电阻应不小于1MΩ。

3）锅炉及其动力柜、控制柜的金属壳体或可能带电的金属件与接地端之间应有可靠的电气连接，其与接地端之间的连接电阻不得大于0.1Ω。接地端应有足够的尺寸以便能够承受可能产生的最大接地电流。锅炉及其动力柜、控制柜都应在其主接地端标上明显的接地符号。

4）电锅炉应有足够的电气耐压强度，应能承受冷态电压2000V和热态电压1000V、50Hz的1min耐压试验，无击穿或闪络现象。

5）电锅炉应设置过电流保护、短路保护、漏电保护、过电压保护和缺相保护。

（4）智慧住宿建设要求。

1）终端设备层应由照明、空调新风、窗帘、影音设备等用电设备组成，接受系统的统一控制。

2）感知层应由有线或无线传感器设备组成，接收来自控制终端的操作指令，感知和上传用电设备状态信息，并可对用电设备作出打开/关闭、参数调节等操作。

3）传输层应由景区内部网络或互联网组成，将中控主机、传感器、用电设备状态等信息传输到本地或云服务器。

4）应用层应由智慧住宿系统云管理中心、数据库以及应用服务组成，对接入的智能用电设备进行统一的管理。应用层应为城市应急管理部门以及其他第三方系统提供接口。

3. 全电交通

（1）电动汽车投放要求。

1）景区电动汽车采购时，宜选用纯电动汽车，即驱动能力完全由电能提供的由电机驱动的汽车。电机的驱动电能来源于车载可充电储能系统或其他能量储存装置。

2）应充分考虑车辆使用半径及景区通过条件，选择合适的续航里程及车身尺寸的电动汽车。

（2）电动自行车投放要求。

1）景区内实现全电交通所投放的电动自行车以车载蓄电池作为辅助能源，具有脚踏骑行能力，能实现电助动/电驱动功能的两轮自行车。

2）电动自行车车速限值应当符合下列要求：

a. 使用电驱动功能行驶时，车速不应超过最高设计车速，且不超过 25km/h。

b. 使用电助动功能行驶时，车速超过 25km/h 时，电动机不提供动力输出。

3）装配完整的电动自行车的整车质量应当小于或等于 55kg。

4）电动自行车脚踏骑行能力应当符合下列要求：

a. 30min 的脚踏骑行距离大于或等于 5km。

b. 两曲柄外侧面最大距离小于或等于 300mm。

c. 鞍座前端在水平方向位置不得超过中轴中心线。

5）电动自行车的尺寸限值应当符合下列要求：

a. 整车高度小于或等于 1100mm；车体宽度（除车把、脚蹬部分外）小于或等于 450mm；前、后轮中心距小于或等于 1250mm；鞍座高度大于或等于 635mm。

b. 鞍座长度小于或等于 350mm。

c. 后轮上方的衣架平坦部分最大宽度小于或等于 175mm。

（3）电动游船投放要求。

1）船上的运动部件及设备，应能保证船横倾 10°、纵倾 5° 的情况下正常工作。

2）钢质船的壳板、龙骨等材料应采用普通碳素钢，其底板均应采用木材或玻璃钢制造，木材应符合《针叶树锯材》(GB/T 153—2019）二级材的要求；玻璃钢船性能及要求应符合《大型游乐设施安全规范》(GB 8408—2018）的有关规定。

3）电动游船的制造和运行应符合下列安全要求：

a. 所选电动机应能易于启动和可靠地运转，并应牢固地安装在具有足够刚性的地方。

b. 螺旋桨轴线至船舶空载水线面的距离应大于 $0.7d$（d 为螺旋桨直径）。

c. 轴系通过船壳板和水密舱壁板时，应保证水密。

d. 前操机要确保方向机、软轴线、拉杆及控制航向的挂机或舵可靠连线，且运转自如。

4）电动船的主电路应设有短路保护装置，船上工作电压不应超过 50V。

5）船用蓄电池应密封好。在额定载荷下，蓄电池连续工作时间应不少于 4h，摆放蓄电池的位置应通风，船用蓄电池技术性能符合《牵引用铅酸蓄电池　第 1 部分：技术条件》(GB/T 7403.1—2008）的规定。

（4）索道建设要求。

1）索道应有备用电源供电，可采用双回路电源作为备用电源，在没有备用电源的情况下不应运营。

2）索道供电电源稳态电压值应为 0.9～1.1 倍额定电压，稳态频率值应为 0.98～1.02 倍额定频率，在电源周期的任意时间，电源中断或零电压的持续时间应小于 3ms，相继中断间隔时间应大于 1s；直流供电电源中断或零电压的持续时间应小于 20ms，相继中断间隔时间应大于 1s。

3）以下地方应安装维修开关：① 机房内；② 各站和各中间停车点机械设备的维护区域和工作平台上；③ 控制台。

4）紧急停车应不受 PLC 工作状态的影响，在以下地方应安装紧急停车按钮：① 控制台；② 每个工作平台；③ 每个中间停车点；④ 每个站房；⑤ 有乘务员的往复式架空索道的客

车里。

5）辅助驱动装置、紧急驱动装置及救护驱动装置的电气设备应与主驱动装置的电气设备彼此分离，不同的驱动之间应进行联锁。

6）所有驱动装置的电气容量应按在不利的荷载情况下以允许的最大运行速度连续运转进行计算。

7）电气拖动装置应能在制动和拖动状态之间平稳转换，应保证拖动装置的扭矩随荷载变化，如果没有充分的理由应是4象限的拖动。

8）驱动站应设控制台，应能有控制台控制停车，必要时可以遥控。

9）索道站房、线路支架、未绝缘的钢丝绳、机械设备及所有金属构件应直接接地。线路上各接地间的连线长度不应大于500m。其接地电阻数值要求如下：

a. 索道站房≤5Ω。

b. 机械设备、钢丝绳和站内金属构件≤5Ω。

c. 线路之间小于30Ω。

10）建在雷击频繁地区的索道，宜在承载索或运载索的上方设置单避雷线或双避雷线。

11）应采取技术措施防止雷电波形成的高电压从电源入户侧侵入。

12）在电源引入的总配电箱处，应设过电压保护器。

（5）车载智能终端建设要求。

1）车载智能终端的安装区域应选择在远离碰撞、过热、阳光直射、废气、水和灰尘的地方，不影响交通工具的外观和驾驶人操作。

2）车载智能终端的安装应牢固、不松动。

3）车载智能终端的连接线路应安全、整齐，用线夹固定好，走线固定在波纹管里。安装完毕后，电线不外露。

4）车载智能终端点火线的连接不应受交通工具附件（如加热器、空调器、后车屏等）开/关的影响。

5）车载智能终端不应利用交通工具上自带的保险丝做保护，所接电源线的额定电流值应不大于车载终端电源的实际工作电流值。

（6）充换电站建设要求。

1）充换电站的布局宜结合交通工具类型和保有量综合确定，并充分利用供电、交通、消防、排水等设施。

2）充换电站的规模宜结合交通工具的充电需求、日均行驶里程和单位里程能耗水平综合确定。

3）充换电站站址的选择应与景区中低压配电网的规划和建设密切结合，以满足供电可靠性、电能质量和自动化的要求。

4）充换电站应满足环境保护和消防安全的要求。充换电站的建（构）筑物火灾危险性分类应符合《火力发电厂与变电站设计防火规范》（GB 50229—2019）和《建筑设计防火规范》（GB 50016—2019）的有关规定。

5）充换电站不应靠近有潜在火灾或爆炸危险的地方，当与有爆炸危险的建筑物毗邻时，应符合《爆炸危险环境电力装置设计规范》（GB 50058—2014）的有关规定。

6）充换电站不应设在有剧烈振动的场所。

7）充换电站的环境温度应满足为交通工具动力蓄电池正常充换电的要求。

8）充换电站供配电系统应符合《供配电系统设计规范》(GB 50052—2009）的有关规定。

9）充换电站宜由中压线路供电；用电设备容量在 100kW 及以下或需用的变压器容量在 50kVA 以下的，可采用低压供电。

10）充换电站供配电装置的布置应符合《20kV 及以下变电所设计规范》(GB 50053—2013）的有关规定，遵循安全、可靠、适用的原则，便于安装、操作、搬运、检修和调试。当建设场地受限时，中、低压开关柜可与变压器设置在同一房间内，且变压器应选用难燃型或不燃型，其外壳防护等级不应低于 IP2X。

11）充换电站充电监控系统应具备下列数据采集功能：

a. 采集非车载充电机工作状态、温度、故障信号、功率、电压、电流和电能量。

b. 采集交流充电站的工作状态、故障信号、电压、电流和电能量。

12）充换电站充电监控系统应具备下列数据处理与存储功能：

a. 充电设施的越限报警、故障统计等数据处理功能。

b. 充电过程数据统计等数据处理功能。

c. 对充换电设备的遥测、遥信、遥控、报警事件等实时数据和历史数据的集中存储和查询功能。

13）充换电站安防监控系统的设计应符合《视频安防监控系统工程设计规范》(GB 50395—2007）的有关规定，并符合下列要求：

a. 根据安全管理要求，在充电站的充电区和营业窗口宜设置监控摄像头。

b. 视频安防监控系统宜具有与消防报警系统的联动接口。

14）充换电站通信系统应符合下列要求：

a. 间隔层网络通信结构应采用以太网或 CAN 网结构连接，部分设备也可采用 RS485 等串行接口方式连接。

b. 站控层和间隔层之间以及站控层各主机之间的网络通信结构应采用以太网连接。

c. 监控系统应预留以太网或无线公网接口，以实现与各类上级监控管理系统的数据交换。

d. 通信协议的版本应易于扩展。

4. 全电游乐

(1）陆上游乐设施建设要求。

1）陆上游乐设施所配置各类电器设施、设备及用材应是经安全认证的合格产品。

2）陆上游乐设施所有用电线路的更改和用电设施的增设，应按国家有关电气施工验收规范验收，验收合格后才可送电。

3）临时用电的线路敷设、电箱及开关安装均应符合 JGJ 46 的要求。

4）景区内游乐设施若是特种设备，应符合相关国家规定。

5）游乐设施的购置、安装、运行、改造、维修以及使用管理、监督管理应按《大型游乐设施安全规范》(GB 8408—2018）及国家有关部门制定的游乐设施安全监督管理办法等有关规定执行。使用这些设备设施，应取得法定技术检验部门出具的合格证书。

6）对于引进的新型游乐设施，若无相应国家或行业标准，应采用设备引进国家或地区关于该设备的标准进行管理，制定相应的企业标准和操作规范，并报有关主管部门进行标准备案。

（2）水上游乐设施建设要求。

1）水上游乐设施的设计、制造、安装、改造、修理、试验及检验等，应执行《大型游乐设施安全规范》（GB 8408—2018）的有关规定。

2）水上游乐设施的主要原材料、标准机电产品、电子元器件、附属设施等应有产品质量合格证明文件。

3）水上游乐设施的零部件应采取有效地防腐、防锈等措施。防腐、防锈及装饰涂层应平整、光亮、均匀，不应有起层、起泡、明显擦伤、严重剥离、漏涂和返锈、皱皮、流坠、针眼等现象。

4）水上游乐设施应在显著位置装设铭牌。大型水上游乐设施的铭牌内容至少应包括制造商名称和地址、产品类型、产品型式、产品名称、产品型号、级别等级、制造许可证编号、制造日期、出厂编号以及产品的主要技术参数（水滑梯应提供运行高度、最大运行速度、承载人数、整机使用寿命）等。

5）水上游乐设施的基础应符合以下要求：

a. 基础不应有不均匀沉降、开裂和松动现象。

b. 大型水上游乐设施的土建基础应由具有相应资质的单位施工，且经有关部门验收合格后方能安装。

6）水上游乐设施的装饰物应结构稳定、安全可靠，且应满足以下条件：

a. 若在大型水上游乐设施上安装装饰物件，安装前应提交该物件的设计图样、荷载及计算书等设计文件给设备制造方进行安全校核，校核通过后方可施工，安装后应经制造方安全确认。

b. 若在大型水上游乐设施周边设置装饰物件（如假山、溶洞、艺术造型等），应提供符合国家有关规定的设计图样、计算书以及验收检验等资料；应设置相应的维修通道。

5. 全电商铺

（1）全电商铺供配电系统建设要求。

1）景区商铺应根据其负荷性质、用电容量以及景区供电条件等，确定供配电系统设计方案，并应具备可扩充性。

2）全电商铺的供配电系统应简洁可靠，保证电源质量，减少电能损失，便于管理和维护。

3）全电商铺的供配电系统设计应符合《供配电系统设计规范》（GB 50052—2009）、《20kV及以下变电所设计规范》（GB 50053—2013）、《城市电力规划规范》（GB/T 50293—2014）和《民用建筑电气设计规范》（GB 51348—2019）的有关规定。

（2）全电商铺低压配电系统建设要求。

1）全电商铺低压配电系统宜按防火分区、功能分区及零售业态实现分区域配电。

2）全电商铺中不同等级和不同业态的用电负荷，其配电系统应相对独立。

3）全电商铺中重要负荷、用电容量较大负荷宜采用放射式供电方式。

4）全电商铺宜设置配电箱，配电容量较小的商铺可采用链式配电方式，同一回路链接的配电箱数量不宜超过 5 个，且链接回路电流不应超过 49A。

5）配电干线（管）应设置在建筑的公共空间内，不应穿越不同商铺。

6）低压配电技术不宜超过三级。当终端客户为同一经营体时，其非重要用电负荷的配电级数不应超过四级。

（3）全电商铺照明系统建设要求。

1）全电商铺的照明设计应符合下列规定：

a. 照明设计应满足供应设计要求，并应与装饰设计协调一致。

b. 营业区应根据商品对特定光色、气氛、色彩、立体感和质感的要求，选择光色比例、色温和照度。

c. 在需要提高亮度对比或增加阴影的位置宜装设重点照明。

2）全电商铺营业区照明光源的色温和显色性应符合下列规定：

a. 高照度处宜采用高色温光源，低照度处宜采用低色温光源。

b. 主要光源的显色性应满足反映商品颜色的真实性的要求，营业厅的显色指数不应小于80，反映商品本色的区域显色指数宜大于80。

c. 当一种光源不能满足光色要求时，可采用两种及两种以上光源的混光复合色。

d. 丝绸、字画等变、褪色要求较高的商品，应采用截阻红外线和紫外线的光源。

（4）全电商铺消防应急照明及疏散指示标志建设要求。

1）全电商铺的下列部位应设置疏散照明：

a. 封闭楼梯间、防烟楼梯间及其前室、消防电梯间的前室或合用前室、避难走道、避难层（间）、疏散走道。

b. 建筑面积大于200m^{2}的营业区域。

c. 建筑面积大于100m^{2}的地下或半地下商店。

2）全电商铺的灯光疏散指示标志的设置应符合下列规定：

a. 应设置在安全出口和人员密集场所的疏散门正上方。

b. 应设置在疏散走道及其转角处距地面高度1.0m以下的墙面或地面上。灯光疏散指示标志的间距不应大于20m；地下或半地下商铺不应大于15m；袋形走道不应大于10m；走道转角区不应大于1.0m。

（5）全电商铺的防雷与接地建设要求。

1）全电商铺各电气系统的接地宜采用共用接地网，接地网的接地电阻应按其中电气系统最小值确定，建筑物内应设总等电位联结。

2）商店建筑防雷与接地的设计应符合《建筑物防雷设计规范》（GB 50057—2010）、《建筑物电子信息系统防雷技术规范》（GB 50343—2019）和《民用建筑电气设计规范》（GB 51348—2019）的有关规定。

（6）全电商铺的电气节能建设要求。

1）全电商铺应选用高效节能的电气设备，提高用电效率。

2）全电商铺电气节能的设计应符合国家标准的有关规定。

（7）全电商铺智能化系统建设要求。

1）全电商铺建筑信息化应用系统的配置应满足商铺业务运行和物业管理的信息化应用需求，并宜包括公共服务、智能卡应用、物业管理、信息设施运行管理、信息安全管理、商店综合业务等系统。

2）全电商铺智能化集成系统宜采用基于TCP/IP的网络协议，具有标准化通信方式和信息交互的能力，宜采用浏览器/服务器（B/S）的网络架构；应具有对全局事件进行综合

处理的能力，实现智能化子系统的集成控制和联动，并应具备对突发事件的响应能力，实现全局联动管理；宜支持营业区的消防报警与视频监控系统的联动；应支持开店、闭店自检功能。

3）全电商铺信息设施系统宜包括信息接入系统、综合布线系统、移动通信室内信号覆盖系统、客户电话交换系统、无线对讲系统、信息网络系统、有线电视系统、公共广播系统和信息导引及发布系统等。

4）全电商铺建筑设备管理系统应建立对各类机电设备系统运行监控、信息共享功能的集成平台，并应满足零售业态和物业运维管理的需求。

5）全电商铺公共能耗监测系统应对商铺内的水、电等能源消耗进行分类和分项计量，且应根据零售业态要求进行分区域、分回路或分户计量，还应具备能耗数据采集、监测、统计、分析、评估、公示和审计等功能。

6）全电商铺公共安全系统宜包括火灾自动报警系统、安全技术防范系统、安全防范综合管理系统和应急响应系统。

7）全电景区的信息接入机房、有线电视前端机房、信息设施系统总配线机房、安防监控中心、消防控制室、应急响应中心、智能化总控室等可独立设置，也可根据需要组合设置，并应符合《智能建筑设计标准》（GB 50314—2015）和《建筑设计防火规范》（GB 50016—2019）的有关规定。

三、建设成效

（一）项目背景

近年来，旅游行业蓬勃发展，旅游收入持续攀升，山东省以“好客山东”品牌为引领，不断提升旅游业在全国的影响力。山东省现拥有国家 A 级景区 1276 家，其中潍坊市拥有国家 A 级景区 103 家，寿光市拥有国家 A 级旅游景区 9 家。寿光市高度重视旅游业发展，不断完善旅游产品体系，积极开展全方位立体式宣传推介，2018 年全市旅游接待人数 925.47 万人次，实现旅游消费总额 99.49 亿元，同比分别增长 13.39%和 13.57%。

为贯彻落实“绿水青山就是金山银山”理念，积极推动旅游产业向生态、环保、节能、绿色方向发展，旅游景区在餐饮、酒店、展厅、游艇岸电、充换电设施等多个领域，已大力开展以电带油、以电代气、空气源热泵和充电设施等电能替代技术综合应用。

同时，旅游景区在实现电气化的基础上，也不断探索物联网技术的应用，依托物联网技术，可实现景区对能源管理、设备状态、游客行为、环境变化等的全方位感知，打造“物联网+全电景区”发展新模式。

（二）项目简介

本项目依托“365 电管家”智慧能源服务平台，开发全电景区应用模块，选取中国（寿光）国际蔬菜科技博览会、中国・水上王城巨淀湖风景区两个示范点开展电气化和智能化改造。

1. 中国（寿光）国际蔬菜科技博览会

中国（寿光）国际蔬菜科技博览会是国家 4A 级旅游景区，占地 1 万亩，景区内有 12 座展厅，展览展示先进农业技术和品种，已连续举办二十届菜博会，成为寿光市旅游的一张名片。景区年用电量 399 万 kWh（电费 222.9 万元）。经过摸排，景区用电主要分展厅设备用电、电气化大棚用电、餐饮厨房用电、照明用电、空调用电和其他用电设施，具体情况见表 3-7。

表 3-7　　　　设备情况明细表

序号	项目相关		现状描述
1	供电情况	变压器	2 台 1600kVA、4 台 1250kVA、1 台 800kVA、1 台 400kVA、1 台 315kVA
2	电气化现状	照明用电	展厅灯 200 个、路灯 60 个
		全电厨房	电炒锅、电蒸车、电冰箱、电冰柜、加热柜、消毒柜、电烤箱、电饼铛、和面机、揉面压皮机、搅拌机、电煎饼等
		展厅设备	风机 334 台、湿帘 46 架、遮阳装置 43 套、天窗 238 个
		空调	130kW 制冷机组
		绿色出行	1 辆电动巡逻车
		其他用电	办公用电等
3	智能化现状	智慧农业小助手	景区内装有 10 个智慧农业小助手，用于监测展厅内土壤温湿度和空气温湿度
		电丁丁	景区内装有 54 个“电丁丁”（安监局主导安装的一款安全用电监测终端，可实时监测电压、电流、温度、漏电、累计电量等信息，并有预警功能）
		智慧采集终端	3、4、10、12 四个展厅装有智慧采集终端，用于监测展厅内土壤温湿度、空气温湿度、光照强度、土壤 pH 值、二氧化碳浓度

2. 中国·水上王城巨淀湖风景区

中国·水上王城巨淀湖风景区是国家 4A 级旅游景区，湖区面积 1.3 万亩，是一处集湿地旅游、观光度假、爱国教育于一体的风景区。景区年用电量 17.4 万 kWh、电费 12.1 万元；农村干部学院年用电量 87.9 万 kWh、电费 61.6 万元。

经过摸排，景区用电主要分为餐饮厨房用电、游乐设施设备用电、住宿用电、照明用电、空调用电和其他用电设施，具体情况见表 3-8。

表 3-8　　　　设备情况明细表

序号	项目相关		现状描述
1	供电情况	景区	1 台 1600kVA、2 台 1250kVA、3 台 315kVA 变压器
		农村干部学院	1 台 1250kVA、1 台 630kVA 变压器、2 台 315kVA 变压器
2	电气化现状	照明用电	光储一体路灯 28 个、普通路灯 147 个
		全电厨房	电磁灶、电蒸车、电冰箱、电饼铛、煎包铛、电炸锅、馒头机、电磁灶、和面机、切菜机、冷库压缩机、油烟净化器等
		游乐设施用电	旋转木马、摩天轮、碰碰车、海盗船、冲浪等 15 项游乐设施
		供冷供暖	4 台空调 789kW、11 台 9.6kW 空气源热泵
		绿色出行	30 辆电动自行车、2 艘大型电动游船、4 艘天鹅船、7 辆电动观光车
		其他用电	消防水泵、办公用电等
3	智能化现状	电丁丁	景区内装有 17 个“电丁丁”（安监局主导安装的一款安全用电监测终端，可实时监测电压、电流、温度、漏电、累计电量等信息，并有预警功能）

（三）项目实施

全电景区建设项目建设以全电化为建设重点，以智能化为技术支撑，在景区餐饮、交通、

展厅、游乐、岸电等多领域推广电能替代技术的基础上，安装能源控制器、智能电能表等智能化采集设备，为景区提供实时监测、智能控制、安全监测和能效分析等服务。

1. 中国（寿光）国际蔬菜科技博览会项目建设内容

客户侧：一是东门停车场建设 1 座直流充电站，配置 6 台 120kW 一机两充直流充电机和 12 台 7kW 交流充电桩，配置 1 台 1000kVA 箱式变压器，建设 2 台 7kW 移动直流充电桩；二是安装 2 个能源控制器，31 个远传智能电能表，1 套智能采集终端设备。

平台侧：依托“365 电管家”智慧能源服务平台，开发全电景区应用模块，通过 Web 服务和手机 APP 两种方式，为景区管理提供服务，实时监测电动汽车充电信息、展厅环境量信息、电气设备用能信息，以及实现智能监测、智慧票务、智慧大棚、安全用电、能效分析等功能，景区工作人员可对景区内电气化设备进行远程控制。

材料明细表见表 3–9。

表 3–9　　材料明细表

序号	主要材料	设备功能	数量
1	能源控制器	采集远传智能电能表数据信息，并进行处理、储存和上传，实现智慧能源服务平台与采集终端之间的数据交互	2
2	无线远传智能电能表	采集电气设备的电能数据，并通过能源控制器上传至智慧能源服务平台	31
3	安装调试		

2. 中国·水上王城巨淀湖风景区项目建设内容

客户侧：一是在景区公共停车场建设 4 车位直流充电站，配置 2 台 120kW 一机两充直流充电机和 400kVA 箱式变压器；二是在景区东门建设 10 个电动自行车充电设施，在游船码头安装 8 个电动游船充电设施；三是安装 8 个能源控制器，37 个远传智能电能表，13 个智能空调控制面板，1 个红外扫描设备。

平台侧：依托“365 电管家”智慧能源服务平台，开发全电景区应用模块，通过 Web 服务和手机 APP 两种方式，为景区管理提供服务，实时监测电动汽车充电信息、游乐设施安全状况、空调运行情况以及电气设备用能信息，景区工作人员可对电气化设备进行远程控制。

材料明细表见表 3–10。

表 3–10　　材料明细表

序号	主要材料	设备功能	数量
1	能源控制器	采集远传智能电能表数据，并进行处理、储存和上传，实现智慧能源服务平台与采集终端之间的数据交互	8
2	无线远传智能电能表	采集客户电气设备的电能数据，并通过能源控制器上传至智慧能源服务平台	37
3	智能空调控制面板	根据房卡判断室内是否有人，自动控制室内空调的出风量，夏天、冬天保持合适的温度，达到智能控制的效果	13
4	红外扫描设备	通过红外扫描判断屋内是否有人，以此调节环境温度	1

3. 项目商业及运营模式

商业运营方面，全电景区项目主要面向景区客户，即省综合能源公司、景区客户作为利益相关方，省综合能源公司作为独立运营主体，依托“365 电管家”智慧能源服务平台，负责为景区客户提供电气化和智能化改造服务，同时负责项目投运后的设备运维、故障处理以及后续提供实时检测、安全用电、能效提升与诊断等增值服务。

市场推广方面，一是依靠电网企业专业优势、品牌影响力以及台区经理和客户经理团队的推广力量，通过建立合理的团队绩效激励机制，实现线下推广和线上服务相结合，构建以综合能源业务为主体的盈利模式。二是与政府部门合作，采取“政府主导—电力参与”的方式，省综合能源公司深度参与，负责为景区客户提供电气化和智能化改造服务。

（四）项目成效

1. 对社会

（1）打赢蓝天保卫战。通过推广以电带油、以电代气、空气源热泵等电能替代技术，提高景区电气化水平，可减少污染物的排放，实现电能在“吃、住、行、乐”能源消费的深度覆盖，改善空气质量，推动社会用能方式向绿色、节能、低碳方式转变，打造“电气化+旅游”的综合能源发展新模式。本项目预计每年可减排碳氧化物 390t、硫氧化物 12t、氮氧化物 6t。

（2）提升安全管理水平。通过“365 电管家”智慧能源服务平台，实现景区各节点用电信息感知，实时监测景区电气设备电压、电流等电气量参数，对景区的安全用电进行统一规范管理，及时发现和消除安全用电隐患，杜绝发生安全用电问题。

（3）形成推广建设标准。通过景区用电设备的全电化推广和智能化改造，为景区全电化的策略制定提供数据支撑，推动景区高质量建设、标准化推广，制定形成全电景区建设标准，形成全电景区电气化和智能化示范叠加效应。

2. 对客户

（1）提高安全管理水平。在景区中推广以电带油、以电代气、空气源热泵等电能替代技术，将景区的厨房、游船、锅炉等燃气、燃油设备进行电气化改造，大大提高景区的安全管理水平和游客体验感知，避免大规模安全事故的发生。

（2）安全用电实时监测。将景区内安装的“电丁丁”接入系统平台，通过实时监测电气设备电压、电流等电气量参数，提升用电设备的智能化管理水平，及时发现安全用电隐患并进行告知，为景区提供安全用电实时监测服务。

（3）提升综合用能水平。景区可在线查看餐饮、展厅、娱乐、交通、办公等电气设备的用能情况和能耗分布，充分利用电能数据进行横向和纵向比对，通过大数据分析深入挖掘潜在应用场景，为客户节能改造、降低运行成本、提升能效管理等提出参考依据，提高景区的综合用能管理水平。

3. 对公司

（1）提升电网供电效益。大力推广以电带油、以电代气、空气源热泵电能替代技术，推动景区厨房、燃气锅炉、充电设施等进行电气化改造，提高供电企业年售电量，预计可增加电量 39 万 kWh。

（2）拓展综合能源收入。拓展电网企业综合能源业务服务领域，深入挖掘采集数据潜在商业价值，增加景区节能改造、能效分析等综合能源业务范畴，拓宽电网企业收入来源。

第四章 农村生活领域典型应用

第一节 农村家庭智慧家居

在推广电冰箱、电磁灶、电饭锅等常规家用电器的基础上，与知名家电品牌厂商合作，重点推广新型智能家用电器。以住宅为平台，利用非介入式智能电能表、介入式智能设备、综合布线技术、网络通信技术、自动控制技术、音视频技术将家居生活有关的设施集成，构建高效的住宅设施与家庭日程事物管理系统，实现家电自身控制、客户控制或远程自动控制，提升家电智能化、节能化、易用化水平，提升居民客户用能舒适度和获得感。

一、实施方案

（一）建设目标

1. 家居用电智慧化

通过负荷智能感控，实现家电设备远程控制、用能分析、应用场景深度定制、安防安保、环境全方位检测等功能，对漏水、漏气、烟雾情况进行检测，提前预警险情，提升家居安全性、便利性、舒适性。

2. 能效提升精益化

实现用能精准计量、精准分析、精准控制，改变传统能源消费习惯，推动传统能源向绿色能源服务的转变，增强居民节能意识，优化家庭用能结构，降低用能成本。

3. 居家生活智能化

实现服务智能互动、能效智能管理、负荷智能控制、环境智能监测，降低人们对家居产品操作的复杂性；为客户提供家电置换、购置及安全用电建议和用能服务，营造绿色、健康、节能的高品质生活方式，提升乡村居民生活品质。

（二）建设内容

（1）应用宽带电力载波（HPLC）+非介入式负荷智能感知技术，在不入户的条件下，部署非介入式智能电能表，实现客户空调、电热、厨房电器等用能负荷的本地感知计算，辅助实现用能设备精准辨识、用能构成精确分析，实现用能结构优化，降低用能成本。

（2）应用国家电网有限公司研发的定制化智能家电，在客户家中安装智能插座、定制化智能家电，主动感知客户各类电气设备运行信息和家居环境指数，具备远程控制、自动调节功能。

（3）用电信息采集系统中增加智慧家居用能服务模块，国家电网有限公司统一开发智慧家居用能监控功能，与省级智慧用能控制系统实现数据交互。

（4）研发客户端服务系统，客户通过手机、电脑等终端设备实时掌握家居环境信息、家用电器运行状况，并对相关设备进行操作控制，获取用能诊断、能效分析、优化用能、安全用电建议等多样化的用能服务。

（5）与家电厂家合作，结合家电下乡、新零售等，依托国家电网电商平台，打包推广配网定制和打折优惠的家用电器；通过能耗分析，感知家电老化状态，及时向客户提供家电置换、购置建议。

（6）项目实施地点：三元朱村、韩家牟城村、寨里村、康家尧水村。

（三）技术路线及主要装备

农村生活智慧用能架构如图 4-1 所示。

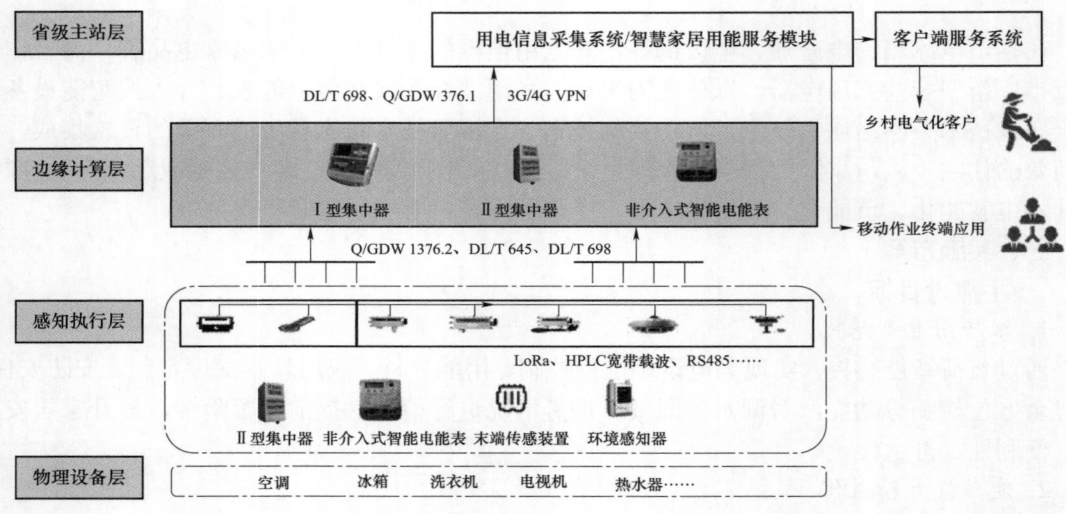

图 4-1　农村生活智慧用能架构

省级主站层：在用电信息采集系统新增智慧家居用能服务模块，实现智慧家居用能监控分析、用能诊断、能效分析、优化用能、安全用电建议等功能，与省级智慧用能控制系统实现数据交互。

边缘计算层：在本地部署非介入式智能电能表，将电压电流原始波形数据转化为负荷辨识算法所需要的负荷特征量，进而算出客户负荷设备种类、设备数量、用电量、启停时间、峰值功率等。

感知执行层：通过非介入式智能电能表和介入式智能插座、智能家电等设备，实现各类数据双向传输。

设备物理层：包括电冰箱、空调、饮水机、电热水器、电采暖、微波炉、电饭煲等设备。

关键技术设备：非介入式智能电能表、Ⅰ型集中器、Ⅱ型集中器、定制化智能家电、智能插座、智能开关。

（四）数据交互需求

农村家庭智慧用能数据交互内容见表 4-1。

表 4-1　农村家庭智慧用能数据交互内容

序号	数据项分类	数据子项
1	设备状态数据	空调、电视机、电热水器等设备运行状态
2	电能数据	电压、电流、频率、有功功率、无功功率、视在功率、用电量
3	环境数据	室内温湿度
4	多表合一采集数据	水、气、热数据

二、建设标准（智能插座技术规范）

（一）术语和定义

（1）智能插座：用于连接电源与用电设备，能够采集接入用电设备的用电信息，并能将数据传输给家用智能网关，可实现电源远程通断等智能化功能的电源插座及转换器。

（2）家用智能网关：一种用于家庭智能型电器的网关设备，用于家庭局域网与互联网的连接，并完成这两个网络之间进行通信方式与通信协议转换，可与家庭智能用电设备、服务中心主站进行数据交互，支撑承载智能用电业务，可以是专用设备，也可以是在通用电信网关的基础上进行功能扩展而衍生出的设备。

（3）家庭局域网：在家庭范围内，由家用智能网关的下行通信单元与其他智能用电设备遵循下行通信协议组建而成的通信网络。

（4）智能用电设备：利用传感器、微处理器和网络通信等技术，具备数据采集、远程通信等功能，满足客户远程、智能化控制需求的电器设备。

（5）智能家居系统：利用计算机控制、网络通信和传感等技术，将家庭用电设备和服务端有机地结合到一起，既可以在家庭内部实现信息采集、共享、通信和控制，又可以与家庭外部网络进行信息交换，实现智能用电、双向互动、需求响应和对家居设备的远程控制与管理等应用的系统。

（6）服务中心主站：包括软件和硬件的计算机网络系统，是智能家居系统的管理中心，管理全系统的数据传输、处理和应用，保障系统的运行和安全，管理客户设备，并与其他系统进行数据交换。

（二）分类

按照智能插座的安装及使用方式分类，可将智能插座分为固定式和移动式两种：

（1）固定式智能插座：用于与固定布线连接的智能插座。

（2）移动式智能插座：同时具有插销和插套，在与电源连接时易于从一地移到另一地的智能插座。

（三）功能配置及要求

1. 功能配置

智能插座的功能配置应满足表 4-2 中的要求。

表 4-2　智能插座的功能配置

序号	项　目		必备	选配
1	电参数及电能量测量	电流	√	
		电压	√	

续表

序号	项目		必备	选配
1	电参数及电能量测量	频率		√
		有功功率	√	
		无功功率		√
		视在功率		√
		正向有功总电能量	√	
		功率因数		√
2	数据存储	历史数据冻结	√	
		校时	√	
3	通信	双向数据传输	√	
4	信息显示	电能数据显示		√
		工作状态显示	√	
5	电源控制	整机通、断电		√
6	状态监测	状态反馈	√	
7	维护	恢复出厂设置	√	

2. 功能要求

（1）电能量测量。智能插座应能测量当前接入用电设备的用电数据，测量数据项应符合表 4-2 中的要求；所测量电参数的量纲应符合：

1）电流为 A。

2）电压为 V。

3）有功功率为 kW。

4）无功功率为 kvar。

5）视在功率为 VA。

6）正向有功总电能量为 kWh。

智能插座的测量精度应满足《电子式交流电能表检定规程》（JJG 596—2012）中对 2 级电子电能表的精度要求。

接入电压在规定工作范围内变化时引起的允许误差改变量极限应满足《多功能电能表特殊要求》（GB/T 17215.301—2007）的相关要求。

（2）数据存储。

1）历史数据冻结。智能插座不断电情况下应能冻结并存储接入用电设备的正向有功总电能，满足至少存储 7 天，每天 96 点的用电数据的要求。

2）校时。智能插座应具有校时功能，应接收并执行家用智能网关下发的校时命令。智能插座应具有软时钟或硬件时钟，对于软时钟，其日计时误差≤5s/d；对于硬件时钟，其日计时误差≤2s/d。

（3）通信。智能插座应能通过微功率无线、WPAN、WiFi、电力线通信等技术中的一种或几种与家用智能网关进行双向信息交互。

（4）信息显示。

1）电能数据显示。具有显示屏的智能插座应至少能显示接入用电设备的实时有功功率、当前正向有功总电能量等用电数据。

2）工作状态显示。智能插座应能通过 LED 指示灯或显示屏方式，实时、准确地指示通、断电状态。

（5）电源控制。智能插座可接收并执行家用智能网关下发的指令，接通或断开与用电设备相连的电源。

（6）状态监测。智能插座应能实时向家用智能网关反馈通电、断电状态，以及过载等信息。

智能插座应能按照家用智能网关的要求，定时或实时向家用智能网关反馈接入用电设备的用电数据。

（7）维护。智能插座应能接收并执行家用智能网关下发的指令，将自身恢复为出厂设置，并清除所有存储数据。

（四）技术要求

1. 电源及工作环境要求

（1）电源参比值及允许偏差。智能插座应支持本地单相交流供电方式，输入交流电压及其波动范围要求为：

1）电压：85～265V AC。

2）频率：50/60Hz，允许偏差－5%～＋5%。

3）额定切换电流：10A 或 16A。

（2）功率消耗。智能插座在未接入负载时静态有功功耗应不高于 0.5W，峰值有功功耗 2W。

（3）环境要求。智能插座在以下环境中应能正常工作：

1）工作温度为－25～55℃。

2）湿度为 10%～95%无凝结。

3）大气压力为 63～108kPa（海拔 4000m 及以下）。

2. 电气性能

（1）绝缘电阻。正常试验条件下，智能插座各电气回路对地和各电气回路之间的绝缘电阻不小于 5MΩ；在湿热试验后绝缘电阻应不低于 2MΩ。

（2）抗电强度。

1）交流耐压。使用频率为 45～65Hz 的近似正弦波，在智能插座的电源回路对地、无电气联系的回路之间进行试验。根据设备的额定绝缘电压，选取表 4－3 中对应的试验电压，试验时间 1min。试验中不得出现击穿、闪络现象，泄漏电流不应大于 5mA。绝缘强度要求见表 4－3。

表 4－3　　绝缘强度要求

额定绝缘电压 U	试验电压有效值
$U \leqslant 60$V	500V
60V$<U\leqslant$125V	1000V
125V$<U\leqslant$250V	2000V
250V$<U\leqslant$400V	2500V

2）冲击耐压。用 1.2/50μs 的标准冲击波在智能插座的电源回路对地、通信接口对地以及无电气联系的回路之间分别做正、负极性耐压试验各 10 次，两次试验之间最少间隔 3s，根据设备的额定绝缘电压，选取表 4-4 中对应的试验电压，试验时应无破坏性放电（击穿跳火、闪络或绝缘击穿）现象。冲击电压峰值见表 4-4。

表 4-4　　冲击电压峰值

额定绝缘电压 U	试验电压有效值
U≤60V	2000V
60V＜U≤125V	5000V
125V＜U≤250V	5000V
250V＜U≤400V	6000V

3. 继电器性能要求

智能插座中使用的继电器应满足《电子式电能表用磁保持继电器》（JB/T 10923—2010）第 5 章的要求。

4. 通信性能

（1）数据传输误码率。智能插座的数据传输误码率不应大于 10^{-5}。其中电力线载波信道数据传输误码率不应大于 10^{-5}，无线信道数据传输误码率不应大于 10^{-6}，光纤信道数据传输误码率不应大于 10^{-9}，其他信道的数据传输误码率应符合相关标准要求。

（2）响应时间。智能插座收到家用智能网关发送的指令到发送返回指令的最长时间不应超过 500ms。

（3）通信性能。智能插座通信性能应符合相关要求。

5. 电磁兼容性要求

（1）抗扰度。智能插座在未接入用电设备时，抗扰度应符合《电磁兼容　试验和测量技术抗扰度试验总论》（GB/T 17626.1—2006）中的规定，表 4-5 中列出了电磁兼容性要求。

表 4-5　　电磁兼容性要求

电磁骚扰源	参考标准	严酷等级	骚扰施加值	施加端口	评价等级要求
工频磁场	GB/T 17626.8—2006	2	3A/m	整机	A
射频辐射电磁场	GB/T 17626.3—2006	2	3A/m	整机	A
静电放电	GB/T 17626.2—2006	2	4kV	接触放电	B
		3	8kV	空气放电	B
电快速瞬变脉冲群	GB/T 17626.4—2008	3	1.0kV，5kHz	屏蔽的 I/O 和通信线	B
		3	2.0kV，5kHz	电源端口	B
射频场感应的传导骚扰	GB/T 17626.6—2008	2	3V	电源端口	B
浪涌（冲击）	GB/T 17626.5—2008	3	1kV（共模） NA（差模）	屏蔽的 I/O 和通信线	B
		3	2kV（共模） 1kV（差模）	电源端口	A

抗扰度性能按照设备的运行条件和功能要求分为四级：

1）A 级：在本标准给出的试验值内，性能正常。

2）B 级：在本标准给出的试验值内，功能或性能暂时降低或丧失，但能自行恢复。

3）C 级：在本标准给出的试验值内，功能或性能暂时降低或丧失，但需操作者干预或系统复位。

4）D 级：在本标准给出的试验值内，因设备（元件）或软件损坏，或数据丢失而造成不能自行恢复至正常状态的功能降低或丧失。

（2）辐射骚扰限值。智能插座的辐射骚扰限值应符合《信息技术设备的无线电骚扰限值和测量方法》（GB 9254—2008）的规定，在 30MHz～6GHz 频带内辐射骚扰限值见表 4-6。

表 4-6　　辐射骚扰限值要求

频率范围（MHz）	平均值［dB（μV/m）］	准峰值限值［dB（μV/m）］
30～230	NA	30
230～1000	NA	37
1000～3000	50	70
3000～6000	54	74

注　1. 在过渡频率（230MHz/1GHz/3GHz）处应采用较低的限值。
2. 当发生干扰时，允许补充其他的规定。

6. 机械要求

（1）结构要求。智能插座的插销、插套设计应满足《家用和类似用途单相插头插座型式、基本参数和尺寸》（GB 1002—2008）的要求；智能插座的结构应符合《家用和类似用途插头插座　第 1 部分　通用要求》（GB 2099.1—2008）第 13 章、第 14 章的要求。

（2）机械强度。智能插座的外壳及结构件应具有足够的强度，符合《家用和类似用途插头插座　第 1 部分　通用要求》（GB 2099.1—2008）第 24 章、《家用和类似用途插头插座　第 2-5 部分　转换器的特殊要求》（GB 2099.3—2008）第 24 章的要求。

（3）外壳防护性能。智能插座的外壳应由环保材料制成，具有抗变形、抗腐蚀、抗老化、阻燃的能力，其防护性能应符合《外壳防护等级（IP 代码）》（GB/T 4208—2017）规定的 IP40 级要求。

（4）对机械碰撞的防护等级要求。智能插座的机械碰撞防护等级应满足《电器设备外壳对外界机械碰撞的防护等级（IK 代码）》（GB/T 20138—2006）规定的 IK07 级要求。

（5）金属部分的防腐蚀。在正常运行条件下可能受到腐蚀或可能生锈的智能插座的金属部分，应有防锈、防腐的涂层或镀层。

（6）按键。具有按键的智能插座，其按键应灵活可靠，无卡死或接触不良现象，各部件应紧固无松动。

7. 阻燃与耐火性能

智能插座的绝缘材料外壳应符合《家用和类似用途插头插座　第 1 部分　通用要求》（GB 2099.1—2008）要求。

8. 安全性要求

智能插座的设计和结构应保证在正常条件下工作时不致引起任何危险，尤其应确保：

（1）抗电击的人身安全。

（2）防过高温的人身安全。

（3）防止火焰蔓延。

（4）防止固体异物进入。

9. 环保要求

智能插座必须满足《电子信息产品污染控制管理办法》（信息产业部令〔第 39 号〕）对其有毒物质的限制和管理要求。

10. 可靠性要求

智能插座的可靠性特征量平均无故障工作时间（MTBF）应大于 20 000h。

11. 网络安全防护要求

（1）防护原则及目标。智能插座的通信模块应依据《信息安全技术　网络等级保护基本要求》（GB/T 22239—2019）中第二级防护标准进行整体安全防护设计，保障智能插座及其所在的智能家居系统通信网络的安全、可靠和稳定运行，防止智能插座内部数据被窃听，防止本地黑客设备利用智能插座攻击智能家居系统通信网络。

（2）防护措施。智能插座的通信模块应具备以下网络安全防护措施：

1）接入控制。具有身份鉴别和访问控制机制，防止非法设备方与智能插座通信模块进行通信。

2）应用访问控制。通过应用层过滤，对不同类型通信节点的数据传输内容进行限制，防止越权操作，防止智能插座的程序固件被非法篡改。

3）协议过滤。根据约定的通信协议内容、通信频率、通信报文长度等对数据报文进行过滤，屏蔽掉不符合协议规则的数据报文，保证智能家居系统通信网络畅通，同时防止智能家居系统与智能插座之间的通信数据泄漏或篡改。

4）数据保护。控制指令、客户用电信息、客户隐私等敏感信息应加密传输。

（五）检验规则

1. 检验分类

产品的检验分为型式试验和出厂检验两大类。

2. 型式试验

遇下列情况之一，应进行型式试验：

（1）新产品投产或老产品转厂生产，应在生产鉴定前进行型式试验。

（2）连续生产的产品，应每两年对出厂验收合格的产品进行型式试验。

（3）当改进产品设计和工艺，影响产品性能时，应对首批投入生产的产品进行型式试验。

（4）停产两年以上的产品，恢复生产时应进行型式试验。

（5）按国家质量监督机构要求应进行型式试验。

3. 出厂检验

由制造厂技术检验部门对生产的每台产品进行检验，合格后给出检验合格证。

4. 合格判定

型式试验和出厂检验按表 4-7 所示的项目进行，所有试验符合要求，则判定产品为合格，

否则判定为不合格。

表 4-7 试验项目与试验环节对应

序号	试验项目	型式试验	出厂检验
1	一般检查		
	外观检查	√	√
	结构检查	—	—
	标志检查	√	√
2	功能测试		
	电能量测量	√	√
	数据存储	√	√
	通信	√	√
	信息显示	√	√
	电源控制	√	√
	状态监测	√	√
	维护	√	√
3	绝缘性能试验		
	绝缘电阻测量	√	—
	绝缘强度试验	√	—
	冲击耐压试验	√	—
4	功率消耗试验	√	—
5	低温试验	√	—
6	高温试验	√	—
7	交变湿热试验	√	—
8	电磁兼容性试验		
	静电放电抗扰度试验	√	—
	射频电磁场抗扰度试验	√	—
	电快速瞬变脉冲群抗扰度试验	√	—
	浪涌抗扰度试验	√	—
	射频场感应的传导骚扰抗扰度试验	√	—
	工频磁场抗扰度试验	√	—
	辐射骚扰试验	√	—
9	可靠性试验	√	—

注 √检验；—不检验。

（六）标识、包装、储存和运输

1. 标识

每个智能插座应有一个至数个清晰、耐久的标识，其内容包括：

（1）制造厂商名称或商标。

（2）型号或标志号或其他标记，据此可从制造厂商得到产品有关资料。

（3）额定工作电压。

（4）额定输出电流。

（5）额定频率。

（6）出厂编号和出厂日期。

对于固定式智能插座，要求标识中提供明确、清晰、永久不脱落的接线图。

2. 包装

随机文件有产品合格证、使用说明书、产品随机设备附件清单等。

产品外包装箱上应有符合《包装储运图示标志》（GB/T 191—2008）规定的标志名称、图形以及产品名称、型号、数量、出厂日期、净重、生产厂名等文字说明。

3. 储存和运输

包装后的产品应储存在环境温度为−25～55℃、相对湿度不超过 93%的室内或仓库环境内，在短时间内（不超过 24h）允许环境温度达到 60℃。

智能插座应能在环境温度−25～55℃之间运输，在短时间内（不超过 24h）允许环境温度达到 60℃。

三、建设成效

（一）项目背景

近年来，随着科学技术的不断进步，居民家庭生活也变得越来越智能化，居民家庭作为客户侧重要服务对象，积极开展居民家庭智慧用能服务系统建设，是扎实推进物联网建设应用工作的重要体现。

目前公司智能电能表和用电信息已实现客户电能数据的采集、监测和停电事件上报等功能，但现有客户侧采集设备已不能满足客户智慧化、多元化用能服务需求和物联网的需要。本项目实施加装新型能源终端和推广应用智能插座、智能家电，是推进物联网建设的应用，可实现家庭负荷精准采集、监测与调节，家庭用能与电网的协同互动，台区内负荷协调控制，支撑居民用电节能诊断、用电安全隐患辨识、参与需求响应等智慧互动服务。

（二）项目简介

通过对农村家庭用电情况分析调研，选取了农村家庭用电设备普及率较高的孙集街道三元朱村作为示范试点。计划投资 190 万元，用于 500 个具有负荷辨识功能的电能表、138 个空调定制模块、138 个热水器定制模块和 438 个定制智能插座等具有客户侧专属功能的物联关键设备的购置、安装和调试。

设备安装改造明细表见表 4−8。

表 4−8　设备安装改造明细表

台区名称	设备安装改造情况			
	具有负荷辨识功能的电能表（个）	空调定制模块（个）	热水器定制模块（个）	智能插座（个）
三元朱村 003、044 台区	500	138	138	438

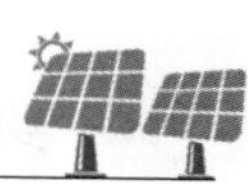

（三）项目实施

1. 项目建设内容

应用面向居民用电设备应用的新型感知技术（介入式与非介入式），通过负荷数据的采集、提取、匹配、识别结果实现客户用电行为监测，满足家用电器级深度感知和精准控制需求，为用电设备的精准运行监测、智能控制和源网荷协同运行提供技术支撑，为寿光市居民需求侧搭建可靠技术方案。

（1）平台层。在用电信息采集系统新增智慧家居用能服务模块，实现智慧家居用能监控分析、用能诊断、能效分析、优化用能、安全用电建议等功能，与省级综合能源控制系统（SCADA）实现数据交互。

（2）边缘计算层。在本地部署非介入式智能电能表，将电压、电流原始波形数据转化为负荷辨识算法所需要的负荷特征量，进而算出客户负荷设备种类、设备数量、用电量、启停时间、峰值功率等。

（3）感知执行层。通过非介入式智能电能表和介入式智能插座、智能家电等设备，实现各类数据双向传输。

（4）关键技术设备。

1）非介入式智能电能表。应用HPLC+非介入式负荷智能感知技术，在不入户条件下，部署非介入式智能电能表，实现客户空调、厨房电器等用能负荷本地感知计算，辅助用能设备精准辨识、用能构成精确分析，实现用能结构优化，降低用能成本。

2）定制化智能家电、智能插座。与家电企业联合研发具备随器计量功能的定制化智能设备，在客户家中安装智能插座、定制化智能家电，主动感知客户各类电气设备运行信息和家居环境指数，具备远程控制、自动调节功能。

3）客户侧 APP。客户通过手机、电脑等终端设备实时掌握家居环境信息、家用电器运行状况并对相关设备进行操作控制，获取用能诊断、能效分析、优化用能、安全用电建议等多样化的用能服务。

主要设备材料表见表4–9。

表4–9　　主要设备材料表

序号	物料名称	规格	数量
1	能源控制器	台	4
2	能源路由器	台	500
3	空调定制模块	个	138
4	热水器定制模块	个	138
5	智能插座	个	438
6	HPLC 通信单元	个	500

2. 项目运营模式

（1）设备投资。对试点的三元朱村配电变压器、表箱内安装能源控制器、非介入式智能电能表，客户家庭内部安装智能插座和随器计量空调、电热水器定制模块。能源控制器、非介入式智能表属公司资产。

（2）平台建设。智慧家居用能服务平台、客户端 APP 计划部署到用电采集系统，由公司统一开发，自动完成客户内部家电识别，实现即插即用。并统一由公司运营维护。

（3）探索商业运营新模式。应用供应链 S2B 商业模式。开展电气维修平台运营，吸引社会电工和电气维修企业进驻平台，当客户侧智慧系统监测到户内有电路、电器故障时，主动将故障信息推送给平台上的客户和维修服务人员，为供需双方提供对接途径；开展家用电器推荐平台运营，当客户侧智慧系统检测到户内存在高能耗、低能效的家用电器需要更新换代时，为客户提供国家电网有限公司"新零售"和同类型高性价比产品的相关链接，指导客户正确选购电器，让居民客户充分享受家庭再电气化的红利。开展信息推送平台运营，将客户侧 APP 作为用电客户信息获取的重要渠道，为政府和企事业单位提供向广大居民客户进行信息推送的服务，如掌上电力推广，构建信息互动新生态。

（四）项目成效

对社会：为政府有效聚集全产业链、全服务链提供数据支撑，方便客户及时获取用能情况、用能分析及安全用电提示等信息，提升末端供电治理和优质服务水平，形成家电企业、服务商和供电公司共同参与、互利共赢形成生态圈。

对客户：应用客户侧 APP，可通过对居民客户用电大数据深度挖掘以及供用双方的灵活互动，为客户提供科学用能指导、异常诊断、高耗能家电分析等服务，让客户了解到整个家庭和电器的用能情况，接受来自供电公司的主动服务，帮助客户培养更好的用电习惯，让客户感受更美好的用电体验。

对公司：公司立足营业厅新零售，依托国家电网有限公司电商平台，与家电厂家合作，结合家电下乡、新零售等，打包推广定制及打折优惠家用电器，达到居民家庭用电智慧化的目的；激发客户侧需求侧响应，调动居民用电可调负荷参与台区源网荷储协同，平抑电网峰谷差，最大程度减少为满足峰值负荷而投入的电网基础建设费用。

对合作企业：智慧台区采用物联网、云平台等多种先进的信息化、智能化技术及智能感知终端设备，贯通公司与合作企业之间的联系，引导客户研发智慧化设备和智能化技术，形成公司和企业互利共赢的成智慧生态圈。

推广应用：通过示范引领，扎实推进物联网落地应用，助力公司成为能源互联网服务的生态主导者、技术引领者，为物联网建设应用提供坚强支撑和保障。

第二节　农村生活多能互补智慧供暖

推广应用相变材料储热/冷、高效太阳能供热蓄热、冷热电三联供、微电网等清洁供电（冷）技术，开展一体化冷热（暖）供应、多能互补协同供应等建设，实现乡村清洁供暖多能互补和电网协同。

一、实施方案

（一）建设目标

1. 综合能效提升

在集中热力管网覆盖不到的乡村区域建设农村生活多能互补智慧供暖项目，采用直热式、储热式、空气热泵式等电采暖技术，建设集中供暖项目。通过智慧能源管理，优先使用清洁能源，采用谷电峰用手段，有效降低供能成本。

2. 居民用能成本降低

借助电力物联网技术，通过在客户侧末端加装电、水、气、热等多表合一采集的用能采集系统、管网流量调节装置，根据客户末端温度调整入户管网流量，实现按需精准供热，节省热量和循环泵用电量，降低用能成本。

3. 农村生活质量提升

多能互补智能供暖项目供暖能力大幅提升，最大供暖可达到 20 万 m^3，可保障数个大型社区居民供暖。该供暖系统采用多热源综合运行系统，大大提高整个系统运行可靠性与安全性，确保客户安全温暖过冬，增加人居幸福感。

4. 乡村生态环境提升

优先采用光伏、风电、空气能等清洁能源，集中供暖。提高清洁能源在用能中的占比，降低由于采暖给乡村环境造成的影响，预计每年平均可节约标准煤 2t/户，减少二氧化碳排放量 4.55t/户，减少二氧化硫排放量 0.03t/户，减少二氧化氮排放量 0.005t/户，有效降低环境污染。

（二）建设内容

（1）建设多能互补冷暖联供能源站。根据社区居民集体供暖需求，综合利用传统能源和新能源，建设内循环热泵系统、清洁能源热池系统、清洁能源冷暖系统、平板集热器系统、屋顶光伏发电系统、风光互补照明系统等配套设备，实现多能协同供应和能源综合梯级利用，促进可再生能源消纳。

（2）建设多能互补智慧能源控制系统。采用自主研发的能源控制器，构建覆盖供暖区域的无线网络，对能源站及所覆盖客户加装电、水、气、热等多表合一采集的用能采集终端，全面采集能源站水、电、热能源信息和设备运行状态参数，实现供暖用能统计与分析，制定优化控制策略；在居民客户热网入户端安装无线温控阀，居民室内安装智能温控终端；通过系统综合分析管网压力、温度、住户使用情况等数据，对客户端采用精准流量控制方式调控，实现末端流量按需分配。

（3）在智慧用能控制系统中增加智慧供能模块。采集客户用能情况，进行综合能效分析，新增需求响应和电力现货市场代理功能，提供供能、用能优化建议。

（4）项目实施地点：三元朱村。

（三）技术路线及主要装备

农村生活多能互补智慧用能架构如图 4-2 所示。

通过构建的物联网系统，实现对客户室内环境全面感知，根据实际室温对入户流量进行精准调节，实现室温恒定，调节过程如图 4-3 所示。

省级主站：省级智慧用能控制系统接入多能互补智慧供暖模块，针对多能互补、能源管理、智慧供暖各环节，实现多能互补综合能源的实时监测、数据存储和智能分析，生成并下发居民供暖优化策略。

边缘计算层：本地部署能源控制器，路由器支持 LoRa 无线功能，对多能互补采集终端、客户智能温控终端、电动阀门等设备接入管理，通过边缘计算实现多能互补、供暖生产输出、供暖信息调控、管网监控、管网水力分析、室温采集，客户末端流量智能调节等功能。

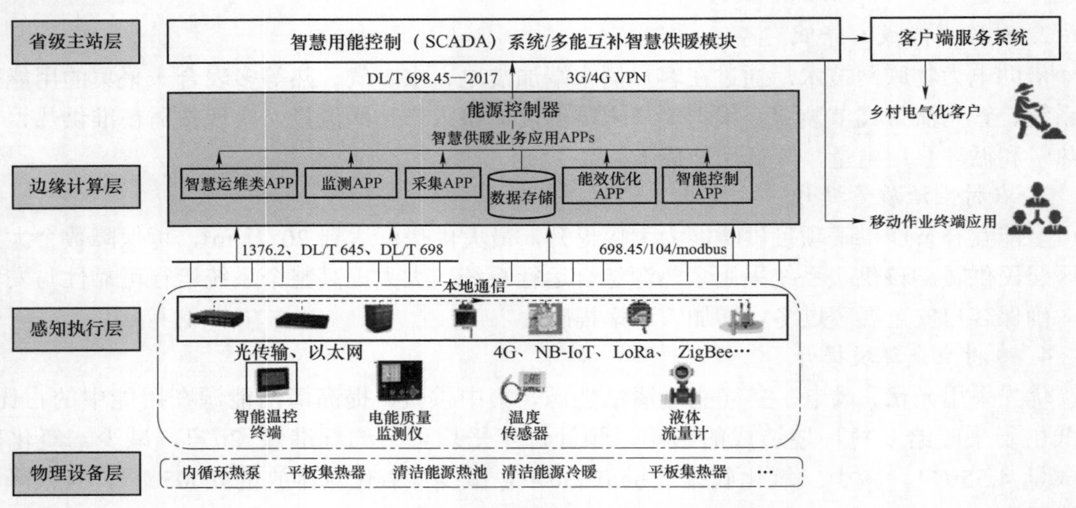

图 4-2　农村生活多能互补智慧用能架构

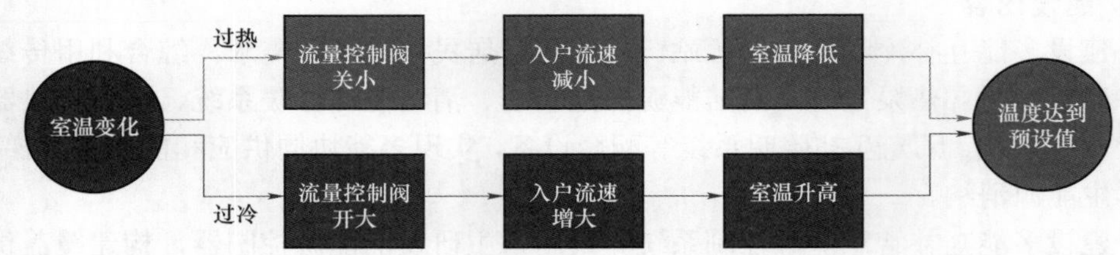

图 4-3　客户末端流量精准调节过程

感知执行层：加装户内智能温控装置、无线温控阀等智能物联感控终端，对用能设备感知控制。

设备物理层：包括配电柜、内循环热泵、清洁能源热池、清洁能源冷暖、平板集热器、屋顶光伏发电、风光互补照明等电气化设备。

农村生活多能互补主要传感器及控制器见表 4-10。

表 4-10　　农村生活多能互补主要传感器及控制器

参考图片	产品名称	技术参数			
	智慧能源路由器	型号	IE-ER&ROOT-lora 户外型	上行	4G 有线以太网
		下行	LoRa 485	覆盖半径	空旷场景＞2.5km
	家庭智能温控终端	型号	IE-TEM-loRa 室内	功能	测温、设置室内温度
		测温范围	0～40℃	温度设定范围	10～20℃
	阀门电磁阀	型号	Digicon-16	动作时间	30s
		控制信号	4～20mA	输出信号	4～20mA
		驱动力矩	160N·M	使用电源	AC 220V

续表

参考图片	产品名称	技术参数			
	电能质量监测仪	型号	APMD700	接口	2线电流
		量程	输入相电压 AC 220V 输入电流比 200A/5A	精度	准确度 0.5 级
		输出	RS485 接口 Modbus/RTU 协议	供电	单相 220V
	三相电能表	型号	RS485 接口 Modbus/RTU 协议	接口	2线电流
		量程	输入相电压 AC 220V 输入电流比 100A/5A	精度	准确度 0.5 级
		输出	RS485	供电	单相 220V
	单相电能表	型号	ACR220E（L）	接口	2线电流
		量程	输入相电压 AC 220V 输入电流比 100A/5A	精度	准确度 0.5 级
		输出	RS485 接口 Modbus/RTU 协议	供电	单相 220V
	电流互感器	型号	AKH－0.66 W 系列	接口	2线电流
		量程	0～100A	精度	0.1A
		输出	RS485 接口 Modbus/RTU 协议	供电	5V
	液体流量计	型号	TM－LDE	接口	2线电流
		量程	0～9999m^3/H	精度	0.5 级
		输出	4～20MA RS485 协议 HART 协议	供电	24V 220V 锂电池供电可选
	温度传感器	型号	RS－WS	接口	2线电流
		量程	温度－40～80℃ 湿度 0～100%	精度	0.1℃ 1%
		输出	RS485 接口 Modbus/RTU 协议	供电	内置锂电池或外供 5～24V

（四）数据交互需求

农村生活多能互补慧供暖数据交互内容见表 4－11。

表 4－11 农村生活多能互补慧供暖数据交互内容

序号	数据项分类	数据子项
1	电能数据	电压、电流、频率、有功功率、无功功率、视在功率、用电量
2	用水数据	流速、流量、累计水量、水压
3	环境数据	居民室内环境温度、管道水温

二、建设标准

（一）术语与定义

（1）电供暖系统：以电能驱动热泵或电能转换为热能为主要供热设备，并辅助计量装置、监控系统及运营服务平台等方式进行能源管理的供暖系统。

（2）电驱动热泵：采用电能驱动压缩机，将热能从低温环境转移到高温环境的供热设备。

（3）蓄热式电供暖系统：设有蓄热装置的电供暖系统，低谷电时段将电能转换为热能并蓄存于蓄热装置，高峰和平电时段释放出蓄存的热量进行供暖。

（4）分散式电供暖系统：利用电能直接在热客户转换为热能的散热装置或设备进行供暖的系统。

（5）集中式电供暖系统：以电驱动热泵、电锅炉为热源并与散热设备分别设置，用热媒管道相连接，由热源向多个热客户供给热量的供暖系统。

（6）供热季节性能系数：供热季总供热量与供热季总耗功量的比值。

（7）全负荷蓄热：利用夜间低谷电进行蓄热，日间用电高峰和平段时间不启用电锅炉，建筑物所需负荷全部由蓄热装置提供。

（8）部分负荷蓄热：利用夜间低谷电进行蓄热，日间的供暖负荷由蓄热装置和电锅炉共同承担。

（9）常压蓄热：蓄热装置为开式，不承压，蓄热介质最高温度为大气压力下的沸点温度。

（10）高温蓄热：蓄热装置为闭式，承压，蓄热介质最高温度高于大气压力下的沸点温度。

（11）电供暖散热器：以电为能源，将电能转换为热能，具有通过温度控制器实现供热控制的散热设备，有吊装式、壁挂式、落地式等。包括直接作用式电供暖散热器、蓄热式电供暖散热器。

（12）直接作用式电供暖散热器：房间需要供暖时，将电能转换为热能，并将热能以对流或辐射方式直接传入房间内的电供暖散热器。

（13）蓄热式电供暖散热器：将电能转换为热能，通过蓄热介质进行储存，在需要时将所储存的热量对房间供热的电供暖散热器。

（14）监控系统：对电供暖系统进行监视、控制和综合管理的信息化系统。

（15）电供暖设备：以电能为输入能源，通过热泵或电热元件将电能转化成热能，以实现供暖的单一或成套设备。

（16）入户流量监测装置：采用 LoRa 射频技术，带有回水测温传感器，可以测定每户回水温度，并据此自动调节阀门开度，从而控制每户分配流量。

（17）温度采集终端：采集客户户内温度并同步数据至供暖监控系统。

（18）流量采集终端：通信距离超过 2.5km，采集居民室内温度及入户流量监测装置阀门开度。

（二）建设原则

（1）适用性。根据供暖类型、供暖场所等实际情况，进行规划设计、设备选型，确定建设模式、方案，确保建设安全顺利进行。

（2）安全性。电供暖智慧用能建设首先考虑安全用电问题，全面感知电供暖各个用电设施的用电信息，实时监测电供暖设备电气量参数，规范电供暖安全用电管理，及时发现消除用电安全隐患，避免发生安全事故。

（3）前瞻性。从设备选型、新技术应用考虑，并留有下一步扩展的空间。

（4）示范性。电供暖智慧用能应大力推广智能配电、供暖监控等技术，以规范电气建设为重点，以智能化为技术支撑，形成统一的智慧用能建设标准，发挥示范引领带动作用。

（5）可持续性。通过持续创新综合能源服务模式，综合考虑适用性、安全性、前瞻性、

示范性等要素，加快电供暖智慧用能建设，改善电供暖用能模式，提高用能效率，减少电能浪费和人工成本，打造可持续发展的智慧供暖方案。

（三）电供暖系统设计

1. 一般规定

（1）采用电供暖的建筑，其围护结构热工性能按气候分区与建筑类型不同，应分别满足《公共建筑节能设计标准》（GB 50189—2015）、《公共建筑节能设计标准》（XJJ 034—2017）、《严寒和寒冷地区居住建筑节能设计标准》（JGJ 26—2018）、《严寒地区居住建筑节能设计标准》（XJJ/T 063—2014）、《寒冷地区居住建筑节能设计标准》（XJJ/T 073）的规定。

（2）电供暖系统的选择，应根据建筑规模、建筑类型、使用功能、电供暖设备类型、供电条件、价格以及国家节能减排和环保政策的相关规定，通过综合论证确定，并应符合下列规定：

1）技术经济合理时，宜优先利用空气源、浅层地能、污水源等可再生能源，采用电驱动热泵的供暖系统。

2）执行分时电价、峰谷电价差较大的地区，经技术经济比较，采用低谷电能够节省运行费用，且蓄热式供暖的放热时段能够与建筑需热时段相对应时，宜采用蓄热式电供暖系统。

3）采用可再生能源作为供暖热源，需要设置电辅助热源时，应充分利用低谷电，必要时可设蓄热装置。

4）当不具备采用电驱动热泵和蓄热式电供暖系统条件时，可选择分散式电供暖系统。

5）集中式电供暖系统宜按楼栋设置。采用区域集中式电供暖系统时，应对输配管网热损失及水力平衡采取有效控制措施。

（3）全年运行的通风空调系统，新风采用电加热时，应设空气能量回收装置。

（4）电供暖系统用电应与照明等其他用电分开独立计量；低谷时段供暖、蓄热用电应单独计量。

（5）集中式电供暖系统客户端热计量应满足《民用建筑供暖通风与空气调节设计规范》（GB 50736—2012）的规定。

2. 热负荷

（1）室内外计算参数的选用及供暖热负荷计算应符合《民用建筑供暖通风与空气调节设计规范》（GB 50736—2012）的规定。

（2）全面辐射供暖室内设计温度可降低 2℃。

（3）计算分散式电供暖热负荷时，应考虑间歇供暖和户间传热因素，间歇附加系数不应小于 0.5；当住宅楼同时考虑间歇供暖和户间传热时，附加系数不应小于 0.8。

（4）蓄热式电供暖系统应计算用电高峰和平段时的总热负荷及谷时的总热负荷。

3. 空气源热泵系统

（1）空气源热泵机组的应用，应遵循下列原则：

1）严寒和寒冷地区应采用低环境温度空气源热泵机组。

2）空气源热泵机组在供暖室外计算温度下的制热性能系数，冷热风机组不应小于 1.8，冷热水机组不应小于 2.0。

3）严寒地区空气源热泵供暖系统应设置辅助热源，系统供热季节性能系数（HSPF）不应小于 2.0；寒冷地区对室内温度稳定性有严格要求，且经济性更好时，空气源热泵供暖系统宜设置辅助热源。

（2）空气源热泵机组的选择，应遵守下列原则：

1）空气源热泵机组应符合《低环境温度空气源热泵（冷水）机组　第1部分：工业或商业用及类似用途的热泵（冷水）机组》（GB/T 25127.1—2010）、《低环境温度空气源热泵（冷水）机组第2部分：户用及类似用途的热泵（冷水）机组》（GB/T 25127.2—2010）的规定。

2）热泵机组的单台容量及台数的选择，应能适应供暖、供冷负荷全年变化规律，满足季节及部分负荷要求。当供暖负荷大于528kW时不宜少于3台。

3）空气源热泵机组的选型，应符合下列要求：

a. 机组名义工况制冷、制热性能系数应符合国家标准要求。

b. 具有先进可靠的融霜控制，融霜所需时间总和不应超过运行周期时间的20%。

c. 设置辅助热源时，应按当地平衡点温度确定辅助加热装置的容量。

d. 对于同时供冷、供暖的建筑，宜选用热回收式热泵机组。

（3）确定空气源热泵机组冬季的制热量时，应根据实际供暖室外计算温度和融霜情况，按式（4-1）进行修正

$$Q=q\times K_1\times K_2\times K_3 \tag{4-1}$$

式中 Q——机组制热量，kW；

q——产品样本中的瞬时制热量（名义工况：室外空气干球温度-12℃，湿球温度-14℃，出口水温41℃）；

K_1——使用地区供暖室外计算干球温度或平衡点温度的修正系数，按产品样本选取；

K_2——机组出水温度的修正系数；

K_3——机组融霜修正系数，每小时融霜一次取0.9，两次取0.8。

1） 采用热回收式热泵机组时应注意以下事项：

a. 热回收器热水供水温度一般为45～60℃。

b. 当热水使用与热回收非同时运行，或热回收能力小于小时最大耗水量时，应设置热水储水箱。

c. 当热回收直接提供生活热水时，热回收器的所有连接水管应采用不锈钢管或铜管。

2）空气源热泵系统以电锅炉为辅助热源时，宜全部利用低谷电，并根据当地平衡点温度、低谷电时段划分、热负荷随时间分布规律等因素，经技术经济分析后确定是否设置蓄热装置。

3）空气源热泵机组室外机的设置，应符合下列要求：

a. 布置热泵机组时，必须充分考虑周围环境对机组进风与排风的影响，确保进风流畅，排风不受阻碍，并应防止进排风气流产生短路。

b. 机组进风口处的进气速度宜控制在1.5～2.0m/s；排风口的排气速度不宜小于7m/s；进风口、排风口之间的距离应尽可能大。

c. 应优先考虑选用噪声低、振动小的机组；应注意防噪声对周围环境的影响，必要时，应采取降低噪声措施。

d. 机组之间及机组与周围建筑之间净距应满足设备厂商要求，如无数据时可参照以下要求：机组进风侧与建筑物墙面间21.5m，机组控制柜面与建筑物墙面间1.2m，机组顶部净空3.15m，两台机组之间3.2m，两台机组进风侧之间3.0m。

e. 多台机组分前后布置时，应避免位于主导风上游的机组排出的冷/热气流对下游机组吸气的影响。

f. 机组的排风口前方，不应有任何受限，以确保射流能充分扩展。

g. 安装机组的支架应稳定，不存在安全隐患；机组的设置，应满足能方便地对室外机的换热器进行清扫的要求。

h. 当受条件限制，机组必须装置在建筑物内时，宜采用下列方式：

（a）将设备层在高度方向分隔成上、下两层，机组布置在下层，机组的排风通过风管排至上层，在上、下两层的外墙上设置进、排风百叶窗；此外，应注意避免进风、排风短路。

（b）将机组布置在设备层内，该层四周的外墙上设有进风百叶窗，而机组的排风通过风管或加装的轴流风机排至室外。

（c）空气源热泵机组台数较多时，连接机组的水环路应保证各机组流量分配均匀。机组台数大于等于 3 台且小于等于 6 台时，连接机组的管路应采用同程布置方式；机组台数大于 6 台时，宜每 3～6 台为一组采用同程式集管相连，各组集管再通过汇集管连接，集管组数小于 3 组时，汇集管应采用同程布置方式。

（四）电供暖设备与材料

1. 一般规定

（1）电供暖设备主要技术性能指标应符合相关国家标准要求。

（2）电供暖设备应保证性能可靠，对使用者及周围环境不构成危险。

（3）电供暖设备所有零部件和材料均应符合国家相关标准的规定，满足安全要求。

（4）电供暖设备或装置的型号、商标应标识清晰，包装完好。

2. 设备选型

（1）空气源热泵机组应符合《低环境温度空气源热泵（冷水）机组　第 1 部分：工业或商业用及类似用途的热泵（冷水）机组》（GB/T 25127.1—2010）、《低环境温度空气源热泵（冷水）机组　第 2 部分：户用及类似用途的热泵（冷水）机组》（GB/T 25127.2—2010）、《低环境温度空气源多联式热泵（空调）机组》（GB/T 25857—2010）的规定。

（2）电驱动热泵机组安全性应符合《蒸汽压缩循环冷水（热泵）机组安全要求》（GB/T 25131—2010）的规定。

（3）水蓄热装置、一体化蓄热设备应符合《供冷供热用蓄能设备技术条件》（JG/T 299—2010）的规定。

（4）直接作用式电供暖散热器应符合如下要求：

1）应符合《家用和类似用途电器的安全　第 1 部分；通用要求》（GB 4706.1—2005）、《电采暖散热器》（JG/T 236—2008）等标准的要求。

2）额定电压宜为 220V/50Hz。

3）应具有温度控制功能。

4）应具有过热保护功能。

5）产品质量保证应具有 CCC 证书或其他质保证书。

6）产品附件应具有包装清单、保修卡、说明书等。

（5）蓄热式电供暖散热器应符合如下要求：

1）应符合《家用和类似用途电器的安全　第 1 部分；通用要求》（GB 4706.1—2005）、

《家用和类似用途电器的安全贮热式室内加热器的特殊要求》（GB 4706.44—2005）和《电采暖散热器》（JG/T 236—2008）等标准的要求。

2）蓄热体采用固体蓄热材料，保证居民使用安全；设备表面温度不高于 70℃。

3）应具有对蓄热和放热过程的控制功能，能够按时段设定室内温度并依据室内温度控制放热量。

4）产品需提供国家认定的相应质量监督检验机构出具的第三方检验合格报告，检验报告涵盖《电采暖散热器》（JG/T 236—2008）规定的蓄热式电供暖散热器的全部检测项目。

5）蓄热式电供暖散热器组成材料不得有害健康，正常工作时不得产生有害气体和产生有害健康的电磁波、电辐射等。应具有 CMA 标志的电磁强度检测报告及室内环境质量检测报告。

（五）配电系统

1. 一般规定

（1）电供暖系统的供电负荷级别和供电方式，应根据工艺要求、锅炉容量、热负荷的重要性和环境特征等因素，按《供配电系统设计规范》（GB 50052—2009）的有关规定执行。

（2）电供暖供配电系统的设计应按负荷性质、用电容量、工程特点、系统规模和发展规划以及当地供电条件，统筹兼顾，合理确定。

（3）电供暖供配电系统应自成独立系统，与建筑物一般用电负荷的供配电系统分别设置，单独计量。

（4）电气系统宜选用技术先进、成熟、可靠、损耗低、谐波发射量少、能效高、经济合理的节能产品。

（5）供暖供配电系统的设计、施工、验收应符合国家有关标准的规定。

2. 供配电系统

（1）负荷等级。

1）严寒和寒冷地区住宅建筑当采用集中供热时，电供暖供配电系统负荷等级不低于二级。

2）住宅小区内住宅建筑面积大于 5000m^2 或当一般负荷供电等级不低于二级时，采用分散式电供暖配电系统负荷等级不低于二级。

3）老人照料设施、幼儿园、医疗建筑、教育建筑采用电供暖时，其供电负荷等级不低于二级。

（2）建设标准。

1）根据电供暖的用电负荷容量和分布，10（6）kV 供电线路、配变电所及变压器靠近建筑物电供暖的用电负荷中心。

2）当电供暖安装设备总容量大于 250kW 时，应采用 10（6）kV 供电，并宜设置独立变压器或与夏季制冷用电变压器共用，变压器的负载率不宜大于 80%；当用电设备总容量在 250kW 以下可采用 0.4kV 供电。

3）单台电热锅炉额定热功率大于等于 4.2MW 的锅炉房，宜设置低压配电室；当有 6kV 或 10kV 高压用电设备时，应设置高压配电室。

4）同一台供暖设备不应由多台变压器供电，多台小容量电供暖设备及其他电气设备可共用一台变压器。

5）电供暖系统配电间宜靠近电供暖设备布置，并应方便对电供暖设备进行控制和管理。

6）电供暖配电系统功率因数不应低于 0.9。

7）宜采取抑制措施，将电供暖用电单位供配电系统的谐波限在规定范围内。

8）方案设计阶段可采用单位指标法；初步设计及施工图设计阶段，宜采用需要系数法。

（3）配电室选址。配电室位置除满足场地、环境要求外，还要考虑将配电变压器接近负荷中心位置，使供电半径尽量缩短。

选型原则：电力电缆选用应满足负荷要求、热稳定校验、敷设条件、安装条件、对电缆本体要求、运输条件等；选择电缆截面，应在电缆额定载流量的基础上，考虑环境温度、并行敷设、热阻系数、埋设深度等因素后选择。

（4）高压进线电缆。电缆安装路径应征得当地政府部门认可，综合考虑路径长度、施工、运行和维护等因素统筹兼顾；根据现场实际情况选择架空、直埋、隧道、穿管、电缆沟等架设方式；安装应充分考虑电缆接地、电缆路径图、电缆合格证、电缆试验报告等。

（5）跌落开关。

1）选型原则。满足使用环境、最大负荷电流的要求。

2）安装标准。满足相间距离、对地距离、与垂线的夹角和接地线连接；操作灵活，安装牢靠。

（6）避雷器。

1）选型原则。应考虑使用环境条件、系统运行条件和被保护对象来确定避雷器类型。

2）安装标准。避雷器应安装牢固、排列整齐、与电源连接可靠、接地可靠。

（7）变压器。

1）选型原则。一般从配电变压器容量、型号、安装位置及无功补偿等综合选择。

2）安装标准。油浸式变压器硅胶、油位、油色应正常、无渗漏油现象；变压器外壳及中性点与主接地网应可靠连接。

3. 低压配电

（1）电供暖低压配电系统的设计应根据工程的种类、规模、负荷性质、容量及可能的发展等因素综合确定。

（2）电供暖低压配电系统应与建筑照明、电力、消防及其他用电负荷区分，自成配电系统。

（3）当采用分散式电供暖系统时，配电干线宜采用三相配电系统。

（4）电供暖建筑配电系统应选用铜芯电缆或电线，室内敷设电线不应低于 0.45/0.75kV，电力电缆不应低于 0.6kV。

（5）集中式电采暖低压配电设计应执行《民用建筑电气设计规范》（GB 51348—2019）、《低压配电设计规范》（GB 50054—2011）、《锅炉房设计规范》（GB 50041—2020）及相关地区现行标准。

（6）电供暖专用配电箱应设置总进线断路器，并应具备短路保护和过负荷保护；每个电供暖分支配电回路应单独设置，并应具备短路保护、过负荷保护和剩余电流动作保护装置的双极断路器，其额定电压、额定电流应大于线路的额定电压和额定电流。

（7）电供暖供电回路配置剩余电流保护开关剩余动作电流动作值不应超过 30mA，动作时间不大于 0.1s。

（8）分散式电供暖设备电源接线宜采用暗敷接线方式；当电供暖设备有特殊接线要求时，

采用专用电源接线盒，配电线路与设备电源线采用直接连接方式。

（9）分散式电供暖装置额定功率小于3.0kW且电供暖装置自带温度控制器额定电流不小于20A时，宜采用电供暖装置自带温度控制器控制或温度控制器直接控制；额定功率大于3.0kW时，应采用温度控制器结合交流接触器控制。

（10）采用分散式电供暖的居住建筑应符合以下规定：

1）采用分散式电供暖的住户，电供暖负荷不大于12kW或电流小于60A时，采用220V供电；当住户电供暖负荷大于12kW或电流小于60A时，采用220/380V三相四线供电，并使三相系统中三相负荷平衡。

2）采用分散式电供暖的住宅当采用220V供电时，住户电供暖配电箱接户线（进户线）不小于16mm^2；当采用220/380V供电时，住户电供暖配电箱接户线（进户线）不小于10mm^2。

（11）电供暖系统供电电压偏差的限值应符合《电能质量　供电电压偏差》（GB/T 12325—2008）。

4. 布线系统

（1）布线系统的敷设方法应根据建筑物构造、环境特征、使用要求、用电设备分散等条件及所选用导体的类型等因素综合确定。

（2）电供暖系统配电线路不应采用直敷布线方式。

（3）电供暖配电系统干线宜采用低压封闭式母线和低压电缆布线。

（4）电供暖系统配电线路暗敷时，不应穿越电供热安装区。

（5）电供暖系统中室温或地温传感器线路穿管应选择硬质材料套管，暗敷于墙体内或混凝土内的刚性塑料导管，应选用中型及以上管材。

（6）电供暖系统控制线路与供电线路应分别穿保护管敷设。

5. 电气装置

（1）电供暖系统的动力柜和控制柜应符合《低压开关设备和控制设备　第1部分：总则》（GB/T 14048.1—2012）、《机械电气安全》（GB/T 5226）、《低压成套开关设备和控制设备》（GB/T 7251）、《电气控制设备》（GB/T 3797—2016）、《低压配电设计规范》（GB 50054—2011）、《电热设备电力装置设计规范》（GB 50056—1993）的规定，动力柜用设置明显有效的分断装置，所选用的电器应满足短路条件下的动稳定和热稳定的要求，用于断开短路电流的电器应满足短路条件下的通断能力。

（2）电加热锅炉应有可靠的电气绝缘性能，设备中带电回路之间以及带电回路与地之间（导体与柜体之间及电热元件与壳体之间）的绝缘电阻应小于1MΩ；电供暖设备及其动力柜、控制柜的金属壳体或可能带电的金属件与接地端之间应具有可靠的电气连接，其与接地端之间的连接电阻不大于0.1Ω。

（3）电供暖设备应有足够的电气耐压强度，应能承受冷态电压2000V和热态电压1000V、50Hz的1min耐压试验，无击穿或闪络现象。

（4）电供暖系统的电磁辐射限值应符合《电磁环境控制限值》（GB 8702—2014）。

（5）电供暖系统的电磁兼容要求应符合《家用电器、电动工具和类似器具的电磁兼容要求　第1部分：发射》（GB 4343—2018）。

（6）电供暖设备在正常工作条件下的泄漏电流和电气强度应符合国家标准要求。

（7）电供暖系统中设备的发热元件和内部布线的绝缘的耐非正常发热和起火的能力应符

合《家用和类似用途电气的安全》（GB 4706）。

6. 防雷、接地与安全

（1）应符合现行国家标准《建筑物防雷设计规范》（GB 50057—2010）和《建筑物电子信息系统防雷技术规范》（GB 50343—2019）的规定。

（2）电供暖配电系统宜采用 TN－S 接地系统。

（3）电供暖设备机房内电供暖系统控制柜、水泵控制箱、电供暖设备、水泵及其他电气设备的金属外壳、电缆电线穿线管等采用电位联结。

（4）地面内安装的电热装置的电供暖配电系统应做局部等电位联结设计。

（5）电供暖装置的接地线必须与电源接地线可靠连接。

（六）电供暖监控系统

1. 一般规定

（1）电供暖监控系统主要技术性能指标应符合相关国家标准要求。

（2）电供暖监控系统应保证安全可靠，防火墙等级应满足国家标准要求。

2. 监测与控制

（1）电供暖监控系统应按照建设规模、功能类别、地域状况、运营及管理要求、投资规模等综合因素确定。

（2）监测与控制系统对电供暖系统内设备进行监视控制和综合管理，包括数据采集、数据处理、报警功能、系统维护自检、人机交互、画面显示、报表功能、通信接口、扩展功能等，并预留第三方运营平台进行数据交换功能的接口。

（3）电供暖监控系统控制应满足电供暖系统的间歇运行方式，并设置自动启停控制装置。控制装置应具备按预定时间表、服务区域等模式控制设备启停的功能。

（4）采用集中式电供暖系统应设置监控系统，并具有以下功能：

1）温度自动控制。安装入户流量监测装置，其阀门的开合由无线远程控制，同时将阀门的开合程度及供暖管网的回水温度数据通过网关上传至监控系统。温度采集终端检测客户家中温度，通过网关将数据上传监控系统，系统自动比对室内温度情况，通过控制入户流量监测装置的开合程度控制流量大小从而达到控制室内温度。

2）供热量自动控制。采用变频、变容、分组运行或多机组切换等形式进行变负荷时的供热量控制。

3）自动保护。根据压力、温度等系统参数对电供暖系统进行自动保护控制。

4）故障报警。电供暖系统应根据系统出现的故障及时发出报警信息。

5）实时监测。监测供暖站内所有设备运行概况，是否存在异常。同时，点击设备图标查看设备运行数据细节信息，通过末端监测实现对所有居民室内温度和供水阀门状态进行监控。以此达到对供暖、用暖系统的完整监控。

6）运行分析。对供暖系统进行整体分析，包括用热、用电量、不同温度区间客户占比、不同阀门开度区间客户占比、当天按时间分布的用电和用热情况统计。

7）根据新能源发电预测和用热预测，结合需求响应和实时电价，以及市电负荷曲线，提供供能策略。

（5）采用分散式电供暖的公共建筑宜设置具有集中控制功能的监控系统；采用分散式电供暖的居住建筑中，电供暖装置应自带温度控制器或设置独立温度控制器，并宜预留数据传输和受控信号的网络接口。

（6）每个独立采暖区域应设温度控制器，应设置在能反应室内温度的位置，周围应无散热体或遮挡物且操作方便，并不受阳光直接照射。温度控制器安装高度宜与照明控制开关相同，间距200mm。

（7）电供暖监测与控制系统监测的范围和内容宜包括：

1）电气参数。包括电流、电压、电量等。

2）热工参数。包括室外温度、室内温度、水温、风温、流量、热量、液位、水压、风压、储热量、储热温度等。

3）设备状态参数。包括设备的开关状态、工作状态、故障状态等。

三、建设成效

（一）项目背景

2017 年 12 月，国家发改委等十部委正式发布《北方地区冬季清洁取暖规划（2017～2021）》，大力推广以天然气、电、地热、生物质等清洁化能源供暖方式，其中电供暖方式因安全可靠、环保节能、灵活方便越来越受到居民欢迎，成为清洁供暖的重要方式。为推广电供暖，山东省发改委、住建厅先后发布《关于完善清洁取暖价格政策的通知》《关于开展清洁取暖用电市场化采购试点有关事项的通知》《关于有序推进电代煤工作的通知》，助推清洁取暖，目前寿光市已经建成电供暖项目 74 个，供暖户数 1.36 万户，供暖面积 135 万 m^2。

目前电供暖设备主要有直热式电锅炉、蓄热式电锅炉、碳晶、发热电缆、空气源热泵、地源热泵等。其中空气源热泵具有热效率高、安全、省电、冷热两用的特点，已成为集中式电供暖项目的首选。

在大型电供暖项目中，因供暖范围广，无法精确控制客户流量，易出现供暖管网前端客户温度过高、末端客户供热不足的现象，热能无法充分利用，造成客户舒适度下降，如何精准分配流量，提高集中式电供暖客户的舒适度，成为大型集中式供暖项目亟待解决的问题。

（二）项目简介

农村生活多能互补智慧供暖项目在寿光市三元朱村实施，三元朱村位于山东省寿光市孙集街道，是全国冬暖式蔬菜大棚发源地。2016 年，爱能森控股集团在三元朱村建设冷暖站，寿光供电公司积极服务客户，为解决冷暖站供电电源问题，寿光供电公司按照电能替代项目投资到红线的政策，为客户新敷设电缆线路 3.36km，改造 10kV 线路 356m，提供了可靠的电供暖电源保障，为爱能森能源站地安全稳定运行及三元朱村居民的清洁供暖打下了坚实基础。

三元朱冷暖站占地 1200m^2，由 2×1000kVA 变压器供电，站内现有 25 台 39kW 空气源热泵，1 台 22m^3 热池罐配备 3 台 130kW 电加热器，1 台 18m^3 冷暖罐配备 2 台 130kW 电加热器，太阳能集热器等，热池罐和冷暖罐在极寒天气下辅助供暖，是国内首家储能+多能互补+智慧能源的清洁能源站项目，该冷暖站 2018 年用电量 150 万 kWh。

为解决供暖过程中冷热不均，进一步提高客户电供暖舒适度，综合能源公司与爱能森进行合作，采用自动流量控制装置+温度采集终端+平台智能控制策略的解决方案，依托物联网的新型无线通信技术，实现对客户的远程流量控制，进而实现热量均衡分布，客户户内温度恒定，该项目实施后预计节能收益 15%，此方案后续将在爱能森在寿光市建设的其余 5 所能源站推广，同时综合能源公司与爱能森达成战略合作，在全寿光市推广此节能模式。

（三）项目实施

1. 项目建设内容

在三元朱村为 400 户居民安装无线温控阀和温度采集终端，通过对比客户家中的温度与平台预设温度，对无线温控阀进行远程调节控制，实现居民家中的温度恒定，同时将爱能森能源站数据同步至“365 电管家”智慧能源服务平台，平台通过对能源站侧、客户侧数据的协同分析，实现满足客户供暖舒适性前提下对爱能森冷暖站的最优控制。

三元朱冷暖站全景图如图 4-4 所示。

图 4-4　三元朱冷暖站全景图

平台侧：实时监测模块监测供暖站内所有设备运行概况，判断是否存在异常。同时，点击设备图标查看设备运行数据细节信息，通过末端监测实现对所有百姓室内温度和供水阀门状态进行监控，以此达到对供暖、用暖系统的完整监控。控制监控模块可查看系统根据用暖策略自动进行调整的记录、调节水阀的整体状态以及节点异常告警信息。通过运行分析模块实现对供暖系统进行整体分析，包括用热、用电量、不同温度区间客户占比、不同阀门开度区间客户占比、当天按时间分布的用电和用热情况统计。经济运行模块根据新能源发电预测和用热预测，结合需求响应和实时电价，以及市电负荷曲线，提供供能策略，包括供热机组工作建议、是否使用储热罐、主阀门开启度、近端及远端阀门开启度等。效益分析模块主要分析近 3 年内客户舒适度提升情况、不同温度区间客户数占比、单位面积供暖量供电量以及整体供暖费用变化情况。

客户侧：安装 400 套无线温控阀和温度采集终端，无线温控阀安装在客户的供暖管网入户端，其阀门的开合由无线远程控制，同时将阀门的开合程度及供暖管网的回水温度数据通过能源控制器上传至智慧用能服务平台。温度采集终端检测客户家中温度，通过能源控制器将数据上传智慧用能服务平台，现场安装 7 台能源控制器，用于与智慧能源服务平台进行数据同步，智慧用能服务平台通过获取温度采集终端的户内温度数据，对无线温控阀的阀门开合进行调整，实现户内温度的恒定。无线温控阀和温度采集终端均由电池供电，电池使用期

5 年。

设备介绍：

（1）无线温控阀：采用 LoRa 射频技术，带有回水测温传感器，可以测定每户回水温度，并据此自动调节阀门开度，从而控制每户分配流量。

（2）温度采集终端：采集客户户内温度并同步数据至智慧能源服务平台。

（3）能源控制器：由省综合能源公司自主研发，通信距离超过 2.5km，采集 400 户居民室内温度及无线温控阀阀门开度。

材料明细表见表 4－12。

表 4－12　　材料明细表

序号	主要材料	数量	单位
1	无线温控阀＋温度采集终端	400	个
2	能源控制器	7	个
3	设计＋施工＋调试	1	天

2. 项目运营模式

该项目由爱能森公司负责后期的运营维护，节能收益由省综合能源公司与爱能森公司签订节能收益协议，按照 5:5 比例进行收益分享。

（四）项目成效

1. 对社会

（1）提高社会关注度。通过爱能森冷暖站电供暖典型示范项目的宣传推广效应，吸引客户“气改电”“煤改电”，进一步推动寿光市清洁采暖工作开展，提升全市的电气化水平，助力寿光电气化示范项目建设。

（2）助力政府节能减排。打造“蔬菜硅谷，绿色寿光”新风貌，三元朱村冷暖站年用电量 150 万 kWh，与客户燃煤供暖方式相比，每年减少标煤消耗 600t，减排二氧化碳、二氧化硫等废气 1505t，为服务全市大气污染防治和能源消费领域新旧动能转换做出积极贡献。

（3）积累各类电供暖项目数据。建设电供暖能效数据中心，基于大数据分析技术，分析全社会供暖需求和规律，将相关研究成果推送给政府，为政府制订清洁供暖规划提供重要的数据支撑和决策依据。

2. 对客户

（1）提升电供暖体验度。通过无线流量调节阀的自动调节实现室内温度恒定，使客户获得更高的舒适体验，同时对客户侧异常情况进行采集和告警，第一时间感知和解决客户用暖问题。

（2）减少供暖费用。基于物联网技术实现了从源头上降低供暖成本，随着供暖企业的竞争，最终将会转化为更加优质的供暖服务和客户取暖成本的下降。

3. 对公司

（1）增加公司收益。就爱能森能源站项目而言，目前供暖成本为 15 元/m^2，2018 年供暖面积为 7 万 m^2，供暖成本为 105 万元，安装无线流量调节阀后，节能收益按 15%计算，则节能收益为 105×15%=15.7 万元，节能收益按照爱能森与公司 5:5 计算，公司每年收益 7.8 万

元，投资回收期为 52.8/7.8=6.8 年。

（2）增加远期收益。综合能源潍坊分公司与爱能森公司签订合作协议，双方共同开展供暖项目节能改造，目前已跟进化龙裴岭社区和纪台李庄社区电供暖节能改造项目，公司将以三元朱村冷暖站为起点，在潍坊全市打造智慧电供暖项目，增加公司收益。

4. 对合作企业

（1）显著缩短投资回收期。冷暖站投资成本 100 元/m^2，政府、开发商或用热方提供配套费 50 元/m^2，寿光全市集中供暖统一收费标准为 22.5 元/m^2。目前爱能森测算单位能耗为 0.25kWh/（m^2·d），采暖季单位能耗为 30kWh/m^2，按照居民合表电价 0.501 计算，供暖成本为 15 元/m^2，每米^{2}收益 22.5－15=7.5（元），投资回收期（100－50）/7.5=6.7（年）。安装智慧用能系统后，预计采暖季单位能耗可降低至 25.6kWh/m^2，单位能源成本可降至 12.83 元，每米^{2}收益 22.5－12.83=9.6（元），投资回报周期缩短至（100－50）/9.6=5.2（年），节能 15%。

（2）增强企业竞争力。实施精准流量控制后可以杜绝偷暖盗暖，末端节能系统推广可降低能源成本，节省人力支出，降低运维劳动强度，为实现“无人值守”提供支撑，提高企业竞争力。

四、产品研发

（一）产品简介

产品名称：无线温控阀。

无线温控阀是省综定向研发用于供热客户端实现流量均衡控制的设备，可通过公司配套远传系统进行监控、调整，确保楼宇内、楼宇间所有住户的供热均衡与舒适。具有精准流量调控，节水节电节能、智能无线操控，省时省力省心、多种控制模式，适应兼容方便、低功耗电池供电，安装简单快捷等特性。同时具有防水防尘的外壳封装设计，可以在恶劣的环境下正常工作。

产品的主要功能和特点：

（1）无任何布线，工业级一次性锂电池供电，LoRa 联网通信。

（2）自带 6 年通信费用，电池寿命 6 年，电池可更换。

（3）精准控制入户流速，合理供暖用暖。

（4）远程控制阀门开关，方便热费收缴。

（5）支持 PT1000 进回水测温，监控供暖质量。

（6）液晶显示电池电量、信号强度、阀门状态和报警信息等。

（7）配备光电接口，支持手持器现场调试。

无线温控阀外形如图 4－5 所示。

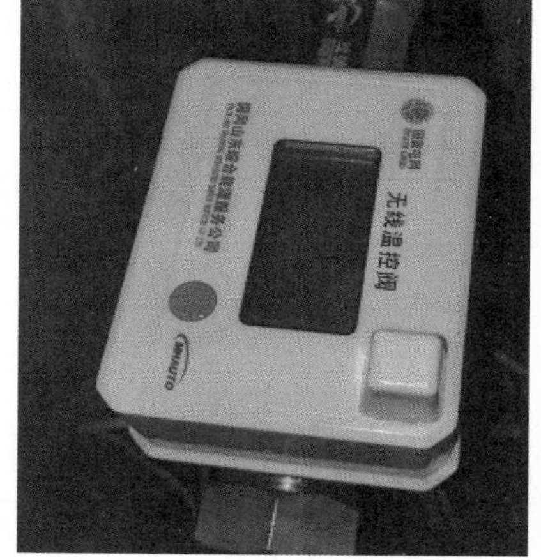

图 4－5 无线温控阀外形图

（二）操作说明

（1）红外探头位于液晶屏左下方，按键点亮液晶屏后，可以使用红外手持器开关阀门、配置读取表号、配置累计时间、读取阀门信息、写标准时间、读取 IMEI 号、修改目标服务器 IP 等。

（2）按键查看阀门一级液晶界面依次显示：故障代码、阀门地址高 6 位、阀门地址低 8 位、进水温度、回水温度、年月日、时分秒、累计开阀时间、IMEI 号高 7 位、IMEI 号低 8

位、当前阀门程序版本号“U×××”。

（3）在故障代码界面下，长按按键，会进入二级液晶界面，在二级界面下会顺序显示：开度—电压“XX—X.XV”、NCCID号1～5位、NCCID号6～10位、NCCID号11～15位、NCCID号15～20位、IP地址前2个字段、IP地址后2个字段、IP地址端口号。

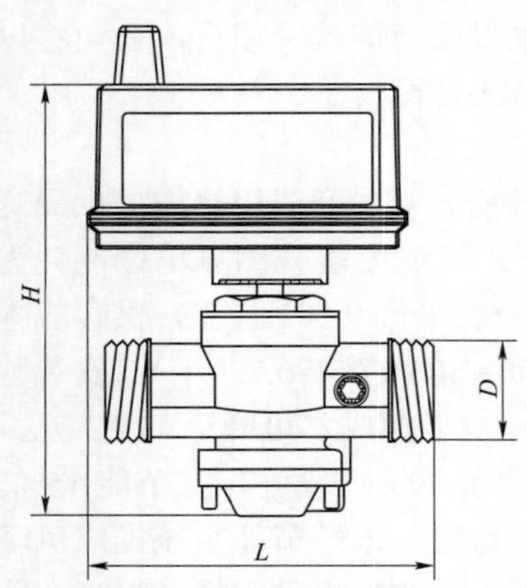

图4－6　无线温控阀尺寸图

（4）显示故障代码含义：NOError无错误；Error 1堵转；Error2限位开关故障；Error4阀头被拆除；Error8 LoRa模块不断重启；Error16 LoRa模块无反应。错误码可以叠加，如Error 1和Error2同时出现时，会显示Error 3。

（5）长按10s按键进入自重启功能，重启过程中不响应按键，重启后会无线发送一次数据。

（三）尺寸参数

无线温控阀尺寸图如图4－6所示。

无线温控阀结构参数见表4－13。

表4－13　　无线温控阀结构参数表

规格	口径	长（L）	宽（D）	高（H）	流量范围	K_{vs}值
DN20	20	106mm	79mm	169mm	0.1～0.9m^3/h	2.2
DN25	25	110mm	79mm	169mm	0.2～1.5m^3/h	3.5
DN32	32	114mm	79mm	169mm	0.5～4.0m^3/h	8

无线温控阀电气参数见表4－14。

表4－14　　无线温控阀电气参数表

工作电压	DC 3.0～3.6V
供电类型	内置一次性锂电池
待机电流	≤20uA
工作温度	－20～80℃
测温分辨率	0.1℃
测温准确度	±0.3℃
无线通信	LoRa
防护等级	IP68

（四）安装方式

1．安装在进水端

无线温控阀进水端安装示意图如图4－7所示。

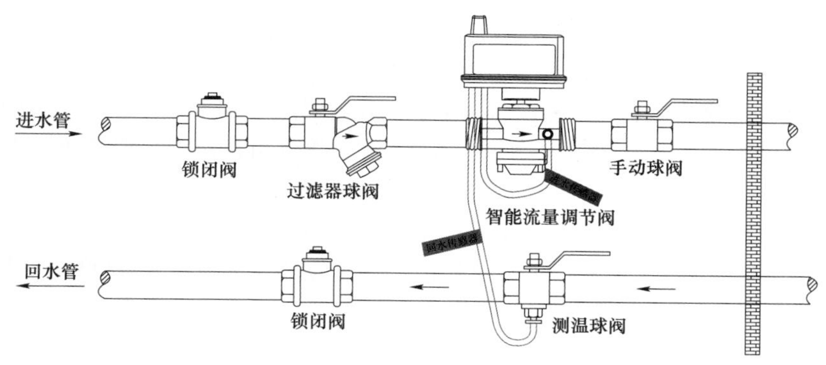

图 4-7　无线温控阀进水端安装示意图

供水：供水管道—锁闭阀—过滤器球阀—温控阀—手动球阀—入户口。

回水：回水管道—锁闭阀—测温球阀—出户口。

2. 安装在回水端

无线调节阀回水端安装示意图如图 4-8 所示。

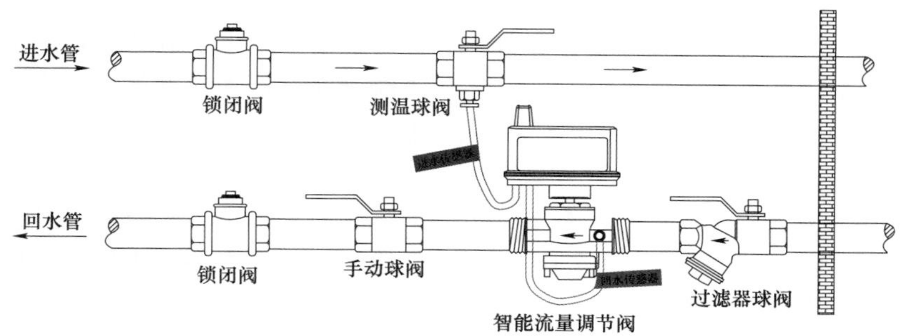

图 4-8　无线调节阀回水端安装示意图

供水：供水管道—锁闭阀—测温球阀—入户口。

回水：回水管道—锁闭阀—手动球阀—温控阀—过滤器球阀—出户口。

第三节　乡村智慧绿色出行

精准建设公共充电设施，在乡村地区推进开展有序充电等服务，打造智能、高效、便捷、安全的电动汽车出行充电保障圈；定制化建设经济实用的专用车充电设施，服务县域公交、物流等专用车应用；推广应用智慧车联网，创新县域电动汽车客户专属服务，加强市场化推广；在具备商业价值的场所建设新型多功能充电桩，实现智能广播、信息公告、搭载 5G 基站等附加功能。

一、实施方案

（一）建设目标

1. 智慧用电

在社区、产业园区、物流集散地等区域建设电动汽车配电套充电设施，在乘用车、生产物流专用车领域推广使用电动汽车出行和运输，利用物联网技术，对充电行为各个环节进行感知，提升电动汽车智慧充电和充电设施维护水平。

2. 能效提升

收集区域内全部充电设施充电数据，结合乘用电动汽车和专用电动汽车使用情况，从充电区域分布、充电时间、用电费用等多维进行综合能效分析，提高电动汽车充电能效水平。

3. 产业提升

建设快速充电站、专用充电站，对已有充电站的改造维护，进一步完善智能充换电服务网络体系，大大提高电动汽车的行驶的便利性，为推动电动汽车产业发展和使用创造有利条件，从而促进电动汽车应用推广的进一步发展。

（二）建设内容

（1）根据寿光电动汽车保有量、充电需求和发展前景，在主要交通枢纽、景区等充电热区建设 9 座公共充电站。其中，建设光储充一体化充电站 1 座；建设居民区有序充电站 1 座。

（2）有序充电系统。在居民区台区总容量不变的情况下，通过加装居民区有序充电系统，充分利用台区可用容量，在优先保障居民区用电负荷的情况下，最大程度满足电动汽车充电需求；在居民用电负荷降低时，提高电动汽车充电可用功率，实现在满足居民负荷的情况下，动态调整居民区内电动汽车充电功率。

（3）光储充一体化充电站。建设基于物联网的光储充一体化充电站项目，打造一体化“绿色充（用）电”能源系统。在“光储充”一体化系统中布置区块链能源路由器，实现光、储、充一体化充电站内多边能源透明可信交易，通过能源路由器实现变电站内“光储充”等多经济主体间电力平衡与经济运行。

（4）项目实施地点：① 交直流充电站为晨鸣大酒店、菜博会、万达广场、三元朱村等 16 处景区，购物中心、居民小区、省道、示范园；② 有序充电系统为巨能华府小区；③ 光储充一体化充电站为三元朱村。

（三）技术路线及主要装备

乡村智慧绿色出行架构如图 4-9 所示。

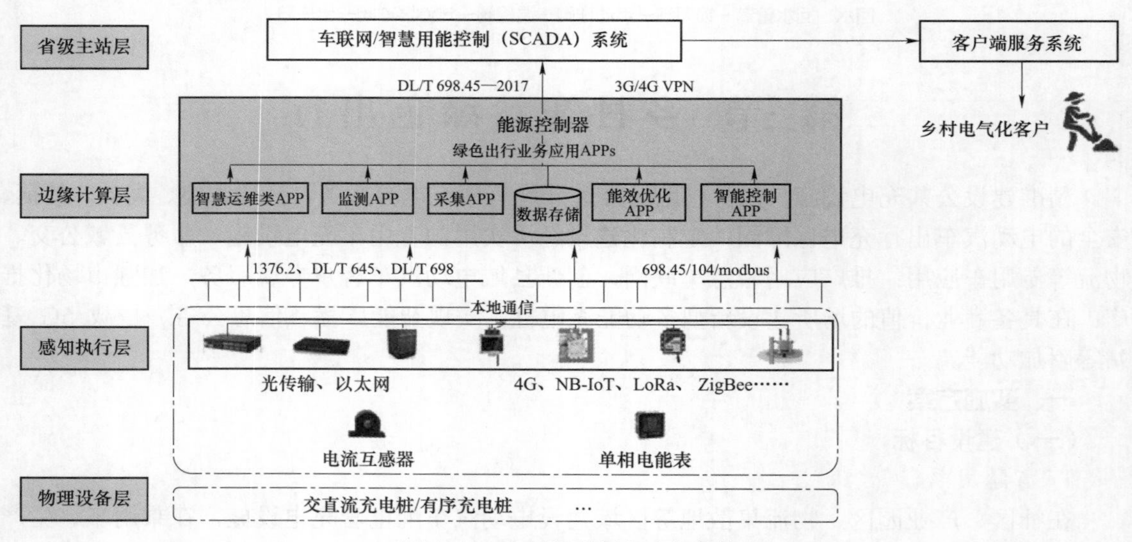

图 4-9　乡村智慧绿色出行架构

省级主站层：乡村智慧出行 CPS 针对多能互补、分布式能源管理、有序充电各环节，利用现场采集信息、智能控制终端装置交互信息、用采智能监控信息，实现多能互补综合能源的实时监测、数据存储和智能分析。交直流充电桩接入车联网平台。有序充电桩接入省级智慧用能控制系统，省级平台汇集了 CPS 中综合能源数据统计、分析能耗数据，开发综合能源大数据增值服务。

边缘计算层：在光储充一体化充电站部署本地边缘代理设备，配套接入省级平台，通过边缘计算，实时调节“光储充”等系统设备，提高充电站持续供电能力，平衡负荷波动，降低充电成本。

物理设备层和感知执行层：包括充电桩、储能电池、PCS、光伏、逆变器等设备感知控制。

农村风光储充绿色出行主要设备见表 4–15。

表 4–15　　**农村风光储充绿色出行主要设备**

序号	设备照片	名称	型号及规格
1	直流充电桩	直流充电桩	120kW，输出电压范围：DC 200～750V；最大输出电流：250A
2		交流充电桩	7kW，输出电压范围：220V
3		能源路由器	尺寸：40 × 126 × 70
4		能源控制器	尺寸：40 × 126 × 70
5		储能电池	60kW/120kWh

（四）数据交互需求

农村风光储充绿色出行数据交互见表 4-16。

表 4-16　农村风光储充绿色出行数据交互

序号	数据项分类	数据子项
1	电能数据	电压、电流、频率、有功功率、无功功率、视在功率、用电量
2	设备状态数据	充电桩、储能电池、PCS、光伏、风电、逆变器、BMS 等设备运行状态数据

二、建设标准

（一）术语与定义

（1）乡村电气化：通过改造升级乡村配电网，提高乡村供电服务水平和用电保障能力，促进能源需求向电力转化，提高电能在终端能源消费中的比重。主要包括农业生产、乡村产业、乡村生活电气化等方面。

（2）乡村配电网：主要为除县级政府所在建制镇以外的县级行政区域内的乡（镇）村或农场及林、牧、渔场等各类客户供电的 110kV 及以下各级配电网。其中，35～110kV 电网为高压配电网，10kV 电网为中压配电网，220V/380V 电网为低压配电网。

（3）充换电设施：与电动汽车发生电能交换的相关设施的总称，一般包括充电站、充换电站、电池配送中心、集中或分散布置的充电桩等。

（二）总则

（1）乡村绿色出行规划应以建设坚固耐用、服务便捷、智能互动现代化乡村充电服务设施为目标，引领乡村充电设施发展，增强乡村区域内电动汽车充电保障能力，满足乡村生产、乡村产业、乡村生活充电服务提升的需求。

（2）乡村充电设施的建设及运行应本着安全、经济、高效的原则开展。

（3）乡村充电设施的类型、建设位置、安装方式的选择应与建设周围环境相协调。

（4）乡村充电设施应具有带电警告标识及相应的电气安全防护措施，并应满足当地负荷的结构安全和电气安全要求。

（5）乡村充电设施的运行应包括充电站的日常运行、操作、维护、事故处理等内容。

（三）充电设施规划

1. 布局选址

（1）根据地区经济社会水平、支持政策和电动汽车发展情况，充分考虑充电需求，规划设施类型、服务密度（半径）和服务能力，提出充电站布局原则。

（2）布局选址一般经过市场调研、价值评估、方案制定、现场勘察等工作程序，可以通过停车场（站）资源调研、充电设施安装意向调查、车辆流量数据统计等工作开展布局分析（如热力图），争取优质资源，提出选址建议。

（3）通过选址方案讨论会、实地踏勘等组织方式择优确定选址方案，为规避项目前期落实风险，可补充制定备用选址方案。

2. 建设用地

（1）在充电设施布局选址方案确定后，公司和地市公司根据地方政府充电基础设施建设管理要求，组织与土地出让单位洽谈土地买、租、无偿使用等事宜。

（2）用好、用足地方政府支持政策，采用多种方式、渠道获取土地使用权，办理相关用地手续或签订有关协议。

（3）落实充电设施站址是最重要的任务目标，可以通过请示、报告、备案等方式向地方政府取得建设支持和合法保障，避免后期用地问题纠纷，为后续建设补贴奖励、用地优惠办理等工作提供支撑依据。

（4）高速公路沿线充电设施建设，应加强统一组织协调，确保落实建设用地，保障工程项目顺利推进。

3. 配套电源

（1）配套电源接引工程与充电设施本体工程项目在项目前期、物资采购等环节的工作周期基本相近，为保障充电设施本体完工后及时接电投运，配套工程与项目储备、立项宜同步实施或紧密衔接。

（2）参照业扩报装配套工程管理相关规定，在第一时间完成充电设施建设定址、接入方案制定等工作。

（3）在储备项目总控资金确定后，通过项目前期调度、建设协调会等形式制定配套工程保障措施。

4. 站址建设评估

（1）充电设施建设地址地全面建设评估和细致地现场勘查对后期工程建设和设施使用起着重要的指导作用。

（2）高速公路充电站布局在满足公司整体高速公路快充网络规划的同时，兼顾本省重点城市间互联需求，详细排定建设时序，适当超前布局，尽量选择服务区出入口明显位置。

（3）城市公共充电站建设应通过全面细致的前期调研评估，确保优先落点在城市核心区、功能区以及热点地区等电动汽车分布相对集中和发展预期前景较好的区域。

（4）实地勘察应尽可能详尽细致，统筹考虑电源走廊、给排水设施、防排洪设施、进出站道路等因素，充分利用就近公用设施，减少工程量。同时，兼顾配电网供电质量、可靠性等运行要求。

（四）充电设施建设

1. 管理组织体系

（1）建立包括营销、发展、运检、物资、安监、财务、信息等专业部门工程建设管理组织保障体系，全面组织管理工程进度、安全和质量，落实管理责任。

（2）制定里程碑建设计划保障措施，规范实施流程和管控机制，统筹协调解决工程建设中的问题，特别是在施工许可办理、物资供应履约、配套电源接引、信息安全防控等重点环节加强协同配合，确保工程建设顺利实施。

（3）工程建设任务重、项目数量多的单位，可通过拍摄标准化工程建设视频，加强工程建设管理培训，提高工作效率。

2. 全过程管控机制

（1）工程建设实施全过程包含合同签订、初设和施工方案编审、施工许可办理、现场施工、设备供货安装、设备检测、接入调试、竣工验收八个重点环节。

（2）全过程管控内容包括工程进度、安全和质量管控，管控方式包含建立工程调度例会制度、制定管控统计报表、开展工程质量中间验收、采取通报考核措施等。

（3）采用日管控、周调度、月总结、关键节点重点督导的管控模式，工程调度例会至少每月一次。对进度严重滞后或出现严重安全质量问题的建设工程应采取强有力管控措施，确保工程务期必成。

（4）组织成立工程质量监督巡视组，定期开展巡视检查，指导建设单位开展工程建设，及时发现进度和质量问题，督导整改。

3. 计划编制

（1）对每个建设工程制定里程碑计划，在初设评审通过、招标需求提报、施工许可取得、设备检测合格、车联网接入、竣工验收完成等节点设置关键控制时间点。

（2）里程碑计划的制定与物资和服务招标采购批次紧密衔接，尽可能多安排并行环节，避免串行环节的空档期：初设编审与施工招标并行，避免初设与施工方案编审空档期；进场施工许可（备案）办理与物料准备并行，避免现场施工与物资供应空档期；充电设施到货检测与接入并行，避免设备检测接入与竣工验收空档期。

4. 招标及采购

（1）按照有关规定组织开展物资及服务的招标采购工作，按照“总部统一组织实施”和“总部统一监控、省公司具体实施”的范围和批次要求，在限定时间内完成招标技术条件的编审以及物资需求和服务类采购申请提报等工作。

（2）需求提报应合理选择设计、监理、施工、物资等采购批次，充分利用协议库存、框架协议等采购方式，缩短采购周期：设计、监理和施工宜采用框架协议，箱式变压器宜采用协议库存，可在项目储备后、立项启动前提报需求，在充电设施招标前完成需求匹配。

（3）招标技术条件的编制应做到严谨、细致、准确，并通过专业技术人员审查，条款内容应明确技术标准、性能参数、供应数量、工程量、特殊要求（如尺寸特别要求、特殊温度和环境使用差异）等重要内容，避免出现存在歧义和不确定性的表述，防止后期因需求偏差延误工期。

5. 初步设计编制及评审

（1）充电设备工程建设初步设计是工程施工图设计的前提与基础，内容包括土建系统、供配电系统、充电系统、监控与通信系统、消防系统及辅助系统（照明、标志标识、智能服务）等。

（2）初步设计编制周期一般控制在 5 个工作日内，项目初步设计编制的完整和及时是规范施工的重要保障，可采用集中编制、交叉审查、模板式审查等方式提高编审工作效率。对设备设施的安装工艺与防护措施，可根据地域和功能差异采取特殊设计。

6. 施工组织设计编制及审查

（1）工程施工组织设计（施工方案）是用来指导工程施工全过程的技术、经济和组织的综合性设计活动。

（2）在初设评审后、开工前，施工单位完成施工方案编制并通过公司审查确认。

7. 进场施工许可

（1）审查工作可邀请土地业主单位参与，避免因设计方案纠纷而影响工程周期。实际施工过程中，存在施工组织设计变更的，由项目施工单位另行提报施工组织设计变更，经审核通过后实施变更。

（2）对于需要产权方、路政、城管、消防等多方许可的建设工程，宜充分沟通，了解有

关要求，办理相关手续，确保工程顺利实施。

（3）各类许可文件宜在施工设计确定前后办理完毕，缩短工程建设周期。施工图设计交底的偏差将直接影响到工期和质量，甚至出现安全管理问题。为节省施工周期，可在施工方案确定后即刻组织监理、设计、施工、设备供应商等单位开展设计交底，并形成书面交底记录，落实交底责任人。

8. 物资供应

（1）充电设施、箱式变压器、监控设备、线缆等物资供应合同签订后，各级单位应结合工程建设进度要求，认真制定物资供应计划与管控措施。

（2）对于供应商供货履约，应遵照“事前管理”的原则，重点处理、及时排除物资供应过程中出现的可能延误工期的突出问题。

（3）物资到货后，应组织监理、设计、施工、设备供应商等单位共同完成设备开箱检查，做好供货清单核对确认，确保物资接收顺利、完整。建立并及时补充备品备件库。

9. 设备质量管控

（1）为保证充电设施满足安全、质量、兼容性等要求，提高运维效率和服务质量，应组织开展充电设施质量控制和检验检测工作，可以采用生产监造、供货前抽检、到货全检等方式。

（2）在设备生产和出厂试验阶段，组织做好对设备生产工艺、基本功能、安全性能、电气性能、接口兼容性试验等进行见证。

（3）在设备供货前，委托具有相关经验或资质的检测机构开展抽样检测，抽样率不低于5%，检测项目包括技术参数、功能要求、防护要求、安全要求、电磁兼容性等项目。

（4）在设备到货后，开展到货设备全量检测，检测项目包括功能要求、电气性能、安全要求、互联互通、协议一致性等项目。

10. 安全质量管控

（1）应充分发挥监理单位的作用，加强对现场施工安全和质量的管控。监理内容包括施工单位和人员资质、甲供主要设备、乙供工程材料和构配件、关键部位和工序旁站监理、文明施工现场巡视检查、编制工程安全质量评估报告、协助地市公司开展工程质量中间验收和竣工验收等。

（2）重点监理环节包括基坑开挖、钢筋和混凝土浇制、基础保养、电缆敷设、电缆头制作、钢结构安装、吊装作业等。应特别加强对充电设施地基、电缆管沟、排水沟槽、接地网等隐蔽工程的安全质量管理。

（3）要制定施工安全质量管控、风险防控和应急处理措施，确保工程实施优质高效。

11. 接入车联网平台

（1）充电设施供应商供货时应提供该型号设备的车联网平台联调测试报告。应特别加强对新增供应商联调测试情况的跟踪，对久测不通或存在工期延误风险的供应商采取约谈、通报等督办措施。

（2）物联网专用 SIM 卡（采用主、备卡配置）因采购周期较长，宜在项目立项后即刻开展，测试用充电卡办理、实测用车准备以及充电桩计费模型配置应在设备接入前 10 日内完成。

（3）应在地方物价政策条件下，确定各地计费标准，完成计费模型制定。

12. 竣工验收

（1）工程施工单位在工程安装调试完毕后立即进行自验收，经自验收合格后提出项目竣工验收申请，并提交设备技术资料、设备检验检测合格证明、安装调试资料、隐蔽工程验收资料等。

（2）在接到项目验收申请后 10 个工作日内组织竣工验收工作，按照《电动汽车充换电设施工程施工和竣工验收规范》（Q/GDW 11164—2014）制定验收方案，对土建系统、供配电系统、充电系统、安防监控系统、通信系统、消防系统、辅助系统和项目资料进行验收，并编制竣工验收报告。

（3）应对充电设施工程竣工验收工作进行督导抽查，确保项目验收质量。各级单位应对现场验收发现的问题，明确整改内容、责任单位以及时限要求。应结合地方政府关于充电设施工程建设管理的要求，完成工程竣工验收工作。

（五）工程投运

1. 建设转运维

（1）在工程建设立项的同时，应安排好充电设施运维资金，建立运维管理制度、运维业务规则和工作标准。

（2）在试运营结束前，组建运维队伍，落实岗位责任，制定正式投运计划，做好备品备件和工器具配置，开展运维交接工作。

（3）运维交接内容主要包括移交设备说明书、试验报告、验收报告等资料，开展安全技术交底，组织设施维护、充电服务等业务培训。

2. 投运前试运营

（1）在充电设施竣工验收后、正式投运前，设置充电设施试运营期，向车联网平台报备试运营计划。

（2）充电桩接入平台后，车联网平台将自动下发充电桩档案维护和投运工单，地市公司充电设施管理员按工单要求完成信息提交，国网电动汽车公司车联网运营负责人于 3 个工作日内确认充电桩信息全部准确后，完成投运审批，在车联网网站及 APP 客户端发布充电站点。

（3）试运营期间，地市公司应及时移除充电站点现场围挡，张贴投运公告。同时，加大巡视，组织开展 TCU 版本维护、充分检验车桩兼容性，仔细排查箱变、充电设施、通信设备和辅助设施的运行隐患，核对 APP 客户端地理位置、充电设施状态信息等是否准确，如有异常应立即组织问题消缺。

3. 正式投运

试运营（试运营期为 30 天）后，各级单位应综合评估试运营效果，完善设备检验检测、工程竣工验收、投运前管理等支撑材料，完成进工程正式投运。

（六）充电设施巡视

1. 计划巡视

（1）计划巡视指对已投运充电站点进行周期性巡视，应在充电设施投运后 2 日内，制定巡视计划，每个站点每周至少巡视一次，对投运初期、使用率高、地处城市核心位置、重点单位内部的充电站点应结合设备实际运行情况加大巡视频次（每周至少巡视 2 次）。

（2）要结合充电站点使用规律合理安排巡视时间，如根据旅游景区充电站点周末使用率高的特点，宜将巡视安排在周四或周五进行，以便提早发现并排除故障。

（3）巡视计划制定完成后，车联网平台按预定周期自动派发巡视任务工单，并对执行情况进行监督，巡视管理人员收到巡视任务后应及时转派给巡视员开展巡视工作。

（4）巡视时，巡视员首先使用巡检 APP 完成“打点”，逐一对站内充电设施、供配电设备等按作业指导书进行检查，特别是对安全告示、带电设备、消防设施、环境卫生等重点检查，每个充电桩检查前应用巡检 APP 扫描资产码二维码。

（5）如发现故障，应按故障等级发起抢修工单，不影响设备使用的一般故障可在计划检修时统一修理，严重故障 2 应立即进行抢修。完成全站设备检查后，可办结该站点本期巡视任务。对未及时制定巡视计划或制定巡视计划却未按计划巡视的，国网电动汽车公司负责进行督办。

2. 特殊巡视

（1）在极端天气前后、设备检修或新投入运行后，设备发生故障几率相对较高，应及时组织开展特殊巡视，及时发现排除设备故障，保障设备安全稳定运行。

（2）在法定节假日及重大活动前，应制定专项方案，组织好充电设施特殊巡视工作，对充电需求旺、关注度较高的重点站点可采取有人值守的临时措施，全面保障重点时间段的充电需求，规避服务风险和负面舆情。

（3）特殊巡视由地市公司巡视管理员发起，巡视操作流程与计划巡视相同，车联网平台应能对特殊巡视进行督办。

（七）充电设施检修

1. 计划检修

（1）计划检修指对所有充电站点进行周期性检修，各级运维单位应建立检修计划执行的监控、督导、评价等闭环管控机制。

（2）充电设施管理员应在充电设施建成后 2 日内制定年度检修计划。检修计划制定完成后，车联网平台按预定周期自动派发检修任务工单，并对执行情况进行监督。

（3）检修管理员执行检修任务前，应首先申请充电站点停运，并及时转派检修工单给检修员。检修时，首先使用巡检 APP 完成“打点”，逐一对站内充电设施、供配电设备等进行检查，每个充电桩检查前应用巡检 APP 扫描资产码（二维码）。如发现故障，应即刻修理。完成全站设备检查后，及时办结该站点本期检修任务并申请复投。

2. 抢修时限

充电设施巡视、95598 客户报修、车联网平台监控发现故障后均可发起抢修工单，地市公司检修管理员应在 15min 内接单并转派给检修员，检修员 45min 内到达现场，2h 内完成处理，处理过程同计划检修。对 2h 内不能完成处理的应申请停运，并在停运时限内完成检修和复投。

三、建设成效

（一）项目背景

电动汽车是新能源战略和智能电网的重要组成部分，是国务院确定的战略性新兴产业之一，已成为今后中国汽车工业和能源产业发展的重点，然而，电动汽车产业是一项系统工程，电动汽车充电站则是主要环节之一，必须与电动汽车实现共同协调发展，山东省人民政府印发《关于贯彻国办发〔2015〕73 号文件加快全省电动汽车充电基础设施建设的实施意见》，明确山东省充电基础设施建设的总体思路和目标。

目前，充电站与新能源汽车的增速相比，充电基础设施建设远远落后，车桩配比失衡，充电桩需加速建设。寿光市作为经济强市，目前拥有电动汽车3215辆，充电桩380台（公司建设71台），需加大充电站建设力度，保障居民绿色出行的需求。

（二）项目简介

根据寿光市电动汽车保有量、充电需求和发展前景，绿色出行项目在三元朱村、巨淀湖景区、巨能华府小区、仓圣公园、万华大酒店、寿光市蔬菜小镇、寿光市质量标准中心智慧农业科技园、菜博园实施，共建设9座充电站，同时建设视频监控、通信及消防设施等配套设备，所有充电桩均接入车联网平台，客户通过e充电APP可以便捷地查找附近的充电站，了解充电站的开放时间、收费标准、充电桩的使用情况、充电机口类型、充电电压、功率等详细信息，方便客户导航前往最适合的充电地点。

该项目建设地点包括道路主干线、景区、酒店、小区等大型公共停车场，共配置直流充电机12台、交流充电桩23台，后期可根据电动汽车充电需求在原有充电站灵活增加充电桩，同时在寿光全市配置移动式充电桩5台，以满足充电高峰期的客户需求。项目建成后可实现城区2公里充电服务圈，满足充电基础设施规划要求。

为客户购买电动汽车提供便利服务，公司开展电动汽车“新零售”业务，依托营业厅“三型一化”转型工作，在中心营业厅、洛城、纪台、稻田、开发区、化龙、台头、田柳供电所营业厅设置电动汽车租售“新零售”展示区，通过优惠的价格和便利的购车服务，推动电动汽车下乡，引领打造绿色、安全、节能、惠民的出行方式，为乡村振兴不断注入新动能，助力寿光市绿色出行。

（三）项目实施

1. 项目建设内容

（1）充电站建设。三元朱村、仓圣公园等9座充电站配置见表4-17。

表4-17　　充电站配置

设备 地点	直流充电桩		交流充电桩		变压器		备注
	台数	功率（kW）	台数	功率（kW）	台数	功率（kVA）	
三元朱村	1	120	6	7	1	200	配置10kW光伏和60kWh储能
巨淀湖景区	2	120			1	400	
巨能华府小区			16	7			
仓圣公园	2	120			1	400	
万华大酒店	1	120			1	200	
寿光市蔬菜小镇	2	120			1	400	
寿光市质量标准中心智慧农业科技园	1	120			1	200	
菜博园	1	120	1	7	1	200	
商务小区	2	120			1	400	

（2）设立“新零售”专区。在中心营业厅、洛城、纪台、稻田、开发区、化龙、台头、

田柳供电所营业厅设置电动汽车租售“新零售”展示区，持续开展营销推广策划，开展电动汽车销售业务，结合属地特点和客户需求，推出精品爆款车型和多元化服务套餐，建立展示、试驾、购车、买桩、装桩、售后等一条龙服务流程。

2. 项目运营模式

本项目由公司投资建设，省、市公司负责充电站的运营维护、跨市清分结算，潍坊市目前充电服务费的标准为 0.4 元/kWh。

（四）项目成效

1. 对社会

（1）推动社会低碳经济发展。公司开展电动汽车“新零售”活动，提升客户对电动汽车的购买度，增加了寿光市电动汽车的保有量，助力政府打造低碳寿光；9 座充电站建成后，预计年充电量 21.6 万 kW，相当于年减少燃油消耗 62.8t，减排二氧化碳 215t、二氧化硫 6.5t、氮氧化物 3.2t。

（2）带动电动汽车产业链发展。电动汽车充电站的建设将大大提高电动汽车的续航里程，促进电动汽车的市场需求，作为电动汽车发展的基础，充电站的建设将作为新的支柱产业，推动产业链条多个环节的技术进步。

（3）提高土地利用率。电动汽车充电站建设在景区、公园、商务小区和公共服务场所，在发挥充电站使用价值的同时，充分利用现有土地，提高了土地利用率。

2. 对客户

（1）节省出行成本。开展电动汽车“新零售”活动，为客户提供各类性能优越，价格适宜的电动汽车，方便客户选择购买，同时电动汽车充电站的增多将打消客户使用电动汽车出行的担忧，而使用电动汽车相比燃油汽车将明显节省成本，其费用对比见表 4-18。

表 4-18　　电动汽车与燃油汽车能耗对比

项目	燃油汽车	纯电动汽车
百公里能耗	8L	20kWh
能源价格	6.7 元/L	1 元/kWh
百公里成本	54 元	20 元

注　使用成本对比时，采用百公里成本，燃油汽车取 92 号汽油均价，纯电动汽车取平段电价。

（2）提高充电安全性。电动汽车充电站的建设解决了客户充电难题，避免了客户在家中拉电线充电对车辆和人身的安全隐患，保障了充电的安全，提高客户使用电动汽车的体验度。

3. 对公司

（1）提高供电综合服务能力。本项目 9 座充电站建成后将形成覆盖 14 个街道办及乡镇党群服务中心、旅游景点、国省道两侧和高速公路服务区及城区的 2km 快速充电网络圈，既满足了城乡居民便利出行的充电需求，又消除了潜力客户对电动汽车续航里程的担忧。

（2）提升电网供电效益。项目实施后，公司在寿光市境内共建设充电站 25 座，充电桩 129 台，年充电量 21 万 kWh，有利于培育公司利润增长点，做大营收规模，推动公司电动汽车业务市场化运作、高质量发展。

第五章

供电服务领域典型应用

第一节　乡村智慧台区

一、实施方案

（一）建设目标

1. 全量数据智慧感知

在不改变现有采集架构和“已有设备+简单改造”的基础上，实现“变—柜—箱—表”各级运行数据全采集、状态信息全感知，构建台区“数据一个源、营配一张图”，提升全量设备运行状态监视及供电服务抢修等能力，推进营配贯通融合。

2. 台区用能精益管控

充分应用现有采集设备，通过设计升级和新技术应用，实现户变关系自动核查、台区拓扑关系动态识别、电能质量智能监测、线损异常精准分析、疑似窃电精准定位等，辅助电网智能规划、提升台区用能综合管理水平，推进多能互补，实现降本增效。

3. 用能服务精准主动

实时感知低压台区运行状态，实现提前异常预警、主动抢修，抢修时长平均降低 50%，降低客户停电感知，提高供电可靠性，提升乡村供电优质服务水平。融合“滴滴”报修功能，实现抢修状态下与服务客户的双向互动，提升客户服务体验。

（二）建设内容

（1）研制新型模组化感知终端，具备计量箱状态、开关位置、温湿度信息、停复电执行、雷击频次与强度等数据采集功能，扩展强磁干扰预警、烟雾报警、GPS 定位、RFID 识别等功能，推进智能感知终端模块化、小型化、集成化。

（2）对原Ⅰ型集中器进行升级，在 JP 柜安装新型Ⅰ型集中器和新型模组化感知终端，在分支箱和计量箱安装新型模组化感知终端，对“变—柜—箱—表”各级运行数据全采集、状态信息全感知，开展数据交互、边缘计算分析，实现客户用电状态全息感知和末端设备运行环境的智能监测。对具备条件的客户加装协议转换器和末端感知设备，对电水气热等用能信息全息感知。

（3）在配电台区安装智能配变终端，在配电台区 10kV 线路引下线连接处、变压器高低压侧柱头、低压母排接线柱等位置加装温度传感器，实现对配电网设备关键节点运行状态的实施监测；在变压器油位计上加装油位传感器，对配变油位状态实施监测；在箱变、电缆分支箱等落地式设备内加装温湿度传感器，对柜内运行温度、凝露状态等环境量信息实施监测。

（4）在用电信息采集系统部署智慧台区管理模块，开发客户用能综合分析和服务、台区

综合信息展示、台区拓扑关系识别、线损分析、设备运行状态监视、配电网智能规划、停电主动抢修、多表用能分析等系统功能，为电能质量监测、台区同期线损及配电网规划等提供数据支撑、业务辅助。

（5）为供电服务指挥系统提供配电网抢修业务数据支撑，可基于停/上电告警信息，实现主动生成抢修工单，具备自动派单、即时抢单、故障自助排查等功能。

（6）项目实施地点：韩家牟城村、三元朱村、寨里村、康家尧水村等 10 个台区。

（三）技术路线与主要装备

乡村智慧台区架构如图 5-1 所示。

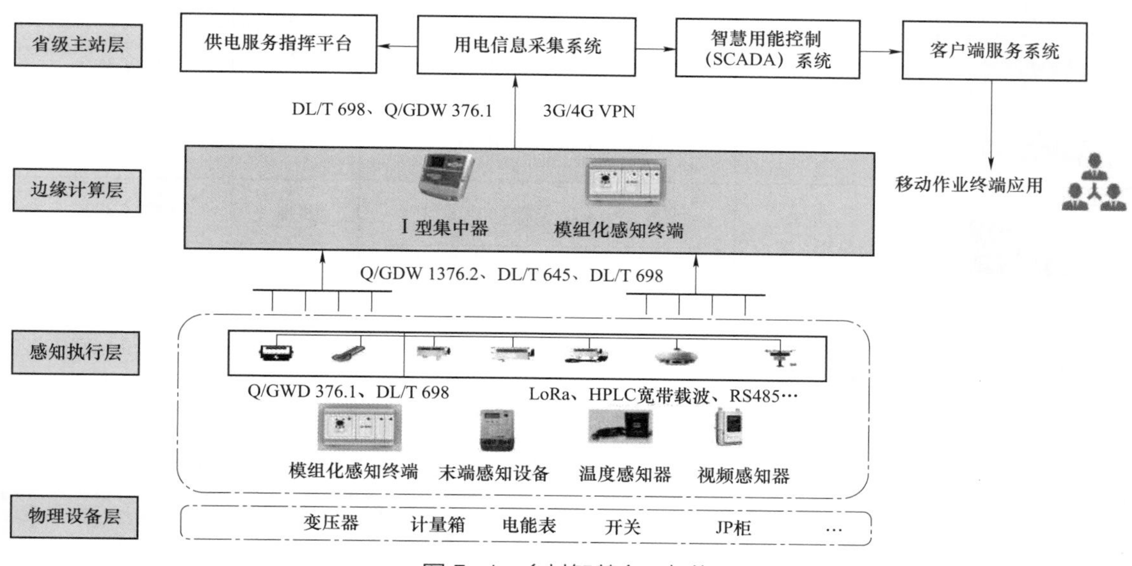

图 5-1　乡村智慧台区架构

采用“JP 柜安装新型Ⅰ型集中器+新型模组化感知终端、分支箱安装新型模组化感知终端、计量箱安装新型模组化感知终端”的架构，在不改变现有采集架构和“已有设备+简单改造”的基础上，实现台区“变—柜—箱—表”各级状态全息感知、数据全量采集、异常全时处置。

省级主站层：以用电信息采集系统作为数据采集和管理大数据分析中心，增加智慧台区功能模块。对内管理方面，实现户变关系自动核查、台区低压配电网络拓扑关系动态识别、电能质量智能监测、台区分层降损分析与窃电监视、全量设备运行状态监视、无功补偿动态监测、配电室环境监测、电网智能规划管理等；对外服务方面，具备停电主动抢修、多表采集用能分析、分布式电源及储能管理、客户能效管理、绿电实时消纳等。

边缘计算层：以采集终端为边缘计算节点，实现档案关系自动对应、台区拓扑自动绘制、窃电、停电等异常信息自动预警上报等功能。

感知执行层：包括模组化感知终端、协议转换器、温度监测终端、温湿度传感器、油位传感器等，利用 HPLC、RS485 等通信技术感知互联，实现台区整体运行状态数据、台区拓扑（地理、物理）、分级线损数据、异常用电等信息采集上送。

物理设备层：包括 JP 柜、变压器、分支箱、计量箱、开关、电能表等设备。

乡村智慧台区主要设备见表 5-1。

表 5-1　　乡村智慧台区主要设备

参考图片	设备名称	技术参数			
	新型集中器	型号	DCZL13-SY201	供电	220V/380V
		上行通信	GPS/4G	下行通信	HPLC
	模组化感知终端	型号	DCZL13-SY101	供电	220V/380V
		上行通信	HPLC	下行通信	RS485
	温度监测终端	型号	DCZL13-SY301	供电	220V/380V
		上行通信	RS485	功率	2W

（四）数据交互需求

乡村智慧台区数据交互内容见表 5-2。

表 5-2　　乡村智慧台区数据交互内容

序号	数据项分类	数据子项
1		计量箱内温度数据
2	台区运行环境参数	10kV 下线等电气连接点温度
3		供电线路温度数据
4		变压器运行温度数据
5	电气设备参数	变压器油位数据
6		箱变、电缆分支箱温湿度数据
7		开关温度、运行状态数据
8		电能表电压、电流、有功功率、无功、功率因数、事件告警记录等数据
9	电量信息参数	“总表—户表”拓扑关系数据
10		“变—柜—箱—表”四级节点电量信息，电压、电流、功率
11	智能水表	水速、流量、累计水流量示值、水压
12	智能热表	累计热量示值、累计冷量示值、热功率、累计流量、供水温度、回水温度
13	智能气表	累计燃气量示值、气体流速、气体流量、气压
14	视频/照片数据参数	异常开箱视频/照片数据

二、建设标准

（一）术语与定义

（1）智慧台区是指在常规台区设备的基础上，加装信息感知终端、数据汇集装置，采用载波通信、移动通信等技术，依托用电信息数据管理平台，实现运行数据实时监测、物联数据全息感知的台区。主要包括计量柜“国网芯”新型Ⅰ型集中器、分支箱“国网芯”模组化感知终端、计量箱“国网芯”模组化感知终端、HPLC宽带载波通信、4G通信传输通道、用电信息采集系统实时数据管理平台等。

（2）新型Ⅰ型集中器是指内置台区识别芯片及具备运算能力的CPU，能够对各节点上传数据进行边缘计算，具备分钟级高频全量数据采集、台区负荷辨识、线损分级管理和停窃电事件主动上报等功能。

（3）模组化感知终端是指以标准化、模块化、集成化为设计原则，将智能芯片识别技术和采集设备等有机融合，以实现台区用电情况全面感知的智能化监测设备。模组化感知终端主要包括感知模组、控制模组、防护模组。

（4）感知模组是指模组化感知终端的基础模组，用于分支箱、计量箱用电信息监测感知，上行通过HPLC通信方式与新型Ⅰ型集中器通信，下行通过485线与智能电能表通信，感知模组具备高频全量数据采集、实时窃电分析及停电故障自动诊断功能，设备内置台识模块用于台区自动拓扑和配备温湿度传感器，能够实现对分支箱、计量箱的温湿度监测，并对异常事件进行主动上报。感知模组可扩展控制模组和防护模组，支持温度、湿度、电磁干扰、非法开箱拍照、停窃电等事件监测上报功能。

（5）控制模组是指模组化感知终端的拓展模组，能对分支箱、计量箱智能计量锁具进行智能控制，具有在系统控制下实现开锁的功能，主要有远程控制开锁和本地开锁（蓝牙）两种方式，能够完成对开锁信息的认证。控制模组配备门磁开关，实时监测箱门状态和开锁事件，具备窃电事件及时上传用电信息采集系统的功能。

（6）防护模组是指模组化感知终端的拓展模组，具备影像采集功能，在判断分支箱、计量箱等发生窃电时开启视频、照片拍摄功能，并进行本地存储，同时生成异常事件信息自动上报。

（7）智能计量锁具是指通过NFC（近距离无线通信技术）实现现场操作，以动态加密密钥开启方式，基于手持移动作业终端现场采集到的管理模块ID及其内部存储解锁信息，通过“物联网”在线远程开启密钥申请、使用权限核实与记录等，实现计量箱开启状态信息规范化管理。

（二）基本原则

（1）适用性：根据常规台区运行状况、系统档案、采集方式等实际情况，进行规划设计、设备选型，确定建设模式、方案，确保建设安全顺利进行。

（2）安全性：智慧台区建设要符合电力行业标准，遵守安全、稳定、可靠运行的建设原则，建成全息感知智慧台区，实现“变—分—箱—表”各级运行数据全采集、状态信息全感知。

（3）前瞻性：积极探索新型台区管理模式，从设备选型、新技术应用考虑，并留有下一步功能扩展的空间，构建台区“数据一个源、营配一张图”，提升设备运行状态监视及供电服务抢修等能力，推进营配贯通融合。

（4）示范性：智慧台区应大力推广大数据分析、边缘计算、环境感知、HPLC 宽带载波通信等技术，以数据汇集融合为建设重点，以智能化为技术支撑，形成统一的智慧台区建设标准，发挥示范引领带动作用。

（5）可持续性：通过持续创新、积极探索管理模式，综合考虑适用性、安全性、前瞻性、示范性等要素，加快智慧台区推广建设，创新台区精益治理模式，提升客户服务体验，减少人工和车辆等成本费用，打造可持续发展的智慧台区。

（三）功能要求

智慧台区建设项目包括用电信息采集系统、配变计量柜、分支箱、计量箱等。

1. 用电信息采集系统

强化完善用电信息采集系统主站功能，部署智慧台区功能管理模块，开发高频全量数据采集与电能质量全息感知、电气供电关系自动识别与拓扑图自动绘制、多级线损分析核算与精准定位、停电故障研判与事件主动上报等功能，为电能质量监测、台区同期线损及配电网规划等提供数据支撑及业务辅助。

2. 配变计量柜

在配变计量柜内或柜外安装新型 I 型集中器，通过 HPLC 宽带载波通信方式接收分支箱、计量箱等各节点模组化感知终端上传的数据，并进行相关功能的边缘计算，通过 4G 模块将数据上报至用电信息采集系统。

3. 分支箱

在分支箱出线侧加装模组化感知终端，实现对分支箱开关设备运行状态数据监测及用电情况全息感知，提升分支设备运行状态监视及供电服务抢修等能力。

4. 计量箱

（1）在计量箱开关室内，通过加装模组化感知终端，实现计量箱内设备数据全息感知。

（2）在计量箱开关室内加装防护模组及控制模组，具备远程授权开锁及本地蓝牙开锁功能，可对异常开箱情况进行拍照取证，并生成计量箱异常事件主动上报用电信息采集系统，从而实现计量箱运行环境的全面监测。

（3）在计量箱门加装智能计量锁具，智能计量锁具采用可自动化开启的转盘式机械锁芯，实现了集中信息化管理、无线实时权限验证等功能，具备高安全性、高智能化和高可靠性三大特点。

（四）技术条件

1. 智慧台区

（1）选址原则

根据台区管理现状，结合台区用电量、线损率等指标完成情况，按照先高损台区、再新建台区、后改造台区顺序，综合考虑确定实施智慧台区建设。

（2）建设标准

计量表计应全部为智能电能表，台区具备基本数据计量采集功能，台区在用电信息采集系统需具备完整的客户档案，且台区日均采集成功率达 100%。

2. 配变计量柜、分支箱、计量箱

（1）选型原则。

1）配变计量柜内有预留新型 I 型集中器安装位置的，应优先选择在计量柜内安装，无

预留新型Ⅰ型集中器安装位置的应单独加装集中器箱进行柜外规范安装。

2）新型Ⅰ型集中器宜壁挂式安装，外形尺寸为 290mm×180mm×95mm（带表尾盖），在台区新建、增容时，应要求配变计量柜设计时预留新型Ⅰ型集中器安装位置，由原来的 2 个表位增加到 3 个表位，解决计量柜安装新型Ⅰ型集中器问题。

3）分支箱、计量箱开关室内应有足够空间安装模组化感知终端和卡扣式电流互感器等智慧台区建设必备硬件设备。

（2）建设标准。

1）基本要求：按图施工、接线正确；电气连接可靠、接触良好；配线整齐美观；导线无损伤、绝缘良好。

2）计量箱（柜）内导线的敷设应满足以下要求：

a. 导线敷设应做到横平竖直、均匀、整齐、牢固、美观，导线转弯处留有一定弧度，并做到导线无损伤、无接头、绝缘良好。

b. 导线敷设时可按相、线色、粗细、回路（电压、电流）进行分层，尽量避免交叉。

c. 电能表、采集终端至试验接线盒等导线较短时可明敷。

d. 沿柜体框架敷设的导线在敷设前应先绑扎成束，导线应采用扎带扎成线束，扎带尾线应齐根修剪平整。扎束时须把每根导线拉直，直线放外挡，转弯处的导线放里挡。导线转弯应均匀，转弯弧度不得小于线径的 6 倍，禁止导线绝缘出现破损现象。

e. 电压、电流回路 U、V、W 各相导线应分别采用黄、绿、红色线，中性线应采用黑色线或采用专用编号电缆。

f. 电压、电流回路导线均应加装与图纸相符的端子编号，导线排列顺序应按正相序（即黄、绿、红色线为自左向右或自上向下）排列。

3） 互感器的安装应满足以下要求：

a. 卡扣式电流互感器的二次接线应采用分相接线方式。同一组的电流互感器应采用制造厂、型号、额定电流变比、准确度等级、二次容量均相同的互感器。

b. 二只或三只电流互感器进线端极性符合应一致，以便确认该组电流互感器一次及二次回路电流的正方向。

c. 互感器安装位置应便于检查及更换，空间距离、安全距离满足要求，安装应平整牢固，一次接线应电气连接可靠、接触良好，铭牌应便于观察。

4） 电能表、采集设备安装应满足以下要求：

a. 三相电能表、采集终端之间的水平距离不应小于 80mm；电能表、采集终端与试验接线盒之间的垂直距离不应小于 40mm；电能表、采集终端、试验接线盒与壳体的距离不应小于 60mm；单相电能表之间的距离应不小于 30mm。

b. 平行排列的电能表、采集终端端钮盒盖下沿应齐平。

c. 电能表、采集终端应牢固、垂直安装，挂表螺丝和定位螺栓均应拧紧，中心线向各方向的倾斜不大于 1°。

d. 集中抄表终端电源应取自电能表电源侧，不得从电能表接线端子引出；Ⅰ形集中器电源端子与电网 U、V、W、N 线对应连接。

e. 同一计量箱（柜）内 RS485 通信线可直接连接；不同计量箱（柜）RS485 通信线、控制线应通过端子排连接，采集终端控制输出触点所接回路功率应小于触点分断能力。

f. 天线安装应满足终端信号要求，馈线与天线应可靠旋紧，安装在计量箱（柜）外的馈线应穿管保护。

3. 模组化感知终端

（1）选型原则。模组化感知终端应采用模组化设计，应至少包含感知模组，根据需求可支持扩展防护模组及控制模组，各模组技术参数如下。

1） 感知模组。感知模组技术参数见表 5–3。

表 5–3　感知模组技术参数

序号	项目	功能标准参数值
1	全量高速采集功能	采集当前台区下所有电能表，电压、电流、功率、功率因数、电能数据、时钟数据、电能表状态字、费控数据等。计量采集精度不低于 2 级
2	台区配电拓扑识别功能	可实现拓扑识别包括户变、相位识别和分支识别。台区下所有模组化感知终端要求能实时上送配电拓扑信息，自动获取新增设备、删减设备信息；应符合互联互通通信技术要求，识别准确率＞99.99%
3	分级线损核算	结合硬件计量，通过软件算法实现总表与分支、分支与计量箱、计量箱与户表、总表与分表之间线损核算，线损计算最小间隔 60min，并支持时段累加线损核算。可自定义小电量台区电量，自动剔除小电量台区线损核算
4	实时窃电分析	感知模组可定时自动、主站手动启动全台区的实时窃电分析，通过载波的并发抄表技术，实时采集所有电能表的相线电流、中性线电流、电压、有功功率、开盖次数、电能表状态字、时钟等数据项，以及分支箱、计量箱的进线电流等数据进行分析，发现用电异常、时钟超差电能表
5	故障自动诊断功能	应实现电能表客户侧空气开关跳闸、计量箱停电、分支箱停电等监测与上报
		计量箱内电能表增减等监测与上报
6	壳体材质	PC＋ABS（阻燃）
7	电流互感器	1 组 3 只
		规格：100A、150A、200A、250A、400A、600A、800A 可选
		电流互感器开口内直径：16mm（100A、150A 规格）、24mm（200A、250A 规格），400A 及以上分铜排式和电缆式
		二次电流：0.1A
		准确度等级：0.5S 级
		外壳材质：尼龙
		线长：不小于 60cm
		安装方式：穿心卡扣式
8	安装方式	导轨式
9	工作功耗	≤5W
10	待机功耗	≤1W
11	尺寸	36mm（长）×95mm（宽）×65mm（高）
12	结构	模组结构模式
13	接插件型式	插针式接插件
14	HPLC 通信方式	符合国家电网有限公司互联互通 HPLC 通信标准
15	电源供电	标准值 AC220V，供电范围 AC220V（正负 20%）内能保证智能感知模组正常工作

续表

序号	项目	功能标准参数值
16	温湿度检测功能	装置应具有温湿度检测功能。默认温度>70℃，湿度>90%进行异常事件上报，异常阀值可进行调节
17	超级电容	停电后维持通信>90s
18	存储器	>2GB（日冻结数据 10 年，小时冻结 1 年）
19	串行接口	≥2 路串行接口
20	高速串行总线	≥1 路串行总线
21	接插件插头材质	防锈且导电性能好的铜质材料
22	电磁兼容性要求	符合 Q/GDW 1379.3—2012 相关条款规定
23	平均无故障工作时间	模组化感知终端的平均无故障工作时间（MTBF）>76 000h
24	工作温度	－35～70℃
25	相对湿度	≤95%（无凝结）
26	防护等级	终端外壳的防护性能应符合 GB 4208—2008 规定的 IP51 级要求，即防尘和防滴水
27	通信协议	终端通信协议支持 DL/T 645—2007 规约、698 通信协议
28	电能表通信协议	支持 DL/T 645—2007 规约、698 通信协议
29	存储环境	装置应储存在环境温度－40～70℃，相对湿度不大于 90%的库房内，室内无酸、碱、盐及腐蚀性、爆炸性气体、不受灰尘雨雪的侵蚀
30	厂家标识方式	铭牌
31	铭牌字符、条码	采用激光或化学加工工艺，条码型式、信息编码符合 Q/GDW 1205 的要求
32	箱内绝缘材料阻燃性能	应符合 GB/T 5169.11—2006 的阻燃要求

2）防护模组。

防护模组技术参数见表 5-4。

表 5-4　　防护模组技术参数

序号	项目	标准参数值
1	摄像采集功能	装置具有两路摄像采集模块，在判断发生窃电时开启视频与照片采集
2	本地视频存储	可以将录制的视频进行本地保存
3	照片上传	如判断有窃电事件，则上报主动状态字，可按照下发命令进行本地照片上传
4	本地通信功能	模组具有本地通信功能，至少 1 路高速串行总线接口
5	壳体材质	PC＋ABS（阻燃）
6	安装方式	导轨式
7	工作功耗	≤10W
8	待机功耗	≤5W
9	尺寸	18mm（长）×95mm（宽）×65mm（高）
10	结构	模组结构模式
11	接插件型式	插针式接插件
12	电源供电	标准值 DC12V（正负 10%）内能保证智能监测模组正常工作

续表

序号	项目	标准参数值
13	本地视频存储	内置存储 128～256M，外置存储 TF 卡不小于 8G
14	强磁检测	＞3 路模拟量监测
15	摄像头	支持 1～2 路摄像采集、摄像头像素≥720p、摄像角度：≥120°
16	窃电分析	接收各个模块单元信息，把信息汇总并存储，分析各模块数据可能发生的窃电事件，分析后若为窃电事件上传窃电信息
17	电磁兼容性要求	需满足 Q/GDW 1379.3—2012 相关条款规定
18	工作温度	－35～70℃
19	相对湿度	≤95%（无凝结）
20	存储环境	装置应储存在环境温度－40～70℃，相对湿度不大于 90%的库房内，室内无酸、碱、盐及腐蚀性、爆炸性气体、不受灰尘雨雪的侵蚀
21	铭牌及位置	模组正面应具有铭牌，铭牌应体现厂家标识、资产编码等信息
22	铭牌字符、条码	采用激光或化学加工工艺，条码型式、信息编码符合 Q/GDW 1205 的要求
23	箱内绝缘材料阻燃性能	应符合 GB/T 5169.11—2006 的阻燃要求

3）控制模组。

控制模组技术参数见表 5-5。

表 5-5　　控制模组技术参数

序号	项目	标准参数值
1	智能门锁控制功能	装置应具有智能控制功能，能在系统控制下实现开锁功能，具有远程控制开锁和本地开锁（蓝牙）两种方式，能够完成对开锁信息的认证
2	箱门检测功能	模组具有箱门开关状态检测功能，需使用门磁开关
3	本地通信功能	模组具有本地通信功能，至少 1 路高速串行总线接口
4	壳体材质	PC＋ABS（阻燃）
5	安装方式	导轨式
6	结构	模组结构模式
7	待机功耗	≤2W
8	工作功耗	≤5W
9	尺寸	18mm（长）×95mm（宽）×65mm（高）
10	接插件型式	插针式接插件
11	电源供电	标准值 DC 12V（正负 10%）内能保证智能控制模组正常工作
12	停电开箱	模块可在停电状态后 6h 内执行开锁操作
13	开关量监测	≥2 路开关量
14	窃电分析	实时监测箱门状态和开锁事件，分析后若为窃电事件上传窃电信息。
15	电磁兼容性要求	需满足 Q/GDW 1379.3—2012 相关条款规定
16	工作温度	－35～70℃
17	相对湿度	≤95%（无凝结）

续表

序号	项目	标准参数值
18	存储环境	装置应储存在环境温度－40～70℃，相对湿度不大于90%的库房内，室内无酸、碱、盐及腐蚀性、爆炸性气体、不受灰尘雨雪的侵蚀
19	铭牌标识及位置	模组正面应具有铭牌，铭牌应体现厂家标识、资产编码等信息
20	铭牌字符、条码	采用激光或化学加工工艺，条码型式、信息编码符合 Q/GDW 1205 的要求
21	箱内绝缘材料阻燃性能	应符合 GB/T 5169.11—2006 的阻燃要求

（2）建设标准。

1）设备外观完整、无破损、变形现象；应有永固铭牌、有电气原理接线图、条码等必要信息，各类信息正确、字迹清晰，无缺失或脱落可能；设备资产号、型号、规格应与任务单、图纸一致。

2）接线正确、电气连接可靠、接触良好；安装牢固、整齐、美观，垂直安装且中心线向各方向的倾斜不大于1°；导线无损伤、绝缘良好、留有余度。

3）通信导线选择应满足机械强度、抗干扰和电压降的要求。电能表和模组化感知终端之间的 RS485 端口连接导线应采用分色双绞线，导线截面积为 0.5mm^2 及以上。

4）模组化感知终端应能单独装拆、更换且不应影响其他设备及导线束的固定，导线敷设应尽量避免交叉，严禁将导线穿入闭合测量回路中影响测量的准确性。

（五）施工管理

1. 建设前具备条件

（1）施工前，完成工程项目建设可行性分析报告、设计图纸及审批，建设资金到位，确保建设项目合法合规、安全顺利有序进行。

（2）完成工程电气化智慧用电项目建设报告申报，在供电系统完成项目批复流程，形成批复报告。

2. 建设施工管理

（1）施工队伍管理。

施工队伍应具备相应的电力施工资质，企业、人员资信证明有效合格，技术力量雄厚，人员的稳定性，并具有近三年工程施工安全优良证明记录。

（2）施工质量管控。

1）加强施工过程质量管控，质检人员、监理人员对施工质量进行跟踪检查，对检查中发现的问题应要求立即采取纠正措施。

2）设备外观整洁、无损伤；设备安装牢固，运行正常，各种灯光指示正常、无异声、无异味；各种信号线、控制线、电源线等布线规范，标识正确、清晰、全面；设备外壳及柜体接地良好；设备标识正确、清晰、全面。

3）质量管控资料齐全，问题整改落实到位，达到闭环管理要求。

（3）施工安全管控。

1）施工前编制审批合格的施工安全措施方案，进行安全技术交底，落实人员安全防护措施。

2）严格执行国家有关安全规程制度和安全操作规程，加强安全巡视监督监护，全面落实安全措施，严格管控违章行为。

（4）设备调试。

1）对设备（装置）性能进行现场调试，达到技术标准要求。

2）对设备智能检测、控制、显示、监控、闭锁等功能进行验证调试，符合标准要求。

（5）工程验收。

1）每一个工序流程结束，施工人员进行自检验收。

2）每一个工序检点施工负责人组织验收，停工待检点质检人员、监理人员联合组织验收。

3）施工管理部门组织隐蔽工程验收。

4）业主部门组织工程竣工验收。

（6）建设资料归档及管理。

1）建立健全项目立项、审批、现场勘查、施工、安装、调试到竣工投产全过程资料及归档管理。

2）归档资料的收集与建设进程同步进行，工程档案文本资料应在工程投运后三个月内移交，长期存档保存。

三、建设成效

（一）项目背景

2015 年全省智能电能表和用电信息采集实现“全覆盖”，实现了客户电量数据的采集监测、台区线损在线监测等功能，但随着优质服务和台区精益化管理需求的不断提升，现阶段的监测手段和方法已不能满足精品台区建设要求，主要体现在：① 目前营销用电信息系统主要针对电能表和终端监测，不能满足末端电网监测实时数据要求，且采集系统没有对存储数据进行分级处理，无法识别层级拓扑关系。② 末端电网缺乏有效监测手段，低压台区运行信息的主动获取成为影响整体工作水平提升的瓶颈。③ 台区线损治理精益化要求日趋迫切。

基于以上需求，为全面落实国家电网有限公司具有中国特色国际领先的能源互联网企业建设要求，积极探索新型台区管理模式，通过 HPLC 载波模块、模组化新型终端设备的安装应用以及采集系统优化，建成全感知智慧台区，实现“变—柜—箱—表”各级运行数据全采集、状态信息全感知，构建台区“数据一个源、营配一张图”，提升全量设备运行状态监视及供电服务抢修等能力。

（二）项目简介

本项目选取新农村建设条件较好的 10 个台区作为示范建设台区。孙集供电所三元朱村 003、044 台区，洛城供电所韩家牟城村 084、088、090 台区，寨里村 066、108 台区，康家尧水村 014、028、029 台区，共建设 10 个智慧台区。

设备改造安装明细表见表 5-6。

表 5-6　　设备改造安装明细表

序号	台区名称	设备改造情况			
		计量箱换装（个）	计量箱接线整改（个）	电能表换装（户）	新型设备安装（个）
1	三元朱村 003、044 台区	25		150	30
2	韩家牟城村 084、088、090 台区	87		89	96

续表

序号	台区名称	设备改造情况			
		计量箱换装（个）	计量箱接线整改（个）	电能表换装（户）	新型设备安装（个）
3	寨里村 066、108 台区	51			67
4	康家尧水村 014、028、029 台区		49		52
合计		163	49	239	245

（三）项目实施

1. 项目建设内容

执行国家电网有限公司物联网建设思路和方案，推动营配贯通深度融合，建设智慧台区物联网，提升配电台区精益管理水平。在配电台区安装应用“国网芯”新型Ⅰ型集中器、模组化感知终端和高速载波通信技术，自动完成“变—柜—箱—表”关系核查、台区所有节点参数实时采集与边缘计算分析功能。

（1）平台侧。

利用现有用电采集系统，部署智慧台区管理模块，开发高频全量采集与电能质量全息感知、电气供电关系自动识别与拓扑图自动绘制、多级线损分析与精准定位、停电故障研判与事件主动上报等功能，为电能质量监测、台区同期线损及配电网规划等提供数据支撑、业务辅助。

利用现有供电服务指挥系统，增加主动抢修功能模块，可基于停电告警信息，实现主动生成抢修工单，具备自动派单、即时抢单、故障自助排查等功能。

并将停电信息及时发送至客户手机短信，即使客户不在家也能知道家中重要电气设备已停电，以便及时做好相应应急措施，减少因停电造成的物品损坏、产能降低等问题。

（2）客户侧。

在 10 个台区每个计量箱进线处安装新型模组化感知终端设备，电能表加装 HPLC 模块，进行数据采集、拍照取证，查收末端电能表数据，同时可利用工频信号形成低压网络拓扑节点，并对安装位置处的电压、电流、功率等电气量进行采集，监控表箱进线相位等信息。并在计量箱箱门加装智能计量锁具。

新型模组化感知终端，具备计量箱状态、开关位置、温湿度信息、停复电执行、雷击频次与强度等数据采集功能，扩展强磁干扰预警、烟雾报警、GPS 定位、RFID 识别等功能，推进智能感知终端模块化、小型化、集成化。

智能计量锁具，结合了传统机械锁具的坚固外观设计与高安全性、高稳定性的 NFC 通信技术，采用无锁孔设计，开启过程通过 PDA 发送电子密钥方式，开启过程高效、可靠，并纳入营销支持系统管理，通过营销系统可以查询到每次开关锁具相关信息。

（3）配变侧。

在 JP 柜安装新型Ⅰ型集中器，分支箱安装新型模组化感知终端，对“变—柜—箱—表”各级运行数据全采集、状态信息全感知，开展数据交互、边缘计算分析，实现客户用电状态全息感知和末端设备运行环境的智能监测。

新型Ⅰ型集中器：通过在每个分支箱、表箱增设模组化感知终端，与新型集中器相结合，计量箱检测终端通过自动搜索其管理加装 HPLC 模块智能表，配合新型集中器及分支箱智能感知终端，通过节点注册及定位功能实现台区负荷监测、实时线损计算和分级线损计算功能，并且具备台区户变归属、相位识别能力。

设备安装明细见表 5-7。

表 5-7　　设备安装明细

序号	台区名称	安装设备数量				
		模组化感知终端	HPLC 模块	新型 I 型集中器	智能计量锁具	计量箱
1	三元朱村 003、044 台区	28	150	2	50	25
2	韩家牟城村 084、088、090 台区	93	316	3	87	87
3	寨里村 066、108 台区	65	221	2	65	65
4	康家尧水村 014、028、029 台区	49	542	3	49	
5	推广应用 8 个用电村	451	3271	8	650	798
数量合计（个）		686	4500	18	951	1000

2. 项目运营模式

（1）设备投资。智慧台区所购置的新型模组终端设备、新型 I 型集中器和 HPLC 模块均安装在公司资产的台区 JP 柜、分支线和低压计量箱内，设备全部由公司出资，属公司计量资产。

（2）系统建设。智慧台区系统功能模块通过用电信息采集系统和供电服务指挥系统升级完成，由省公司协调统一开发和应用。

（3）运营维护。智慧台区系统功能全部部署到用电采集系统和供电服务指挥系统，统一由省公司运营维护。智慧台区终端设备运维由寿光供电公司营销部负责，纳入年度计量采集设备运维项目管理。

（四）项目成效

（1）对社会。智慧台区建设实现主动抢修服务，客户满意度大幅提高，提升了公司社会形象。智慧台区建设全部采用高速载波通信方式，改变了室外 485 通信线架设模式，助力新农村村容村貌建设。

（2）对客户。实现对客户停电异常及时告警处理，有效避免故障停电的发生，降低客户停电感知，让客户“用好电”。实现主动抢修服务，实现抢修状态下与服务客户的双向互动，提升客户服务体验。

（3）对公司。新型集中器和模组化感知终端安装简单、施工方便，且相比原有采集模式建设投资小，通过智慧台区推广应用，可实现提前预警、主动抢修，抢修工单可同比减少 60%以上，将减少人工和车辆等成本费用。通过线损三级测算和小时级线损分析，实现台区线损精益治理，有效防范“跑冒滴漏”现象，台区低压线损率将降至 2%以下，实现降损增效。

通过营销稽查精准定位，线损异常排查平均时间由原来 1.5 个工作日缩短到 0.5 个工作日。系统主动生成抢修工单，抢修时长平均降低 50%，同时主动短信告知，减少 95598 话务量和供电服务人员工作量，实现省时省力省心，推动供电服务水平提升。

（4）对合作企业。智慧台区采用物联网、云平台等多种先进的信息化、智能化技术及智能感知终端设备，贯通公司与合作企业之间的联系，引导客户研发智慧化设备和智能化技术，形成公司和企业互利共赢的智慧生态圈。

第二节　分布式光伏监测分析

依托分布式光伏云网，为客户提供光伏电站规划建设、并网结算、监测运维、金融交易、数据分析等线上线下全流程一站式服务，服务分布式光伏产业发展，提升新能源发电比例，助力乡村分布式新能源发展，推动构建经济可持续的开发利用模式，促进农村能源清洁低碳转型和生态环境改善，帮助农民增收。

一、实施方案

（一）建设目标

1. 智慧供电

充分利用“物联网+协调控制”技术，应用能源路由器开展乡村供电智慧服务建设，支持快速组网、即插即用，实现乡村“源—网—荷—储”的优化调控，通过信息流和能量流的协调，实现能量一体化管理，使能源网络具有更高的灵活性、经济性和安全性。

2. 能效提升

借助大数据、云计算、边缘计算、人工智能等技术手段，开展光伏电站智能运维新模式应用，解决光伏电站运维数据采集汇聚困难、故障类型复杂难以诊断、故障维修响应不及时等问题，可有效提高电站发电效率，降低分布式光伏运维成本，提高电站自动化及专业化程度，促进光伏产业的健康发展。

3. 产业提升

依托光伏云网平台优势，打通内外部服务渠道，聚合设备制造、电站建设、金融保险等优质服务商资源，构建“线上平台+线下服务”分布式光伏服务生态体系，促进分布式光伏全产业链发展。

（二）建设内容

（1）整合设备制造、电站建设优质服务商资源，深化光伏云网应用，打造分布式光伏电站规划建设、并网结算、监测运维、金融交易、数据分析等全流程一站式服务。

（2）建立电站运行分析模型，通过对电站周边环境、发电情况及设备运行信息的实时采集及全方位分析，实现电站发电收益、运行状况实时监测及故障告警精准研判；以光伏云网监测运维功能为基础，依托光伏学院，推广“线上+线下”的分布式光伏专业培训业务，提供学习培训、能力评价、个人技能鉴定以及专家咨询服务，建立标准化线下运维服务队伍，构建智慧运维体系。

（3）应用能源路由器、边缘计算采集终端等物联设备，满足光伏、风电、储能、电网和乡村重要用能设备数据实时采集处理，完成“源—网—荷—储”各环节监测、运维与能量一体化管理，实现状态全面感知、性能精准量测、数据全面连接、智能控制决策。

（4）依托光伏云网，全面接入寿光风能、生物质能等其他分布式能源，拓展集中式新能源全过程管理服务。

（三）技术路线及主要装备

充分发挥光伏云网平台优势，深化功能应用，研制边缘采集系列装置及能源路由器等智能物联设备，研究光伏电站运行数据采集装置标准技术规范，构建全方位大数据分析模型，开展故障智能识别、定位、监控与运维模式优化。

（1）边缘采集系列装置。基于边缘计算技术、异构通信协议解析技术、TLS 加密技术以及电路保护技术，完成光伏电站设备运行与气象环境数据采集及加密上传，解决云端计算和响应压力，实现感知层和平台层的高效协同。

（2）能源路由器。采用协同控制和运行手段，深度融合计算、通信和控制能力，通过信息流和能量流的协调，实现能量一体化管理，使能源网络具有更高的灵活性、自治性、可靠性、经济性和安全性。

（四）数据交互需求

分布式光伏发电监控分析控制数据交互见表 5–8。

表 5–8　　分布式光伏发电监控分析控制数据交互

序号	数据项分类	数据子项
1	电站信息	电站类型、电压等级、并网方式、安装地址等数据、发电客户编号、发电客户名称、项目编号、项目名称、政府批文号、当前节点、更新时间
2	并网信息	并网点标识、并网点名称、并网点电压、并网接入方式、联锁方式、联锁装置位置、切换方式、并网点备注
3	气象环境信息	气象数据、数值气象数据、辐照度
4	电站设备信息	设备编号、条码、设备型号、设备类型、生产日期、出厂日期、安装日期、建档人，建档日期，生产厂家等
5	设备运行信息	电压、电流、功率等
6	用电采集系统信息	日发电量、有功功率、无功功率、电压、电流、并网开关状态等
7	地理信息	经度、纬度、海拔等

二、建设成效

（一）项目规模

（1）项目背景。分布式光伏发电经过了多年发展，虽然具备了一定规模，但是发展过程中仍有不少难点痛点问题亟需解决。① 客户对光伏电站认知度低，缺乏对电站建设知识及补贴电价政策了解，造成光伏推广壁垒。② 光伏电站建设与设备选型难，市场上建设单位与设备厂商众多，电站建设质量、设备质量良莠不齐，缺少第三方专业机构评测，且居民缺乏光伏专业知识，造成电站建设与设备选型难。③ 建站融资难，分布式光伏单体电站资金规模小，收益率不高，金融机构缺乏参与积极性，导致居民融资渠道少，建站资金短缺。④ 运维水平低，户用光伏电站运行环境与工况多变，运维缺乏有效的监控手段，且从业人员专业化水平不高，缺乏体系化标准化管理，电站运维质量堪忧。

（2）建设规模。在寿光市前杨村、刘家庄村等 35 个村的 47 个光伏电站安装边缘计算采集终端设备，完成光伏设备运行发电与气象环境数据采集及加密上传。

（二）建设情况

在寿光市前杨村、刘家庄村等 35 个村的 47 个光伏电站安装采集终端设备，实现光伏电

站电压、电流、发电功率、发电量等运行数据实时监测。依据全国光伏扶贫电站管理系统，开发寿光本地分布式光伏电站监测平台，并使用光伏云网打通内外部服务渠道，聚合设备制造、电站建设、金融保险等优质服务商资源，构建“线上平台+线下服务”分布式光伏服务生态体系，为客户提供采购安装、报装接电、运行监控、电费发放、智能运维、金融保险等一体化解决方案。

寿光光伏电站监控平台如图 5-2 所示。

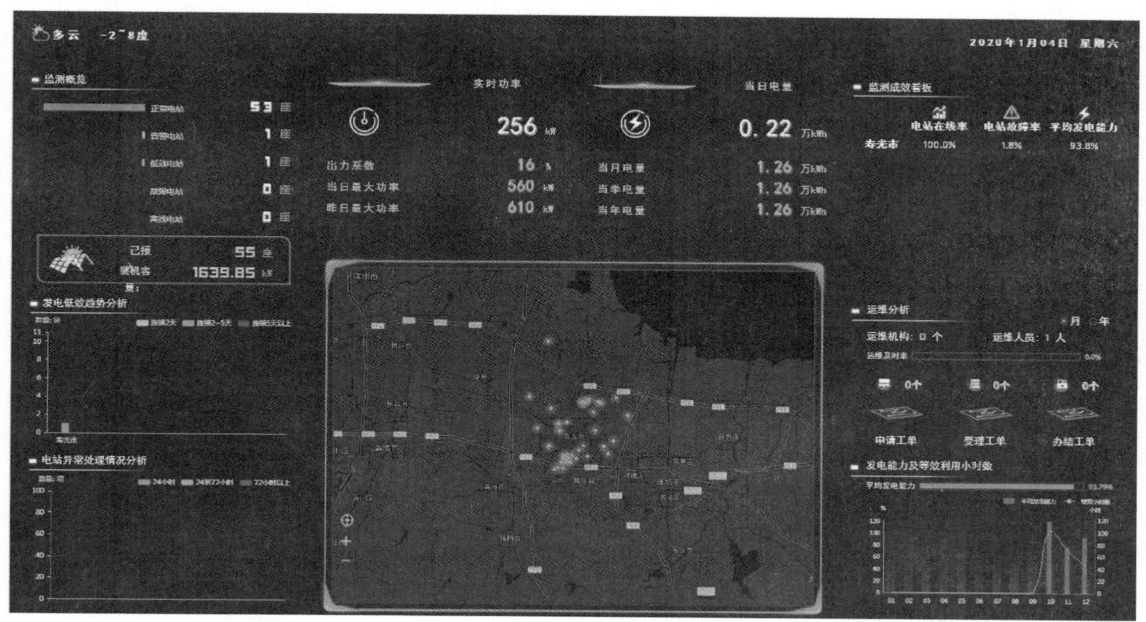

图 5-2　寿光光伏电站监控平台

（1）标准规范制定。在政府主导下，充分发挥国家电网“航母级”央企的品牌和平台优势，同国网电商公司和其他科研机构深度合作，共同起草《乡村电气化示范项目建设指导手册（分布式光伏发电项目分册）》，规范了分布式光伏发电监控和设备运行维护等要求，为客户提供一体化解决方案。

（2）投入产出情况。针对本分布式光伏发电项目，给电力客户提供了便捷高效的电力服务，提高了光伏电站的发电和故障消缺效益，拓展了公司的综合能源业务，带给电力客户良好的用电服务，产生的社会效益明显。将来开展项目设备有偿运维代维后，发挥人力、技术、服务优势，按 10 年计算设备运行周期，运行期内每 1MW 设备投入约 48 万元，产出总和预计达 600 万元，收益明显。

（3）商业模式。以国网寿光供电公司/国网电商公司作为运营主体，积极探索新模式、新业态。联合光伏设备厂商，建立“政府主导—企业助力—社会参与”的分布式光伏发电智慧服务生态圈。

（三）项目技术方案

在光伏电站安装采集设备，采集设备通过 4G 网络将光伏电站电压、电流、发电功率、发电量等运行数据发送至光伏云网，实现对光伏电站运行状态的监控。

（四）项目成效

（1）对客户。① 享受便捷高效服务。针对分布式光伏建设与运维难点，借助平台优势，深度融合线上平台、线下渠道，分布式光伏客户可享受一键建站、线上并网、电费结算、运营运维等方面一站式全流程服务，提高业务办理便捷度和服务感知度。② 提高电站发电效率。通过项目实施，可有效提升设备故障发现率，提高缺陷处置效率，降低设备折旧率，从而提升系统效率约 3%～7%。

（2）对社会。① 助力扶贫战略实施。光伏电站扶贫是实施精准扶贫、精准脱贫的重要举措，分布式光伏电站监控平台是支持光伏产业扶贫的有效措施，有利于降低贫困地区和群众建设光伏电站门槛，保障扶贫电站稳收增收，助力打赢脱贫攻坚战。② 推动能源结构变革。平台可提高社会对光伏行业认识度，推动社会发展分布式光伏发电，对保障能源安全、优化能源结构、治理环境污染和建设生态文明具有重要意义。③ 助推光伏行业快速标准化发展。平台通过为分布式光伏客户提供规划设计、咨询评估、设备采购、一键建站、金融服务、数据分析、运营运维等一站式全流程服务，形成分布式光伏行业制度标准体系，发挥电网企业枢纽作用，强化技术交流与合作，带领光伏产业健康发展。

（3）对公司。① 拓展综合能源收入。通过开展新零售业务，为客户提供经济高效、绿色节能、正品低价的产品服务，供电服务公司与安装企业签订合作协议，增加供电服务公司收入。② 拓展代维服务业务收入。落实国家电网有限公司“全能型”供电所建设要求，供电所有偿开展代维服务，打造集定期巡检、工单受理、维修跟踪、运维售后、客户评价为一体全方位运维模式，构建智慧运维体系。

第三节 “三型一化”营业厅改造

推进营业厅转型升级，拓展业务内容，完善服务功能，强化互动体验，开展“三型一化”（综合型、服务型、智能型、线上线下一体化）营业厅和乡村电气化产品场景式展示区试点建设，在总结经验的基础上根据实际有序推广。

一、建设标准

（一）术语和定义

（1）三型一化：综合型、服务型、智能型，线上线下一体化。

（2）“三型一化”供电营业厅：是供电企业为满足企业发展需要、服务客户需求而设置的固定或流动的具有“三型一化”功能特征的供电服务场所。

（二）总则

1. 统一性原则

整体风格统一，Ⅵ标识统一，数据接口统一。

2. 实用性原则

区域功能设计实用，设施设备配置实用。

3. 可靠性原则

平台稳定可靠、自助设备稳定可靠、区域功能可靠。

4. 安全性原则

供电安全、信息安全。

5. 前瞻性原则

设计、建设、配置等应考虑市场需求变化和技术迭代更新。

6. 环保性原则

建筑材料、施工工艺更加注重节能环保。

（三）建设思路

1. 总体要求

（1）承载业务转变，优化原有供电服务流程、资源配置与人员效率，增加新型业务推广、能源品牌传播等功能。

（2）运转模式转变，营业厅运转从原来传统服务模式向以智能化为核心服务模式转变。

（3）开放式服务，通过服务空间延伸、服务功能丰富、服务方式改变，提供贴心、轻松、便捷服务，各空间设计应更具有柔性扩张，满足功能的短时变更需求。

（4）融入式体验，应用“互联网+”，搭建体验式场景，促进传统营销模式转变。包括以下 3 点。

1）从空间划分上，室内室外相融合。将电动汽车、综合能源等新型业务在室内外进行实物展示，室内室外形成联动。

2）从平面布局上，休息与体验相融合。采用主题区方式布置，将等待区、体验区等进行融合，实现等待即体验的效果。

3）从交互手段上，展示与趣味相融合。结合先进的展示交互技术，在展示过程中融合趣味性体验，以达到更好的产品宣传与推广效果。

（5）数字化营销。通过综合应用大数据、物联网、移动应用等数字化工具，实现线上业务引流、精准产品推介、全面客户画像识别和高效运营分析，包括以下 4 点。

1）业务办理数字化。通过彩虹营业厅、掌上电力、电 e 宝、VTM 等渠道，实现有效的业务分流与线上引流，减轻柜员压力，提高业务效率。

2）产品推介数字化。结合业务特点，综合利用电子媒体、互动程序、虚拟现实等宣传展示手段，提高客户参与体验的积极性，提升产品推介效果。

3）需求分析数字化。通过收集客户在营业厅范围内的行为数据，包括浏览路径、交互体验记录、业务办理等情况，为进行客户画像分析和产品策略制订提供大数据支撑。

4）运营管理数字化。通过智能家居系统实现营业厅环境控制，通过设备在线控制系统实现设备的状态监控和内容更新，通过人员调度系统实现工作人员合理调配，保障前端品牌宣传和业务推广。

2. 整体风格

（1）按照生态商务风格设计，融入“国网绿”元素，体现温馨、时尚、亲民、生态的设计理念。

（2）设计要点包括以下 4 点。

1）顶面：营造整洁的整体环境，避免管线裸露，同时满足实用性需要。

2）地面：综合考虑美观、实用、耐久、造价适中、施工便利等因素。

3）墙面与柱面媒体图文：在展示空间装饰元素可考虑融入电力主题、企业形象、地域特色等主题，视觉效果佳。

4）灯光：建议采用 LED 光源。

3. 空间设计

（1）功能分区包括以下 9 点。

1）智能引导区：为客户提供引导及咨询服务，向自助服务区分流。

2）业务待办区：客户等待休息区，在等待时间提供人文关怀。

3）业务办理区：实现全业务办理的基础上，积极应用智能交互、智能语音、图像智能处理、信息自动采集等技术，实现纸质表单电子化填写、“以说代写”、业务办理过程中的各类信息智能采集、录入、存储，提高业务办理效率，提升客户对营业厅智能化的体验感知。

4）VIP 客户服务区：设置相对独立的大客户洽谈空间与配套休息区域，营造舒适独立的氛围，为大客户政企客户提供个性化 1 对 1 专属服务。

5）“互联网+供电服务”体验区：多渠道缴费方式体验，通过扫描二维码登录电 E 宝、彩虹营业厅、掌上电力等推广新型服务方式及线上线下供电服务相结合的实际应用，并延伸费控体验、电能表停复电实物演示等。

6）展示体验区：按照“设计施工个性化，展示内容标准化”的原则，对营业厅展示体验区进行设计。以展示内容为中心，将展示区展项模块化，确保展示区域与原有营业厅的风格统一，并为后续项目的推广复制打好建设基础。

7）现金收费区：原则上采用封闭式设计，满足资金安全管理要求。

8）24 小时自助服务区：提供 24 小时自助缴费、业务办理功能，业务办理 VTM 的后台应提供语音或视频服务。

9）乡村电气化展示区：通过实物展示、交互体验等方式，从安全性、经济性、便捷性上对乡村电气化产品进行介绍。

（2）A 级和 B 级营业厅应具备（1）中 1）～8）功能；C 级营业厅应具备 2）、3）、5）、6）、7）、9）项功能；D 级营业厅应具备 8）项功能；各功能区布局合理、有机统一。

4. 智能设计

（1）自助设备设计。

1）功能设计：按照“机器代人”的思路，遵循便捷、直观、高效的原则，营业厅配备智能设备，满足业务、展示、服务、营销的需求。原则如下。

a. 智能化。应配置物联网能力的智能设备，并可实现统一后台技术运维和管理运营。

b. 互联网化。涉及业务办理的设备终端，实现接入互联网统一服务平台，推动线下业务向线上业务转型。

c. 电子化。为客户提供免填单服务，向无纸化、电子化转型。

2）外观设计：自助设备外观设计应遵循因地制宜、安全可靠、智能互联、外观统一的要求，具备较好的可扩展性。自助设备外观设计应包括但不限于：

a. 大堂式；

b. 穿墙式；

c. 壁挂式。

（2）智能管理设计。

1）营业厅对业务、设备、人员、服务进行一体化智能调度管理。

2）配置具备智能调度管理的移动数字助理。

3）针对全量业务开展大数据分析，并进行大屏展示。

4）展示体验区具备人机智能交互功能；业务办理具备工单智能填写、人工免填功能。

5）营业厅设备智能管理功能包括但不限于：

a. 一键开/闭控制；

b. 温/湿度控制；

c. 亮度控制；

d. 设备监控；

e. 应急响应；

f. 人员调度。

（四）建设要求

1. 智能引导区

（1）智能取号。客户自主排队取号或引导员协助，通过刷身份证或人脸识别获取用电信息，实时显示营业厅业务量和排队人数，推荐客户至自助/线上设备进行业务办理，分流柜面业务。

（2）智能识别。通过人脸识别，后台推送客户信息至移动数字助理，客户经理前往接待办理。

（3）智能查询。客户可自助查询用电信息或营业厅各业务区办理工况。

（4）信息公示。公示供电公司形象宣传、政策公告、停电信息、收费标准等。

（5）区域配置。

1）智能引导台；

2）人脸识别、身份证识别设备；

3）信息查询互动屏；

4）信息公示大屏/广告机。

（6）人脸识别。

1）摄像头技术参数要求：

a. 分辨率不低于 1920×1080（200 万像素以上）；

b. 支持人脸抓拍功能，保障摄像机每一帧成像的清晰度；

c. 摄像机个数 1～2 个，确保视角范围能够全面覆盖营业厅入口。

2）图片要求：

a. 图片像素尺寸最小不低于 120×120 像素，最大不高于 3072×2048 像素；

b. 图片文件大小不大于 2MB；

c. 最小人脸像素尺寸，能够检测到的人脸框为一个正方形，正方形边长的最小值不低于 120 像素。

2. 业务待办区

（1）配置与整体环境协调的服务设施，提供待办休闲、实时查询等服务。

（2）区域配置（包括但不限于）。

1）舒适友好体验的桌椅；

2）书写台；

3）电子意见箱（簿）；

4）饮水机；

5）报刊架；

6）宣传资料架；

7）数码广告机；

8）电子茶几；

9）业务办理实时查询设备。

3. 业务办理区

（1）尽量引导客户由柜台办理转向自助办理。

（2）柜台设计由传统封闭向开放式、移动式转变。

（3）设立星级客户或VIP客户业务洽谈区，提供个性化、定制化服务，由单一业务向综合业务转变。

（4）区域配置（包括但不限于）。

1）按需配置综合业务办理席位；

2）智能互动业务推广屏（pad）；

3）VIP客户业务办理席位；

4）VIP客户待办休闲设施；

5）高拍仪（带摄像头）；

6）激光打印机；

7）密码键盘；

8）身份证识别器；

9）台式办公电脑；

10）验钞机。

4. “互联网+供电服务”体验区

（1）通过营业厅WiFi，提供“电e宝”、掌上电力、彩虹营业厅、国网商城等电子化服务渠道自助操作体验，充分展示缴费、账单查询、业务办理、日用电分析、电子发票下载等电子化服务的便利，提升客户对“互联网+”供电服务感知。

（2）区域配置（包括但不限于）。

1）pad；

2）手机；

3）电子多媒体（演示广告机）；

4）预录台；

5）自助办理机。

5. 智能家居体验区

（1）展示绿色智慧生活，提升客户对智慧城市、智能家庭的感知。

（2）区域配置（包括但不限于）。

1）智能家电；

2）智能照明；

3）智能窗帘；

4）智能音响；

5）智能洗衣机；

6）智能空调；

7）家庭安防。

6. 电动汽车“e享家”互动体验区

（1）利用模型或绿色出行交互屏，展示山东省电动汽车发展状况及未来发展趋势、电动汽车节能环保优势、电动汽车业务办理流程以及电动汽车一站式业务办理解决方案等，从而达到新能源汽车宣传推广效果，并倡导民众“绿色出行”的生活方式。

（2）区域配置要求。

1）室内配置。

a. 室内展示实物或1:1模型车（选配）；

b. 展板展示“新零售”模式及新能源车辆特点；

c. 宣传彩页或视频；

d. VR展示眼镜连接智能电视投屏展示360°车辆内饰。

2）室外配置。

a. 展示面积不小于10m^2，展示1～2辆新能源车；

b. LOGO展示立牌，推荐采用亚克力发光材质；

c. 高强度钢化玻璃展台、面积不小于10m^2，展台内部满铺高密度仿真草坪，2～4盏室外氛围射灯用于衬托展台车辆；

d. 对应钢化玻璃展台尺寸制作室外金属展板，材质室外高清写真布。

3）VR眼镜要求。

a. 推荐使用苹果手机投屏功能作为主体投屏核心连接智能电视；

b. VR眼镜选择手机内嵌款式；

c. 用手机连接“易车网”进行车内360°观看。

7. 电能替代及综合能源服务展示区

电能替代及综合能源服务展示区展示电能替代产品、方案、成果，推广新能源产品或节能服务，可利用沙盘或3D打印实物模型等方式，从工业、农业、交通及建筑4大领域展示电能替代技术；通过视频或裸眼3D等方式介绍生物质能、风电、光伏、余热、燃气三联供等分布式发电技术。包括但不限于以下4点。

（1）通过视频进行综合能源服务进行科普宣传，展示以能源托管、工程总承包等不同商务模式下开展的典型客户实施案例。

（2）通过拼接屏和互动控制台，对综合能效服务、供冷供热供电多能服务、分布式清洁能源服务等内容进行展示互动。

（3）通过触控一体机展示综合能源服务平台，包含能源禀赋、项目分布、能源数据、综合能源协调调度、项目情况等内容，为园区、企业、公建、居民等客户推荐综合能源典型解决方案，实现建筑物供暖领域不同技术方案的投资经济性分析测算，提供工程建设、运维管理、融资等服务，推广售电交易、节能服务、需求响应等增值服务，使客户体验以电为中心的综合能源应用成效，引导客户参与综合能源建设，推动能源高效利用。

（4）设置宣传手册摆放区域，对煤改电技术手册、电能替代技术宣传手册、综合能源典型案例手册等内容进行展示宣传。

8. 乡村电气化产品展示区（C级营业厅）

（1）利用实物、图板、多媒体等展示方式，从直观认识、使用演示、性能分析、介绍说明等方面丰富展示场景，实现全方位的客户交互体验。

（2）实物展示，需在每个产品上加贴双二维码，实现扫码后向多媒体宣传演示区发送产品信息和产品视频动画功能；实现直接在国网商城进行在线选购功能。

1）电采暖产品展示：针对乡村家庭供暖“煤改电”工程，展示相关采暖技术方案和设备，展现高效、节能、环保等优势。

2）农业生产电气化产品展示：展示大棚保温、烘干、加工、排灌等方面的电气化产品，展现产品强大功能及高效、便捷、智能、环保等优势。

3）乡村厨房电气化产品展示：展示厨房类蒸、炒、煮、炸、烘、烤等各种功能的电气化设备，体现完全替代传统燃煤、燃气炊具的能力，展现安全、便捷、智能、卫生等优势。

4）智能家居产品展示：针对乡村家庭电气化智能化需求，展示各类智能家居家电，集中体现乡村家庭生活电气化产品的效果与优势。

（3）图板展示，通过图板上的图片、文字，让客户了解乡村电气化产品的性能及应用效果。设置电气化产品的展板，对乡村电气化产品说明及应用情况进行文字、图片介绍。

（4）多媒体展示，通过视频、VR、触摸屏等展示手段和交互设备，让客户了解乡村电气化产品的性能及应用效果。

（5）承担扶贫任务需增加消费扶贫板块，增加扶贫产品销售、视频宣传等。

（6）区域配置（包括但不限于）。

1）展示台：定制，木质，表面混油；

2）展板：立式，排版制作，PVC+铝制边框；

3）显示屏：根据现场情况设置55～75寸显示屏；

4）产品实物：电采暖类产品（空气源热泵、蓄热电采暖设备、蓄热电暖器、石墨烯/碳晶）、智能家居类产品（智能音箱、窗帘、照明、智能扫地机器人、智能变频落地扇、智能空气净化器、LED智能台灯暖风机、超声波加湿器）、厨房电气化类产品（家用电磁灶、家用大锅灶、电烤箱、微波炉、电火锅、电饭煲）、热水供应类产品（饮水机、电加热水壶、热水器、农村浴室电锅炉）、农业生产类产品（大棚保温、电烘干、电加工、电排灌、电制茶、电烤烟）、交通电气化类产品（私人及公共充电桩、充电站、一体化充电车棚）、分布式光伏类产品；

5）实物模型：根据现场情况，不具备产品实物展示的，可设置实物模型。如空气源热泵、蓄热电采暖设备、电烘干、电加工、电排灌、电锅炉、一体化充电车棚等模型；

6）智能设备：虚拟现实设备（VR头盔、交互手套）、PAD、智能机器人、触摸屏、计算机等。

9. 24小时自助服务区

（1）设置24小时自助服务区，实现24小时业务受理、购电缴费、业务查询、增值税发票打印等自助办理。

（2）区域配置（包括但不限于）。

1）大堂式自助缴费终端；

2）穿墙式自助缴费终端；

3）VTM；

4）增值税发票自助打印终端；

5）独立安全门。

10. 营业厅大数据可视化

（1）A 级厅实现对本营业厅及辖区 B/C 级厅运营状况的实时监控，对业务量及员工工作量进行分析，准确及时进行运营管理。

（2）展示营业厅业务服务数据，对在建重点项目进行进度跟踪，对已经完成的项目和服务成果进行展示。

（3）实时展示服务预约响应情况。

（4）客户服务数据展示。

（5）区域配置（包括但不限于）。

1）标准 2×3 数据可视化展示大屏；

2）数据大屏配套服务器设备。

11. 安全防护

（1）营业厅应配置紧急报警系统、音视频监控系统等安全防范设施。

（2）前后台区域宜通过电子门禁等方式进行隔离。

（3）现金收费业务的安防措施应满足资金安全管理要求。

（4）营业厅应配置火灾自动报警及自动灭火系统、应急照明、疏散指示标志和电动防火卷帘等消防设备，并应配置不间断备用电源。应符合《火灾自动报警系统设计规范》（GB 50116—2013）和《民用建筑电气设计规范（附条文说明）》（JGJ 16—2008）的要求。

（5）消防安全疏散标志应设在醒目位置，不应设置在经常被遮挡的位置，疏散出口、安全出口等，疏散指示标志应设置在固定且不可移动的物体上。

（6）营业厅内、外网信息系统安全防护应与信息系统建设同步规划、同步建设、同步投入运行，办公和服务设备终端的内、外网实现物理隔离，信息安全应符合《信息安全技术　操作系统安全技术要求》（GB/T 20272—2019）、《信息安全技术　数据库管理系统安全技术要求》（GB/T 20273—2019）、《信息安全技术　证书认证系统密码及其相关安全技术规范》（GB/T 25056—2018）、《信息安全技术　应用软件系统通用安全技术要求》（GB/T 28452—2012）的要求。

（7）营业厅自助服务设施及其他内网设备的外接端口应确保无外露，实现物理隔离。

（8）机房环境应符合《通信局（站）机房环境条件要求与检测方法》（YD/T 1821—2018）的要求。

12. 经济环保

（1）营业厅装修应遵循经济适用的原则，就地取材、充分利旧、按需配置。

（2）营业厅内的噪声、外墙、隔墙、楼板和门窗的隔声性能应符合《民用建筑隔声设计规范》（GB 50118—2010）第八章的要求。

（3）室内空气中的氨、甲醛、苯、总挥发性有机物、氡等污染物浓度应符合《室内空气质量标准》（GB/T 18883）的要求。

13. 节能降耗

（1）设施设备应优先选择节能型设备，并符合相关标准。

（2）照明灯具应符合《建筑照明设计标准》（GB 50034—2013）的要求。

（3）营业厅设计应与地区气候相适应，保证室内基本热环境要求，应符合《民用建筑热工设计规范（含光盘）》（GB 50176—2016）的要求。

（五）配置要求

（1）同类设施设备色彩型号宜统一。

（2）定位布局应合理，便于业务办理、日常办公和检查维护。

（3）营业厅内的电子设备通过统一的信息化平台实现设备互联、设备全生命周期管理、设备运营全数据分析。

（4）音视频监控系统应覆盖大厅内外主要活动区域及通道，宜采用具备夜视功能的摄像设备和回放功能，能够分辨人员的体貌特征。

（5）紧急报警系统应配置能够同时启动现场声、光报警装置的信号触发按钮。

（6）紧急报警系统、音视频监控系统、收费区照明等安防设施应确保 24 小时通电。

（7）互动化供电营业厅现场物品应包括但不限于。

1）公共物品；

2）办公物品；

3）私人物品；

4）遗失物品。

（8）公共物品应定位摆放，规范整齐，清洁卫生，配置数量满足日常公共服务需要。

（9）办公物品管理要求。

1）办公物品应按使用频率定位摆放，合理设置存放数量和添置周期；

2）现场文档应分类放置于资料柜（架）、抽屉、文件盒等，摆放整齐，标识明晰；

3）文件盒、文件夹、资料架等应无积尘、无污渍、无破损。

（10）私人物品管理要求。

1）私人物品应存放于个人储物柜或抽屉内，不应出现在公众视线之内；

2）存放私人物品的储物柜或抽屉应合理分类，整洁有序。

（11）遗失物品管理要求。

1）应将遗失物品定位寄放；

2）应建立登记认领制度，明确遗失物品登记、保存、认领、注销等处置要求。

（六）外部环境

外部环境系统包括营业厅门面和自助缴费门面 2 个部分。

（1）灯光为白色、暖色。

（2）有条件的供电营业厅尽可能采用玻璃橱窗，以便营销展示。

（3）营业厅门楣设计制作标准按照《国家电网品牌标识推广应用手册》执行。

（4）95598 小灯箱、24 小时自助小灯箱、营业厅铭牌、时间牌按照《国家电网品牌标识推广应用手册》执行。

（5）临时性标志应统一设计、制作和使用。其他公共信息图形符号应符合《公共信息图形符号　第 1 部分：通用符号》（GB/T 10001.1—2012）、《标志用公共信息图形符号　第 9 部分：无障碍设施符号》（GB/T 10001.9—2008）、《图形符号安全色和安全标志　第 1 部分：安全标志和安全标记的设计原则》（GB/T 2893.1—2013）、《安全标志及其使用导则》（GB

2894—2008）的要求，风格应和谐统一，定位应精确直观，指示应简洁清晰。

（6）供电营业厅入口设置无障碍通道。

（7）有条件的供电营业厅可设置员工用餐、更衣及荣誉室等区域，体现以人为本的人文关怀，如条件允许，洗手间尽可能考虑设置为公共设施，提升客户体验。

（七）运营要求

（1）日常运营营业厅日常运营应包括但不限于以下 5 点。

1）营业管理：包括营业时间、班前及班后会、环境巡检、全程引导、业务（收费）受理、交接班、业务协同等。

2）客户管理：包括客户关系管理、客户信息保密、客户体验满意度分析评价等。

3）市场化管理：包括营销活动、跨界合作、合作方进退场、产品布展跟踪监督等。

4）设施设备管理：包括设施设备的入库、分发、领用、归还、报修和报废，以及设施用品定置定位要求等。

5）台账管理：建立纸质或电子化班组台账，对班组会议、设施用品、现场服务、工作交接、客户意见等情况进行记录。

（2）安全运营营业厅安全运营应包括但不限于以下 2 点。

1）安全管理：包括基础安全、安防设施配置、人员安全、资金安全和信息安全管理等。

2）应急管理：包括组织保障、应急处理、应急演练等。

（3）互动运营。

1）互动服务。互动服务包括但不限于以下 2 点。

a. 远程互动：利用互联网渠道、移动通信等方式开展在线、远程互动服务，如业务进度跟踪、服务咨询增值服务推荐等。

b. 互动洽谈：通过连接各类专业系统，提供互动洽谈功能，给客户提供优质、高效的服务。

2）互动体验。互动体验包括但不限于以下 2 点。

a. 体验展示：通过海报机、显示屏、投屏、VR、AR 等先进的展示手段，向客户展示公司服务理念、服务信息。

b. 体验内容：立足客户体验，向客户提供新产品、新技术、新业务等体验式服务，如电能替代、节能服务、智慧车联网、光伏云网、智能家居等综合能源服务。

3）互动营销。互动营销包括但不限于以下 2 点。

a. 精准互动：通过客户标签，服务轨迹等开展精准营销，互动推荐。

b.“电管家”式营销：设置营业厅“电管家”，推广线上渠道，推介家庭新型用能设备、用能管理等。

（八）评审验收

（1）“三型一化”A 级供电营业厅的设计方案须通过省公司营销部评审；B/C 级供电营业厅的设计方案须通过市公司营销部评审，同一市公司所属 B/C 级厅设计方案应尽量保持相对统一。

（2）“三型一化”A 级供电营业厅的建设须通过省公司营销部验收；B/C 级供电营业厅的建设须通过市公司营销部验收。

（九）使用维护

供电营业厅交付使用后，应做好日常维护工作，保持整洁和美观，保证智能化设备正常运行。

二、建设成效

（一）项目规模

（1）项目背景。为加深物联网功能应用，建设综合型、服务型、智能型、线上线下一体化的“三型一化”新型特色化实体营业厅已成为时代发展的必然趋势，为此公司以《国网山东省电力公司“新时代·新彩虹·新服务”为民服务十大工程实施方案》为指导，结合国家电网有限公司《国网营销部关于开展实体供电营业厅转型试点工作的通知》（营销营业〔2017〕45 号）中营业厅转型方向和方式工作要求，开展了营业厅转型建设。

（2）建设规模。本项目包含 1 个中心营业厅及 7 个供电所营业厅的建设改造施工及软硬件提升，分别为寿光中心营业厅和洛城、纪台、稻田、化龙、田柳、开发区、台头供电所。主要项目要求完成营业场所的基础装饰装修建设，完成统一风格、统一材质的设计及改造，完成常规线路的铺设布线，包括监控设备、展示设备及办公设备的强弱电线路布线设计等，进行优化营业厅功能布局，新增电动汽车、e 享家、综合能源及扶贫类展示及业务功能，在满足“三型一化”建设要求的同时，打造以客户为核心的多元化营销服务空间。

（二）技术规范

（1）建设依据。公司快速响应并贯彻执行《国网山东省电力公司“新时代·新彩虹·新服务”为民服务十大工程实施方案》工作指导思想，并结合国家电网有限公司《国网营销部关于开展实体供电营业厅转型试点工作的通知》（营销营业〔2017〕45 号）中的营业厅转型方向和方式，开展营业厅转型建设。

（2）建设目标。加深物联网功能应用，建设综合型、服务型、智能型、线上线下一体化的“三型一化”新型特色化实体营业厅。

（3）建设要求。科学规划合理布局，完善功能分区；拓展服务推进综合办理模式，推进“互联网+手段”，实现线上线下一体化融合，打造标准化、规范化、多渠道、跨界融合的营业厅；结合当地特色丰富业务体验，展示电子渠道、电能替代、电动汽车、e 享家新零售专区、综合能源等新技术、新业务、新产品、新服务。

（三）建设情况

1. 硬件方面

（1）完成营业厅装饰装修工程建设，本次改造项目历时一个半月完成整体项目的装饰设计及现场施工，改造后营业厅面貌焕然一新，服务人员办公环境整体得到极大提升与优化。

（2）完成营业厅环境数字化服务建设，对整体营业厅环境灯光及设备终端的数字化管控进行升级，通过配备掌上服务终端实现灯光照明单回路操作、区域操作、定制组合回路运维以及展项联动操作；提供针对营业厅内的所有显示终端的开启、关闭运维操作；实现图形显示单元开启、模式切换、内容更换等；实现营业厅空间温度操作切换。

2. 软件方面

为进一步适应满足“三型一化”智慧营业厅的需要，寿光供电公司选取业务骨干人员多次到北京、天津、南京等公司学习取经，同时结合寿光自身特色，创新创造出一条适合自身

的项目建设之路。同时，组织营业厅相关人员进行了有针对性的培训，包括新形势下的服务规范和标准、营业厅各功能区相关设施设备的具体功能以及新零售等新型业务。

3. 业务功能方面

（1）快速业务办理。快速业务办理包含线上自助业务办理区与开放式灵活柜台两大区域，通过智能引导台第一时间将办理普通业务的客户引导至以上区域，实现快速的业务办理与分流。

通过居民客户“零证办理”服务、非居民客户“一证办理”服务，展示公司打破专业信息壁垒，实现政务信息跨层级、跨部门信息共享，简化办电申请资料的成果，提升简化获得电力指数。

（2）标准业务办理。客户类别智能识别，为大客户提供专属服务。将大客户业务办理分为两大阶段：第一阶段，在智能引导台通过虚拟引导了解标准化业务办理的流程，通过人脸识别自动识别大客户并将客户信息第一时间推送至服务人员的助理终端，提醒主动接待服务。第二阶段，将客户引导至业务办理洽谈室，提供一站式咨询与业务办理，项目深入阶段，客户、客户经理、设计单位、施工单位等多方需进行深度探讨时可使用配置联合会议室的投影屏做详细沟通介绍。

（3）创新业务体验。将创新业务与新颖的体验形式相融合。按展示内容与展现形式模块化展示 e 享家新零售、电能替代、电动汽车、综合能源服务等内容。

（4）智能办公提升。① 营业厅空间数字化掌上运维，营业厅空间一键开启/关闭、照明一键开关、终端一键开关、显示单元一键开关、环境照明运维、数字媒体内容运行与更换、场景模式更换与运行。② 终端状态预警，终端可视化状态监控及预警，服务客户标签及服务策略推送，营业厅运维服务信息大数据可视化显示互动，综合能源服务数字化造型及大型显示单元互动。

（5）能效管理系统。完成能耗监管平台建设，把园区、办公楼、营业厅电能、水、热能及温湿度数据全部汇总到同一平台，采用自动化远程抄表进行自动采集。通过能耗监管平台可实现园区用能实时在线分类、分项、分户监测和计量，自动化节能控制，能耗数据自动采集与存储、数据统计与分析、数据远程传输、数据显示和打印、数据显示发布等，使园区能源管理部门对能源系统进行有效监控与管理；为园区节能降耗研究、设计与改（建）造提供参考数据；对已实施节能改造建筑提供节能效果真实数据。

4. 体验功能方面

（1）乡村电气化场景展示。采用“家庭实物场景”+“展示体验”的展现形式，展示寿光地区智能化大棚应用。联结国网商城与第三方厂商，整合智慧生活的业务/服务/产品内容，可为客户提供智慧生活用电的整体解决方案。主要展示寿光全电景区、电气化大棚、空气源热泵及光储充电等工作原理与经济效益分析。

（2）绿色出行体验。实现通过展示宣传电动汽车的原理、经济性对比、充电桩分布、充电桩型号等，让客户了解电动汽车发展现状与未来的发展趋势。同时整合“一站式购车”服务程序，演示车、桩、险、贷一条龙闭环业务流程，促进客户购买。

（3）综合能源服务体验。拟展示的综合能源服务解决方案包括清洁能源建设与维护、电能质量问题诊断与治理、节能服务等。此处的展示内容可以根据综合能源服务的不断发展，快速进行内容更新和展示。

（4）网上国网体验。在此区域利用柱体对国网金融理财产品及国网商城进行线上的体验和推广。通过手机同屏的方式，可以便于对客户进行延时和培训。

（四）项目成效

（1）对社会。通过采用“营销服务+生活体验”模式，具备国网品牌营销、智能互动业务办理、业务融合服务、综合能源展示等功能，融合电力爱心服务港湾，打造了客户聚合、业务融通、新零售体验、数据共享、全息感知的营业厅，在让客户切实感受到电力物联网时代的新变革的同时，积极引导社会总体能效的提升，带动绿色生态、综合能源服务兴起以及电动汽车快速发展，对形成清洁绿色可持续的社会生态具有示范引领的作用。

（2）对客户。通过服务流程的优化、体验手段的增强，用更有效的方式吸引客户的关注度，提高营业厅的整体形象和视觉感观，满足多变的市场需求，为客户提供更加高效、便捷、精准的优质服务和线上线下互动结合的全新感受，让客户实实在在的充分感受到公司的服务“温度”，从而全面提升了客户的满意度、感知度和获得感。

（3）对公司。在提升客户获得感的同时，无形之中加大了公司与客户的黏性，对公司开展新零售、综合能源服务、电动汽车销售等新业务提供了有力的保障。

第四节　电网基础保障

推动建设与现代化农业、美丽宜居乡村、农村产业融合相适应的新型农村电网，按照“网架坚强、坚固耐用、灵活友好、智慧物联”总体思路，科学构建区域发展目标网架，全面提升配电网供电能力，打造“配电+”可靠供电保障体系，充分展现公司配电物联建设成果，建设全省第一、全国领先的现代化乡村配电网，促进乡村能源生产和消费升级，为服务乡村振兴提供坚强电力保障。

一、实施方案

1. 坚强电网建设

通过新建改造中低压配网线路，重点解决网架结构不合理、线路联络不足、部分负荷无法有效转供、主供电源线路供电“卡脖子”等问题。通过新增配变、扩容等方式，重点解决线路配变重过负荷、局部地区户均容量低影响新增负荷接入等问题，率先实现县域低压小微企业接入“零受限”，解决电力接入中存在的堵点痛点难点。孙集街道“一图一表”村镇配网规划示范区作为全省唯一一个“一图一表”规划示范区，通过细化城区配电网规划颗粒度，科学构建区域发展目标网架，全面提升了配电网规划的精准性，推进规划成果高效落地实施与深度应用，总结规范规划编制流程、标准和要求，加强规划示范区在全省的引领作用，服务地方经济社会发展。

配电物联网建设架构如图 5-3 所示。

2. 物联网建设

采用国网公司“云、管、边、端”顶层设计架构，在“已有设备+简单改造”的基础上，端层面加装各类电网感知设备，推进营配数据融合互通、设备状态全息感知，边层面安装智能配变终端，接入电能表采集数据，实现“变—线—箱—表”各级设备运行状态全息感知、数据全量采集，应用层面在数据云平台研发基础上，兼容现有配电网业务，融合“滴滴打车”

微信报修，拓展高级功能应用，实现配电台区故障精准定位、自动研判、主动抢修及客户友好互动。支持更加丰富的应用模式及管理手段，降低客户停电感知，提高供电可靠性。全面验证“云、管、边、端”架构体系及技术路线的可行性，实现完整架构体系的规模化落地。

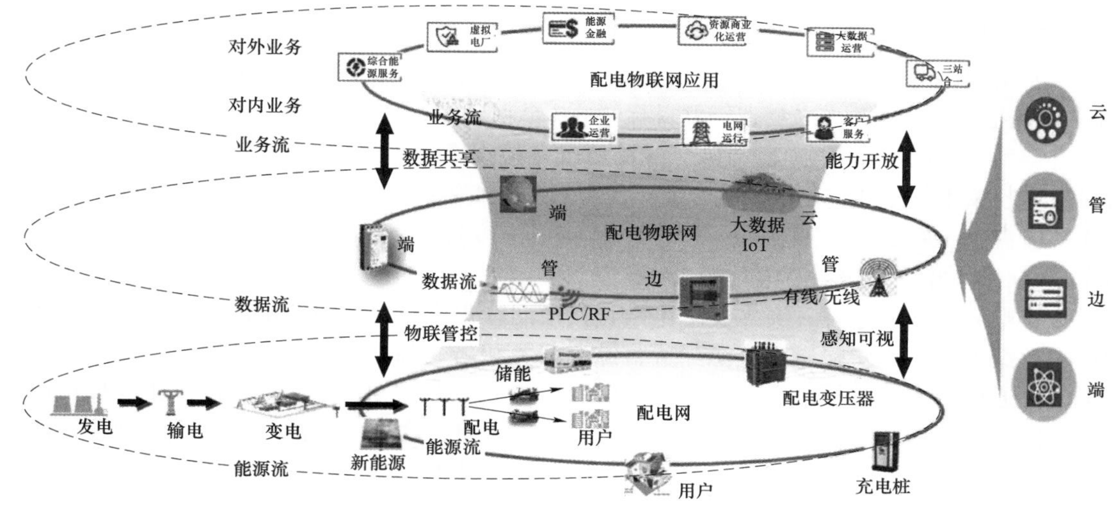

图 5-3　配电物联网建设架构

二、建设成效

（一）项目规模

国家电网有限公司选取山东寿光作为乡村电气化示范项目试点单位，公司抓住机遇，围绕寿光电气化示范项目建设，落实一流现代化配电网要求，按照“网架坚强、坚固耐用、灵活友好、智慧物联”总体思路，编制了坚强智能配电网建设实施方案和物联网建设方案。实现用能服务精准主动，打造“配电+”可靠供电保障体系，充分展现公司配电物联建设成果，建设全省第一、全国领先的现代化乡村配电网，促进乡村能源生产和消费升级，努力打造乡村振兴“齐鲁样板”和“寿光模式”。

（二）建设情况

电气化示范项目追加配电网项目 4 项，其中配电网基建项目 2 项、租赁项目 2 项。

（1）乡村电气化示范项目配套项目。新建改造 10kV 线路 19 条 66.36km，0.4kV 线路 11.45km，新增配变 61 台，容量 23.8MVA。农村户均容量提升至 4.0kVA，全面消除重负荷线路和配变，率先实现县域低压小微企业接入“零受限”，解决电力接入中存在的堵点、痛点、难点。

（2）“一图一表”示范镇项目。新建改造 10kV 线路 7 条 25.54km，0.4kV 线路 5.67km，新增配变 16 台，容量 6.4MVA。全面优化网架结构，提高受电能力和负荷转供能力，提高供电可靠性，充分发挥“一图一表”示范镇引领作用。

（3）智能配变终端项目。新增智能配变终端 2722 台，各类状态传感器 764 个，互感器 42 700 组，实现寿光全市公用配变智能配变终端的全覆盖。实现低压线路各级运行数据全采集、状态信息全感知，提升全量设备运行状态监视及供电服务抢修等能力。

（4）配电物联网台区项目。新建改造乡村物联网台区 10 台，充分应用物联网技术，端层面加装各类电网感知设备，推进营配数据融合互通、设备状态全息感知，边层面安装智能配变终端，接入电能表采集数据，应用层面在数据云平台研发基础上，融合“滴滴打车”微信报修，拓展高级功能应用，实现配电台区故障精准定位、自动研判、主动抢修及客户友好互动。

（三）项目成效

（1）坚强电网建设。科学构建寿光区域发展目标网架，全面提升配电网供电能力，实现10kV线路联络率100%，比全省年度目标高8.7个百分点；10kV线路“$N-1$”通过率85%，比全省年度目标高5个百分点；10kV线路标准化接线率80%，比全省现状高22个百分点；农村户均容量不低于2.85kVA，是全省年度目标的1.4倍；配电自动化覆盖率100%；智能配变终端覆盖率100%；不停电作业率90%，比全省年度目标高10个百分点；2019年供电可靠率完成99.9543%，户均年停电时间3.98h。

（2）电力物联网建设。突显了配电网直接面向客户供电、分布式电源接入和多元化负荷消纳的枢纽地位，构建配电网能源配置、综合服务和新业务、新业态、新模式培育发展的新型平台，通过智能化管控、定制化应用和服务化延伸，充分发挥配电物联网基础支撑作用，提升中低压配电网全息感知、开放共享和融合创新水平，实现配电网规划精准、调控智能、运检精益、经营高效和服务优质，提供全方位、最大化的配电物联网价值服务。配电物联网建设完成后，下发主动抢修任务工单367件，出动抢修人员479人次，低压抢修时长平均缩短27min，实时监测异常信号145次，主动派发预警工单145次，提前消缺105处，实现了试点区域10个台区的变压器—客户关系、供电相位异常的主动发现与自动维护。

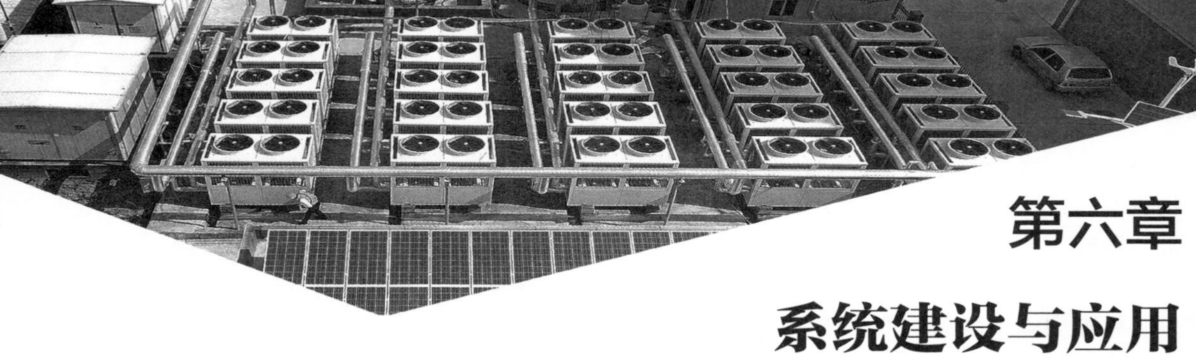

第六章
系统建设与应用

第一节　架　构　设　计

一、总体架构

立足综合能源公司开拓综合能源服务市场需要，按照“赋能客户用能优化管理、支撑综合能源业务发展”思路，建立省级智慧用能控制系统，广泛接入客户侧各类数据，实现 CPS 的高效接入，与电力需求侧管理平台、电力交易平台、电网调度等系统对接。为乡村电气化示范项目物联建设提供数据汇聚、控制策略计算、市场化交易、业务管理支撑和客户共享等服务。

总体架构如图 6–1 所示。

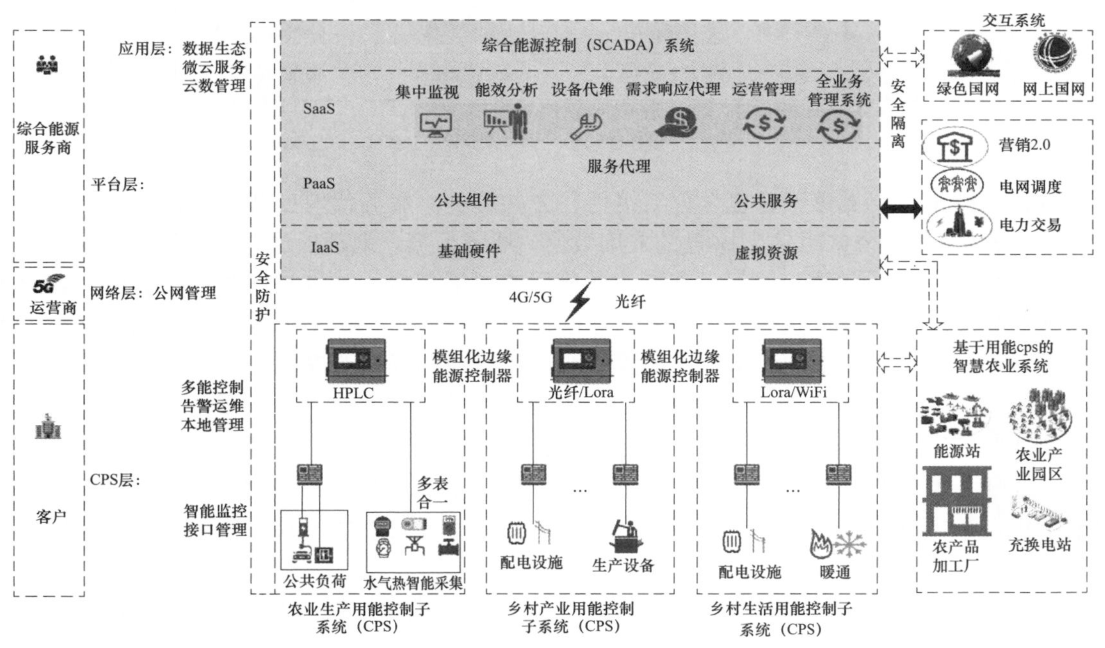

图 6–1　总体架构

二、智慧用能控制系统建设

适应公司内外部形势和综合能源服务业务发展需求，遵循公司信息化统一规划，广泛应用“大云物移智”技术，全面建成具有“社会用能全面监测、潜力项目精准挖掘、源网荷储协调监控、客户服务智能互动、架构柔性敏捷迭代”五大特征的智慧用能控制系统，与电力物联网客户服务系统（营销 2.0）有机融合，实现全社会用能信息广泛采集、客户能效实时分析、用能优化科学决策、源网荷储协调控制，全面支撑公司综合能源服务业务发展。

1. 应用架构

智慧用能控制系统严格遵循应用完整、应用可适配、应用可共享、应用可自治等原则，采用业务驱动、自上而下的设计方法，合理切分系统功能界面，减少系统应用集成对业务流程的割裂，实现应用功能对综合能源服务业务的全覆盖。应用架构如图 6-2 所示。

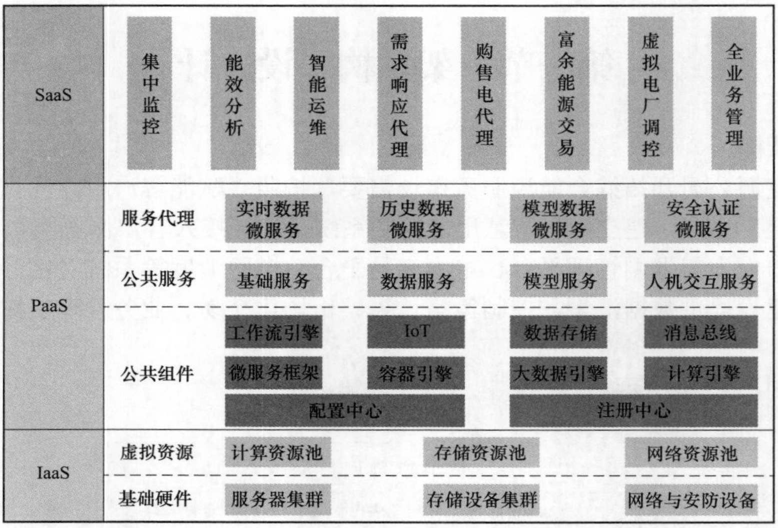

SaaS		集中监控、能效分析、智能运维、需求响应代理、购售电代理、富余能源交易、虚拟电厂调控、全业务管理			
PaaS	服务代理	实时数据微服务	历史数据微服务	模型数据微服务	安全认证微服务
	公共服务	基础服务	数据服务	模型服务	人机交互服务
	公共组件	工作流引擎	IoT	数据存储	消息总线
		微服务框架	容器引擎	大数据引擎	计算引擎
		配置中心		注册中心	
IaaS	虚拟资源	计算资源池	存储资源池	网络资源池	
	基础硬件	服务器集群	存储设备集群	网络与安防设备	

图 6-2　应用架构

（1）支撑平台。支撑平台包含公共组件、公共服务、服务代理三部分内容。

1）公共组件。公共组件支撑海量采集数据、业务数据、地理信息、配置信息、注册信息及文件等数据的统一存储和访问，支持业务应用的灵活部署、弹性扩展和可靠运行，为业务功能开发和运行提供技术支撑，包含微服务框架、容器引擎、IoT、数据存储、消息总线、大数据引擎、计算引擎、工作流引擎、配置中心、注册中心等功能模块。

2）公共服务。公共服务为应用开发和集成提供的公用性服务，实现平台与应用间的松耦合。公共服务主要包括权限、告警、日志、配置、报表、文件操作、工作流、GIS 服务、资源管理及任务调度等基础服务，实时库访问、历史库访问、采样统计等数据服务，数据建模、模型维护、数据同步等模型服务，以及图形编辑组态、工作台、Web、移动应用等人机交互服务。

3）服务代理。服务代理包含实时数据、历史数据、模型数据、安全认证等微服务，实现远程服务的统一发布、注销、查找、调用以及异常处理，服务提供者和服务消费者通过该服务发布或使用服务，无需关注服务发布或调用的具体细节，从而提高业务流程的灵活性。

（2）集中监控。集中监控通过对农业电气化大棚、畜牧养殖、水产养殖、果蔬加工、全电景区、农村居民家庭智能家居、乡村智慧台区等 CPS 侧用能设备状态的采集感知，实现客户侧电、水、气、热等多种能源的实时用能监测、生产运行监测、设备状态监测、综合智能告

警、设备远程控制等功能，为开展综合能效分析、智能运维、需求响应等业务提供数据支撑。

（3）能效分析。能效分析包含用能分析、用能统计、用能诊断、用能评价等功能，通过同业对标，准确分析农业电气化大棚、畜牧养殖、水产养殖、果蔬加工、全电景区、农村居民家庭智能家居、乡村智慧台区等CPS侧用能水平，提供节能分析评估决策服务，协助客户制定设备改造方案，对比评估改造效果，提高设备能效和综合能效，降低CPS侧用能成本。

（4）智能运维。智能运维包含主动抢修、缺陷治理、计划检修、设备巡视、监督评价等功能，为客户提供优质运维服务，解决客户侧设备运维响应滞后、效率低下及管控缺失等问题。

（5）虚拟电厂聚合。虚拟电厂将CPS侧分布式电源、储能系统、柔性负荷等不同类型的资源进行聚合和协调优化，合并作为一个特殊电厂参与电网运行和电力市场的协调管理，从而更好地协调智能电网与分布式能源之间的矛盾，充分挖掘分布式能源及可调控柔性负荷为电网和客户所带来的价值和效益。

（6）需求响应代理。需求响应代理包含负荷预测、潜力分析、容量分解、下发执行、结果反馈、补贴发放等功能。对上可对接需求响应系统，升级现有补贴模式；对下可代理客户参与需求响应，有利于客户参与常态化。

（7）现货交易代理。现货交易代理基于聚合后的虚拟电厂，参与电力现货交易，为电网提供调峰辅助服务，并对调度指令进行优化分解、下发执行和反馈统计，有效降低客户参与现货交易门槛，为客户实现创收。

（8）购售电代理。购售电代理是通过代理零售购电客户作为整体参加交易中心组织的直购电交易，从发电企业直接购电，以节约购电成本，主要包括客户管理及客户准入、购电需求汇总、模拟交易、购售电管理等功能。

（9）富余能源交易。富余能源交易提供富余电、冷、热、气等能源交易机制，解决富余能源消纳问题，降低用能成本，主要包括交易准入、交易通知发布、交易申报、交易出清等功能。

（10）全业务管理。全业务管理模块高效管理综合能源咨询、工程建设、销售、运营等项目。提供结算管理、资产信息管理、资产处理、财务分析等财务资产功能，对综合能源公司资产的经营运作和项目收付款进行管理；提供供应商管理、客户信息管理及客户用能视图等客户关系功能，对综合能源公司客户关系进行有效的支撑。

2. 数据架构

智慧用能控制系统为农业生产、乡村产业、农村生活等CPS提供设备即插即用接入、智能运维及多能协调控制服务，为营销系统提供能效综合分析服务。此外还将通过虚拟电厂参与现货市场交易，以及自动需求响应闭环控制，为客户实现创收。远期则提供中长期购售电代理服务，降低客户参与电能交易门槛。数据架构如图6–3所示。

3. 部署架构

智慧用能控制系统根据系统安全防护要求及业务功能需求，分别部署在营销生产控制大区、管理信息大区和互联网专区。在营销生产控制大区提供数据采集、协调控制及能效分析业务，通过安全接入区与客户侧CPS进行数据交互；在管理信息大区提供智能运维、需求响应代理、现货交易代理、购售电代理及管理类应用等服务；在互联网专区提供外网访问服务。

智慧用能控制系统部署架构如图6–4所示。

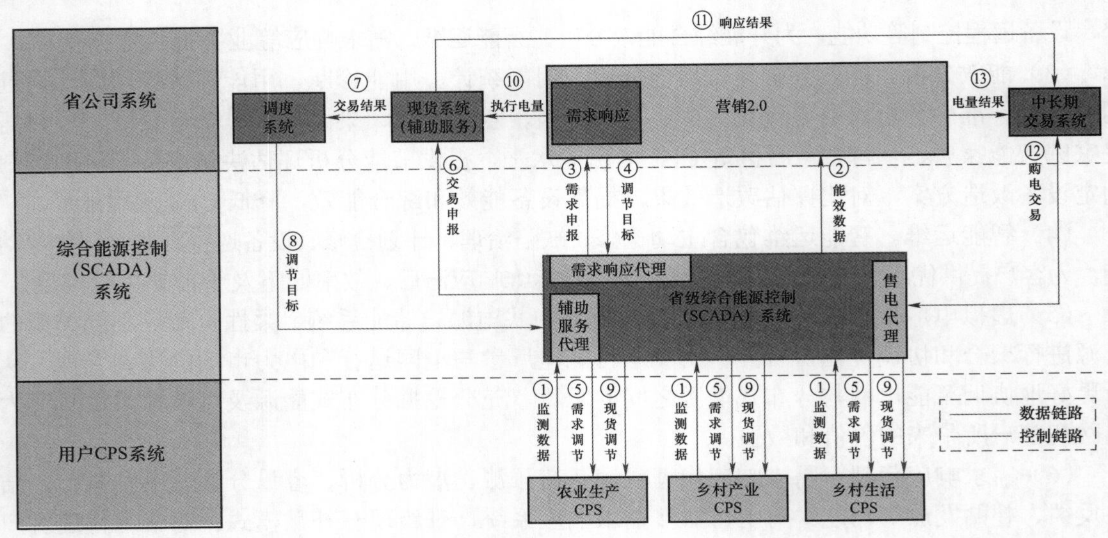

图 6-3 数据架构

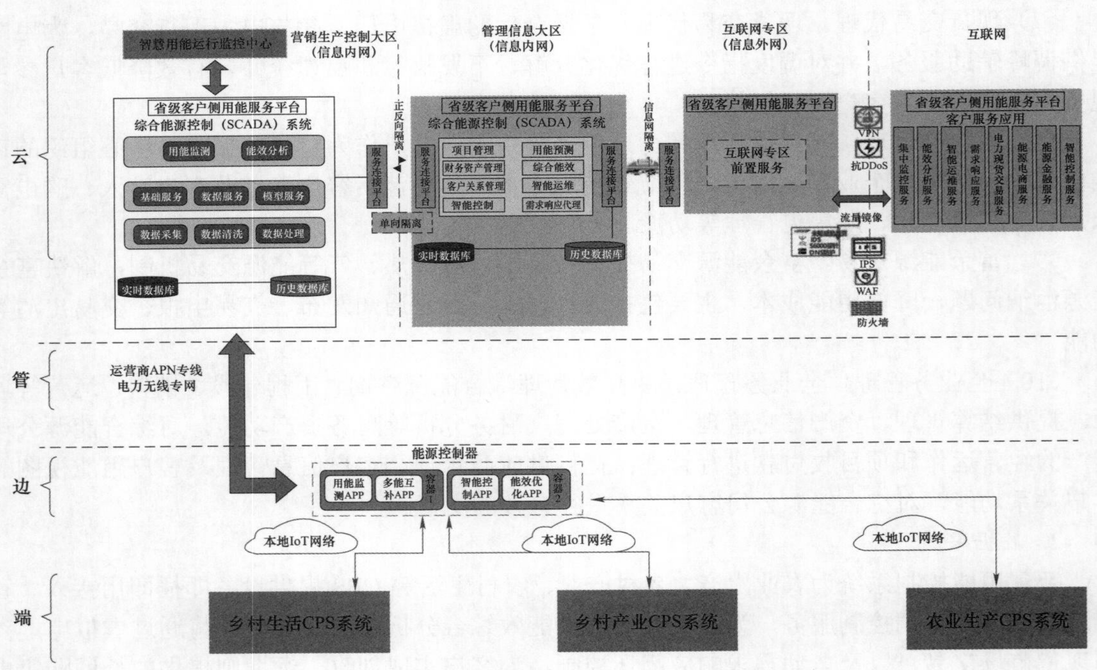

图 6-4 智慧用能控制系统部署架构

智慧用能控制系统采用标准硬件设备，通过 IaaS 平台整合和管理计算、存储、网络等基础设施资源，形成统一的 IT 基础设施资源池，为上层平台及应用提供自动化、高可用的基础设施服务，实现计算、存储、网络资源按需分配和快速部署，对上层软件屏蔽硬件设备的差异，支持未来整个硬件资源平台按需扩展，并提供全面、高效的基础设施运维管理手段。

智慧用能控制系统硬件架构如图 6-5 所示。

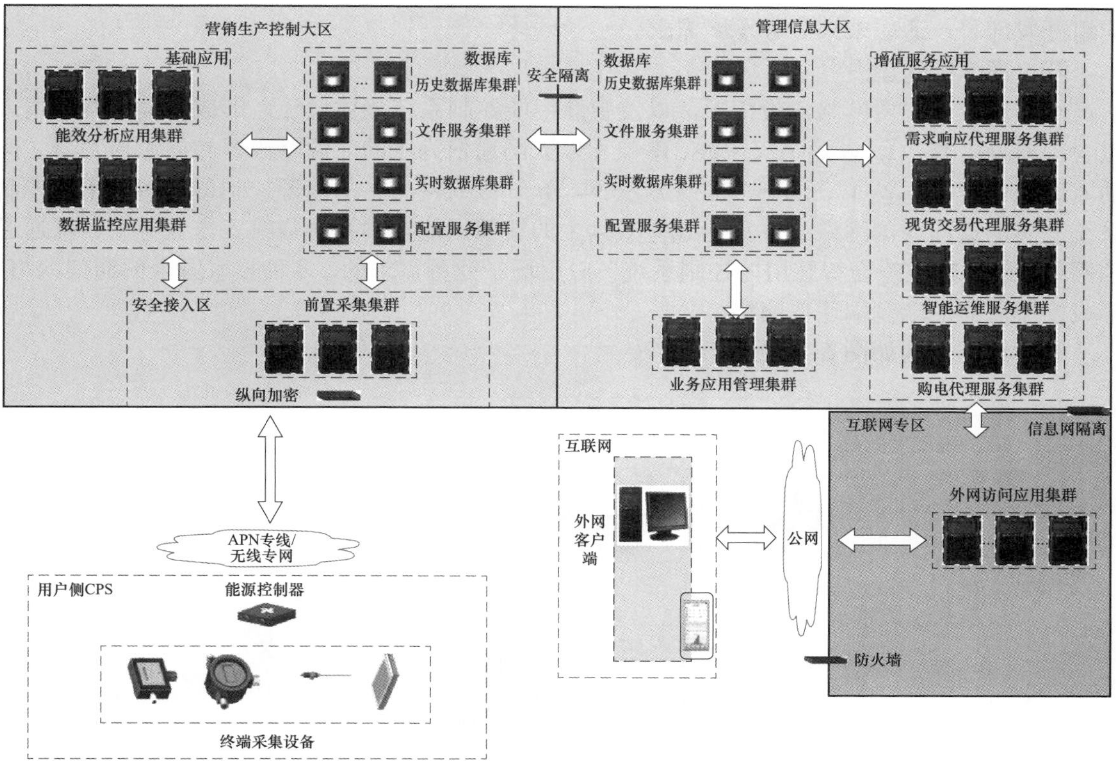

图 6–5　智慧用能控制系统硬件架构

三、智慧用能和服务项目高效接入

通过智慧用能控制系统和能源控制器的即插即用管理组件，实现智慧用能和服务项目的高效接入。

1. 智慧用能控制系统即插即用管理

智慧用能控制系统的即插即用管理组件提供身份认证、设备管理、连接管理、海量数据处理等功能。身份认证为CPS侧的能源控制器和能源路由器提供唯一的标识信息，防止终端设备被篡改或仿冒；设备管理提供CPS侧设备的全生命周期管理，以及能源控制器和能源路由器的远程配置、调试及升级等功能；连接管理提供安全可靠的设备连接通信能力，支撑CPS侧DL/T 698.45标准化协议、多平台、多网络、多地域设备快速接入，并发采集各类生产运行数据，实时下发多种控制策略；海量数据处理基于弹性资源管理，按照资源状况合理分布数据，分解、分配数据关联任务，保障系统的处理能力、服务能力和可扩展性，满足上亿规模数据的实时处理需求。

2. 能源控制器即插即用管理

基于“模块化、平台化”的设计思路，研制并部署能源控制器。对下自动发现末端传感器，支持DL/T 645、DL/T 698.45、CJ/T、Modbus、1867等多种协议，采集农业电气化大棚、畜牧养殖、水产养殖、果蔬加工、全电景区、农村居民家庭智能家居、乡村智慧台区等CPS侧设备信息；对上通过DL/T 698.45标准化协议与智慧用能控制系统交互，实现CPS侧数据标准化上送，并支持远程配置、调试及升级；提供基于容器化的开放应用框架，便于第三方

应用开发部署，适应未来业务发展需求。

四、通信组网建设

结合试点范围内网络建设情况，以及智慧用能控制系统整体设计，形成通信组网方案。包含三部分内容：① 以短距离无线、串口和以太网通信为主的能源路由器到能源控制器之间的本地通信网络；② 以无线专网、无线公网、光纤接入网为主的能源控制器到智慧用能控制系统之间的远程通信网络；③ 以专线方式为主的智慧用能控制系统与第三方业务平台互通通信网络。最终建成符合智慧用能控制系统各应用场景业务需求的、多种技术融合的通信网络，形成安全可靠的端到端通信网络。

通信组网架构如图 6-6 所示。

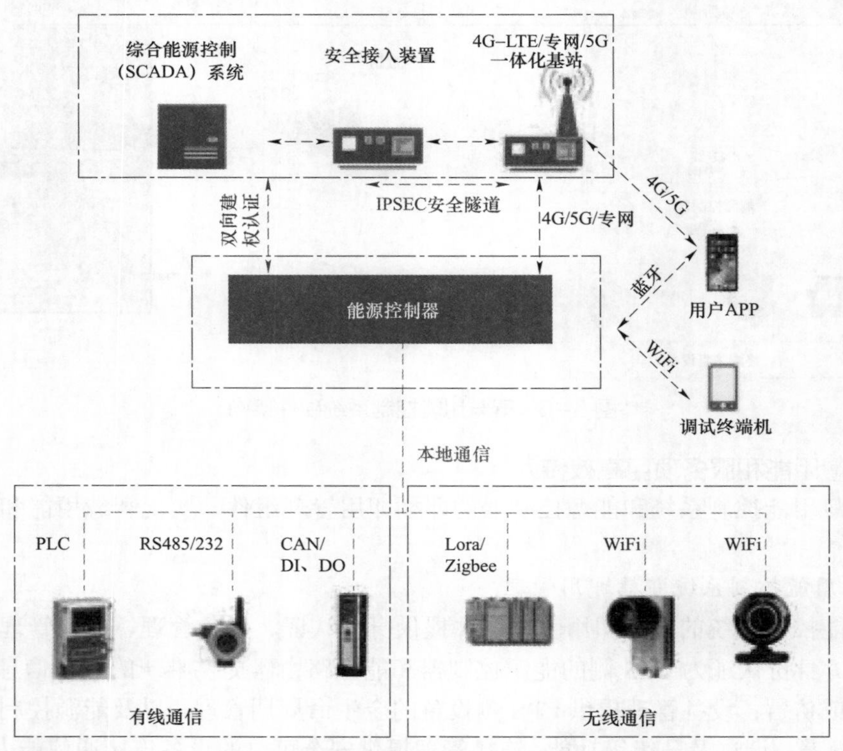

图6-6　通信组网架构

在通信接口方面，上行通信接口（智慧用能控制系统主站与能源控制器间）采用虚拟专网技术支持：4G/5G、以太网；下行通信接口（能源控制器与客户侧 CPS 系统内部间）支持：RS232、RS485、网口、电力线载波 PLC、LoRa、DI/DO、Zigbee 等，涵盖了现有 TTU、集中器的所有通信接口类型，实现电排灌（水泵采集与控制终端）、电气化生产（土壤、水与环境采集终端，电卷帘、增氧泵等采集与控制终端，视频终端）、电气化产业（智能流水线/仓储设备、用能数据采集终端、视频终端）、乡村生活（智能家居设备、智能开关等）等乡村电气化数据采集。

在通信协议方面，能源控制器对下兼容 MQTT、CoAP、HTTPs 协议，支持电力专用 IEC 101/104 规约、DL/T 645、DL/T 698、《电力用户用电信息采集系统通信协议：主站与采集终

端通信协议》（Q/GDW 1376.1—2013）、modbus 协议、《户用计量仪表数据传输技术条件》（CJ/T 188—2018）、《电动汽车充电计费控制单元　第 2 部分：与充电桩通信协议》（Q/GDW 11709.2—2017）、《电动汽车充电计费控制单元　第 3 部分：与车联网平台通信协议》（Q/GDW 11709.3—2017）等。能源控制器对上与智慧用能控制系统采用《电能信息采集与管理系统　第 4-5 部分：通信协议—面向对象的数据交换协议》（DL/T 698.45—2017）协议，支持多 APN 通信，可实现与多个业务主站的独立分发，互不影响。

五、安全防护建设

根据公司信息安全要求，分析智慧用能控制系统的安全风险，构建智慧用能控制系统安全防护架构，涉及网络边界安全防护、能源控制器安全防护、跨区交互安全防护等三方面。

安全防护设计如图 6-7 所示。

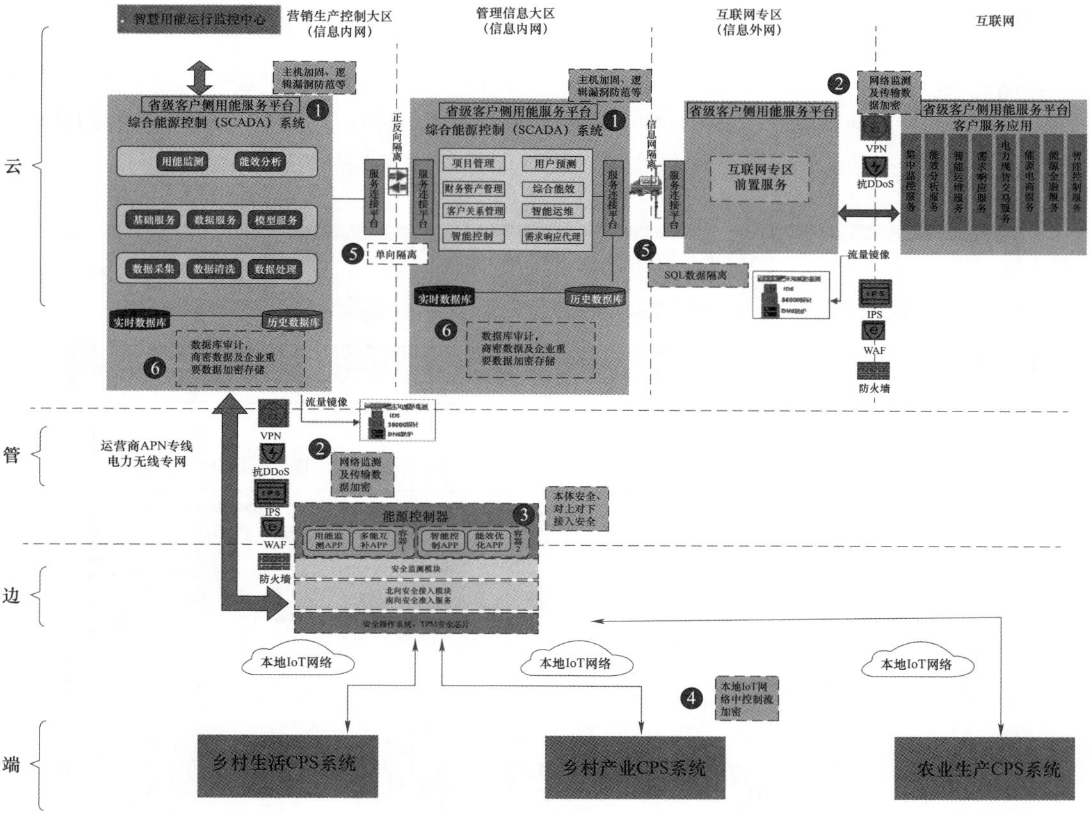

图 6-7　安全防护设计

1. 网络边界安全防护

（1）部署安全接入网关（VPN），实现终端的接入身份安全和数据传输安全，防止非法终端接入和数据泄漏或被篡改。

（2）部署抗 DDOS 设备、waf、IPS、防火墙等，防止来自互联网的网络攻击。

（3）部署未知威胁监测、dns 防护、s6000 深度威胁检测探针、IDS 等对业务网络流量镜像进行威胁发现和分析。

2. 能源控制器安全防护

（1）部署能源控制器安全操作系统，实现自身软硬件的可信度量，防范攻击者利用软硬件漏洞对能源控制器软硬件进行篡改。

（2）部署能源控制器安全监测模块，实现能源控制器及本地网络的安全监测，防止攻击者对本地网络及能源控制器的渗透。

（3）部署能源控制器北向安全接入软件，实现自身接入身份认证以及数据传输加密，认证和加密过程采用国产密码算法，防范攻击者伪造能源控制器接入至网络以及数据在运营商网络传输过程中泄露或被篡改。

3. 跨区交互安全防护

（1）部署生产控制大区与管理信息大区之间的正反向隔离装置。

（2）部署管理信息大区与互联网大区之间的信息网隔离装置。

六、能源控制器研制

遵循建模、信息采集、通信协议和安全防护规范，部署模组化/集成化边缘代理能源控制器，对下实现统一模型标准化接入，对上实现数据标准化上传，支撑 CPS 侧设备的即插即用。

能源控制器包含应用层、操作系统层、硬件层，技术架构如图 6-8 所示。

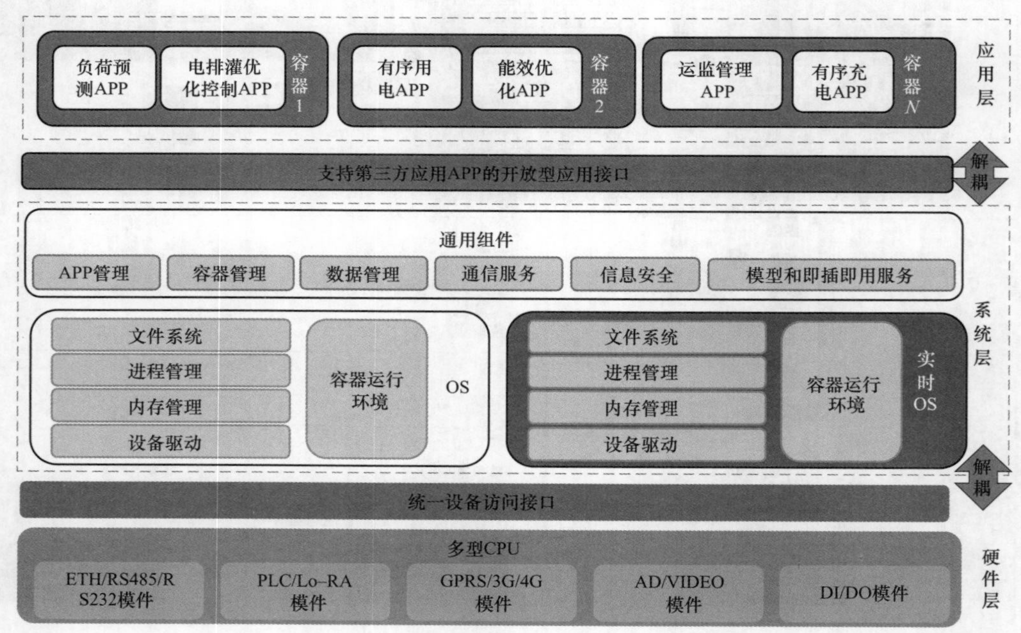

图 6-8　能源控制器技术架构

能源控制器对下实现统一模型标准化接入、各种协议的兼容；对上实现数据聚合与标准化协议上传与接收主站控制策略并与本地 CPS 交互；能源控制器实现安全接入网关、通信协议转换、控制策略传输、用能边缘计算、用能信息采集等功能。

应用 APP 运行于虚拟容器化的计算环境，实现各业务个性化开发、灵活部署、独立运转、远程维护，实现能源控制器弹性可扩展。采用统一的 APP 编程开发接口，形成开放型共享平台，同时支撑第三方公司 APP 的应用开发。

七、打造“一村一镇一站一中心”智慧用能样板工程

（1）建成生态宜居型电气化示范村。在全国冬暖式大棚发祥地、4A 级景区—三元朱村，围绕农村生产、生活、出行、教育等各方面需求，集中部署老旧大棚电气化改造、台区智慧升级、家庭智慧用能、学校智慧用能、多能互补供暖、“光储充一体”充电站、智慧用能服务站（供电抢修服务站、电力扶贫超市）等示范项目，形成集智慧大棚、智慧台区、智慧家居、智慧学校、智慧供暖、智慧出行、智慧服务“七位一体”的智慧用能格局，打造全省首个生态宜居型电气化示范村，辐射带动全市农村智慧用能发展。

电气化示范村“七位一体”和三元朱智慧能源服务站分别如图 6-9 和图 6-10 所示。

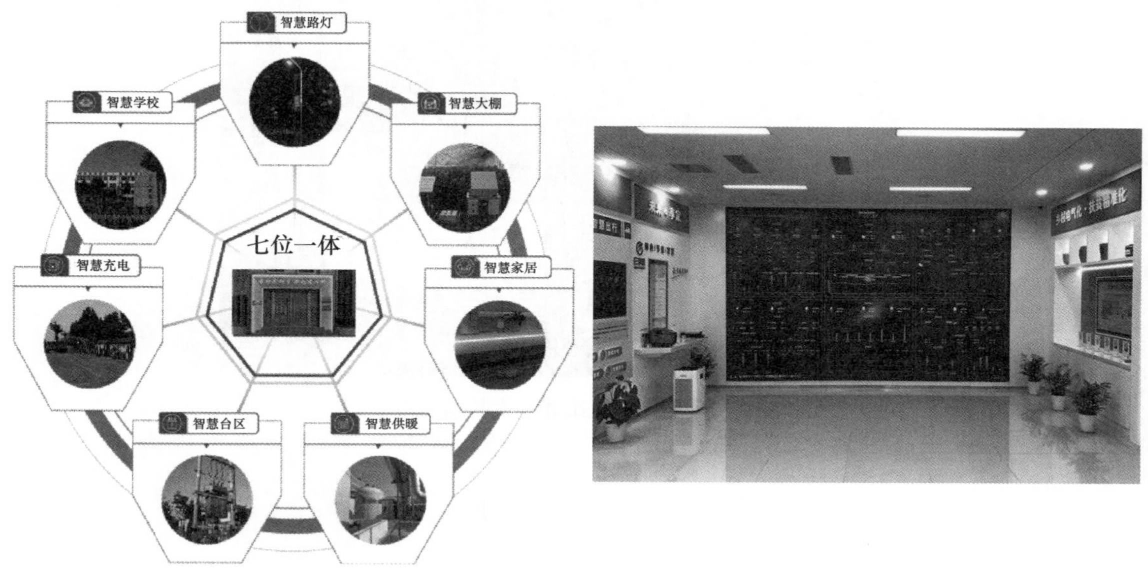

图 6-9　电气化示范村“七位一体”

图 6-10　三元朱智慧能源服务站

（2）建成产城融合型电气化示范镇。在寿光城市会客厅、产城融合示范区—洛城街道，围绕农村生产、农业旅游、农民生活等各领域需求，集中部署百亩智慧大棚、天惠种禽电气化养殖、果蔬加工仓储智慧用能、菜博会全电景区、台区智慧升级、电动汽车“新零售”体验等示范项目，形成集种植、养殖、加工、仓储、会展、生活、出行“全链条”的智慧用能格局，打造全省首个产城融合型电气化示范镇，辐射带动全市各镇智慧用能发展。

（3）规划建设城市能源综合示范站。聚焦清洁能源利用、优质供电服务、数据分析利用等城市发展需求，计划按照雄安新区智慧能源发展模式，在中心城区新建 1 座 110kV 变电站，融合供电、充电、储能、光伏、机房、通信等功能，打造集供电站、充（换）电站、储能站、光伏站、数据中心站、5G 基站、北斗基站“多站融合”的全省首座城市能源综合示范站，实现传统电网与物联网融合。目前，寿光市政府已划拨土地 30 亩，省公司正指导开展示范站设计，计划 2020 年开工、2022 年建成。

（4）成立县级能源大数据中心。按照“政府主导、电力主建、多方参与”原则，挂牌成立全国首个县级能源大数据中心，与供电服务指挥中心合署，推进能源生产、传输、消费各环节数据共享和价值挖掘。计划接入政府、公司和公用事业单位 15 个系统 326 类数据，对外打通水、电、汽、热等行业壁垒，对内实现营、配、调等专业贯通。正在开发“电力视角看寿光”“能源服务电管家”“业务应用工具箱”3 大类 10 个数字产品，为政府提供决策参考、为客户提供管家服务、为公司提供场景应用。

寿光市能源大数据中心如图 6–11 所示。

图 6–11　寿光市能源大数据中心

第二节　Web　应　用

一、需求分析

（1）大数据带来了思维方式、行为模式与治理理念的全方位变革，政府在能源领域具有“用数据说话”的实际需求。能源数据能够真实反映经济社会发展特征的特点，广泛采集农业生产、乡村产业、农村生活用能数据，为政府相关决策提供多维度、全方位、可定制的数据服务。

（2）当前农业产业面临新的发展形势，农业企业智慧能源管理需求突出，重点表现在以下 3 方面。

1）农业物联网和农业大数据在农业领域属于新生事物，智慧农业设备制造商众多，标准不统一，推广各自为战，未形成合力，缺少知名品牌和平台支撑，广大农户接受过程中，往往存在一定的疑虑。

2）当前的智慧农业解决方案主要关注环境数据采集和远程自动化控制，对水、电、肥等生产要素的管理仍较为粗放，能效管理和安全用电问题突出，难以产生可量化的直接经济效益，对农业种植园区和农业种植户缺乏吸引力。

3）当前的智慧农业解决方案采集的数据未进行深度的数据价值挖掘，数据应用对农业生产缺乏明显的指导作用，影响了智慧农业方案的大面积推广和应用。

（3）农业产业用能占比快速增长，农村从“有电用”向“用好能”转变。国家推动农业

园区化、产业化趋势发展，农业大规模标准化生产用能结构日趋复杂，能效管理问题日益突出。乡村居民城镇化趋势，用能获得感要求提高。农村供电服务由满足量为主的需求向更加注重质的需求转变；按照多能互补、综合利用的原则，发挥电网的能源枢纽作用，建设安全可靠、适应性强的现代农村电网。

（4）“三农”领域服务的转型发展是电网公司打造枢纽型、平台型、共享型企业的重要组成部分。深入研究乡村电力物联网和智慧用能技术，加强金融合作与市场拓展，提升管理效率和投资收益。深入构建以电气化为核心的清洁高效的农村绿色能源供应体系和便捷服务体系，助力电网向综合能源服务商转型，吸引汇聚能源服务生产方、供应方全产业链资源，与企业客户、政府机构、合作伙伴合作形成共享共赢的能源服务产业生态圈，打造枢纽型、平台型、共享型企业。

二、建设思路

（一）总体思路

牢牢把握能源服务这一主线，充分发挥国家电网有限公司品牌和平台优势，与政府共同打造“365 电管家”智慧能源服务平台，解决寿光农业现代化发展缺少品牌和平台支撑的问题；汇聚多方资源、深挖数据价值、深化数据应用、实现数据增值变现，创新引领能源服务新业态，带动产业链上下游联动发展，降低农业整体用能成本，构建形成开放共享、合作共赢的农业智慧用能综合服务生态圈，助力寿光智慧农业发展。

依托市场化项目运营平台、第三方服务商平台等，多渠道积累平台数据资源，扩大平台受众规模和流量，以客户为中心，以能效数据分析为基础，用数据驱动业务，支撑综合能源服务业务发展，形成标准化服务产品体系，构建能源服务新业态。

（二）平台专业服务

平台广泛接入农业生产相关数据，开展数据分析挖掘，为政府机构、社会公众、电力客户、综合能源公司等提供多领域、全方位的服务。

1. 服务政府机构

为政府机构提供专业的能效分析报告。对重点高能耗客户用能情况进行实时在线监测，通过预警和监控地区能效指标，为制定区域能源规划、开展能源宏观调控、落实节能减排政策等提供具有公信力的基础数据。

应用场景 1：在积累足够的代表性数据后，每个月为政府提供乡村各主要行业用能变化趋势，根据其用能变化情况分析各个农业生产环节和乡村产业发展变化趋势。

应用场景 2：将用能监测数据推送到政府大数据中心，丰富政府数据维度，为经济社会发展提供实时佐证数据。同时，分析监控乡村高耗能企业能源结构，为制定乡村节能减排政策，提供决策数据支持。

2. 服务社会公众

发布用能信息和节能资讯，向全社会宣传节能减排。以网站、公众号、APP 等方式，向社会公众发布用电信息、停电信息、负荷高峰预警、节约用电提醒等生产生活相关信息，推送国家和地方能源政策、产业政策、技术标准、节能产品等，构建能效信息资讯门户和电网营销服务信息发布平台。

应用场景：组建专门运营团队，根据平台监测数据，分析能源消费特征及存在的“节能小妙招”，通过 APP 推送软文和小视频等方式，解释日常生产、生活中普遍性节能小知识。

3. 服务农业电力客户

为农业企业提供用能监测服务，实现重点用能设备在线监测和能源管理功能。为农业企业提供能效对标服务，研究形成分地区、分行业、分工序的能效指标体系，形成行业能效指标。为农业企业提供负荷集成服务，结合电价信息等为客户提供需求响应项目分析和效果评估，引导客户优化用电方式和资源配置。

应用场景 1：以大棚为例，大棚园区企业基于平台提供的园区级监控功能，开展集中监测运维，通过告警监控发现存在的用电安全隐患、设备意外停机或故障、大棚环境异常等，通过远程控制功能及时干预或及时组织抢修处理，避免造成重大隐患。

应用场景 2：园区或农户通过查看自己大棚的单位面积能耗排名，尤其通过相邻大棚的对比，分析用能使用过程、电气设备类型结构、电气设备品牌，优化生产用能方式，在新建或换购电气设备时，选用更可靠、更节能的品牌。

4. 服务综合能源公司

以设备感知关键技术研究与应用为核心，提升综合能源业务技术支撑能力；开展数据分析，广泛连接内外部、上下游资源和需求，提升客户服务质量、外部业务拓展能力和内部智慧运营能力；以能源生态圈为平台，提升能源服务市场拓展力、产业带动力和价值创造力。

应用场景 1：通过系统监控功能开展远程集中运维，为能源托管、能效效益分成、代运维等项目提供基本工具。

应用场景 2：基于初步监测数据，可在数据积累到一定量后，开展用能优化分析，为客户提供优化建议，挖掘能效优化项目机会。

5. 服务设备制造商

提供农业设备远程运维平台，助力农业设备与服务供应商开展远程运维，提供主动的维保服务。通过设备故障信息记录分析，建立设备全生命周期运行档案，实现设备产品安全评估，辅助设备制造商智能维保；通过客户设备工况效率分析，指导设备制造商定向研发；建立节能产品评价体系，推广优质高效的产品应用，助力设备制造商针对性营销。

应用场景 1：对完成销售的设备开展远程集中运维，在发现设备运行故障后，主动联系客户进行检修处理。

应用场景 2：积累客户设备使用规律，研发针对性设备功能，开展精准营销。

6. 服务农业金融投资方

为农业信贷相关产品提供能源数据增信工具，以第三方节能效益评估，提供信用佐证。

应用场景：用能数据客观性的特点，是金融机构开展金融信贷的主要参考依据。将这些数据推送给金融机构，由其评分，反馈信用额度，在农户需要信贷时可以网上办理。

7. 服务咨询机构

为行业研究机构、高校科研院所、行业优秀企业等提供农业数据检索服务，助力咨询机构开展农业增产增收、农业区域用能发展研究等工作。

应用场景：以大棚为例，农户在向专家请教病虫害时，在现有上传图片模式的同时，上传大棚历史温湿度、视频等数据，增加了诊断依据。同时积累的大棚历史运行数据，为专业开展农业增产、节能研究提供了大数据条件。

8. 服务供电服务指挥中心

通过物联网采集更多客户内部用能数据，进一步了解可能用能结构、用电负荷规律、主

要电气设备构成，优化区域供电服务重点，通过制定更加精细的服务内容，提升供电服务品质。在积累一定数据后，开展区域用能预测，为台区峰谷协调调度提供数据支持，为区域农网规划提供更多支撑。

应用场景：通过平台接入农业企业设备情况分析，发现区域内有农产品深加工工厂，考虑其设备对用能质量要求较高，在对应台区增加稳控装置，提升该台区配电网的电能质量水平。

（三）平台增值服务

面向行业参与方，提供多种多样的数据增值服务，推动形成以公司为主体、共享共赢、融合发展的能源服务生态系统。

1. 能源数据增值服务

以真实可靠、领域细分的数据为基础，开展行业能效对标，形成行业能效指标，推进行业标准建设。构建能效评价体系，为客户提供用能优化建议。

2. 知识分享平台服务

搭建开放共享的知识文库，形成客户共建共享的知识分享平台。开辟用电安全、蔬菜问诊、百姓卖菜、蔬菜价格等板块，聚合行业专家学者和能效分析诊断团队，以知识问答互动等方式，让空闲的智力资源和服务资源迅速匹配需求方，通过人与人之间的产品、服务等资源的互换，产生共享价值。

三、平台建设

（一）平台建设内容

智慧能源服务平台根据现场调研实际情况，遵照省级智慧能源服务平台相关设计和技术规范设计平台建设内容框架结构设计，包括五大模块功能。

1. 物联管理模块

该模块整合现有智慧农业厂家物联管理功能，提供统一的物联网设备采集接入入口，发挥电网平台资源整合优势，提供统一标准的物联管理服务。具体功能包括档案管理、通信管理、数据接入、数据采集、操作控制、告警定义等功能。

2. 综合监控模块

根据园区（工厂）、单个大棚或车间不同管理需要，提供个性化的图形化界面，满足园区、农户生产监控及日常管理需要，利用图形化界面易于使用的特点，提升系统的易用性。同时，针对农业设备厂商，提供设备集中监控界面，方便远程集中监控该厂商在运行设备工况，提供主动维保服务。

以蔬菜大棚为例，园区级监主要控园区微气象信息、总的告警情况，通过窗格界面可以监控所有大棚的实时运行情况。单个大棚的监控界面集成环境、土壤、电力、设备控制、视频、水肥一体机等内容，实现在同一屏内浏览单个大棚实时概况。水产养殖、果蔬加工、畜牧养殖等场景均按上述模式设计界面。

针对巨淀湖景区楼宇场景，设计干部学院整体监测、单个大楼监测、单个房间监测的监测结构，客户可以层层推进，总—分结构满足各种业务场景监测需要。

针对多能供暖站场景，设计电源、热源、热网、末端集成在同一个界面上的监控界面，全息掌握整个供暖站运行情况，包括风机、光伏、变压器、空气源热泵、泵机、蓄热罐、末端阀门、室内温度等众多数据。

3. 能效服务模块

能效服务模块主要包括：① 提供简单的统计分析服务；② 随着数据的汇聚，设计模型，进行能效对比分析，发现能耗问题，为客户提供优化建议，发现综合能源服务项目机会。主要功能包括以下 3 点。

（1）电压分析。对电压情况进行分析，分析内容包括过电压、欠电压等，以列表形式呈现大棚的电压情况，主要字段包括名称、相别、最高电压、最低电压、电压合格率、电压上限度、电压下限。

（2）多能分析。对电、水、热等的使用量开展区域、时间维度等的统计分析，以图表形式展示多能使用变化趋势。

（3）能效对比。计算单位面积耗能等指标，在同一个维度上进行排名对比，找出耗能偏高的大棚，挖掘存在用能优化潜力。

4. 增值服务模块

主要通过手机 APP 方式，向客户提供一站式综合服务入口，增加平台客户黏性。目前提供增值服务包括供电服务、用电安全、蔬菜问诊、百姓卖菜、农事百科、蔬菜价格、金融服务等内容。

（1）供电服务。作为供电服务的统一入口。目前主要是联系台区经理，给台区经理留言等功能。后续该功能可以作为网上国网的链接入口。

（2）用电安全。针对农业场景，提供用电安全标准、规范、视频、提示等内容，提升农户安全意识，集中农电安全相关知识。

（3）蔬菜问诊。链接蔬菜协会蔬菜问诊 APP。农户通过该 APP 可以上传蔬菜病虫害等图片，蔬菜协会组织专家在线解答，给出处理建议。

（4）百姓卖菜。链接由第三方运营的发布卖菜、买菜信息。

（5）农事百科。链接由第三方运营的农作物知识库。

（6）蔬菜价格。链接由第三方运营的各地菜价。

（7）金融服务。链接由第三方运营的惠农金融服务。

5. 需求响应模块

具备需求响应条件的客户可以通过该模块申报参与需求响应，查询需求响应信息，查看响应补贴情况等，降低用能成本。

（1）申报参与需求响应。填写参与需求响应相关信息并提交审核。

（2）查询需求响应信息。当有需求响应事件时，查看需求响应事件，确定是否参与当次需求响应。

（3）查看响应补贴情况。在年底结算时，查看当年参与过的需求响应评估结果和费用结算信息。

总体框架如图 6–12 所示。

（二）数据来源

根据数据的获取途径，可将数据来源分为综合能源服务业务项目数据、第三方平台服务商农的业生产数据、非能源类数据三类。

（1）针对已洽谈合作项目，采集监控是综合能源业务服务的基本手段，可实现对农业生产环境、能源使用等情况数据的收集。

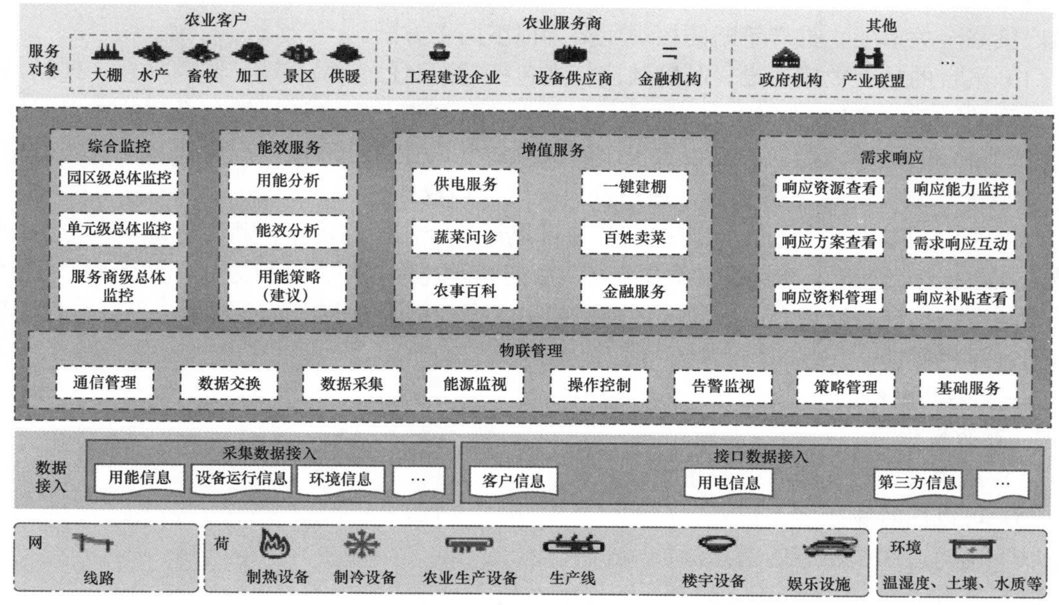

图 6-12　总体框架

（2）吸引社会第三方平台商进行数据交换，汇聚所拥有的系统运行数据、已采集的农业生产相关数据，以合作开发等方式接入平台。

（3）以公开数据查询、商业数据购买等方式，获得包括天气预报、地理信息、能效标准等其他领域相关数据。

四、平台运营

整合产品多方力量共同推动产品测试上线，根据客户反馈信息，不断迭代完善功能，逐步优化产品功能，形成核心业务。

（一）盈利模式

（1）通过丰富技术手段支撑公司综合能源服务业务开展。以数据监测和统计分析为基础，通过设备用能监测、能效优化分析等开展节能改造、能源托管服务等综合能源服务项目，提升综合能源服务能力。

（2）入驻会员服务收入。依托平台数据开展用能需求挖掘，对各个厂商生产的农业设施与设备进行故障统计和能效水平评价，建立不同场景下合适农产品的匹配目录。在农业新建或改造项目中，精准推送产品和技术，撮合客户、综合能源服务商和设备厂商等供需方的需求，根据成交项目规模收取会员服务费。

（3）广告宣传收入。提供横幅广告、文本链接广告、插播式广告等多类型服务，收取设备制造商、技术服务商、综合能源服务商等的广告费用，通过精准营销提升客户体验度和广告性价比。

（4）能效数据增值和衍生应用收入。充分利用数据应用价值和公司品牌优势，发布大棚等领域 TOP10 排行榜，利用排行榜的品牌来销售广告权，取得上榜费、广告冠名费等收入。

（二）推广模式

“365 电管家”智慧能源服务平台作为公司平台型企业转型的重要支撑，评价其价值的关键要素不是其建设投入，而是其所承载的客户数及所衍生出的生态圈的范围，因此平台前期的推广策略至关重要。推广策略的核心主要为以下两个方面。

（1）平台的品牌效应建设。品牌效应打造包括前端APP、Web端、监测平台、现场装置等一系列的logo、主题、标识、口号等元素的设计和打造，形成商标等一系列的知识产权。

（2）平台的推广。推动寿光市人民政府成立智慧农业产业联盟，在联盟启动仪式时发布“365电管家”智慧能源服务平台，获得业内关注度和权威性。

（3）平台前期客户的引入。通过示范项目建设和合作厂商洽谈，将寿光地区部分分散的智慧农业数据接入平台，充实平台数据规模。后期与通过地区特许授权方式形成的联合招标体共同参与市场拓展，通过介入新建园区项目或引入产业链上下游厂商不断增加平台客户数量。

五、平台操作

（一）公共操作

1. 页面操作

（1）每次只能添加或修改一条记录。

（2）可以同时删除多条记录。

以下说明适用于所有的信息添加/修改页面。

（1）带有“*”的字段为必填项，不能为空值。

（2）“日期”字段通过弹出的日历框进行选择，可客户手动输入。

（3）带有下拉菜单的字段，在下拉菜单中显示的内容中选择，可客户手动输入。

2. 系统登录

系统登录界面如图6-13所示。

图6-13 系统登录界面

（二）智慧大棚模块操作

1. 首页

功能简述：展现物联设备数据、项目规模数据、实时告警数据、客户信息。

菜单路径：【智慧大棚】→【首页】。

2. 实时监控

（1）整体监控。

功能简述：展现大棚的运行状态、告警信息、用电量、种植分布等功能的信息。

菜单路径：【智慧大棚】→【实时监控】→【整体监控】。

整体监控页面如图 6-14 所示。

图 6-14　整体监控页面

（2）单元监控。

功能简述：展现单个大棚内视频监控、告警、公告、环境监控、设备监控的信息，主要提供补光灯、2 号喷淋机、水肥机、喷淋机、植保机、二氧化碳气肥机等信息的展示以及开关操作。

菜单路径：【智慧大棚】→【实时监控】→【单元监控】。

单元监控页面如图 6-15 所示。

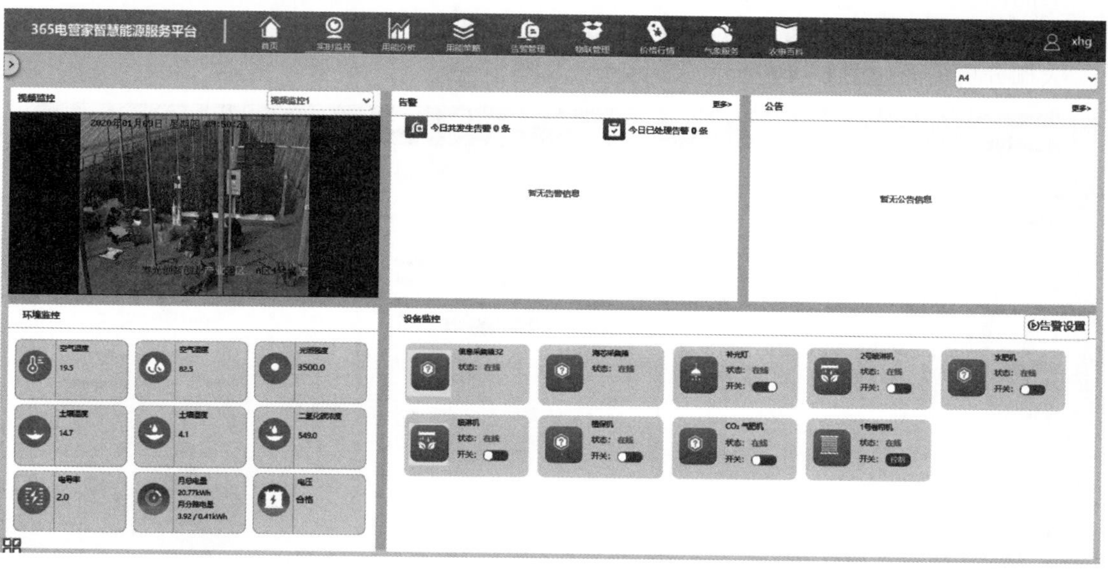

图 6-15　单元监控页面

3. 用能分析

（1）园区分析。

功能简述：展现各园区大棚的能耗指数、告警类型分布、用能趋势、用能建议的信息。

菜单路径：【智慧大棚】→【用能分析】→【园区分析】。

园区分析页面如图 6–16 所示。

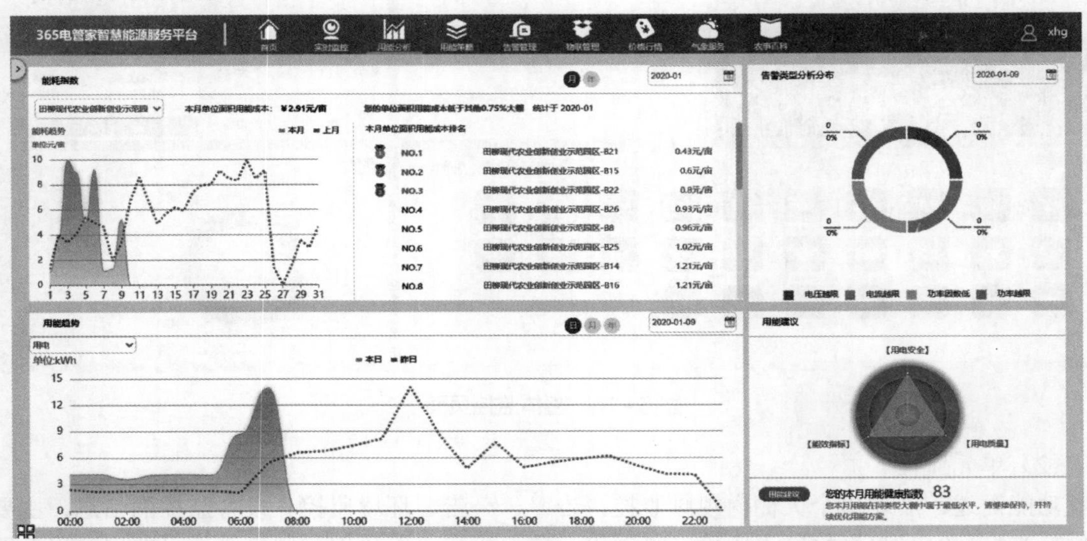

图 6–16　园区分析页面

（2）大棚分析。

功能简述：展现各个大棚的能耗指数、告警类型分布、用能趋势、用能建议的信息。

菜单路径：【智慧大棚】→【用能分析】→【大棚分析】。

大棚分析页面如图 6–17 所示。

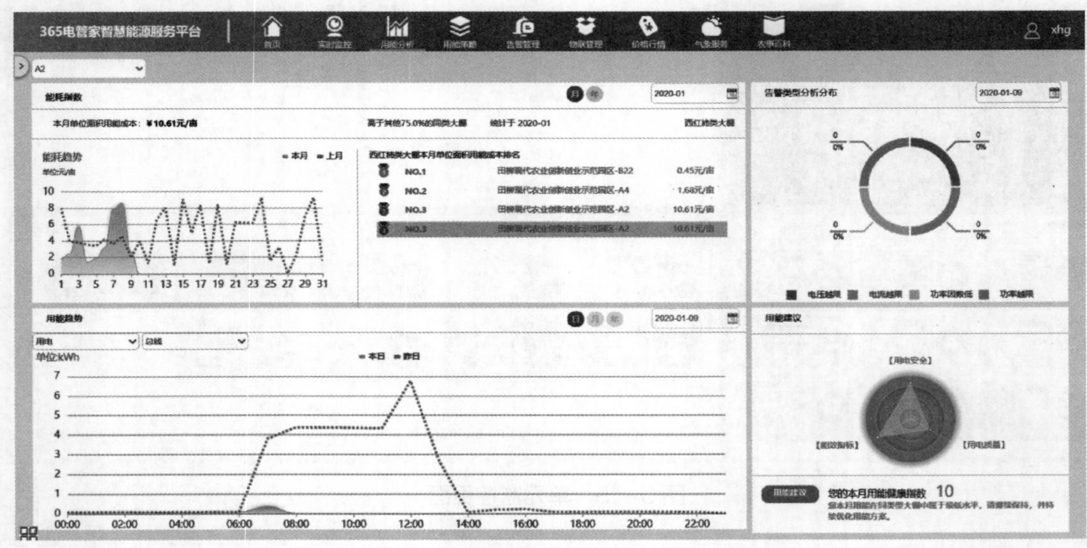

图 6–17　大棚分析页面

（3）能效分析报告。

功能简述：展现园区能效分析趋势并生成报告进行预览。

菜单路径：【智慧大棚】→【用能分析】→【能效分析报告】。

能效分析报告页面如图 6–18 所示。

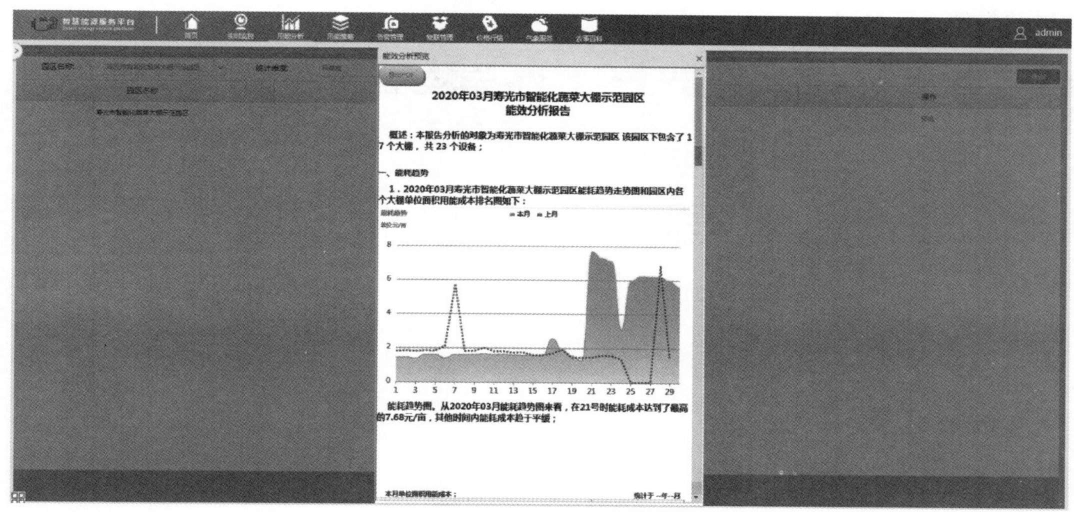

图 6–18　能效分析报告页面

4. 用能策略

功能简述：制订用能策略提升任务执行效率。

菜单路径：【智慧大棚】→【用能策略】。

用能策略页面如图 6–19 所示。

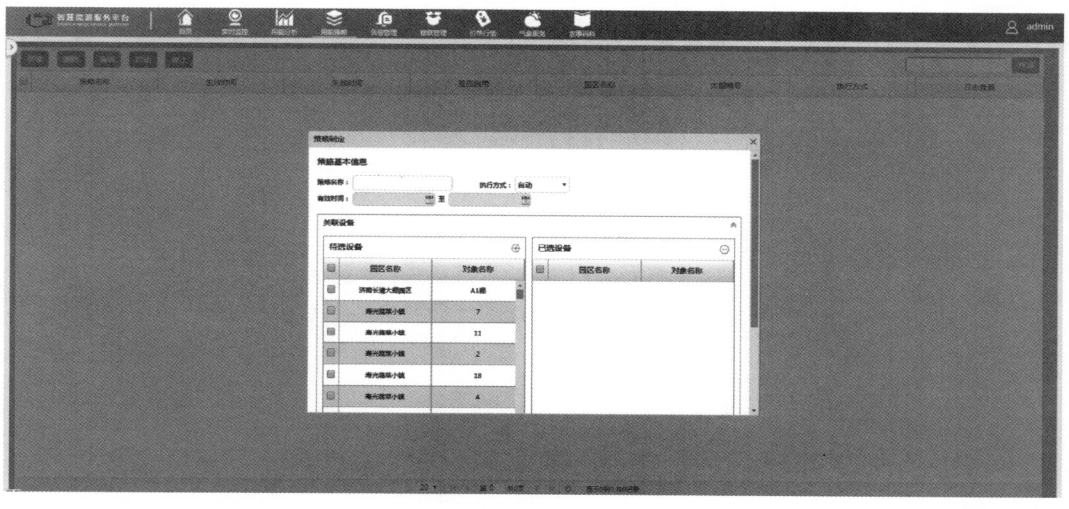

图 6–19　用能策略页面

5. 告警管理

（1）当前告警。

功能简述：展现告警的告警级别、告警名称、告警对象、发生时间、清除时间、所属系统、定位信息、确认时间等信息。

菜单路径：【智慧大棚】→【告警管理】→【当前告警】。

当前告警页面如图 6-20 所示。

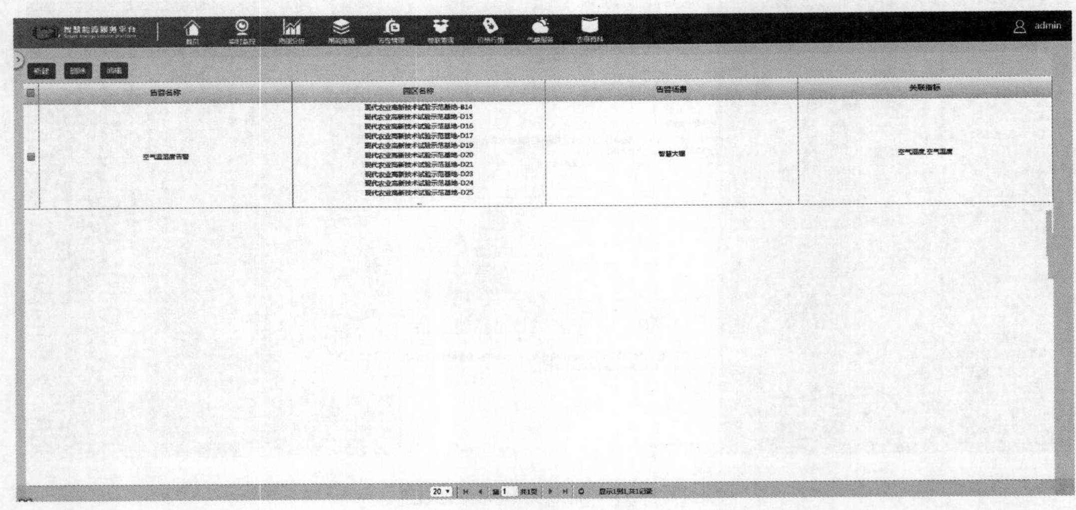

图 6-20　当前告警页面

（2）历史告警。

功能简述：展现历史产生过的告警的详细信息。

菜单路径：【智慧大棚】→【告警管理】→【历史告警】。

历史告警页面如图 6-21 所示。

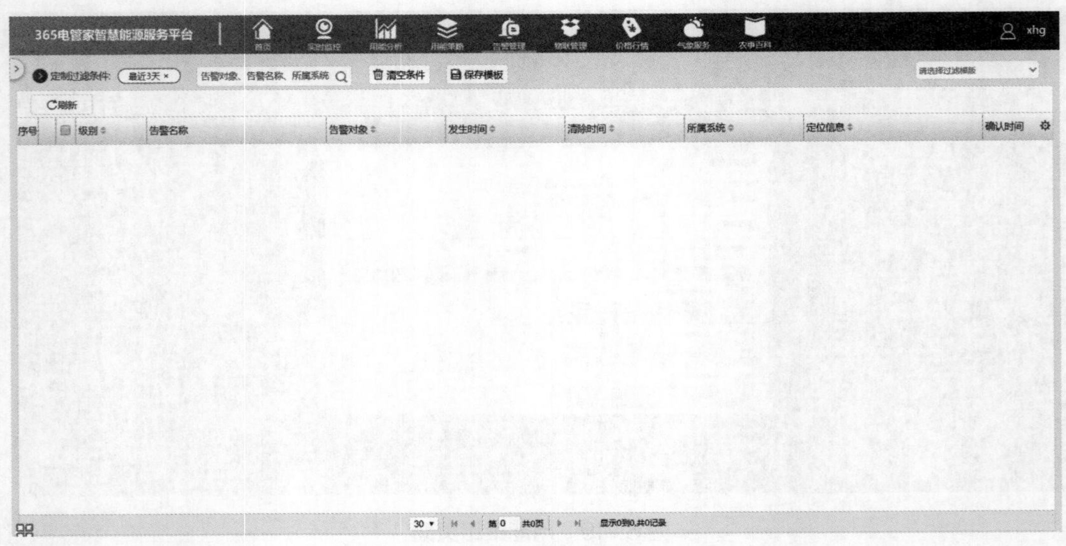

图 6-21　历史告警页面

（3）告警设置。

功能简述：展现告警的规则名称、标准化名称、指标原名称、单位、组名称、默认规则等信息。

菜单路径：【智慧大棚】→【告警管理】→【告警设置】。

告警设置页面如图 6-22 所示。

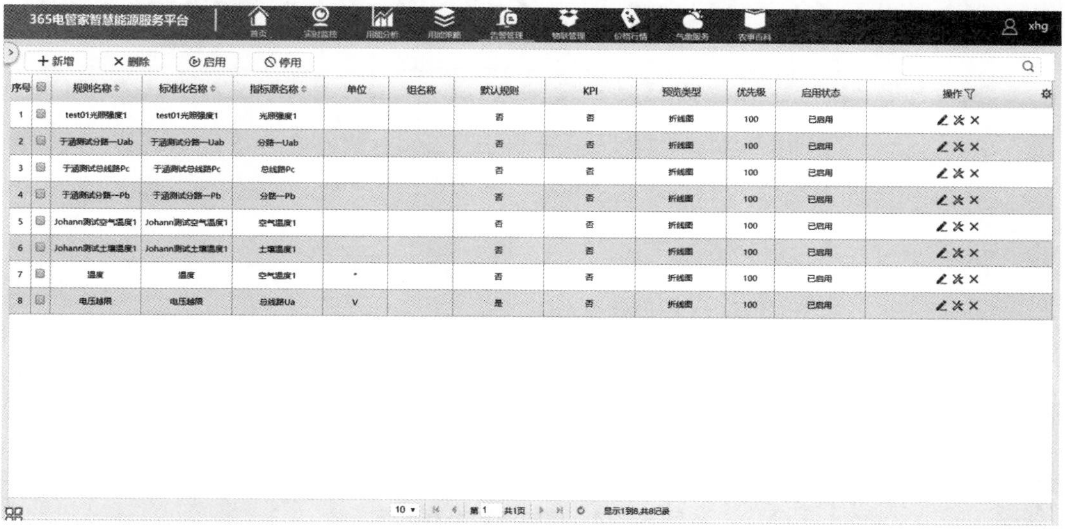

序号	规则名称	标准化名称	指标原名称	单位	组名称	默认规则	KPI	预览类型	优先级	启用状态	操作
1	test01光照强度1	test01光照强度1	光照强度1			否	否	折线图	100	已启用	
2	于涵测试分路—Uab	于涵测试分路—Uab	分路—Uab			否	否	折线图	100	已启用	
3	于涵测试总线路Pc	于涵测试总线路Pc	总线路Pc			否	否	折线图	100	已启用	
4	于涵测试分路—Pb	于涵测试分路—Pb	分路—Pb			否	否	折线图	100	已启用	
5	Johann测试空气温度1	Johann测试空气温度1	空气温度1			否	否	折线图	100	已启用	
6	Johann测试土壤温度1	Johann测试土壤温度1	土壤温度1			否	否	折线图	100	已启用	
7	温度	温度	空气温度1	°		否	否	折线图	100	已启用	
8	电压越限	电压越限	总线路Ua	V		是	否	折线图	100	已启用	

图 6-22　告警设置页面

（4）停电通知管理。

功能简述：展现单位名称、时间、账号、公告内容等信息进行查询、添加、发送功能。

菜单路径：【智慧大棚】→【告警管理】→【停电通知管理】。

停电通知管理页面如图 6-23 所示。

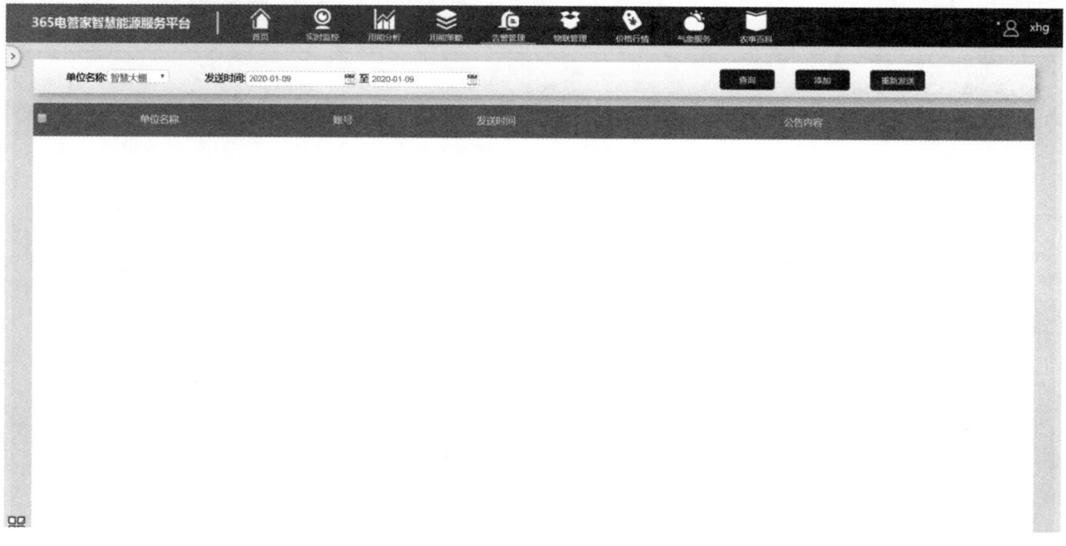

图 6-23　停电通知管理页面

（5）停电通知查看。

功能简述：根据单位名称查询该单位的停电通知的信息。

菜单路径：【智慧大棚】→【告警管理】→【停电通知查看】。

停电通知查看页面如图 6-24 所示。

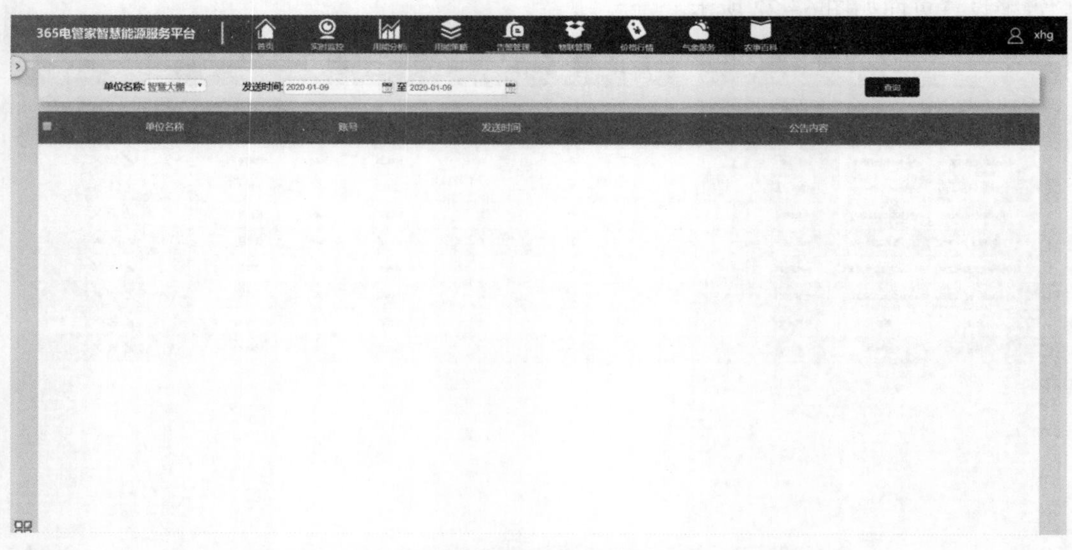

图 6-24　停电通知查看页面

（6）告警查看。

功能简述：展现历史产生过的告警的详细信息。

菜单路径：【智慧大棚】→【告警管理】→【告警查看】。

告警查看页面如图 6-25 所示。

365电管家智慧能源服务平台　　xhg

定制过滤条件：非衍生告警 ×　清空　保存　过滤　请选择过滤模版

未锁定　确认　清除　备注　全部确认

序号	关注	级别	名称	告警源	告警次数	首次发生时间	所属系统	定位信息	确认时间	操作
1	☆0	次要	测试电压越限告警告警	信息采集箱	1	2019年12月27日 14:36:45	山东省.寿光.智慧大棚.现代农业高新技术试验示范基地		2019年12月31日 14:53:19	
2		次要	测试电压越限告警告警	信息采集箱	1	2019年12月27日 14:37:00	山东省.寿光.智慧大棚.三元朱村现代农业培训基地		2019年12月31日 14:44:57	
3		次要	测试电压越限告警告警	信息采集箱	1	2019年12月27日 14:37:15	山东省.寿光.智慧大棚.金投农科番茄小镇产业园		2020年01月02日 19:59:27	
4		次要	测试电压越限告警告警	信息采集箱25	1	2019年12月27日 14:37:30	山东省.寿光.智慧大棚.田柳现代农业创新创业示范园区		2020年01月02日 19:59:27	
5		次要	测试电压越限告警告警	信息采集箱	1	2019年12月27日 14:37:30	山东省.寿光.智慧大棚.金投农科番茄小镇产业园		2020年01月02日 19:59:27	
6		次要	测试电压越限告警告警	信息采集箱	1	2019年12月27日 14:37:30	山东省.寿光.智慧大棚.金投农科番茄小镇产业园		2020年01月02日 19:59:27	
7		次要	测试电压越限告警告警	信息采集箱	1	2019年12月27日 14:37:45	山东省.寿光.智慧大棚.金投农科番茄小镇产业园		2020年01月02日 19:59:27	
8		次要	测试电压越限告警告警	信息采集箱A13	1	2019年12月27日 14:38:00	山东省.寿光.智慧大棚.现代农业高新技术试验示范基地		2020年01月02日 19:59:27	
9		次要	测试电压越限告警告警	信息采集箱	1	2019年12月27日 14:38:15	山东省.寿光.智慧大棚.金投农科番茄小镇产业园		2020年01月02日 19:59:27	
10		次要	测试电压越限告警告警	信息采集箱	1	2019年12月27日 14:38:30	山东省.寿光.智慧大棚.金投农科番茄小镇产业园		2020年01月02日 19:59:27	
11		次要	测试电压越限告警告警	信息采集箱10	1	2019年12月27日 14:38:45	山东省.寿光.智慧大棚.田柳现代农业创新创业示范园区		2020年01月02日 19:59:27	
12		次要	测试电压越限告警告警	信息采集箱18	1	2019年12月27日 14:38:45	山东省.寿光.智慧大棚.田柳现代农业创新创业示		2020年01月02日 19:59:27	

20　第 1　共5页　显示1到20,共84记录

图 6-25　告警查看页面

6. 物联管理

（1）空间资源管理。

功能简述：展现空间资源的名称、全局名称、所属区域、行政区单位、行政区域、区号等信息。

菜单路径：【智慧大棚】→【物联管理】→【空间资源管理】。

空间资源管理页面如图 6–26 所示。

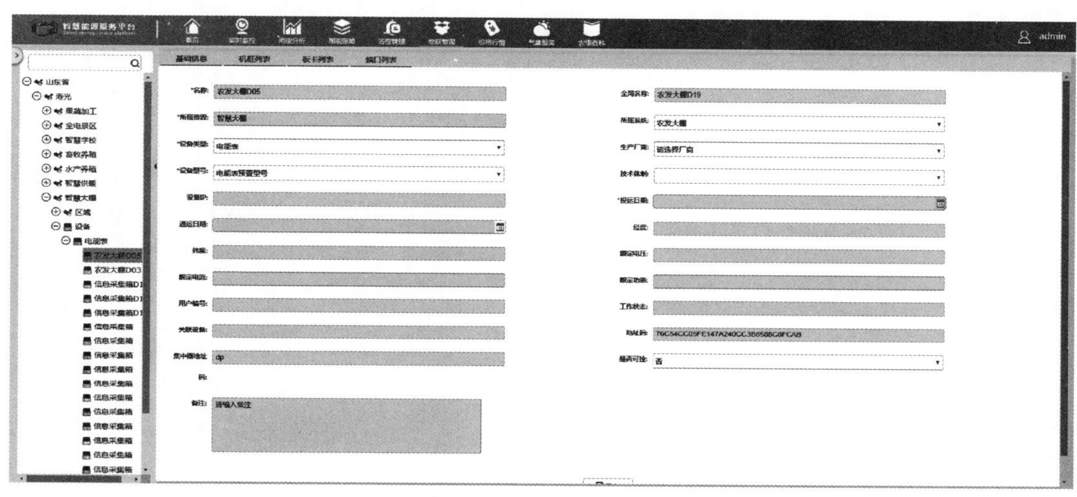

图 6–26　空间资源管理页面

（2）资源台账管理。

功能简述：展现各种不同类型资源的详细信息。

菜单路径：【智慧大棚】→【物联管理】→【资源台账管理】。

资源台账管理页面如图 6–27 所示。

365电管家智慧能源服务平台　首页　实时监控　用能分析　用能策略　告警管理　物联管理　价格行情　气象服务　农事百科　xhg

线缆资源　设备资源　设备　机框　板卡　端口　逻辑资源　动环资源　空间资源

+ 新增　× 删除　导入　导出　名称,全局名称

序号		状态	名称	全局名称	设备型号	设备类型	生产厂商	所属区域	操作
1		●	01孵化室备用电表	西315变压器	电能表预置型号	电能表		01号孵化室	
2		●	01孵化室主电表	01孵化室主电表	电能表预置型号	电能表		01号孵化室	
3		●	02孵化室主电表	01孵化室主电表	电能表预置型号	电能表		02号孵化室	
4		●	03孵化室备用电表	西315变压器	电能表预置型号	电能表		03号孵化室	
5		●	03孵化室主电表	01孵化室主电表	电能表预置型号	电能表		03号孵化室	
6		●	04孵化室备用电表	01孵化室主电表	电能表预置型号	电能表		04号孵化室	
7		●	04孵化室主电表	01孵化室主电表	电能表预置型号	电能表		04号孵化室	
8		●	05孵化室主电表	01孵化室主电表	电能表预置型号	电能表		05号孵化室	
9		●	06孵化室备用电表	西315变压器	电能表预置型号	电能表		06号孵化室	
10		●	06孵化室主电表	01孵化室主电表	电能表预置型号	电能表		06号孵化室	

10　第 1　共145页　显示1到10,共1445记录

图 6–27　资源台账管理页面

（3）资源同步。

功能简述：展现资源的名称、全局名称、Ems 名称、资源类型、所属区域、对比状态。

菜单路径：【智慧大棚】→【物联管理】→【资源同步】。

资源同步页面如图 6–28 所示。

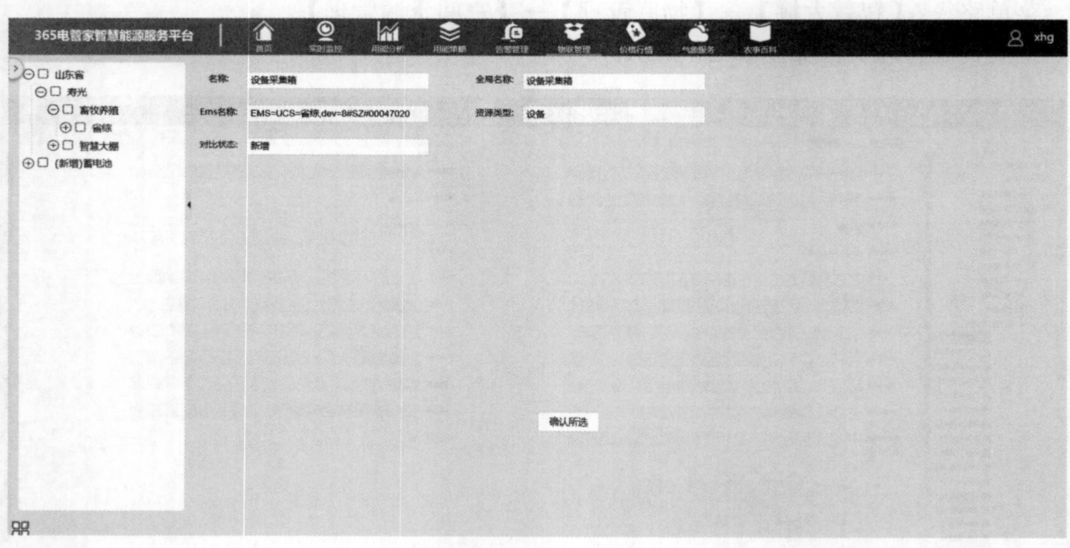

图 6–28　资源同步页面

（4）客户管理。

功能简述：对客户的信息进行新增、编辑、删除的操作。

菜单路径：【智慧大棚】→【物联管理】→【客户管理】。

客户管理页面如图 6–29 所示。

365电管家智慧能源服务平台　首页　实时监控　用能分析　用能策略　告警管理　物联管理　价格行情　气象服务　农事百科　xhg

客户管理

十新增　编辑　×删除

客户编号	联系人	联系电话	所属园区	园区地址
01	张XX	1586363XXXX	[illegible]高新技术试验示范基地	山东省[illegible]东街与弥河西坝交叉口以南200米路东
02	张XX	1586363XXXX	[illegible]农科[illegible]小镇产业园	山东省[illegible]市003乡道以北300
03	张XX	1586363XXXX	[illegible]市智能化蔬菜大棚示范园区	[illegible]
04	张XX	1586363XXXX	[illegible]现代农业创新创业示范园区	[illegible]现代农业创业示范园区
05	张XX	1586363XXXX	[illegible]现代农业培训基地	[illegible]
06	王XX	1826366XXXX	[illegible]村供暖区	山东省[illegible]
07	刘XX	1369636XXXX	[illegible]种禽有限公司	山东省[illegible]
08	耿XX	1856360XXXX	[illegible]水产养殖公司	[illegible]
09	李XX	1856360XXXX	[illegible]蔬菜产业控股集团果蔬深加工厂	[illegible]
10	武XX	1856360XXXX	中国-[illegible]风景区	[illegible]
11	綦XX	1856360XXXX	中国（[illegible]）国际蔬菜科技博览会	山东省[illegible]中心
12	胡XX	1585362XXXX	[illegible]有限公司	[illegible]
13	綦XX	1856360XXXX	山东（[illegible]）农村干部学院	[illegible]区东邻500米
14	张XX	1586363XXXX	[illegible]蔬菜小镇	[illegible]交叉口西北角

图 6–29　客户管理页面

（5）设备厂商维护。

功能简述：对设备厂商的信息进行添加、编辑的操作。

菜单路径：【智慧大棚】→【物联管理】→【设备厂商维护】。

设备厂商维护页面如图 6-30 所示。

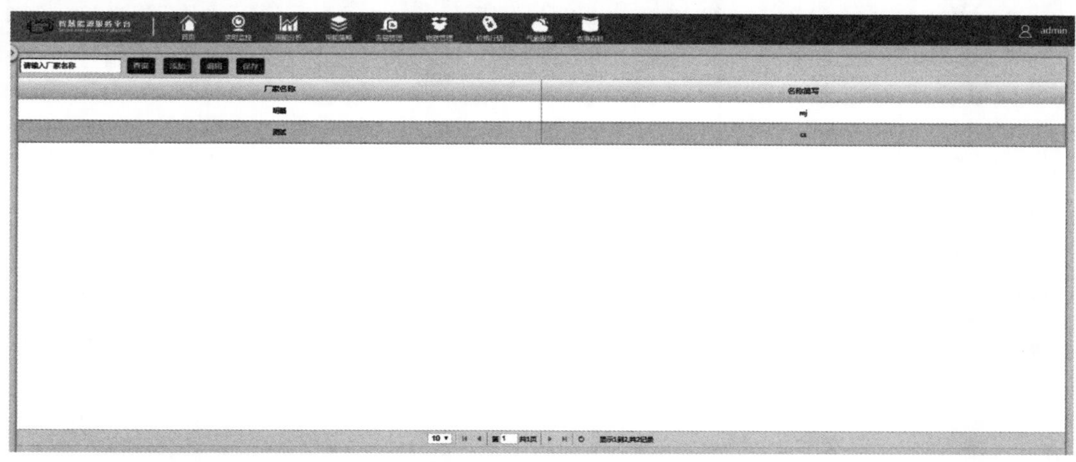

图 6-30　设备厂商维护页面

（6）设备管理。

功能简述：对设备的信息进行添加、编辑、查询、删除的操作。

菜单路径：【智慧大棚】→【物联管理】→【设备管理】。

设备管理页面如图 6-31 所示。

365电管家智慧能源服务平台　xhg

山东省
寿光
水产养殖
全电景区
畜牧养殖
果蔬加工
智慧供暖
智慧大棚
智慧学校

新增　删除　规则名

名称	设备类型	所属区域	接入时间	操作
鼓风机	通用设备	01水产大棚		
备用鼓风机	通用设备	01水产大棚		
变频鼓风机	通用设备	01水产大棚		
电接点微压表1	通用设备	01水产大棚		
变频鼓风机档位控制器	通用设备	01水产大棚		
电接点微压表2	通用设备	01水产大棚		
水位温度传感器01	通用设备	01水池		
养殖池溶氧1	通用设备	01水池		
管道压差表01	通用设备	01水池		
水位温度传感器02	通用设备	02水池		

图 6-31　设备管理页面

（7）设备类型维护。

功能简述：对设备的类型进行添加、编辑、删除的操作。

菜单路径：【智慧大棚】→【物联管理】→【设备类型维护】。

设备类型维护页面如图 6-32 所示。

365电管家智慧能源服务平台 | 首页 | 实时监控 | 用能分析 | 用能策略 | 告警管理 | 物联管理 | 价格行情 | 气象服务 | 农事百科 | xhg

新增 删除 设备类型中文名称

设备类型英文名称	设备类型中文名称	设备类型描述	所属厂家	应用场景	设备类别	是否启用	操作
szsdcgq	湿度传感器		[illegible]	果蔬加工	采集传感设备	是	
hxtrws	土壤温湿度计		海芯华夏	智慧大棚	采集传感设备	是	
hxgz	光照检测仪		海芯华夏	智慧大棚	采集传感设备	是	
hxco2	二氧化碳检测仪		海芯华夏	智慧大棚	采集传感设备	是	
nfdb	多功能电表		农发	智慧大棚	采集传感设备	是	
nftyws	土壤温湿度计		农发	智慧大棚	采集传感设备	是	
nfgz	光照检测仪		农发	智慧大棚	采集传感设备	是	
hxdb	多功能电表		海芯华夏	智慧大棚	采集传感设备	是	
zhdpmjcjx	采集箱		明基	智慧大棚	网络设备	是	
mjwsd	空气温湿度计		明基	智慧大棚	采集传感设备	是	

10 第1 共9页 显示1到10,共88记录

图 6-32　设备类型维护页面

7. 价格行情

功能简述：展现农作物的今日价格、价格行情的信息。

菜单路径：【智慧大棚】→【价格行情】。

价格行情页面如图 6-33 所示。

图 6-33　价格行情页面

8. 气象服务

功能简述：展现当前城市、气温、降水、风向、空气质量、相对湿度、舒适度等气象信息。

菜单路径：【智慧大棚】→【气象服务】。

气象服务页面如图 6–34 所示。

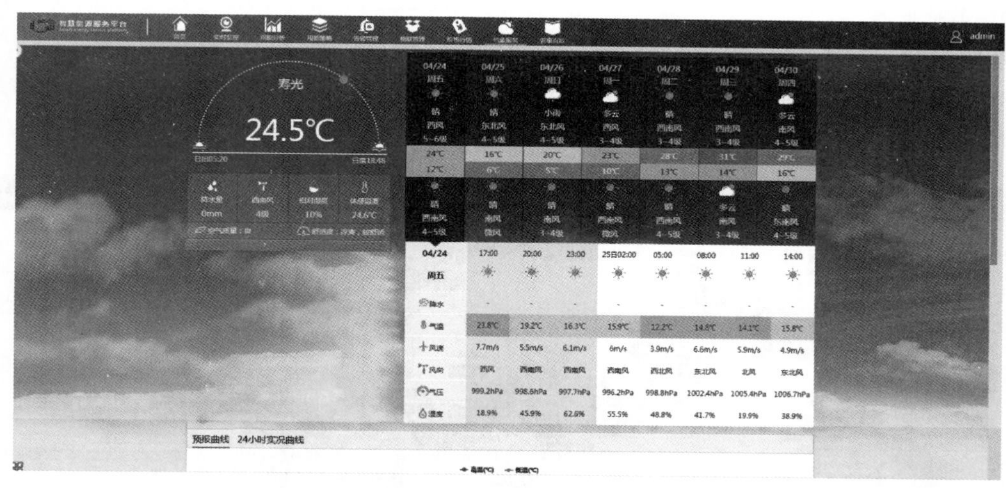

图 6–34　气象服务页面

9. 农事百科

功能简述：按照农作物所属的种类分类展现各种农作物的百科知识。

菜单路径：【智慧大棚】→【农事百科】。

农事百科页面如图 6–35 所示。

图 6–35　农事百科页面

（三）果蔬加工模块操作

1. 首页

功能简述：根据采集的数据，展现物联设备概况、客户用电统计、项目规模、实时告警等信息数据的展示。

菜单路径：【果蔬加工】→【首页】。

2. 实时监控

功能简述：对冷库和制冷机的信息、公告、告警信息的信息进行展示。

菜单路径：【果蔬加工】→【实时监控】→【整体监控】。

整体监控页面如图 6-36 所示。

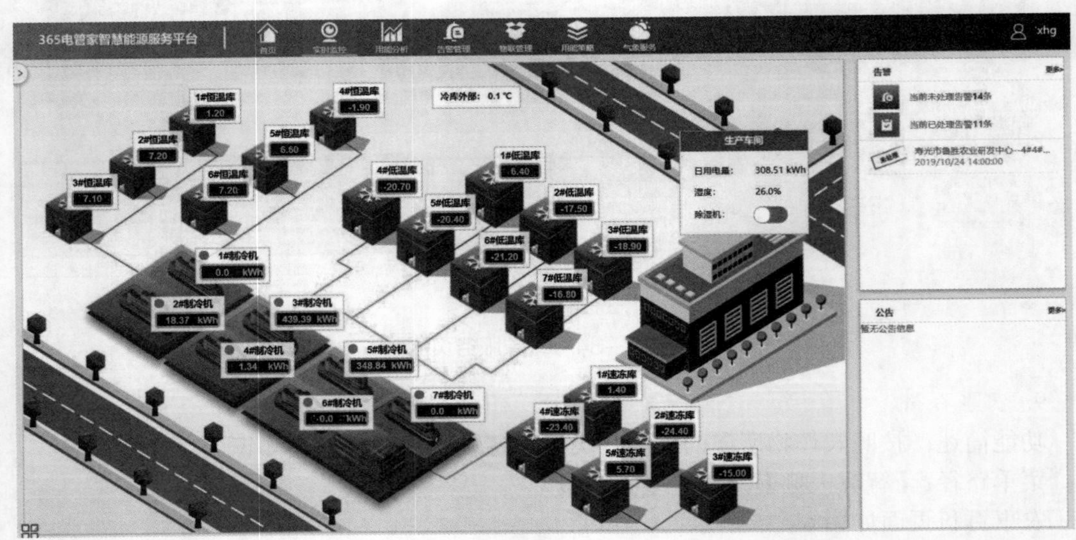

图 6-36　整体监控页面

3. 用能分析

（1）整体分析。

功能简述：对冷库和制冷机的用能消耗的数据进行整理和分析。

菜单路径：【果蔬加工】→【用能分析】→【整体分析】。

整体分析页面如图 6-37 所示。

（2）能效分析报告。

功能简述：展现园区能效分析趋势并生成报告进行预览。

菜单路径：【智慧大棚】→【用能分析】→【能效分析报告】。

能效分析报告页面如图 6-38 所示。

4. 气象服务

功能简述：对当地天气信息进行展示。

菜单路径：【果蔬加工】→【气象服务】。

气象服务页面如图 6-39 所示。

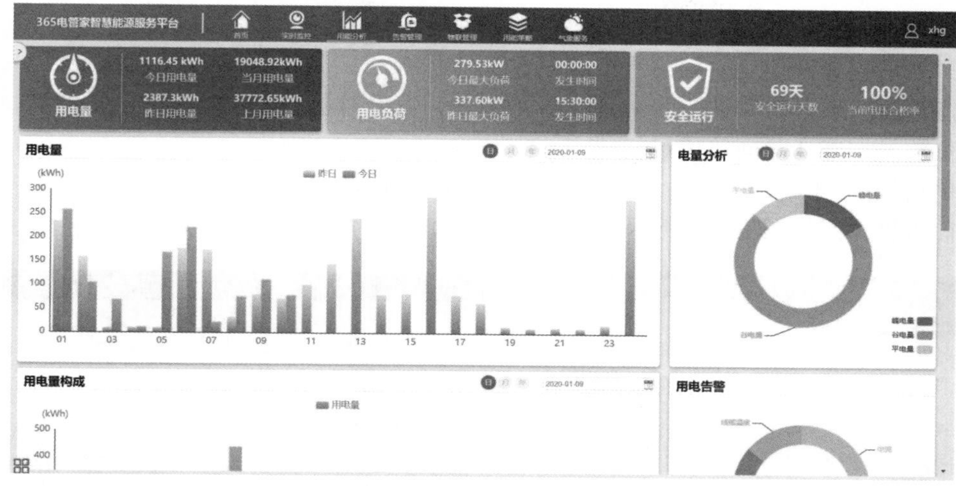

图 6–37　整体分析页面

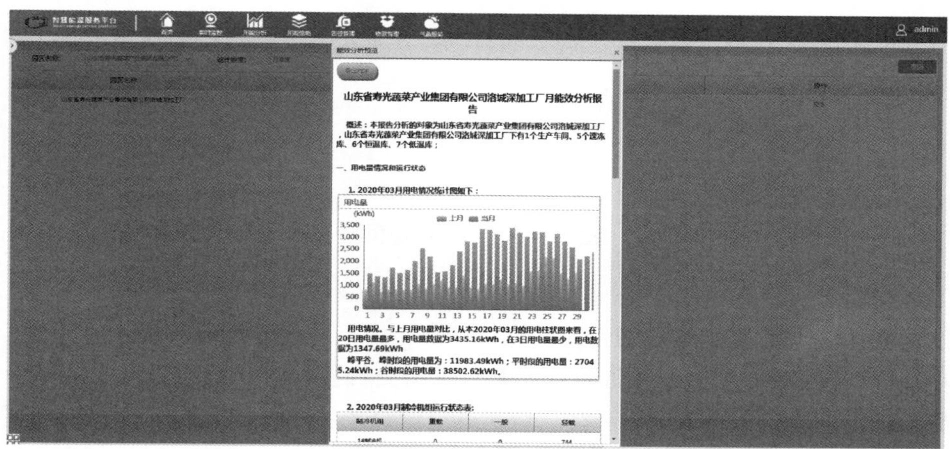

图 6–38　能效分析报告页面

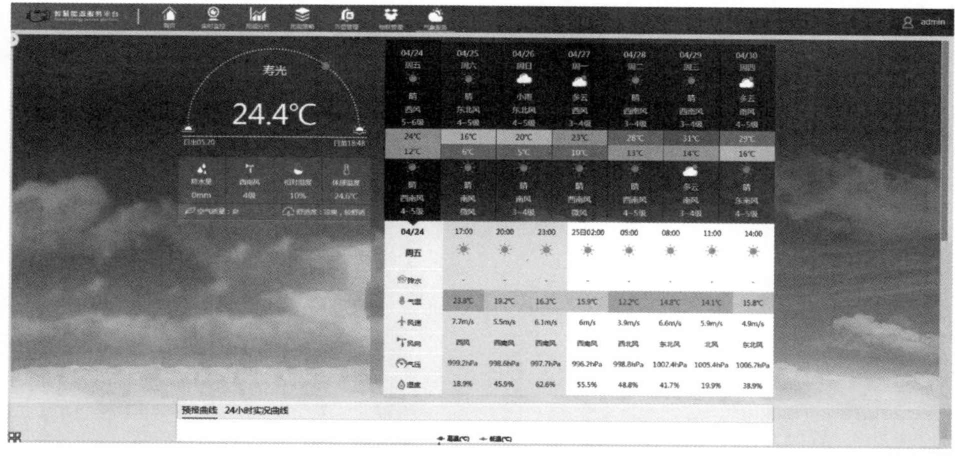

图 6–39　气象服务页面

5. 告警管理

（1）当前告警。

功能简述：展现告警的告警级别、告警名称、告警对象、发生时间、清除时间、所属系统、定位信息、确认时间等信息。

菜单路径：【果蔬加工】→【告警管理】→【当前告警】。

当前告警页面如图 6-40 所示。

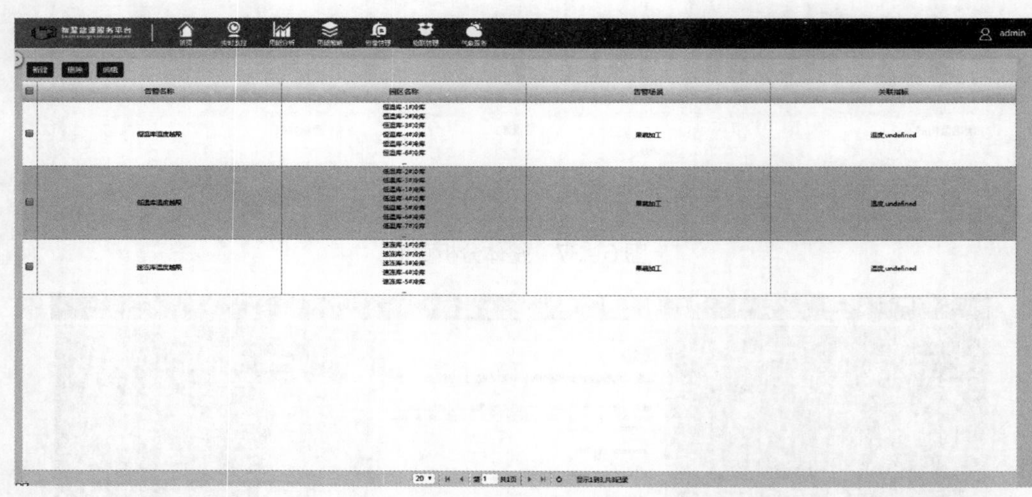

图 6-40　当前告警页面

（2）历史告警。

功能简述：展现历史产生过的告警的详细信息。

菜单路径：【果蔬加工】→【告警管理】→【历史告警】。

历史告警页面如图 6-41 所示。

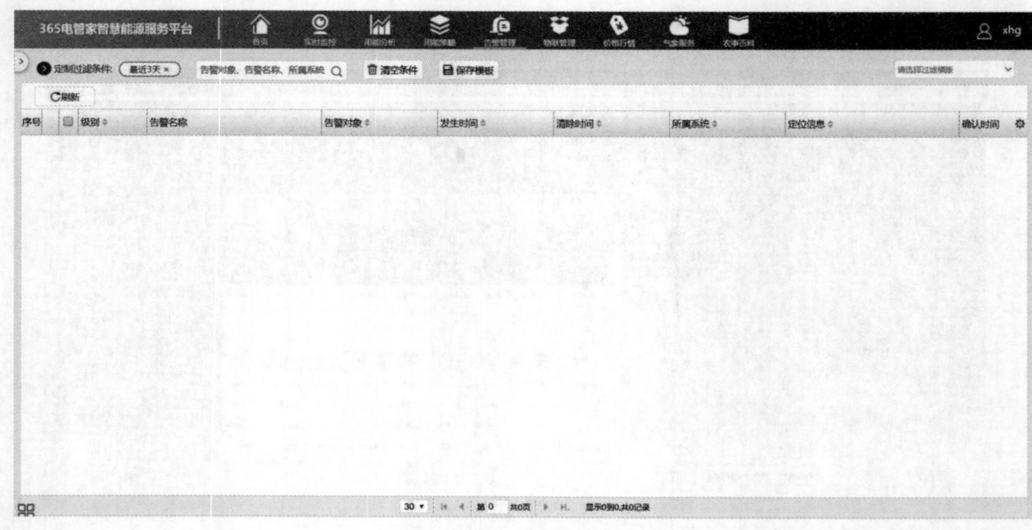

图 6-41　历史告警页面

（3）告警设置。

功能简述：展现告警的规则名称、标准化名称、指标原名称、单位、组名称、默认规则等信息。

菜单路径：【果蔬加工】→【告警管理】→【告警设置】。

告警设置页面如图 6-42 所示。

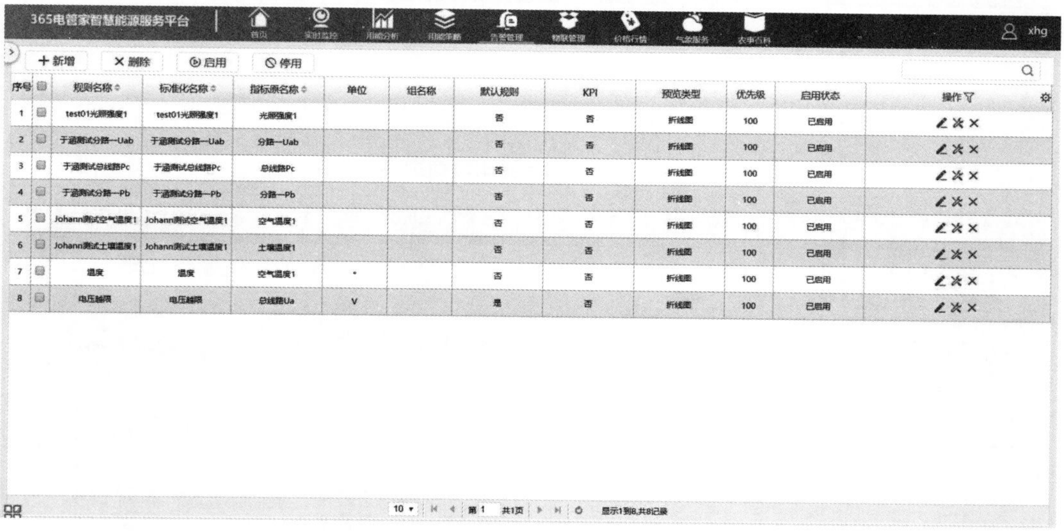

序号	规则名称	标准化名称	指标原名称	单位	组名称	默认规则	KPI	预览类型	优先级	启用状态	操作
1	test01光照强度1	test01光照强度1	光照强度1			否	否	折线图	100	已启用	
2	于涵测试分路—Uab	于涵测试分路—Uab	分路—Uab			否	否	折线图	100	已启用	
3	于涵测试总线路Pc	于涵测试总线路Pc	总线路Pc			否	否	折线图	100	已启用	
4	于涵测试分路—Pb	于涵测试分路—Pb	分路—Pb			否	否	折线图	100	已启用	
5	Johann测试空气温度1	Johann测试空气温度1	空气温度1			否	否	折线图	100	已启用	
6	Johann测试土壤温度1	Johann测试土壤温度1	土壤温度1			否	否	折线图	100	已启用	
7	温度	温度	空气温度1	°		否	否	折线图	100	已启用	
8	电压越限	电压越限	总线路Ua	V		是	否	折线图	100	已启用	

显示1到8,共8记录

图 6-42　告警设置页面

（4）停电通知管理。

功能简述：展现单位名称、时间、账号、公告内容等信息进行查询、添加、发送功能。

菜单路径：【果蔬加工】→【告警管理】→【停电通知查看】。

停电通知查看页面如图 6-43 所示。

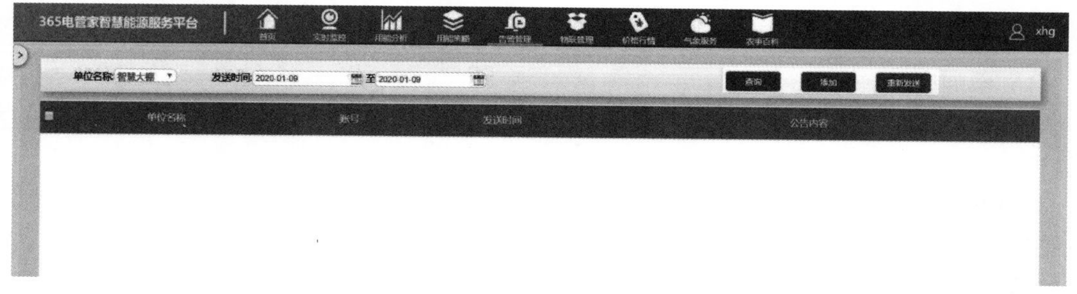

图 6-43　停电通知查看页面

（5）停电通知查看。

功能简述：根据单位名称查询该单位的停电通知的信息。

菜单路径：【果蔬加工】→【告警管理】→【停电通知查看】。

停电通知查看页面如图 6-44 所示。

（6）告警查看。

功能简述：展现历史产生过的告警的详细信息。

菜单路径：【果蔬加工】→【告警管理】→【告警查看】。

告警查看页面如图 6-45 所示。

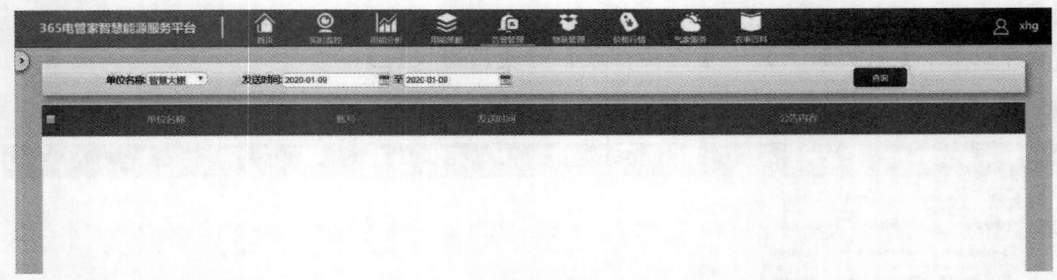

图 6-44　停电通知查看页面

图 6-45　告警查看页面

6. 物联管理

（1）空间资源管理。

功能简述：展现空间资源的名称、全局名称、所属区域、行政区单位、行政区域、区号等信息。

菜单路径：【果蔬加工】→【物联管理】→【空间资源管理】。

空间资源管理页面如图 6-46 所示。

（2）资源台账管理。

功能简述：展现各种不同类型资源的详细信息。

菜单路径：【果蔬加工】→【物联管理】→【资源台账管理】。

资源台账管理页面如图 6-47 所示。

（3）资源同步。

功能简述：展现资源的名称、全局名称、Ems 名称、资源类型、所属区域、对比状态。

菜单路径：【果蔬加工】→【物联管理】→【资源同步】。

资源同步页面如图 6-48 所示。

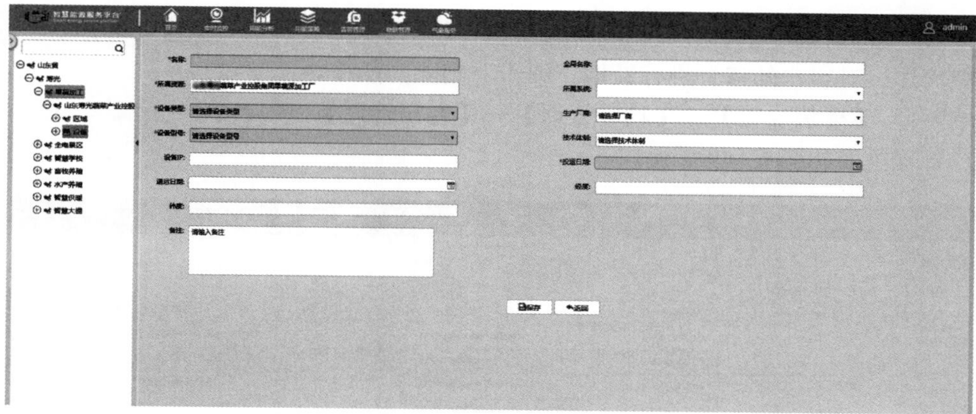

图 6-46　空间资源管理页面

365电管家智慧能源服务平台　　xhg

线缆资源
设备资源
设备
机框
板卡
端口
逻辑资源
动环资源
空间资源

＋新增　× 删除　导入　导出　名称,全局名称

序号		状态	名称	全局名称	设备型号	设备类型	生产厂商	所属区域	操作
1			01孵化室备用电表	西315变压器	电能表预置型号	电能表		01号孵化室	
2			01孵化室主电表	01孵化室主电表	电能表预置型号	电能表		01号孵化室	
3			02孵化室主电表	01孵化室主电表	电能表预置型号	电能表		02号孵化室	
4			03孵化室备用电表	西315变压器	电能表预置型号	电能表		03号孵化室	
5			03孵化室主电表	01孵化室主电表	电能表预置型号	电能表		03号孵化室	
6			04孵化室备用电表	01孵化室主电表	电能表预置型号	电能表		04号孵化室	
7			04孵化室主电表	01孵化室主电表	电能表预置型号	电能表		04号孵化室	
8			05孵化室主电表	01孵化室主电表	电能表预置型号	电能表		05号孵化室	
9			06孵化室备用电表	西315变压器	电能表预置型号	电能表		06号孵化室	
10			06孵化室主电表	01孵化室主电表	电能表预置型号	电能表		06号孵化室	

10　第 1　共145页　显示1到10,共1445记录

图 6-47　资源台账管理页面

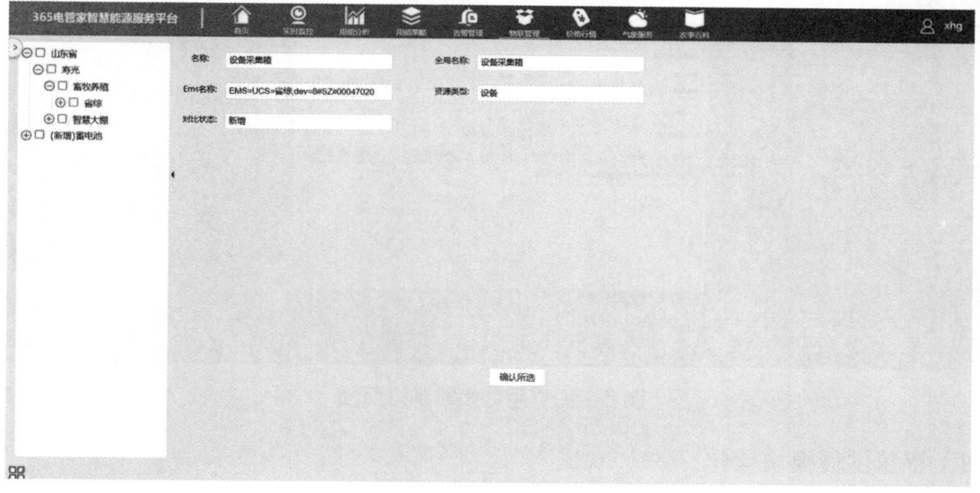

图 6-48　资源同步页面

（4）客户管理。

功能简述：对客户的信息进行新增、编辑、删除的操作。

菜单路径：【果蔬加工】→【物联管理】→【客户管理】。

客户管理页面如图 6-49 所示。

365电管家智慧能源服务平台 | 首页 | 实时监控 | 用能分析 | 用能策略 | 告警管理 | 物联管理 | 价格行情 | 气象服务 | 农事百科 | xhg

客户管理

十新增　编辑　×删除

客户编号	联系人	联系电话	所属园区	园区地址
01	张××	1586363 ××××	[illegible]高新技术试验示范基地	[illegible]市文圣东街与弥河西坝交叉口以南200米路东
02	张××	1586363 ××××	[illegible]小镇产业园	[illegible]市003乡道以北300
03	张××	1586363 ××××	[illegible]智能化蔬菜大棚示范园区	[illegible]市田柳镇
04	张××	1586363 ××××	[illegible]现代农业创新创业示范园区	[illegible]镇现代农业创业示范园区
05	张××	1586363 ××××	[illegible]现代农业培训基地	[illegible]市近郊的[illegible]晨港大平原[illegible]
06	王××	1826366 ××××	[illegible]供暖区	[illegible]
07	刘××	1369636 ××××	[illegible]种禽有限公司	[illegible]市[illegible]市[illegible]
08	耿××	1856360 ××××	[illegible]水产养殖公司	[illegible]生态经济园区南海路[illegible]路东2000米
09	李××	1856360 ××××	[illegible]蔬菜产业控股集团果蔬深加工厂	[illegible]路交口南400米路东
10	武××	1856360 ××××	中国[illegible]风景区	[illegible]生态经济开发区牛头镇村西900米
11	臧××	1856360 ××××	中国（[illegible]）国际蔬菜科技博览会	[illegible]国际会展中心
12	姚××	1585362 ××××	[illegible]种禽有限公司	[illegible]庄村
13	庞××	1856360 ××××	山东（[illegible]）农村干部学院	[illegible]生态经济园区[illegible]村西行淀湖风景区东邻500米
14	张××	1586363 ××××	[illegible]蔬菜小镇	[illegible]交叉口西北角

图 6-49　客户管理页面

7. 用能策略

功能简述：制订用能策略提升任务执行效率。

菜单路径：【果蔬加工】→【用能分析】→【用能策略制定】。

用能策略制订页面如图 6-50 所示。

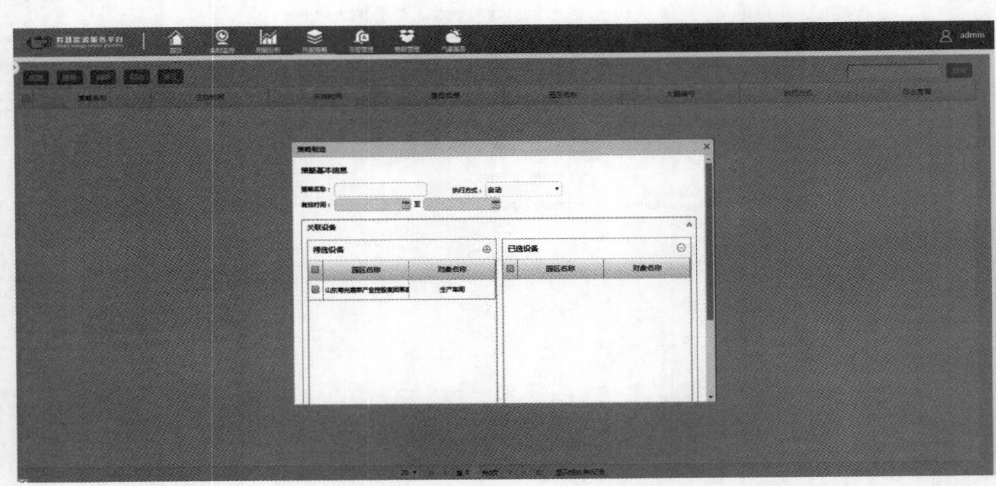

图 6-50　用能策略制订页面

（四）智慧供暖模块操作

1. 首页

功能简述：根据采集的数据，展现物联设备概况、客户用电统计、项目规模、实时告警

等信息数据的展示。

菜单路径：【智慧供暖】→【首页】。

2. 实时监测

功能简述：对供暖设备的组成和运行状态的信息进行展示。主要提供风机组、光伏板、变压器组、循环水泵等设备信息和监测的数据分析以及24小时预测信息的展示。

菜单路径：【智慧供暖】→【实时监测】。

实时监测页面如图6–51所示。

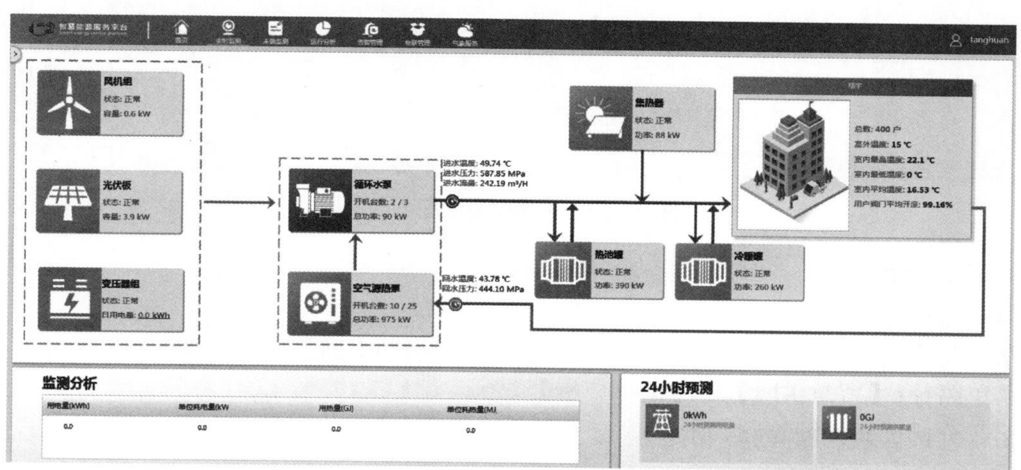

图6–51　实时监测页面

3. 末端监测

功能简述：展现供暖区域内所有客户的户号，室内、室外温度，进水、回水温度、阀门开度的信息。

菜单路径：【智慧供暖】→【末端监测】。

末端监测页面如图6–52和图6–53所示。

户号	进水温度	回水温度	室内温度	室外温度	阀门开度	缴费状态
1单元201	12.8	13.2	15.9	15	100	已缴费
1单元202	12.8	12.8	14	15	100	未缴费
1单元301	14.4	14.4	16.7	15	100	已缴费
1单元302	14	14	16.3	15	100	已缴费
1单元401	4.8	8	17.6	15	100	已缴费
1单元402	14.8	14.8	15.2	15	100	未缴费
1单元501	15.2	14.8	17.3	15	100	已缴费
1单元502	14.8	14.8	15.8	15	100	已缴费
1单元601	14.4	14.4	17.1	15	100	已缴费
1单元602	14.8	14.8	15.6	15	100	未缴费

图6–52　末端监测页面（一）

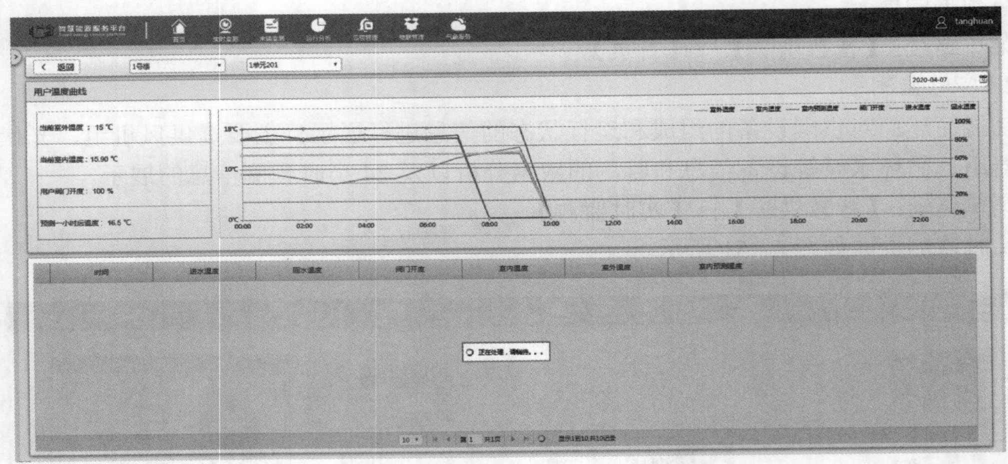

图 6-53　末端监测页面（二）

4. 运行分析

（1）运行分析。

功能简述：对智慧供暖产生的能源消耗信息进行分析、查看。

菜单路径：【智慧供暖】→【运行分析】。

运行分析页面如图 6-54 所示。

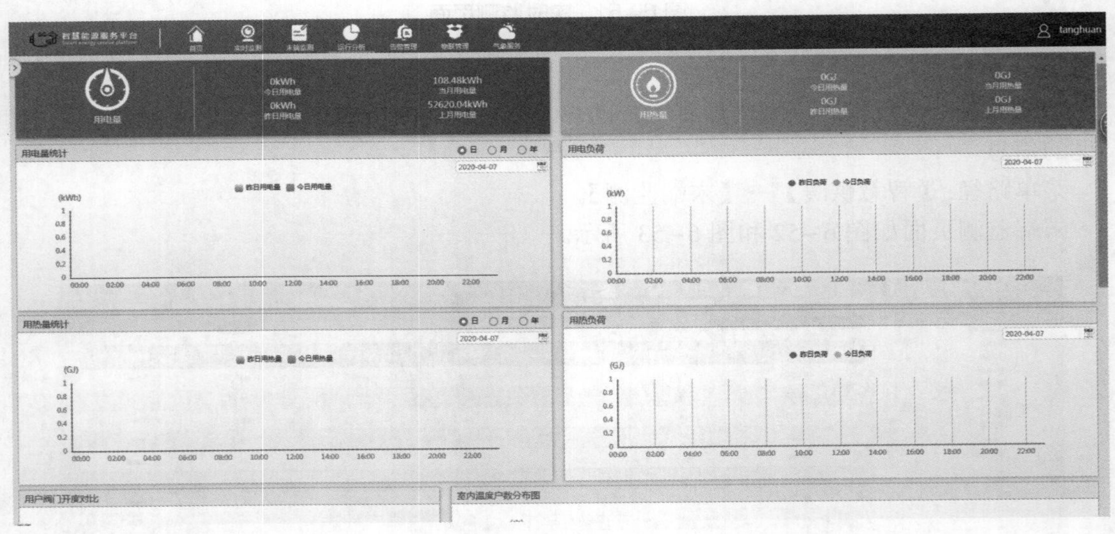

图 6-54　运行分析页面

（2）能效分析报告。

功能简述：显示能效分析趋势并生成报告进行预览。

菜单路径：【智慧供暖】→【用能分析】→【能效分析报告】。

能效分析报告页面如图 6-55 所示。

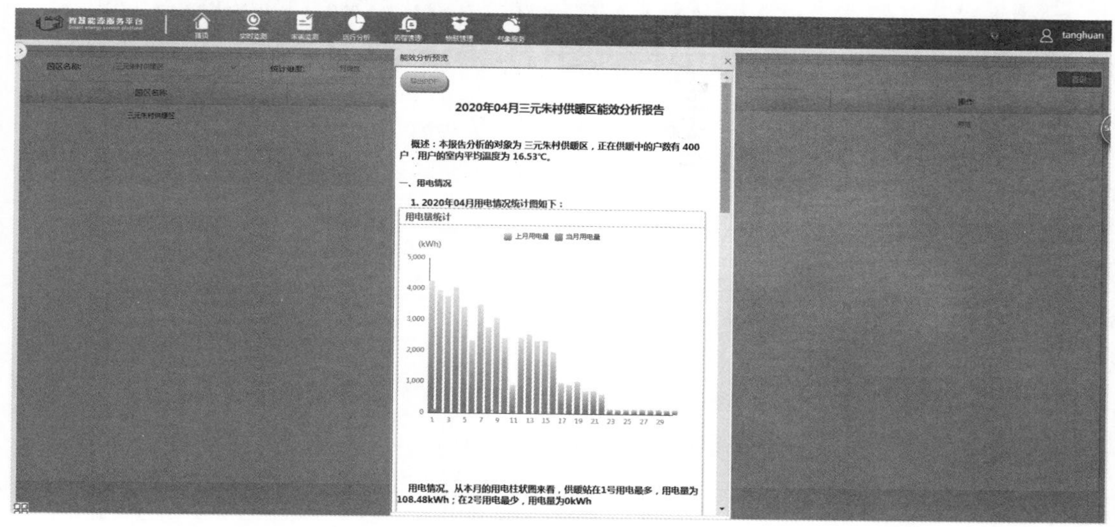

图 6-55　能效分析报告页面

5. 告警管理

（1）告警查看。

功能简述：展现历史产生过的告警的详细信息。

菜单路径：【智慧供暖】→【告警管理】→【告警查看】。

告警查看页面如图 6-56 所示。

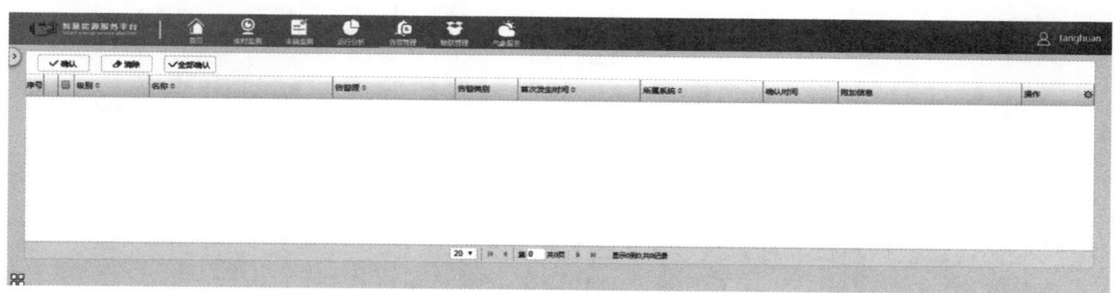

图 6-56　告警查看页面

（2）告警设置。

功能简述：展现告警名称、标准化名称、指标原名称、单位、组名称、默认规则等信息。

菜单路径：【智慧供暖】→【告警管理】→【告警设置】。

告警设置页面如图 6-57 所示。

（3）停电通知管理。

功能简述：展现单位名称、时间、账号、公告内容等信息进行查询、添加、发送功能。

菜单路径：【智慧供暖】→【告警管理】→【停电通知管理】。

停电通知管理页面如图 6-58 所示。

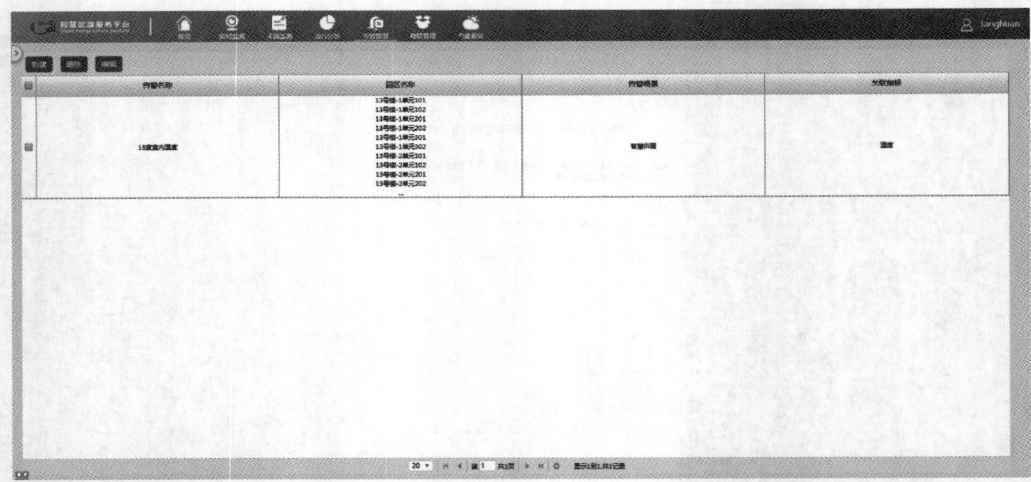

图 6-57　告警设置页面

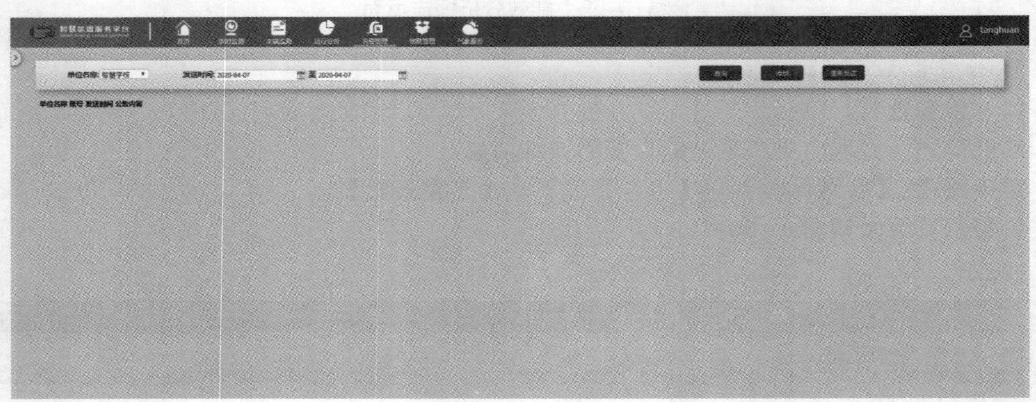

图 6-58　停电通知管理页面

（4）停电通知查看。

功能简述：根据单位名称查询该单位的停电通知的信息。

菜单路径：【智慧供暖】→【告警管理】→【停电通知查看】。

停电通知查看页面如图 6-59 所示。

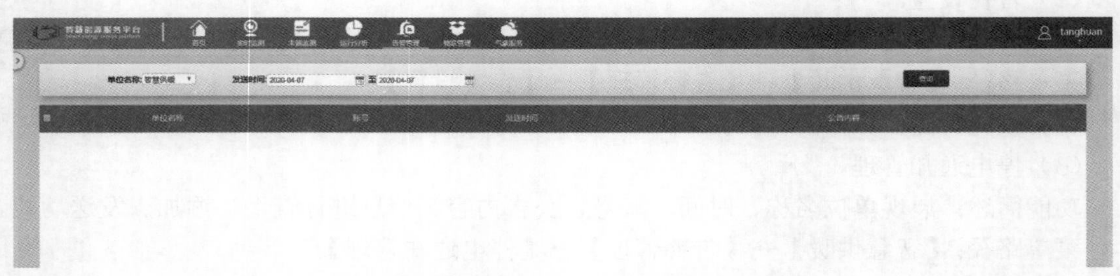

图 6-59　停电通知查看页面

6. 物联管理

（1）空间资源管理。

功能简述：展现空间资源的名称、全局名称、所属区域、行政区单位、行政区域、区号等信息。

菜单路径：【智慧供暖】→【物联管理】→【空间资源管理】。

空间资源管理页面如图 6–60 所示。

（2）资源台账管理。

功能简述：展现各种不同类型资源的详细信息。

菜单路径：【智慧供暖】→【物联管理】→【资源台账管理】。

资源台账管理页面如图 6–61 所示。

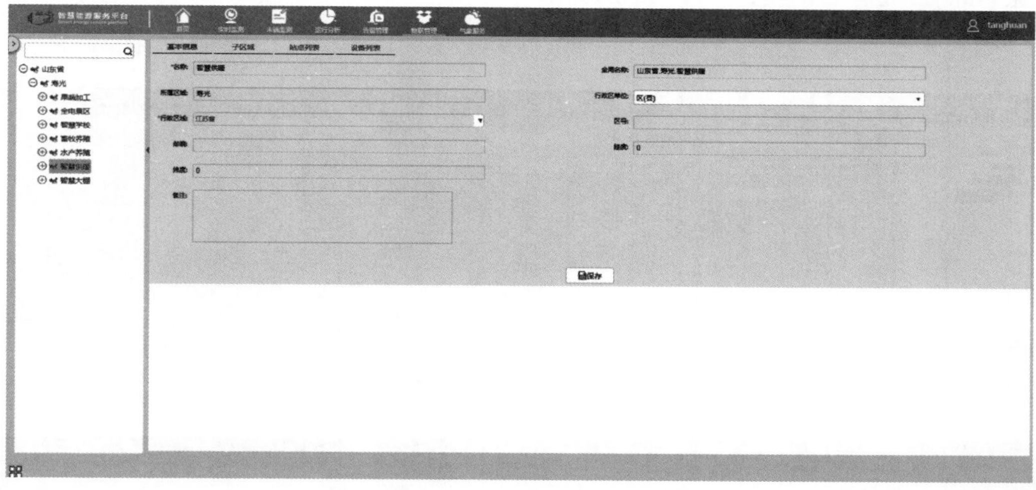

图 6–60　空间资源管理页面

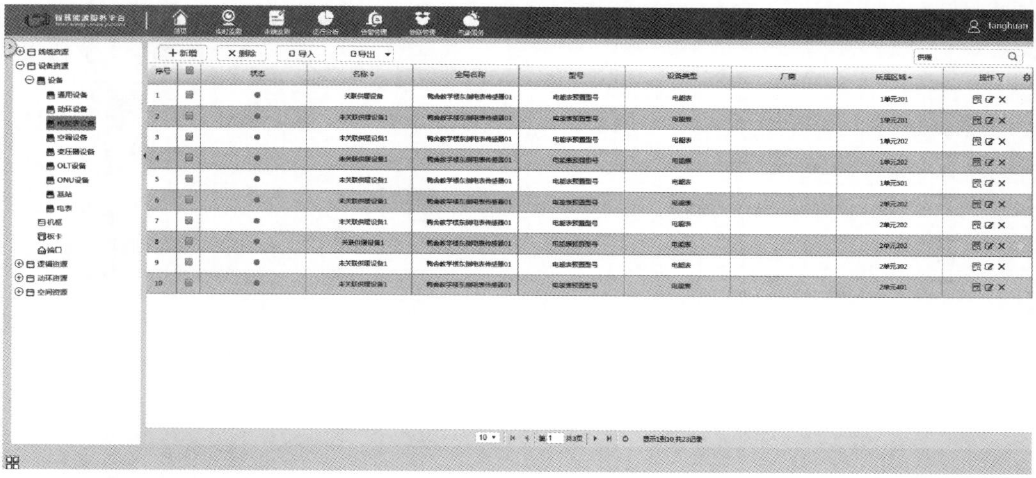

图 6–61　资源台账管理页面

（3）资源同步。

功能简述：展现资源的名称、全局名称、Ems 名称、资源类型、所属区域、对比状态。

菜单路径：【智慧供暖】→【物联管理】→【资源同步】。

资源同步页面如图 6-62 所示。

（4）供暖客户管理。

功能简述：对客户的信息进行添加、编辑、删除的操作。

菜单路径：【智慧供暖】→【物联管理】→【供暖客户管理】。

供暖客户管理页面如图 6-63 所示。

7. 气象服务

功能简述：对当地天气信息进行展示。

菜单路径：【智慧供暖】→【气象服务】。

气象服务页面如图 6-64 所示。

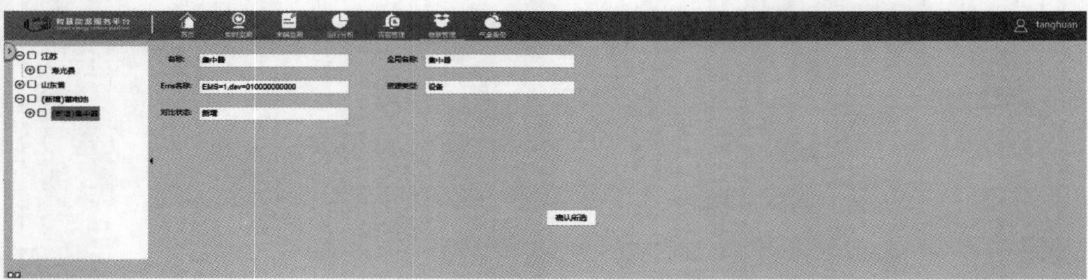

图 6-62　资源同步页面

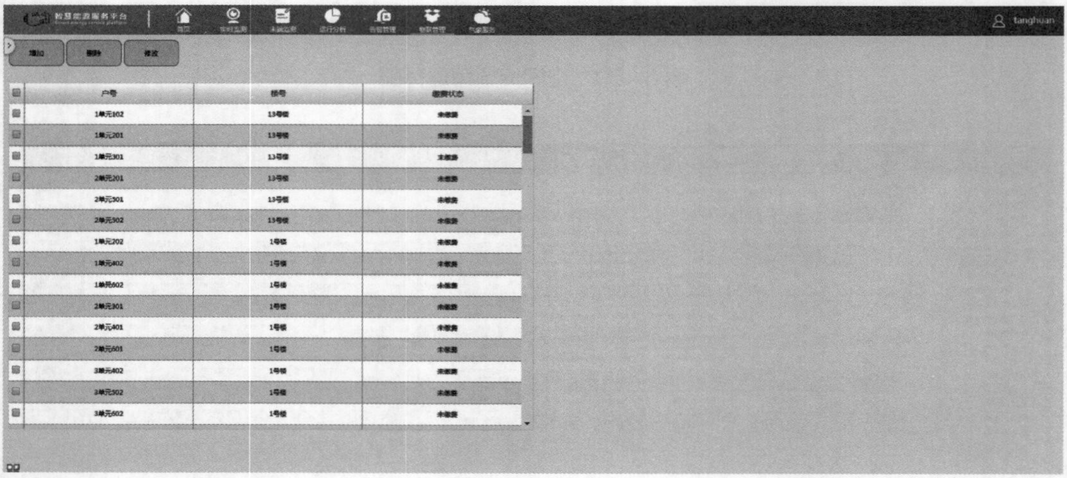

图 6-63　供暖客户管理页面

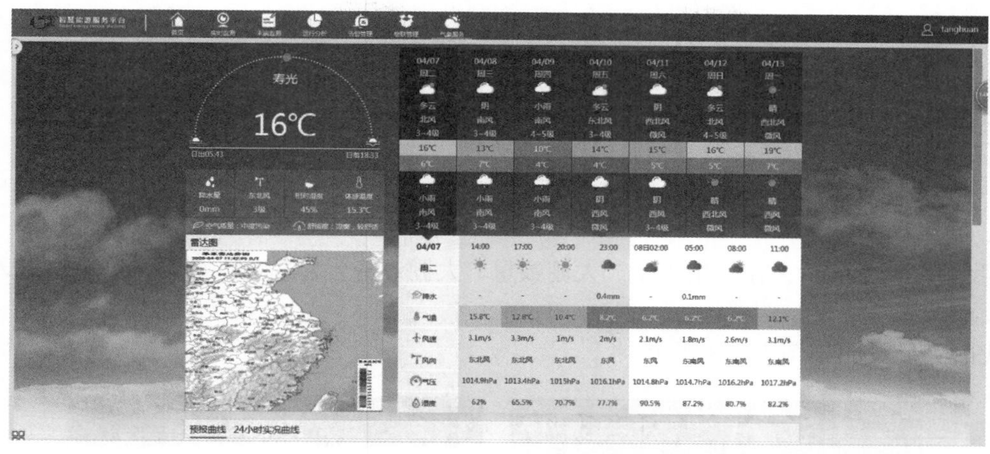

图 6-64　气象服务页面

第三节　APP　应　用

一、APP 首页

大棚首页页面如图 6-65 所示。

1. 切换角色

【切换角色】切换按钮，点击可切换其他角色，无则表示只有一角色。

切换角色页面如图 6-66 所示。

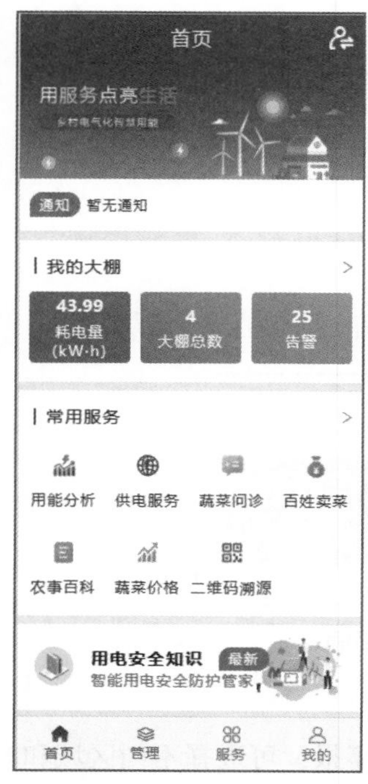

图 6-65　大棚首页页面

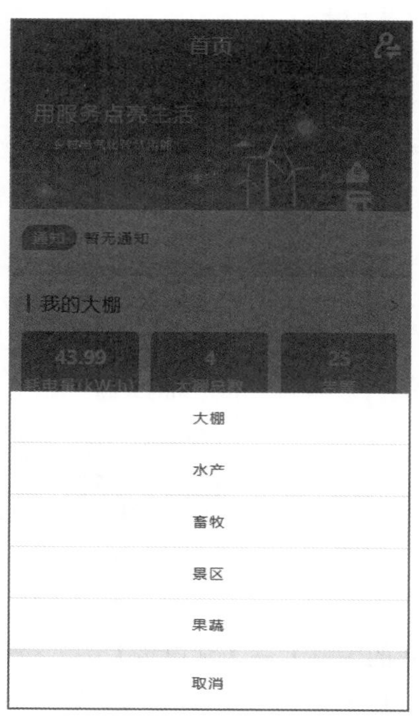

图 6-66　切换角色页面

2. 通知

【通知】进入通知消息列表。

通知页面如图 6-67 所示。

二、大棚模块

(一)大棚首页

1. 大棚概况

【我的大棚】展示大棚总用电量、大棚数量、大棚设备告警信息。点击左侧箭头进入大棚管理页面。

我的大棚页面如图 6-68 所示。

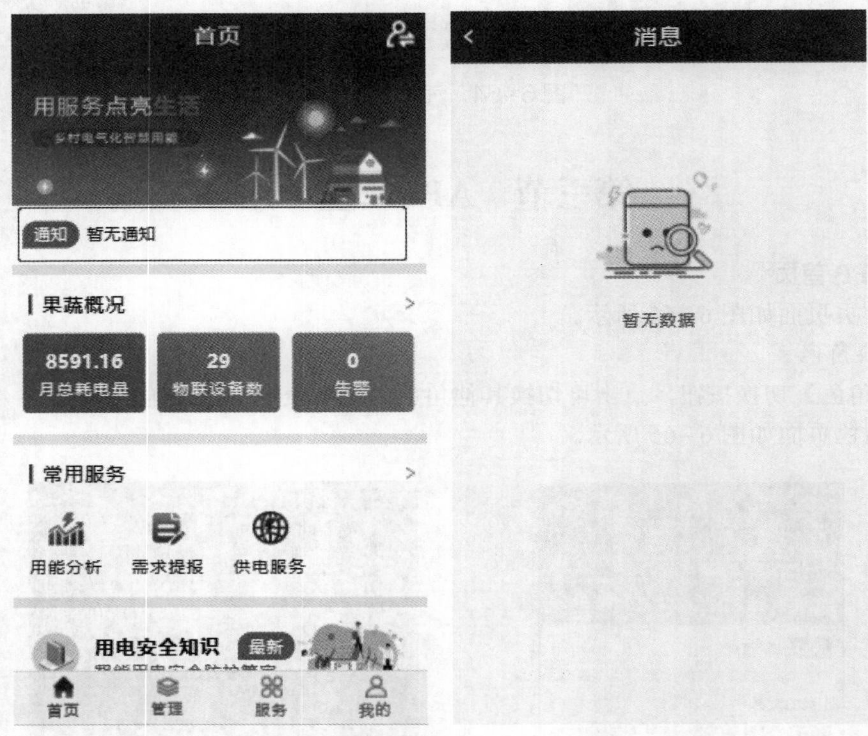

图 6-67　通知页面

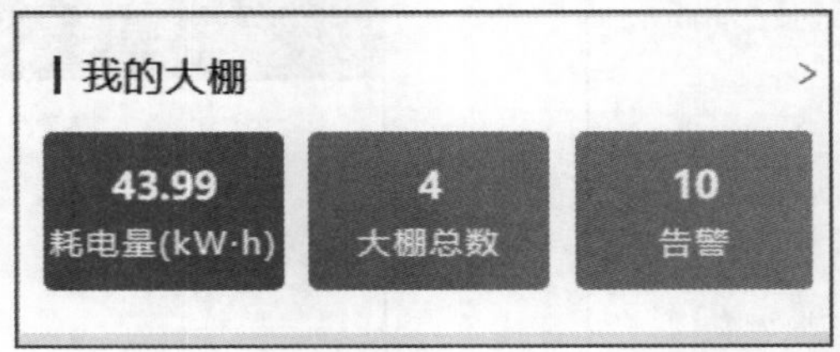

图 6-68　我的大棚页面

(1)【我的大棚】→【耗电量】。

耗电量：耗电量曲线分析，可查询日报、月报、年报；可选择不同区域和时间。耗电量页面如图 6-69 所示。

（2）【我的大棚】→【大棚总数】进入大棚列表页面。大棚列表页面如图 6–70 所示。

（3）【我的大棚】→【告警】进入大棚设备告警列表，展示告警信息。告警信息页面如图 6–71 所示。

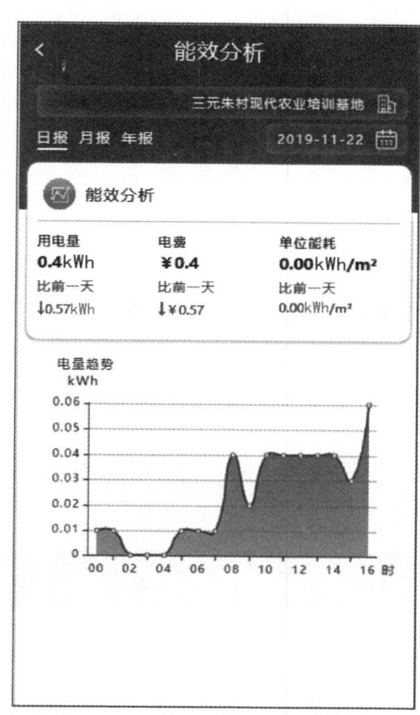

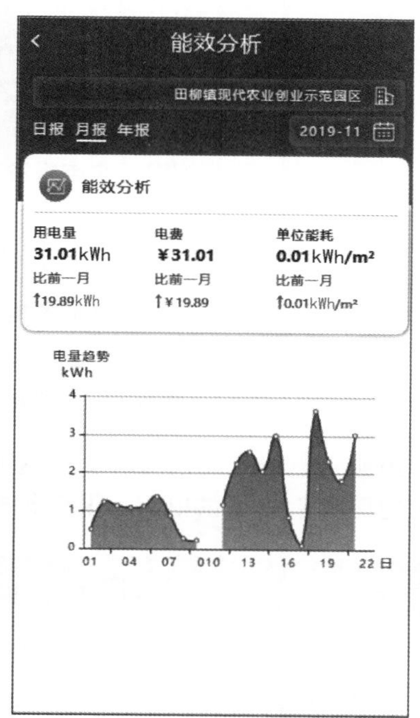

图 6–69　耗电量页面

大棚列表

全部　搜索名称

1# A2信息-西红柿
用电量: 19.29 kW·h
所在园区: 田柳镇现代农业创业示范园区

2# 3号信息-西红柿
用电量: 11.94 kW·h
所在园区: 三元朱村现代农业培训基地

3# A4信息-西红柿
用电量: 11.72 kW·h
所在园区: 田柳镇现代农业创业示范园区

4# A8信息-西红柿
用电量: 1.04 kW·h

图 6–70　大棚列表页面

图 6–71　告警信息页面

2. 常用服务

大棚角色的常用服务页面如图 6–72 所示。

图 6–72　大棚角色的常用服务页面

（1）【常用服务】→【用能分析】同【我的大棚】→【耗电量】。

（2）【常用服务】→【供电服务】咨询热线、业务流程、电费价格，如图 6–73 所示。

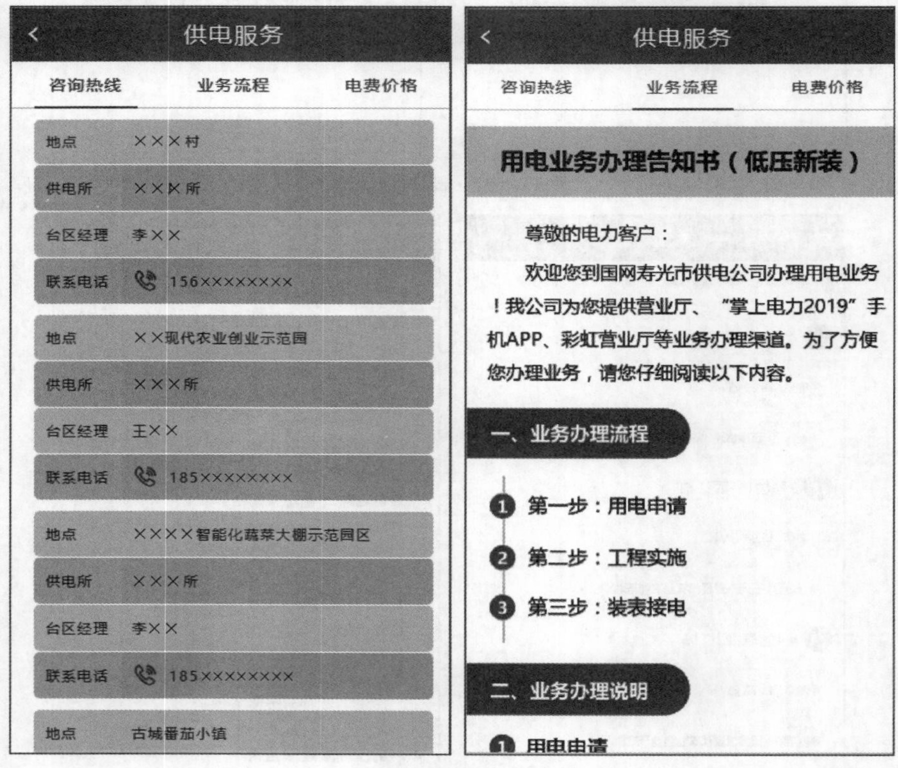

图 6–73　供电服务页面

（3）【常用服务】→【蔬菜问诊】蔬菜问诊专家回答等如图 6–74 所示。

（4）【常用服务】→【百姓卖菜】展示蔬菜卖菜等功能。

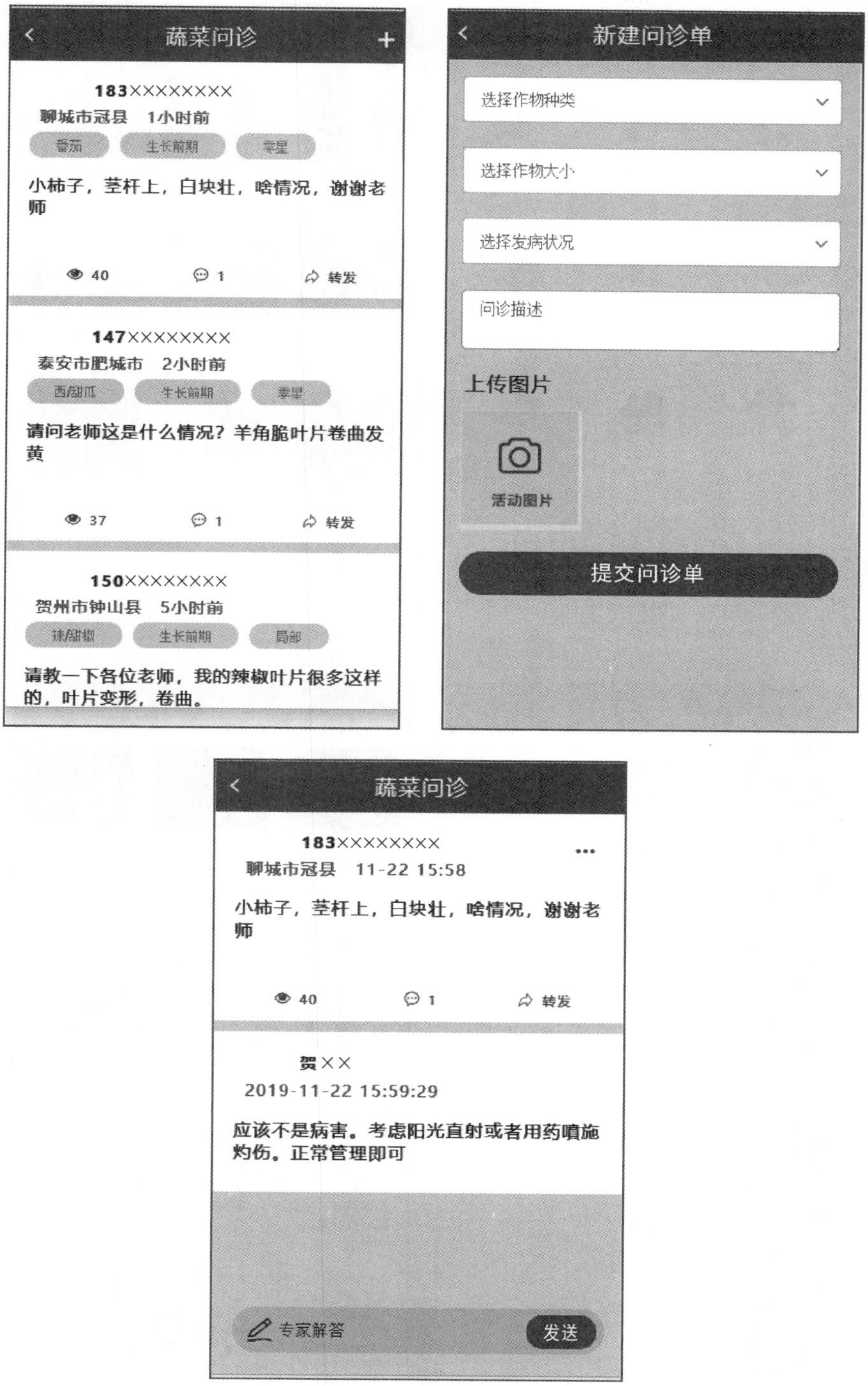

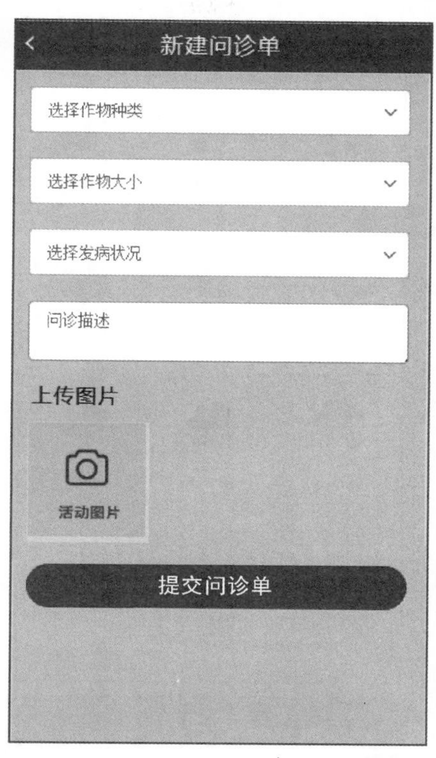

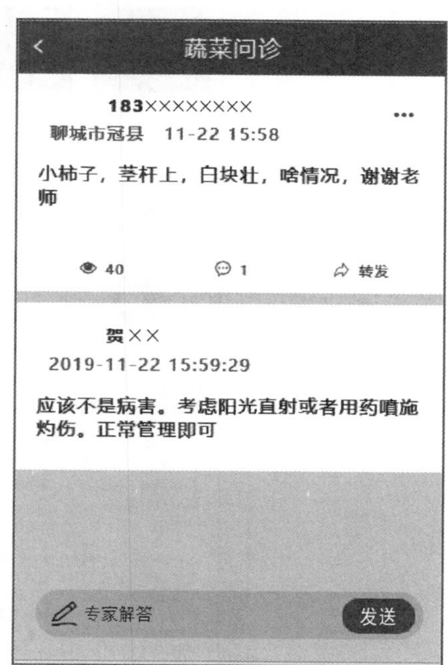

图 6-74　蔬菜问诊页面

（5）【常用服务】→【农事百科】农事百科等功能如图 6-75 所示，点击每个分类可以查看相应的蔬菜，再点击蔬菜可以查看每个蔬菜的病情百科。

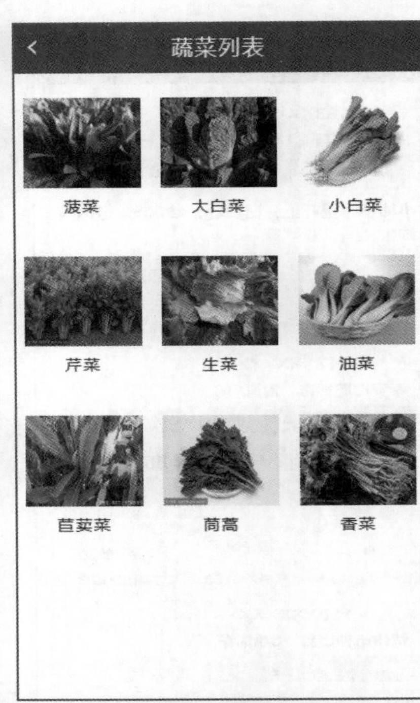

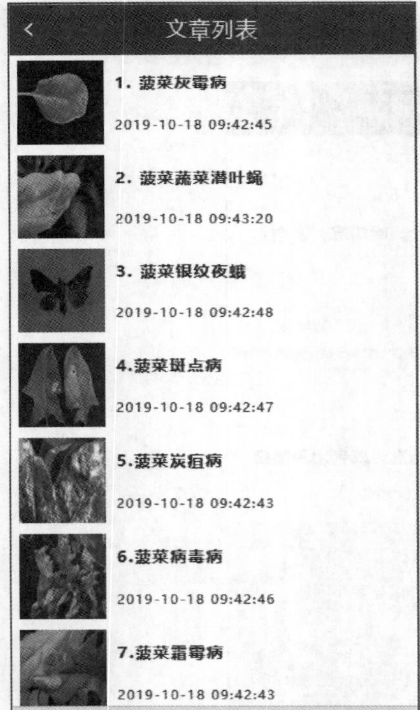

图 6-75　农事百科页面

（6）【常用服务】→【蔬菜价格】不同地区时间蔬菜价格等功能如图 6-76 所示。

蔬菜价格

寿光	选择时间	搜索蔬菜名

序号	蔬菜	价格	日期
1	大白菜	¥0.90元	2019-11-13
2	莲藕<	¥3.60元	2019-11-13
3	莴笋<	¥1.40元	2019-11-13
4	西洋芹	¥1.40元	2019-11-13
5	芹菜<	¥0.74元	2019-11-13
6	生姜<	¥5.80元	2019-11-13
7	大葱<	¥1.32元	2019-11-13
8	葱头<	¥1.83元	2019-11-13
9	良薯<	¥1.59元	2019-11-13
10	山药<	¥3.48元	2019-11-13
11	土豆<	¥1.47元	2019-11-13
12	胡萝卜	¥1.07元	2019-11-13
13	白萝卜	¥0.72元	2019-11-13

图 6-76　蔬菜价格页面

3. 用电安全知识

【用电安全知识】展示用电安全知识列表和文章详情。

用电安全知识页面如图 6-77 所示。

(a)

正文

用电安全须知

2019-10-15 14:45:22

1. 使用电器前，先阅读使用说明书，尤其要读懂注意事项。2. 不随意拆卸、安装电源线路、插座、插头等，不可用手或导电物（如铁丝、钉子、别针等金属制品）去接触、探试电源插座内部，不用湿手触摸电器，不用湿布擦拭电器。3. 电器使用完毕后应拔掉电源插头；插拔电源插头时不可用力拉拽电线，以防电线的绝缘层剥落；保险丝被烧断要即时更换，千万不能用铜丝、铝丝、铁丝代替保险丝。4. 家用电器在使用中，发现有异常的响声、气味、温度、冒烟冒火，要立即切断电源，不可盲目用水扑救。5. 发现有人触电要设法及时关断电源，或者用干燥的木棍等物将触电者与带电的电器分开，不要用手去直接救人；如果触电者靠近高压电，你必须保持在50米以外，应尽快报警，不要盲目施救。6. 触电后的病人如果神志清醒，但感乏力、头昏、心悸、出冷汗，甚至恶心呕吐，应让其就地平卧，严密观察，暂时不可站立或走动，防止继发性休克或心衰。

(b)

图 6-77　用电安全知识页面

（a）列表；（b）文章详情

（二）管理

1. 管理首页

管理首页页面如图 6–78 所示。

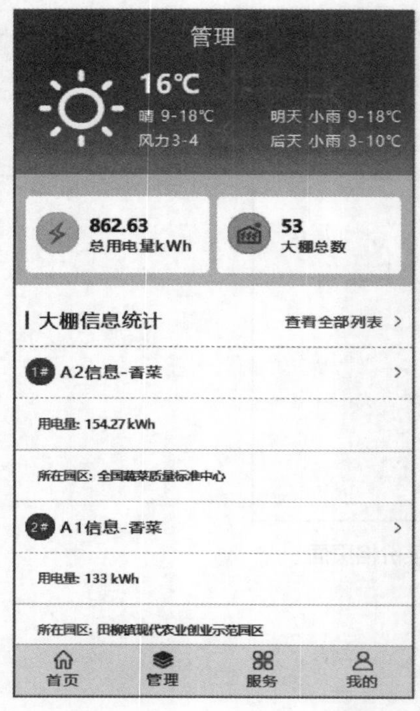

图 6–78 管理首页页面

【管理首页】天气部分展示寿光的当前天气、温度、风力和明后两天的天气情况，点击天气可以打开天气详情页面，详细展示了当前天气的详细信息；总用电量模块展示当前大棚总的用电量信息，点击可以进入能效分析页面；大棚总数模块展示当前大棚的总数，点击可以进入大棚列表页面。

2. 用能分析

用能分析页面如图 6–79 所示。

【用能分析】由管理页面的总用电量模块点击进入，当前能效分析页面展示了某个园区的用电量曲线图，可以选择园区，可以查询选定园区的日报、月报、年报，右侧还可以根据日期选择来查询园区的用电量情况。

3. 大棚列表

大棚列表页面如图 6–80 所示。

【大棚列表】由管理页面的大棚总数模块或者查看全部列表点击进去，展示所有大棚的简要信息，可以通过点击左上角的园区选择键选择查看某个园区的大棚列表，也可以通过搜索大棚名称快速查询某个大棚。

4. 大棚详细信息

大棚详情页面如图 6–81 所示。

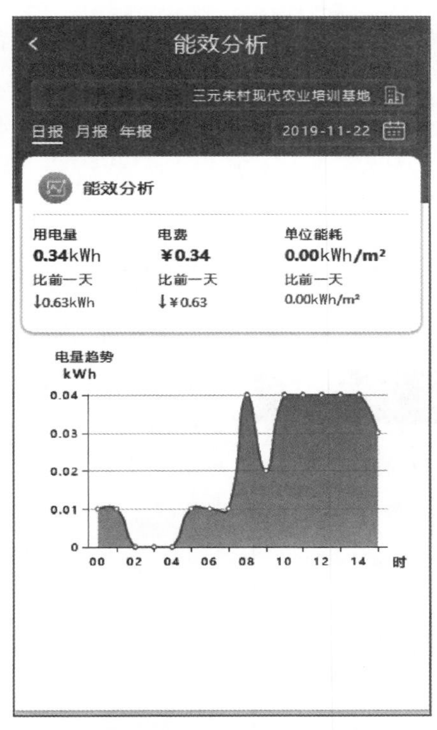

图 6-79　用能分析页面

大棚列表
全部
搜索名称
1# A2信息-香菜
用电量: 154.27 kWh
所在园区: 全国蔬菜质量标准中心
2# A1信息-香菜
用电量: 133 kWh
所在园区: 田柳镇现代农业创业示范园区
3# A7信息-香菜
用电量: 128.34 kWh
所在园区: 全国蔬菜质量标准中心
4# B7信息-香菜
用电量: 85.63 kWh

图 6-80　大棚列表页面

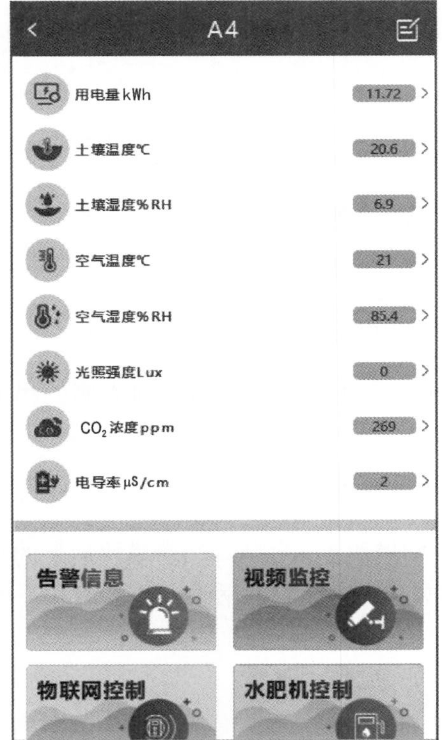

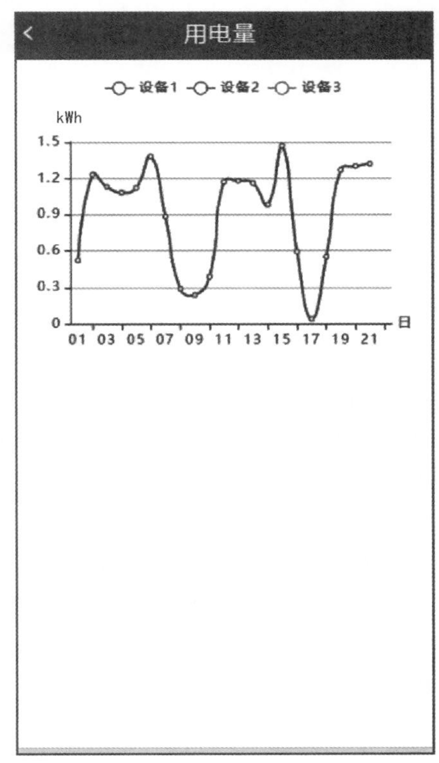

图 6-81　大棚详情页面

【大棚详情】详情页上半部分展示当前大棚传感器所展示的数据信息，所有信息都是当前实时信息；点击某个传感器信息，如用电量，可以跳转到用电量曲线图，展示当前大棚当天的用电量。详情页下半部分分别是当前大棚的告警信息、视频监控、物联网设备、水肥机，点击可以进去相关模块页面。

5. 告警信息

告警信息页面如图 6-82 所示。

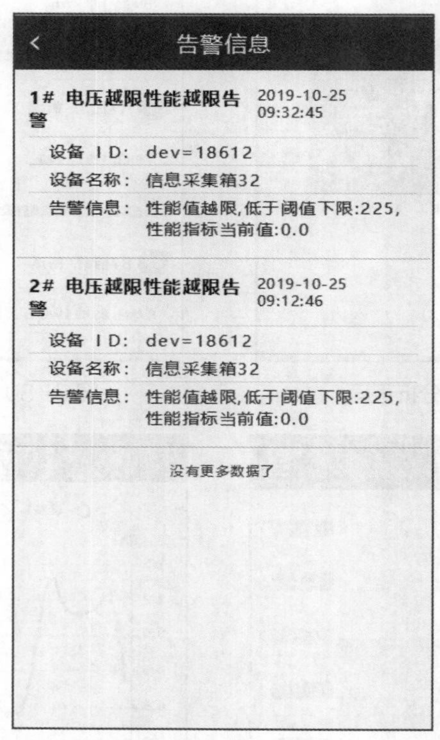

图 6-82　告警信息页面

【告警信息】通过大棚详情页面的告警信息模块点击进入，展示当前大棚的相关告警信息，例如某个设备在某个时间发生的错误信息。

6. 物联网控制

物联网控制页面如图 6-83 所示。

【物联网控制】通过大棚详情页面的物联网控制模块点击进入，当前模块展示的是除水肥一体机之外的所有物联网设备，通过简单的开和关来控制该物联网设备的开启和关闭。

7. 水肥机控制

水肥机控制页面如图 6-84 所示。

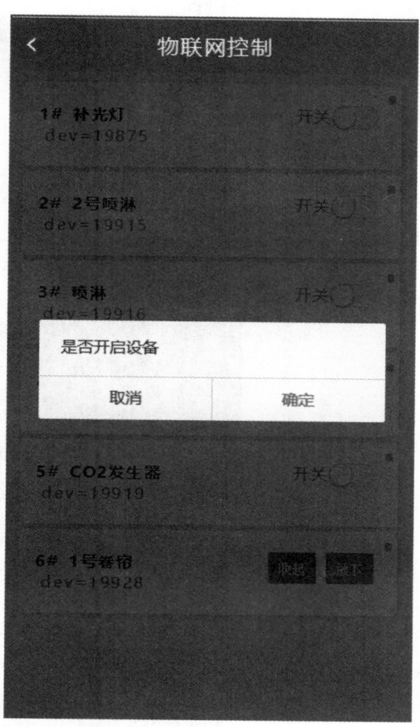

图 6-83　物联网控制页面

水肥机控制

1# 水肥机　未运行

灌溉方式　清水灌溉　肥水灌溉

灌溉分区　02501

公 用 捅　不启用

灌溉时长　−　30　+　分钟

启用

图 6-84　水肥机控制页面

【水肥机】通过大棚详情页面的水肥机控制模块点击进入，在此页面设置水肥机的灌溉方案。

三、果蔬模块

（一）果蔬首页

1. 果蔬概况

【果蔬概况】展示月总用电量、物联设备数、告警信息。点击右侧箭头进入果蔬管理页面。果蔬管理页面如图 6–85 所示。

图 6–85　果蔬管理页面

（1）【果蔬概况】→【月总耗电量】。

月总耗电量：耗电量曲线分析，可查询日报、月报、年报；可选择不同区域和时间。用能分析页面如图 6–86 所示。

（2）进入物联设备页面，可查询设备的在线、离线状态。

物联设备页面如图 6–87 所示。

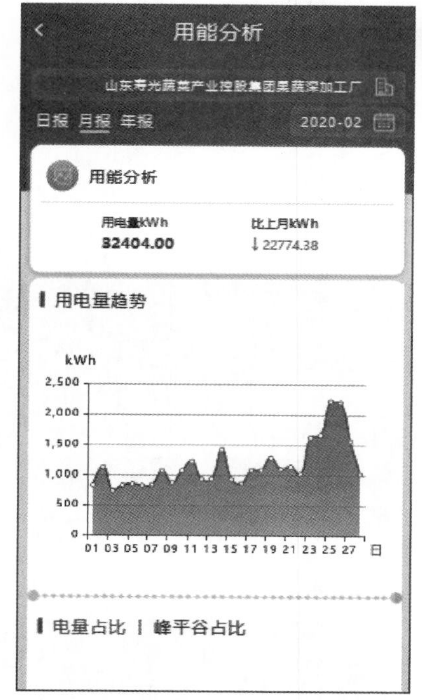

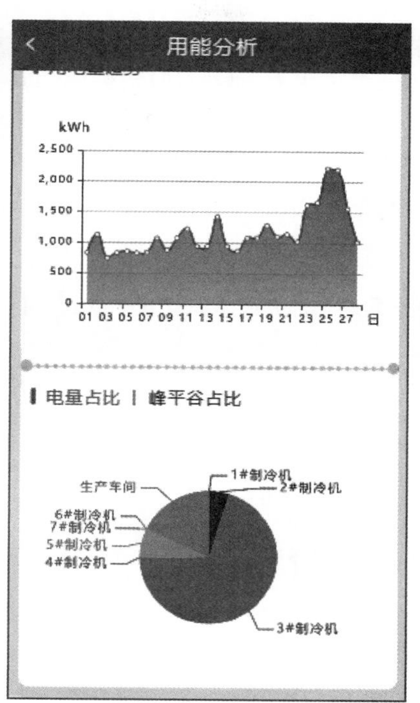

图 6-86　用能分析页面

图 6-87　物联设备页面

（3）【果蔬概况】→【告警】。

进入果蔬加工厂告警列表，展示告警信息。

告警信息页面如图 6–88 所示。

2. 常用服务

果蔬角色的常用服务页面如图 6–89 所示。

图 6–88 告警信息页面

图 6–89 果蔬角色的常用服务页面

（1）【常用服务】→【用能分析】同【果蔬概括】→【月总耗电量】。

（2）【常用服务】→【需求提报】采购物资提报，点击右上角的发布信息按钮，填写联系电话、信息标题、信息内容点击确定按钮完成提报，也可以查看提报的历史记录，有助于快速解决物资供应。需求提报页面如图 6–90 所示。

（3）【常用服务】→【供电服务】咨询热线、业务流程、网上国网，如图 6–91 所示。

3. 用电安全知识

【用电安全知识】展示用电安全知识列表和文章详情。

用电安全知识页面如图 6–92 所示。

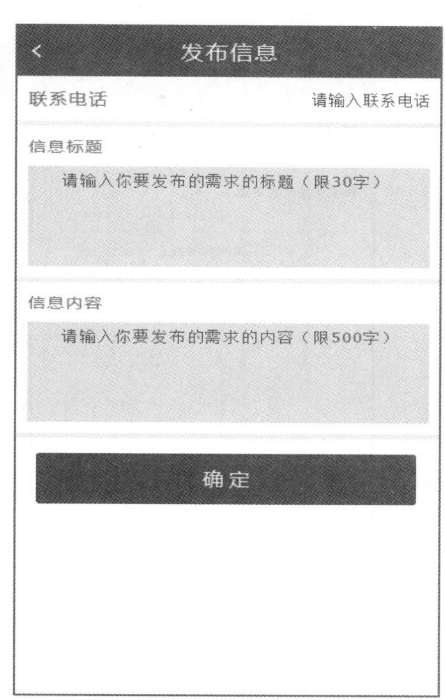

图 6-90　需求提报页面

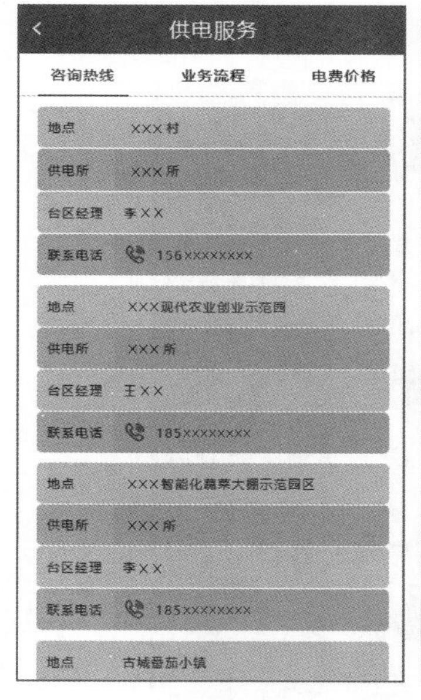

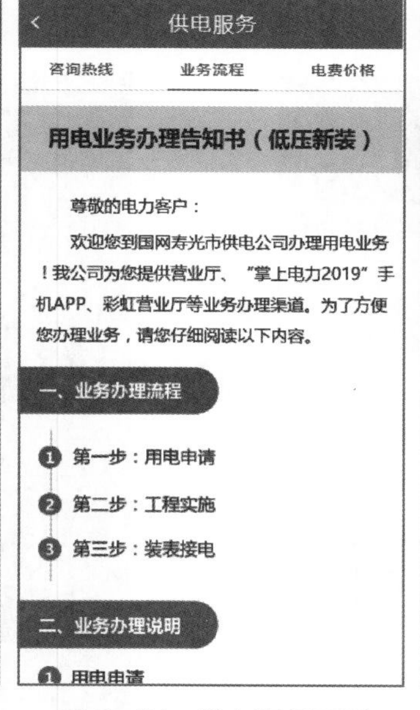

图 6-91　供电服务页面

（二）管理

管理页面包括果蔬加工厂的基本概况，果蔬设备的基本运转情况、住户区的基本情况。管理页面和当前天气页面如图 6-93 和图 6-94 所示。

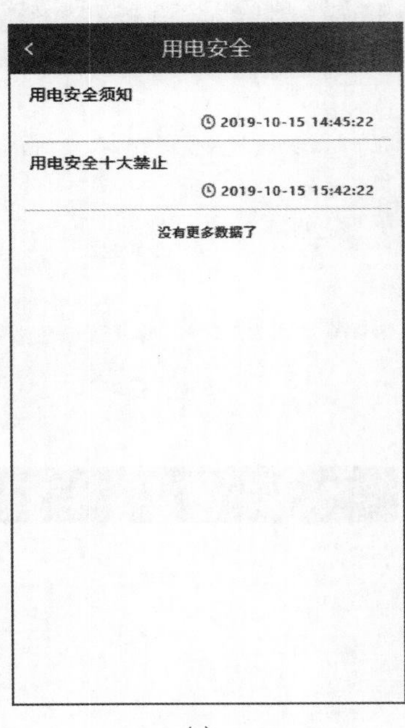

(a)

1. 使用电器前，先阅读使用说明书，尤其要读懂注意事项。2. 不随意拆卸、安装电源线路、插座、插头等，不可用手或导电物（如铁丝、钉子、别针等金属制品）去接触、探试电源插座内部，不用湿手触摸电器，不用湿布擦拭电器。3. 电器使用完毕后应拔掉电源插头；插拔电源插头时不可用力拉拽电线，以防电线的绝缘层剥落；保险丝被烧断要即时更换，千万不能用铜丝、铝丝、铁丝代替保险丝。4. 家用电器在使用中，发现有异常的响声、气味、温度、冒烟冒火，要立即切断电源，不可盲目用水扑救。5. 发现有人触电要设法及时关断电源，或者用干燥的木棍等物将触电者与带电的电器分开，不要用手去直接救人；如果触电者靠近高压电，你必须保持在50米以外，应尽快报警，不要盲目施救。6. 触电后的病人如果神志清醒，但感乏力、头昏、心悸、出冷汗，甚至恶心呕吐，应让其就地平卧，严密观察，暂时不可站立或走动，防止继发性休克或心衰。

(b)

图 6-92 用电安全知识页面
（a）列表；（b）文章详情

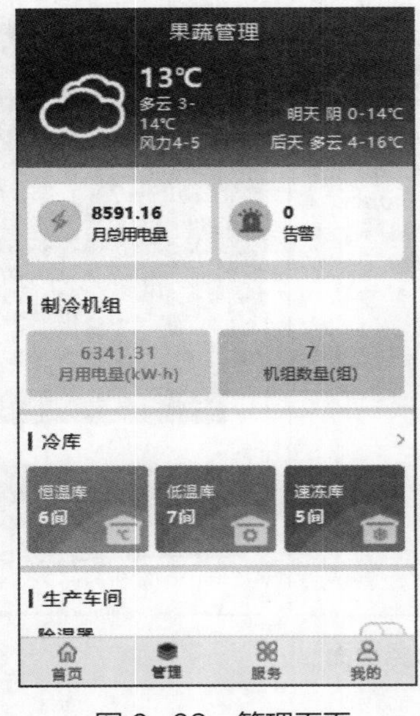

图 6-93 管理页面

图 6-94 当前天气页面

【管理首页】天气部分展示寿光的当前天气、温度、风力和明后两天的天气情况，点击天气可以打开天气详情页面，详细展示了当前天气的详细信息。

【月总用电量】同【果蔬概况】→【月总耗电量】。

【告警】同【果蔬概况】→【告警】。

【机组数量（组）】显示当前加工厂的机组数量（见图 6-95）；点击该模块可进入机组详情页面，显示每个机组的月实时耗电量（见图 6-96），点击相应的制冷机组，可查看耗电历史曲线(见图 6-97)，点击制冷机组右上角的箭头可查看制冷机组运行状态分析(见图 6-98)。

图 6-95　机组数量页面

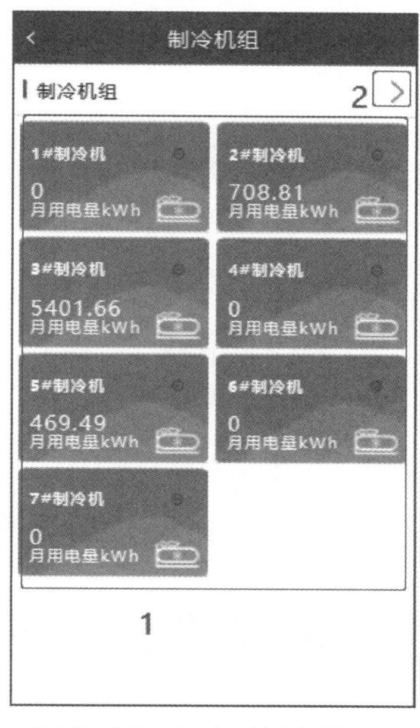

图 6-96　月实时耗电量页面

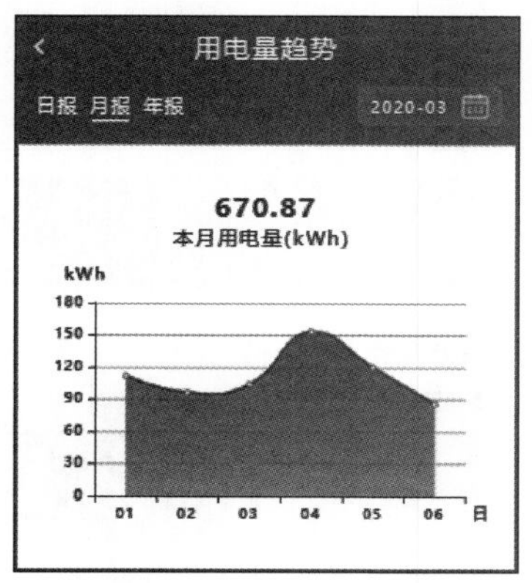

图 6-97　耗电历史曲线页面

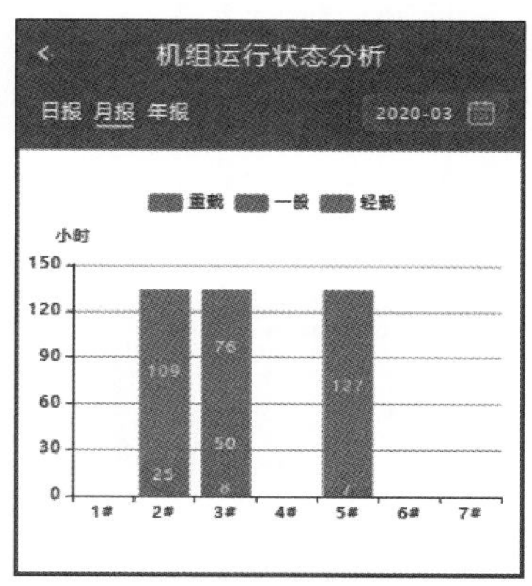

图 6-98　制冷机组运行状态分析页面

【冷库】显示果蔬加工厂的冷库数量（见图 6-99），点击相应的冷库可查看冷库的实时温度显示（见图 6-100）；如需查看冷库温度的历史曲线（见图 6-101），点击图 6-100 右上角的箭头可查看。

生产车间除湿器的开关页面如图 6-102 所示。

图 6-99　冷库数量页面

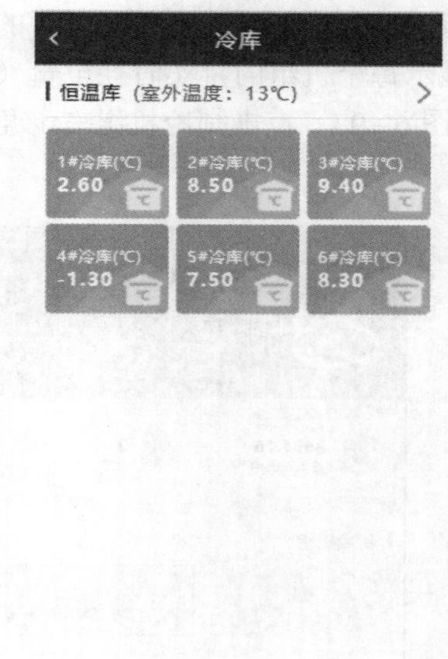

图 6-100　冷库的实时温度显示页面

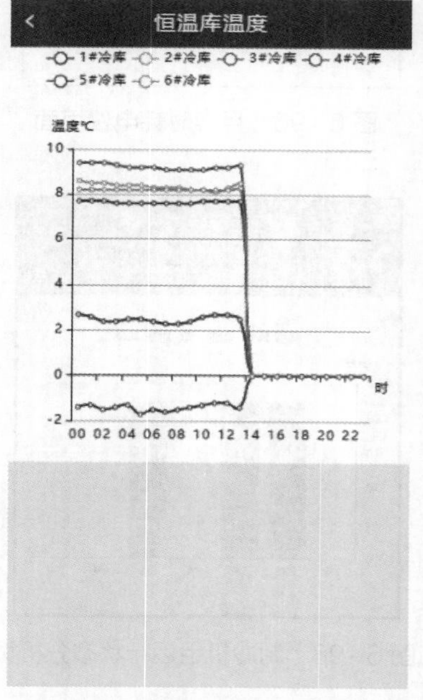

图 6-101　冷库温度的历史曲线

图 6-102　生产车间除湿器的开关页面

【生产车间】如需控制生产车间的除湿器，点击除湿器的开关，在弹出确认框里点击确定即可打开。

四、采暖模块

（一）供暖首页

1. 供暖概况

【供暖概况】展示供暖月总用电量、物联设备数、告警信息。点击右侧箭头进入供暖管理页面（见图 6–103）。

【供暖概况】→【月总耗电量】。

月总耗电量：耗电量曲线分析，可查询日报、月报、年报；可选择不同区域和时间。用能分析页面如图 6–104 所示。

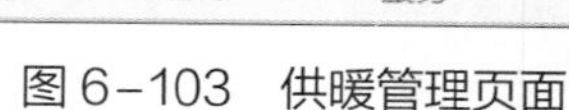
图 6–103　供暖管理页面

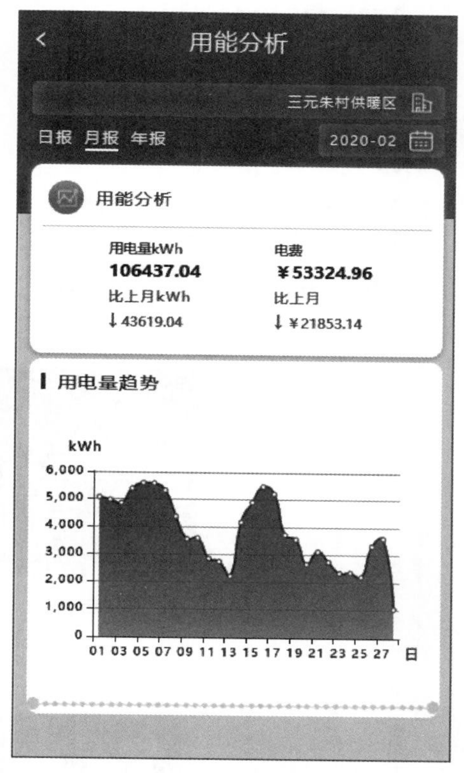

图 6–104　用能分析页面

【物联设备】进入物联设备页面，可查询设备的在线、离线状态。物联设备页面如图 6–105 所示。

【供暖概况】→【告警】进入供暖告警列表，展示告警信息。告警信息页面如图 6–106 所示。

2. 常用服务

供暖角色的常用服务页面如图 6–107 所示。

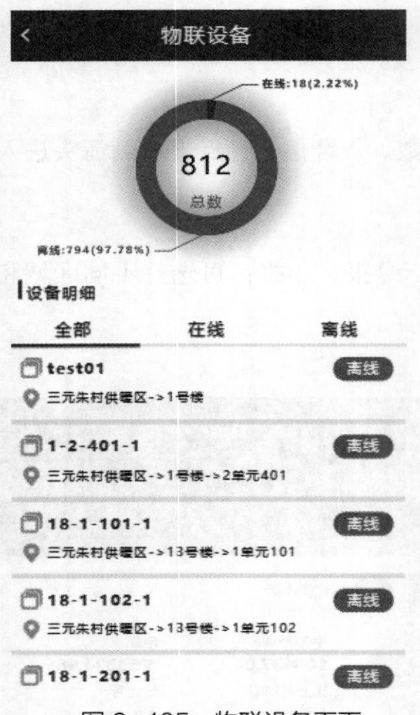

图 6–105　物联设备页面

图 6–106　告警信息页面

图 6–107　供暖角色的常用服务页面

（1）【常用服务】→【用能分析】同【供暖概括】→【月总耗电量】。

（2）【常用服务】→【需求提报】采购物资提报，点击右上角的发布信息按钮，填写联系电话、信息标题、信息内容点击确定按钮完成提报，也可以查看提报的历史记录，有助于快速解决物资供应（见图 6–108）。

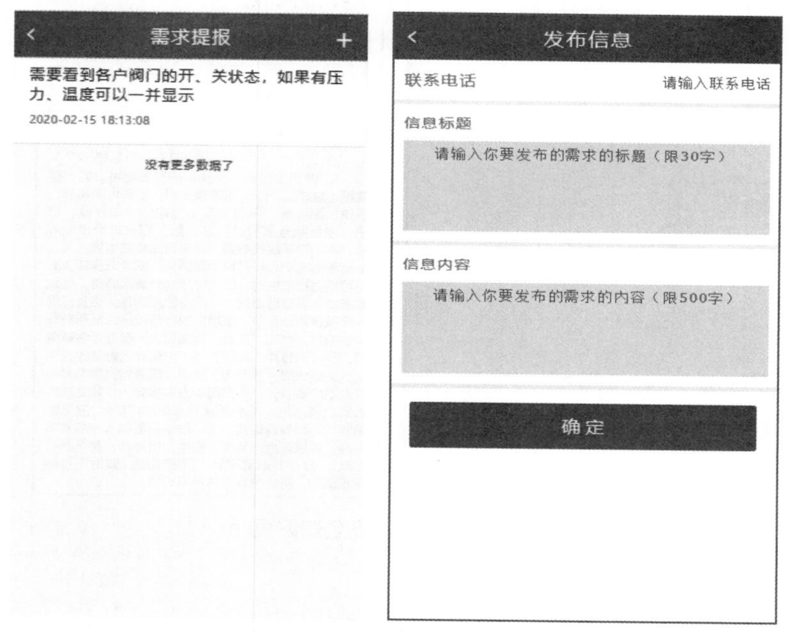

图 6–108　需求提报页面

（3）【常用服务】→【供电服务】咨询热线、业务流程、电费价格，如图 6–109 所示。

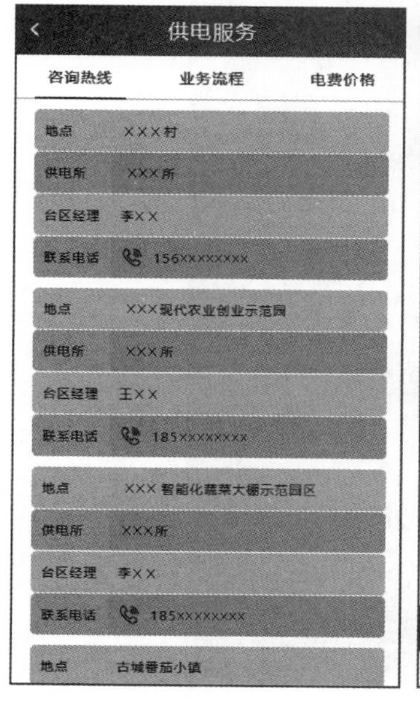

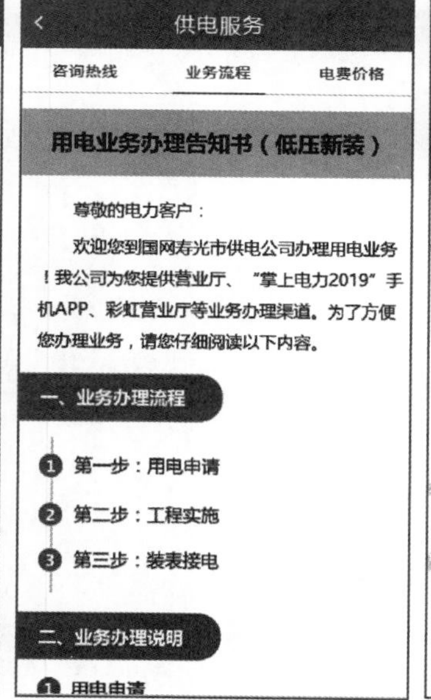

图 6–109　供电服务页面

3. 用电安全知识

【用电安全知识】用电安全知识页面如图 6-110 所示。

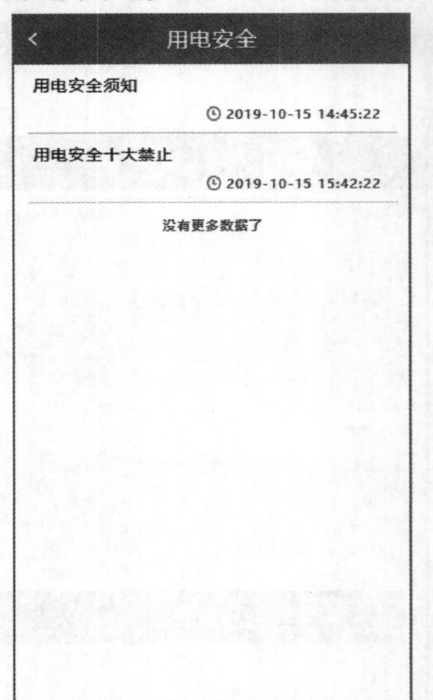

图 6-110　用电安全知识页面

（二）管理

管理页面展示供暖的基本概况，包括供暖设备的基本运转情况、住户区的基本情况。

1. 管理首页

管理页面如图 6-111 所示。

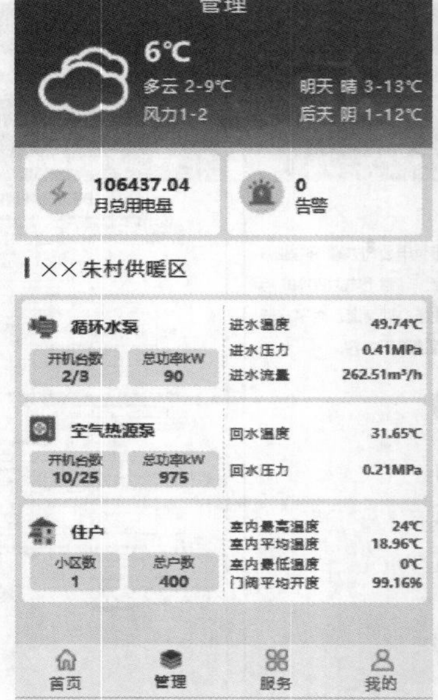

图 6-111　管理页面

【管理首页】天气部分展示寿光的当前天气、温度、风力和明后两天的天气情况，点击天气可以打开天气详情页面，详细展示了当前天气的详细信息；总用电量模块展示当前大棚总的用电量信息，点击可以进入能效分析页面；大棚总数模块展示当前大棚的总数，点击可以进入大棚列表页面。

2. 用能分析

用能分析页面如图 6－112 所示。

图 6－112　用能分析页面

【用能分析】由上个页面的月总用电量模块点击进入，当前能效分析页面展示了某个供暖区域的用电量曲线图，可以选择供暖区，可以查询选定供暖区的日报、月报、年报，右侧还可以根据日期选择来查询园区的用电量情况。

3. 供暖区域基本信息

【循环水泵】显示循环水泵开机台数、总功率、出水温度、进水压力、进水流量，点击这个区域可查看这些参数历史变换曲线（见图 6－113）。

【空气热源泵】显示空气热源泵开机台数、总功率、回水温度、回水压力，点击这个区域可查看这些参数历史变换曲线（见图 6－114）。

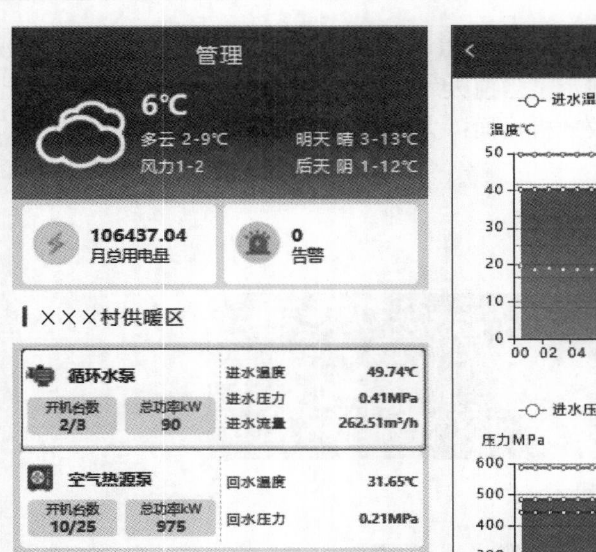

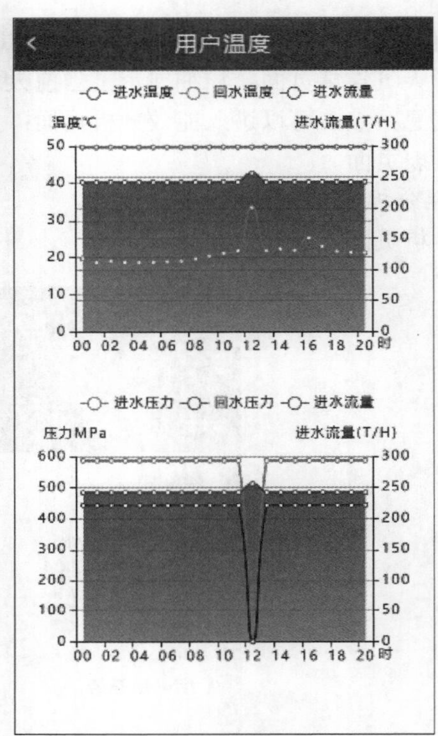

图6-113　循环水泵数据页面

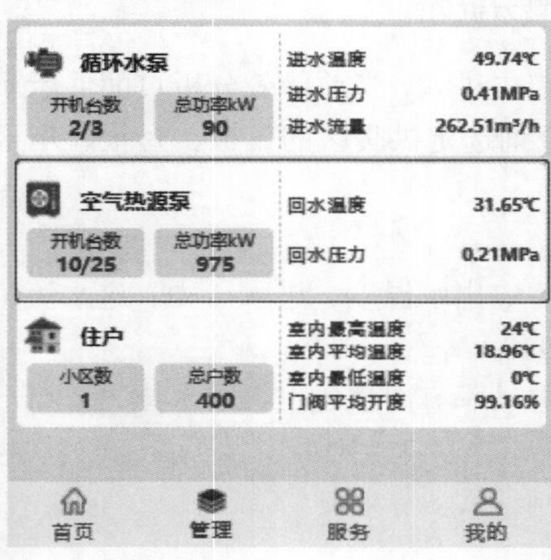

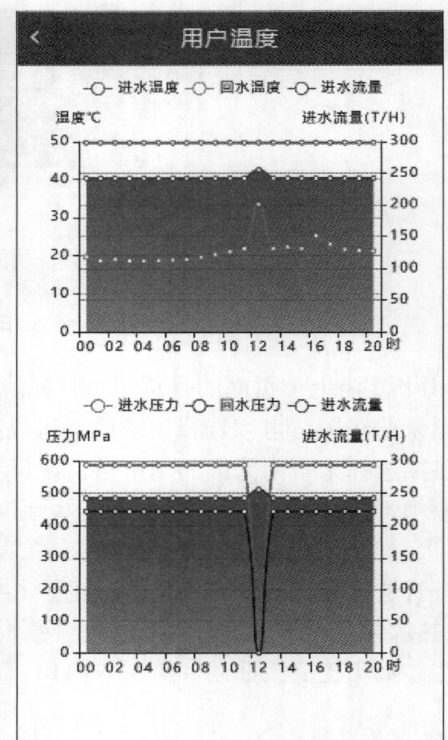

图6-114　空气热源泵数据页面

【住户】显示住户小区数、总户数、室内最高温度、室内平均温度、室内最低温度、门阀平均开度，点击这个区域可查看小区的信息（见图 6-115）。

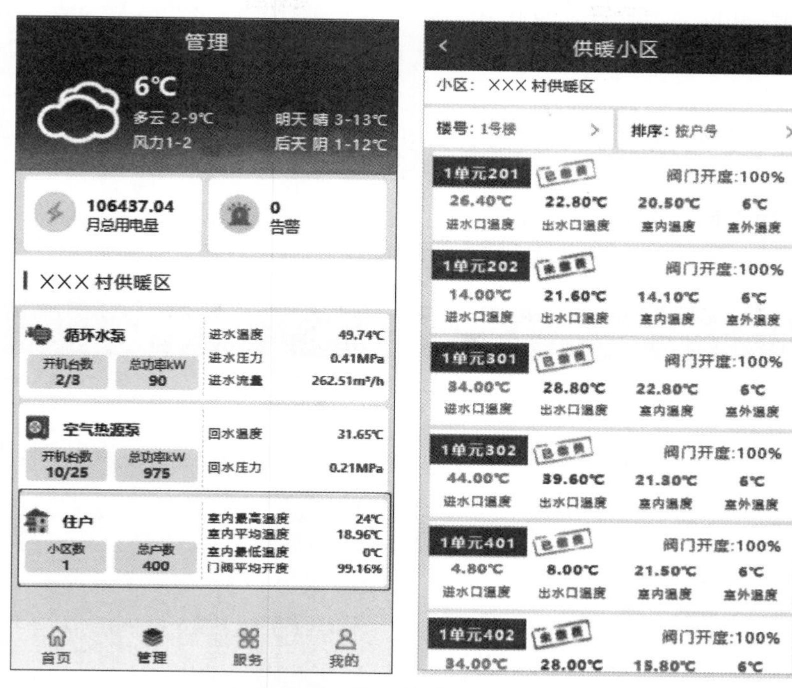

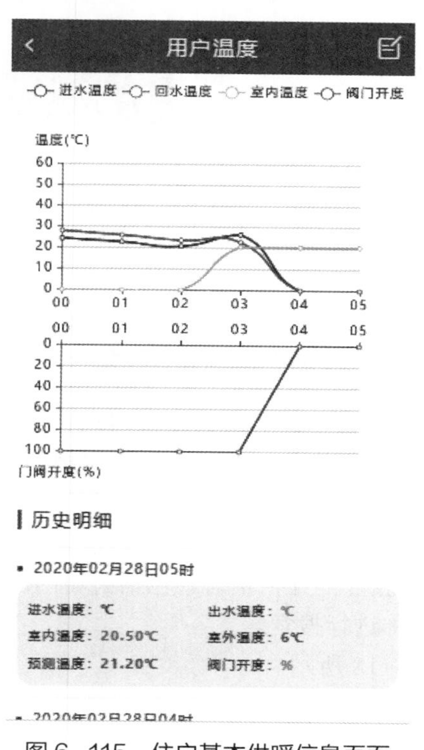

图 6-115　住户基本供暖信息页面

住户列表：显示住户的基本供暖信息，可按楼号查询，按照户号、室内温度排序；点击一条信息查看该住户的各项温度指标的曲线；点击客户温度右上角的编辑按钮，可以设置室内温度来控制阀门开度。

五、服务

1. 常用服务

同【首页】→【常用服务】。

2. 专用服务

（1）需求提报页面如图 6–116 所示。

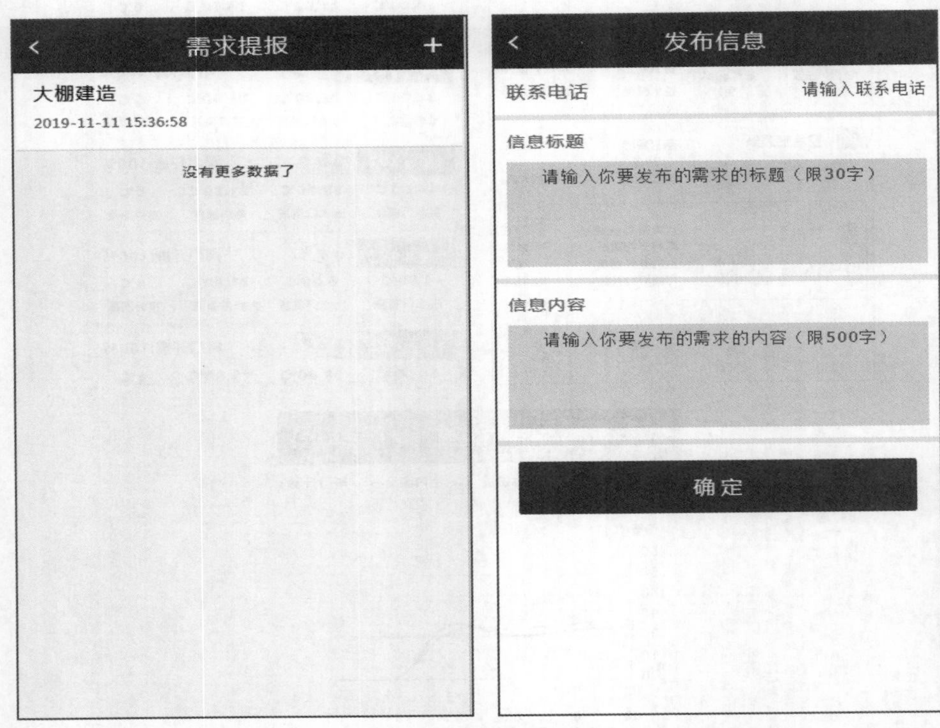

图 6–116　需求提报页面

【需求提报】采购物资提报，点击右上角的发布信息按钮，填写联系电话、信息标题、信息内容点击确定按钮就可以完成提报，也可以查看提报的历史记录，有助于快速解决物资供应。

（2）综合能源页面如图 6–117 所示。

【综合能源】综合能源相关企业的详情信息，包括公司的图片、名称、联系电话、经营范围、公司案例，可根据公司名称进行搜索。

（3）大棚建设页面如图 6–118 所示。

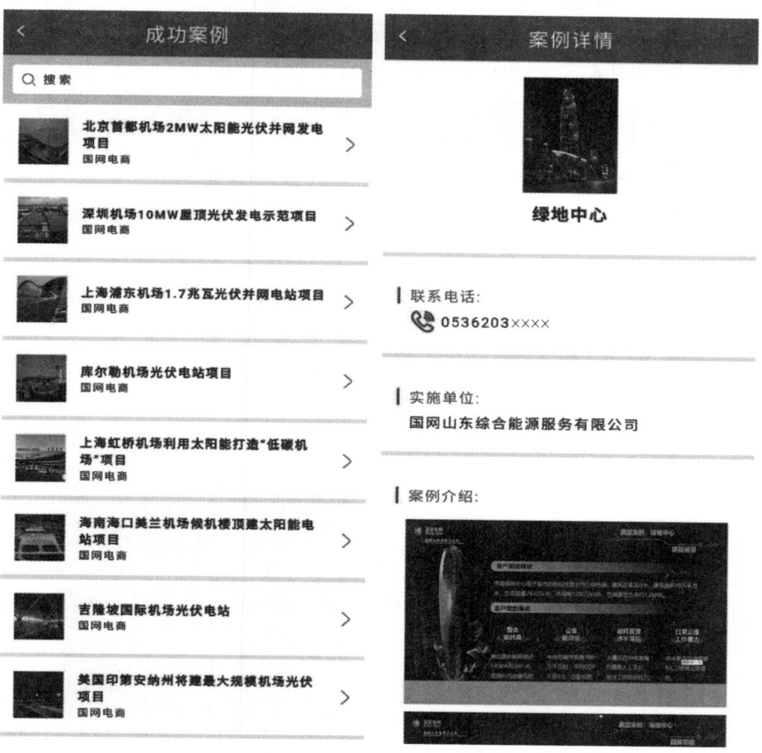

图 6-117　综合能源页面

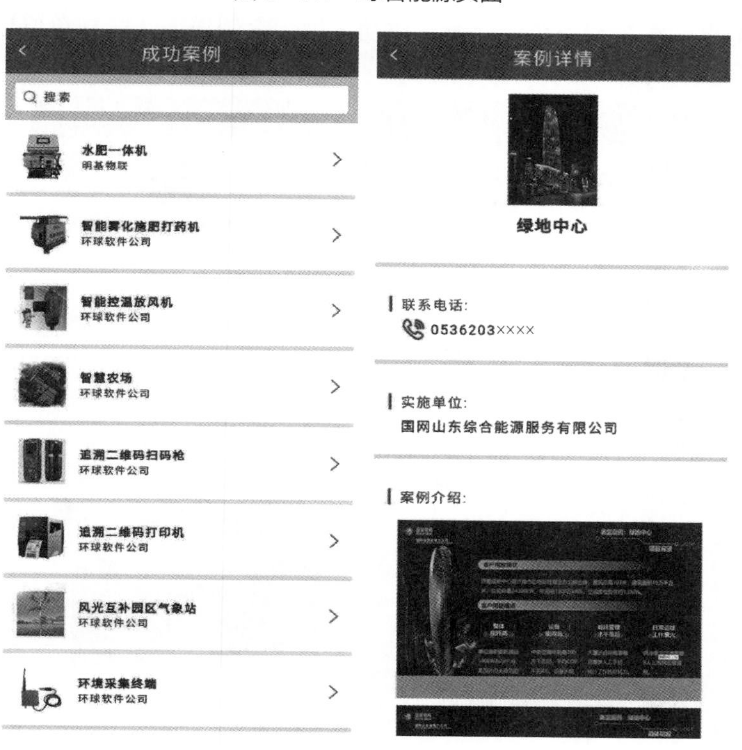

图 6-118　大棚建设页面

【大棚建设】大棚建设成功案例、案例详情、实施单位以及联系电话。

（4）电动汽车页面如图 6–119 所示。

图 6–119　电动汽车页面

【电动汽车】电动汽车相关企业介绍、成功案例、案例详情、实施单位以及联系电话。

（5）分布式光伏页面如图 6–120 所示。

图 6–120　分布式光伏页面

【分布式光伏】分布式光伏成功案例、案例详情、实施单位以及联系电话。

（6）资产维保。【资产维保】资产维保成功案例、案例详情、实施单位以及联系电话。

（7）金融服务。【金融服务】金融服务成功案例、案例详情、实施单位以及联系电话。

第七章

政策标准参考

第一节　各级相关政策概述

推动乡村电气化建设，政策支持是基础。要立足服务当地乡村振兴战略实施，坚持政府主导，积极向各级政府沟通汇报，争取出台产业扶持、资金支持、财政补贴等配套政策，有力助推乡村电气化项目实施。

一、规划建设类政策

全面建设小康社会，全面推进社会主义现代化建设，最繁重、最艰巨的任务在农村。为切实解决好“三农”问题，中央连续多年以中央一号文件形式来安排部署“三农”工作，强调了“三农”问题在中国的社会主义现代化时期“重中之重”的地位。各级政府出台多项政策支持农业农村发展。

（一）国家层面

1.《关于全面深化农村改革加快推进农业现代化的若干意见》（中发〔2014〕1号）

《意见》指出，要加快发展现代种业和农业机械化。建立以企业为主体的育种创新体系，推进种业人才、资源、技术向企业流动，做大做强育繁推一体化种子企业，培育推广一批高产、优质、抗逆、适应机械化生产的突破性新品种。推行种子企业委托经营制度，强化种子全程可追溯管理。加快推进大田作物生产全程机械化，主攻机插秧、机采棉、甘蔗机收等薄弱环节，实现作物品种、栽培技术和机械装备的集成配套。积极发展农机作业、维修、租赁等社会化服务，支持发展农机合作社等服务组织。

2.《中共中央国务院关于坚持农业农村优先发展做好“三农”工作的若干意见》（中发〔2019〕1号）

《意见》指出，完成高标准农田建设任务。巩固和提高粮食生产能力，到2020年确保建成8亿亩高标准农田。修编全国高标准农田建设总体规划，统一规划布局、建设标准、组织实施、验收考核、上图入库。加强资金整合，创新投融资模式，建立多元筹资机制。实施区域化整体建设，推进田水林路电综合配套，同步发展高效节水灌溉。加快突破农业关键核心技术。强化创新驱动发展，实施农业关键核心技术攻关行动，培育一批农业战略科技创新力量，推动生物种业、重型农机、智慧农业、绿色投入品等领域自主创新。建设农业领域国家重点实验室等科技创新平台基地，打造产学研深度融合平台，加强国家现代农业产业技术体系、科技创新联盟、产业创新中心、高新技术产业示范区、科技园区等建设。强化企业技术创新主体地位，培育农业科技创新型企业，支持符合条件的企业牵头实施技术创新项目。继

续组织实施水稻、小麦、玉米、大豆和畜禽良种联合攻关，加快选育和推广优质草种。支持薄弱环节适用农机研发，促进农机装备产业转型升级，加快推进农业机械化。加强农业领域知识产权创造与应用。加快先进实用技术集成创新与推广应用。建立健全农业科研成果产权制度，赋予科研人员科技成果所有权，完善人才评价和流动保障机制，落实兼职兼薪、成果权益分配政策。全面实施乡村电气化提升工程，加快完成新一轮农村电网改造。

3. 国务院印发了《关于促进乡村产业振兴的指导意见》(国发〔2019〕12号)

《意见》提出六个方面任务举措。一是突出优势特色，培育壮大乡村产业。做强现代种养业，做精乡土特色产业，提升农产品加工流通业，优化乡村休闲旅游业，培育乡村新型服务业，发展乡村信息产业。二是科学合理布局，优化乡村产业空间结构。强化县域统筹，推进镇域产业聚集，促进镇村联动发展，支持贫困地区产业发展。三是促进产业融合发展，增强乡村产业聚合力。培育多元融合主体，形成“农业+”多业态发展态势，打造产业融合载体，构建利益联结机制。四是推进质量兴农绿色兴农，增强乡村产业持续增长力。健全绿色质量标准体系，大力推进标准化生产，培育提升农业品牌，强化资源保护利用。五是推动创新创业升级，增强乡村产业发展新动能。强化科技创新引领，促进农村创新创业。六是完善政策措施，优化乡村产业发展环境。健全财政投入机制，创新乡村金融服务，有序引导工商资本下乡，完善用地保障政策，健全人才保障机制。

4. 中共中央、国务院印发《关于抓好“三农”领域重点工作确保如期实现全面小康的意见》(中发〔2020〕1号)

《意见》指出，加强现代农业设施建设。提早谋划实施一批现代农业投资重大项目，支持项目及早落地，有效扩大农业投资。以粮食生产功能区和重要农产品生产保护区为重点加快推进高标准农田建设，修编建设规划，合理确定投资标准，完善工程建设、验收、监督检查机制，确保建一块成一块。如期完成大中型灌区续建配套与节水改造，提高防汛抗旱能力，加大农业节水力度。抓紧启动和开工一批重大水利工程和配套设施建设，加快开展南水北调后续工程前期工作，适时推进工程建设。启动农产品仓储保鲜冷链物流设施建设工程。加强农产品冷链物流统筹规划、分级布局和标准制定。安排中央预算内投资，支持建设一批骨干冷链物流基地。国家支持家庭农场、农民合作社、供销合作社、邮政快递企业、产业化龙头企业建设产地分拣包装、冷藏保鲜、仓储运输、初加工等设施，对其在农村建设的保鲜仓储设施用电实行农业生产用电价格。依托现有资源建设农业农村大数据中心，加快物联网、大数据、区块链、人工智能、第五代移动通信网络、智慧气象等现代信息技术在农业领域的应用。开展国家数字乡村试点。

《意见》提出，强化科技支撑作用。加强农业关键核心技术攻关，部署一批重大科技项目，抢占科技制高点。加强农业生物技术研发，大力实施种业自主创新工程，实施国家农业种质资源保护利用工程，推进南繁科研育种基地建设。加快大中型、智能化、复合型农业机械研发和应用，支持丘陵山区农田宜机化改造。深入实施科技特派员制度，进一步发展壮大科技特派员队伍。采取长期稳定的支持方式，加强现代农业产业技术体系建设，扩大对特色优势农产品覆盖范围，面向农业全产业链配置科技资源。加强农业产业科技创新中心建设。加强国家农业高新技术产业示范区、国家农业科技园区等创新平台基地建设。加快现代气象为农服务体系建设。

5. 发展改革委印发了《革命老区脱贫攻坚和振兴发展 2020 年工作要点》（发改办振兴〔2020〕138 号）

《工作要点》围绕扎实推进精准扶贫精准脱贫、提升基本公共服务水平、增强基础设施支撑能力、推进生态建设和环境保护、提升产业发展水平、加大人才支持和社会帮扶力度、完善政策体系等七个方面，明确了年度重点任务。

《工作要点》提出改善贫困乡村生产生活条件，全面实施乡村电气化提升工程，通过改造升级农村电网、提高农村供电服务水平、推广电能替代技术、推动特色用能项目建设、推介新型用电产品等方式，增强老区农村用电保障能力。

（二）省级相关政策

1. 山东省财政厅、山东省扶贫开发领导小组办公室关于印发《山东省特色产业发展扶贫基金使用管理办法》的通知（鲁财农〔2016〕29 号）

《管理办法》指出，2016～2018 年脱贫攻坚期内，省财政拟每年筹集资金 10 亿元，其中从省财政专项扶贫资金中安排 5 亿元，从农业综合开发产业化资金和现代农业生产发展资金中统筹 5 亿元，设立特色产业发展扶贫基金。产业扶贫基金主要支持贫困地区、贫困村、贫困户发展种植、养殖、加工等特色产业，实施电商、光伏、乡村旅游等项目，以及符合本地实际的其他农业产业项目。

2.《山东省打赢蓝天保卫战作战方案暨 2018—2020 年大气污染防治规划三期行动计划（2018—2020 年）》（鲁政发〔2018〕17 号）

《行动计划》指出，坚持从实际出发，宜电则电、宜气则气、宜煤则煤、宜热则热，确保群众安全取暖过冬。推进全省散煤治理，优先以乡镇或区县为单元整体推进。将完成电代煤和气代煤的地区划为高污染燃料禁燃区，禁止散煤销售和使用。2020 年采暖季前，在保障能源供应的前提下，7 个传输通道城市平原地区基本完成生活和冬季取暖散煤替代，其他城市也要制定清洁取暖方案，因地制宜推进冬季清洁取暖；到 2020 年，全省 17 个市完成省清洁取暖规划确定的各项目标任务。对暂不具备清洁能源替代条件的山区，积极推广洁净煤，并加强煤质监管，严厉打击销售使用劣质煤行为。燃气壁挂炉能效不得低于 2 级水平。加快农村“煤改电”电网升级改造，制定实施工作方案，电网企业要加强与当地政府衔接，统筹推进“煤改电”输变电工程建设，满足居民采暖用电需求，鼓励推进蓄热式等电供暖。各地对“煤改电”配套电网工程应予以支持，统筹协调“煤改电”“煤改气”建设用地。（省发展改革委、省住房城乡建设厅、省煤炭工业局、国网山东省电力公司牵头）做好各类集中式清洁供暖污染物排放标准制定及排放标准实施的监管工作。

3.《中共山东省委、山东省人民政府关于贯彻落实中央决策部署实施乡村振兴战略的意见》（鲁政发〔2018〕1 号，2018 年省委一号文件）

《意见》全面明确了山东省实施乡村振兴战略的总体要求、基本原则、目标任务和政策措施，提出到 2050 年“乡村全面振兴，农业强、农村美、农民富全面实现”的目标，同时制定了 2020 年、2035 年两个阶段性目标，搭建了山东省实施乡村振兴战略的四梁八柱。

4.《山东省冬季清洁取暖规划（2018—2022 年）》（鲁政字〔2018〕178 号）

《规划》指出，在落实集中供热、天然气、电力、生物质等能源资源供应的前提下，统筹热力供需平衡，科学有序推进煤改气、煤改电等清洁取暖，实现清洁取暖与传统取暖平稳接替，确保群众取暖安全可靠。力争用 5 年左右时间，全省清洁取暖保障能力显著增强，用能

结构明显优化，能效水平稳步提升，污染物排放持续降低，基本构建城区取暖集中化、村镇取暖多元化、全省取暖清洁化的发展新格局，形成公平开放、多元经营、服务水平较高的清洁取暖市场。

（1）清洁取暖率。到 2020 年，全省平均清洁取暖率达到 70%以上。其中，20 万人口以上城市基本实现清洁取暖全覆盖，农村地区平均清洁取暖率达到 55%左右。到 2022 年，全省清洁取暖率达到 80%以上。其中，县城及以上城市基本实现清洁取暖全覆盖，农村地区平均清洁取暖率达到 75%左右。

（2）用能结构。到 2020 年，燃煤取暖面积占总取暖面积 70%左右，工业余热、天然气、电能以及生物质等可再生能源取暖面积占比达到 30%左右。到 2022 年，燃煤取暖面积占总取暖面积 60%左右，工业余热、天然气、电能以及生物质能等可再生能源取暖面积占比达到 40%左右。积极高效发展电能取暖。结合取暖区域的热负荷特性、取暖规模、电力资源和经济承受能力等因素，在与电网公司做好充分衔接、落实配套电网建设改造、保障电力安全供应的基础上，因地制宜发展电取暖。统筹考虑电力、热力供需，实现电力、热力系统协调优化运行。

（3）积极推进各类型电取暖。根据气温、水源、土壤等条件特性，结合电网架构能力，因地制宜优先选用低温空气源、污水源、地源、海水源等热泵取暖，发挥电能高品质优势，充分利用低品位的能源热量，提升电能取暖效率。鼓励利用低谷电，科学发展蓄热式电锅炉取暖，有效提升电能占终端能源消费比重。在不具备集中供暖条件的区域，发展热泵热风机、户用空气源热泵、蓄热式电暖器、碳晶板、碳纤维板、电热膜、发热电缆等分散式电取暖。

（4）加快利用可再生能源发电实施电取暖。坚持集中式与分散式相结合，有序推动光伏、风电、生物质等可再生能源发电发展，提升可再生能源发电在电力装机中的比重。结合“外电入鲁”战略实施，积极与送端省份做好对接，有效利用弃风弃光较重的内蒙古、辽宁、黑龙江等三北地区的富余电量，助推山东省煤改电工程。鼓励有条件的大型商场、办公、酒店等昼夜冷热负荷变化较大的建筑配套建设电蓄热（冷）设施，促进电力负荷的移峰填谷，降低运行成本。

5.《山东省促进乡村产业振兴行动计划》（鲁政发〔2020〕1 号）

实施乡村产业平台构筑、融合推进、绿色发展、创新驱动、主体培育、支撑保障等六大行动，大力发展终端型、体验型、循环型、智慧型新产业新业态，着力打造农业产业化升级版，全面提升发展质量和效益。

山东省乡村产业振兴六大行动细化为 17 个工程，辅以责任部门单位，做到事业工程化、工程责任化、责任数字化。

其中，乡村产业平台构筑行动，将实施“百园千镇万村”工程，利用 3～5 年时间，创建 100 个以上省级现代农业产业园、1000 个以上省级农业产业强镇、10 000 个以上省级乡土产业名品村，通过三级平台构筑，促进县镇村联动发展，辐射带动乡村产业兴旺。

乡村产业融合推进行动，将实施农村一、二、三产业融合培育工程、休闲农业和乡村旅游精品工程、信息进村入户工程和乡村服务业提升工程，到 2025 年，打造省级农产品加工强县 50 个、示范企业 600 家，培育国家级、省级农村产业融合发展示范园 40 家。

乡村产业绿色发展行动，将实施耕地质量提升工程、农牧循环发展工程和农产品质量品牌提升工程，到 2025 年，全省推广水肥一体化面积 1000 万亩，建成绿色农产品标准化生产基地 3500 万亩以上，主要农作物秸秆综合利用率达到 94%，畜禽粪污综合利用率平均达到 90%以上。

乡村产业创新驱动行动，将实施现代种业提升工程、农技推广创新工程、重大科技项目攻关工程和农业科技园区提升工程，到 2025 年，全省农业科技进步贡献率达到 68%。

乡村产业主体培育行动，将实施新型农业经营主体培育工程和乡土人才培强工程，到 2025 年，创建省级家庭农场示范场 1200 家，省级农民合作社示范社稳定在 4000 家，规模以上农业产业化龙头企业 6000 家，省级农业产业化示范联合体达到 1000 个。

乡村产业支撑保障行动，将实施财政金融支农兴农工程、农业保险扩面增品提标工程和农业用地支持保障工程，每年筛选 200 个重大涉农项目入乡村振兴重大项目库，农业发展银行综合授信 600 亿元以上。

（三）示范项目市县政府政策

国网山东、浙江、湖北电力积极争取将项目建设纳入地方发展规划或专项行动计划中，得到各方面有力支持。

（1）山东寿光市政府与潍坊公司签订《实施“三型两网”创新“寿光模式”合作框架协议》提出“大力推进乡村电气化，打造乡村振兴寿光样板”总目标。

（2）寿光市政府出台《寿光市能源大数据中心共建方案》，将农业园区电气化改造纳入寿光市发展规划，明确市属 18 个农业园区全部按电气化标准打造成智慧用能农业园区，数据接入智慧能源服务平台。

（3）浙江湖州市政府印发《新时代乡村电气化建设三年行动方案（2019—2021 年）》，提出：“以‘电为中心、两个替代’为抓手，全面实施乡村电气化提升工程，加快农村用能转型升级，构建清洁低碳安全高效的农村能源体系。”

（4）潜江市政府在《潜江市政府关于学校教育电气化推广实施意见的通知》中提出：“建设资源友好型绿色环保校园，推动教育局出资对试点项目宿舍、教室及厨房进行电气化改造。”

二、经济补贴类政策

地方政府出台包括各级财政补贴、专项奖励等方面补贴政策，提高项目投资回报，保障客户通过电气化改造取得实实在在的收益，引导推动电气化项目加快落地实施。

（1）《寿光市新建园区水肥一体化技术推广实施方案》明确：“水肥一体化技术推广补贴额 400 万元，其中 364 万元用于推广补贴，36 万元用于培训、实验示范以及数量的核定等费用，由寿光农业发展集团组织实施。”

（2）《潍坊市 2019 年农村清洁取暖工作实施方案》明确农村清洁取暖补助政策：“对省级补助资金按照 1:1 比例配套专项建设资金，市、县两级财政按照 3:7 比例分担；市级财政安排 3000 万元对 2019 年建设任务进行补助，先干后补。”

（3）《安吉县“乡村振兴电力先行”实施方案》明确了 11 项乡村电气化项目的年度建设目标和奖补标准，落实电能替代专项奖励共计 700 万元。

（4）《安吉县推进工业企业小锅炉清洁能源升级替代工作实施方案》，明确鼓励扶持企业提前完成工业企业小锅炉的清洁能源升级替代工作，根据淘汰改造时间给予差别化补贴。

第二节　规划建设类政策标准参考

一、乡村电力建设标准（DB 37/T 3593—2019）

（一）《乡村电力建设　第1部分：规划编制指南》

1. 术语与定义

下列术语和定义适用于本文件。

（1）乡村电气化：通过改造升级乡村配电网，提高乡村供电服务水平和用电保障能力，促进能源需求向电力转化，提高电能在终端能源消费中的比重。主要包括农业生产、乡村产业、乡村生活电气化等方面。

（2）乡村配电网：主要为除县级政府所在建制镇以外的县级行政区域内的乡（镇）村或农场及林、牧、渔场等各类客户供电的110kV及以下各级配电网。其中，110kV～35kV电网为高压配电网，10kV电网为中压配电网，220V/380V电网为低压配电网。

（3）多规合一：以国民经济和社会发展规划为依据，强化城乡建设、土地利用、环境保护、综合交通及基础设施等各类规划的衔接，确保重要空间参数一致，并在统一的空间信息平台上建立控制线体系，以实现优化空间布局、有效配置土地资源、提高空间管控水平和治理能力等目标的规划优化方法及技术体系。

（4）饱和负荷：区域经济社会水平发展到一定阶段后，电力消费增长趋缓，总体上保持相对稳定（连续5年负荷增速小于2%，或电量增速小于1%），并在一定范围内波动，呈现饱和状态的负荷。

（5）供电可靠性：配电网向客户持续供电的能力。

（6）供电半径：变电站供电半径指变电站供电范围的几何中心到边界的平均值。

10kV及以下线路的供电半径指从变电站（配电变压器）低压侧出线到其供电的最远负荷点之间的线路长度。

（7）分布式电源：指在客户所在场地或附近建设安装，运行方式以客户侧自发自用为主、多余电量上网，且在配电网系统平衡调节为特征的发电设施或有电力输出的能量综合梯级利用多联供设施。包括太阳能、天然气、生物质能、风能、地热能、海洋能、资源综合利用发电（含煤矿瓦斯发电）等。

（8）电供暖：使用电锅炉或者蓄热式电暖器、发热电缆、电热膜及各类电驱动热泵等供暖设施向客户供暖的方式。

（9）充换电设施：与电动汽车发生电能交换的相关设施的总称，一般包括充电站、充换电站、电池配送中心、集中或分散布置的充电桩等。

（10）储能系统：通过电化学电池或电磁能量存储介质进行可循环电能存储、转换及释放的设备系统。

（11）10kV主干线：由变电站或开关站馈出、承担主要电能传输与分配功能的10kV架空或电缆线路的主干部分，具备联络功能的线路段是主干线的一部分。

（12）10kV分支线：由10kV主干线引出的，除主干线以外的10kV线路部分。

（13）配电变压器：将10kV变换为380/220V并分配电力的配电设备，简称配变。按绝缘材料可分为油浸式配变、干式配变。

2. 总则

（1）乡村配电网规划应以建设坚固耐用、灵活友好、智能互动现代化乡村配电网为目标，引领乡村电气化发展，指导乡村配电网改造升级，增强乡村用电保障能力，满足农业生产、乡村产业、乡村生活电气化提升要求。

（2）乡村配电网规划应满足电力物联网建设要求，应用“大云物移智链”等信息通信技术，提升数据自动采集、自动获取、灵活应用能力，实现配电网各个环节万物互联、人机交互，促进电力能源共建、共筹、共享。

（3）为安全、可靠、经济地向客户供电，乡村配电网应具有必备的容量裕度、适当的负荷转移能力、一定的自愈能力和应急处理能力、合理的分布式电源接纳能力。

（4）乡村配电网规划应按照“统一规划、统一标准、安全可靠、坚固耐用”的原则，贯彻资产全寿命周期理念，推进智能化升级，推行标准化建设，满足乡村经济中长期发展要求。

（5）乡村配电网规划应因地制宜，根据不同区域的经济社会发展水平、产业布局、能源消费特点、客户性质和环境要求等情况，统筹考虑乡村电气化负荷需求，优化调整电网规划方案和项目安排，差异化选择相应的建设标准，满足区域发展和各类客户用电需求。

（6）乡村配电网规划应符合多规合一的原则，纳入城乡发展规划和土地利用规划，实现电网与其他基础设施同步规划、同步建设。村庄规划建设应统筹安排、合理预留各级电压变电站、开关站、电力线路、电能表箱等供电设施的位置和用地。配电网设施改造时应实现与村庄规划建设相衔接，符合环保要求，与环境相协调，布置科学合理、设施美观耐用。

（7）乡村配电网规划应增强各层级电网间的负荷转移和相互支援，构建安全可靠、能力充足、适应性强的电网结构，保障可靠供电，提高运行效率。

（8）乡村配电网规划建设应按照饱和负荷需求，导线截面一次选定、廊道一次到位、土建一次建成，同步解决一、二次和各专业需求，避免大拆大建和重复建设，切实提高配电网发展质量与水平，实现可持续发展。

（9）乡村配电网规划应适应智能化发展趋势推进配电自动化、智能配电台区、乡村用电信息采集建设，满足分布式电源以及电动汽车、储能装置、电供暖等新型负荷的接入需求。

（10）乡村配电网建设与改造的规划设计应符合《农村电力网规划设计导则》（DL/T 5118—2018）规定，电压等级的选择应符合《标准电压》（GB/T 156—2017）的规定。

（11）电线杆应排列整齐、安全美观，无私拉乱接电线、电缆现象。未经供电企业同意，架空线路杆塔上禁止搭挂与电力无关的广播、电话、有线电视等其他弱电线路。

3. 高压配电网

（1）同一供电区域的电网结构应尽量统一，一般采用链式、环网或双辐射结构。高压配电网布局应充分考虑安全、集约的原则，尽量与山体、河流、道路等自然地理线状地物走向一致。

（2）高压线路宜采用架空线路，导线截面宜根据规划区域内饱和负荷值及电源发展情况一次选定。导线截面应与电网结构、主变容量和台数相匹配。

（3）110kV 新建架空线路截面宜选用 $2\times300mm^2$、$300mm^2$，若线路各段有 T 接变电站且规划容量较大时，T 接点前线路可选用 $2\times300mm^2$ 导线。35kV 新建架空线路截面宜选用 $300mm^2$、$240mm^2$，若线路各段有 T 接变电站且规划容量较大时，T 接点前线路可选用 $2\times300mm^2$、$2\times240mm^2$ 导线。

（4）既有架空线路入地改造，改造方案必须满足规划目标网架的构建要求，改造后的电网，原则上供电能力和功能不低于原有设计水平，所需资金由主张方解决。

（5）变电站站址选择应符合城乡发展规划、土地利用规划、电网规划的要求，靠近负荷中心地区。

（6）新建变电站应按无人值班方式建设，现有变电站应逐步改造为无人值班变电站，有条件的地区可试点建设智能化变电站或装配式变电站。

（7）变电站主变压器台数宜按终期不少于两台设计，应采用有载调压、S11 及以上节能型变压器，35kV 及以上高压配电装置选用 SF_6 断路器或真空断路器，10kV 配电装置宜采客户内布置，选用真空断路器。

（8）高压电网的容载比宜控制在 1.8～2.2 之间，负荷增长较快地区可适当放宽取值。

（9）变电站建筑物应与环境协调，符合“安全、经济、美观、节能、节约占地”的原则，按照最终规模一次建成。

4. 中压配电网

（1）中压配电网应合理布局，接线方式灵活、简洁。公用线路原则上应分区分片供电，供电范围不应交叉重叠。

（2）中压配电网线路主干线应根据线路长度和负荷分布情况进行分段并装设分段开关，重要分支线路宜装设分支开关。

（3）中压配电网宜采用多分段、适度联络或单辐射接线方式。采用多分段、适度联络接线方式时，应逐步满足负荷转供要求。

（4）中压线路供电半径应满足末端电压质量的要求，应有明确的供电范围。乡村中压配电网线路供电半径原则上宜控制在 15km 之内。

（5）缺少电源站点的地区，当 10kV 架空线路供电半径过长，末端电压质量不满足要求时，可在线路适当位置加装线路调压器，调压器额定电流应满足负荷发展要求。

（6）中压配电网主干线路导线截面选择应参考供电区域饱和负荷值，按经济电流密度选取。乡村中压配电网主干线截面应按远期规划一次选定，新建架空线主干线导线截面宜选择 240mm^2。规划联络线和可能发展为主干线的分支线应按主干线截面进行规划。

（7）中压配电网线路杆塔在乡村一般选用 12m 及以上杆塔，路边不宜采用预应力型混凝土电杆，防止车撞脆断。

（8）乡村线路档距不宜超过 70m，特殊地段根据设计要求选定。

（9）对雷害多发地区及架空绝缘线路应加装防雷装置，防止雷击断线。

（10）中压配电线路宜采用架空方式，林区、人群密集区域宜采用架空绝缘导线。下列情况可采用电缆线路：

1）走廊狭窄，架空线路难以通过的地段；

2）易受热带风暴侵袭的沿海地区；

3）经过重点风景旅游区的区段；

4）电网结构或安全运行的特殊需要。

（11）配电台区应按照“小容量、密布点、短半径”“先布点、后增容”的原则建设与改造：

1）变压器应布置在负荷中心，一般采用柱上安装方式；

2）对人口密集、安全性要求高的地区可采用箱式变电站或配电站供电。

（12）新装及更换配电变压器应选用 S13 型及以上节能配电变压器或非晶合金铁芯配电变压器。

（13）配电变压器台架应按照终期规模一次建设到位，配电变压器容量应根据近期规划负荷合理选择。柱上配电变压器容量不应超过 400kVA，箱式变电站内变压器容量不应超过 630kVA，配电室单台变压器容量不应超过 800kVA。

（14）供配电系统应考虑三相用电负荷平衡，季节性负荷波动大的台区，可选择高过载能力配电变压器或有载调容配电变压器。

（15）乡村公用配变容量的选择，应综合考虑乡村电气化水平、气候特点、用电负荷特性及同时系数等因素。

（16）配电变压器的进出线应采用绝缘导线或电力电缆，配电变压器的高低压接线端应安装绝缘护套。

（17）柱上配电变压器的高压侧宜采用熔断器保护，箱式变电站配电变压器宜采用负荷开关–熔丝组合单元保护，配电室配电变压器宜采用断路器保护，低压侧宜配置塑壳式断路器保护或熔断器—隔离开关保护。

（18）配电变压器低压配电装置应具有防雷、过电流保护、计量、测量、信息采集等功能，箱体应采用坚固防腐阻燃材质。

（19）新建或改造配电台区宜按照智能配电台区建设，配电变压器低压配电装置内应预留安装智能配变终端和集中抄表器的位置。

（20）台风、洪涝等自然灾害多发地区，配电室或开关站不宜设置在地下室，确实不具备条件的应做好防洪排涝措施；配电室、箱式变电站、表箱基础设计要抬高基础并做好排水、防水措施。

（21）地处偏远地区的变压器等设施应采取必要的防盗措施。

5. 低压配电网

（1）低压配电网坚持分区供电原则，应结构简单、安全可靠，一般采用单电源辐射接线。

（2）低压线路供电半径应满足末端电压质量的要求，应有明确的供电范围。乡村低压线路供电半径宜控制在 500m 之内。

（3）低压主干线路导线截面应参考供电区域饱和负荷值，按远期规划一次选定，导线截面选择应系列化。

（4）低压线路宜采用架空绝缘导线，对住房和城乡建设部等部委认定的历史文化名村、传统村落和民居，以及对环境、安全有特殊要求的地区，可采用低压电缆进行改造。

（5）低压架空线路宜采用 12m 及以上混凝土杆，稍径不小于 190mm；考虑负荷发展需求，可按 10kV 线路电杆选型，为 10kV 线路延伸预留通道。

（6）低压线路可与同一电源 10kV 配电线路同杆架设。当 10kV 配电线路有分段时，同杆架设的低压线路不应跨越分段区。

（7）采用 TT 接线方式供电的配电台区，应在配电箱低压出线装设剩余电流动作保护器。

6. 智能化要求

（1）一般要求。

1）为提高配电网运营管理水平和供电可靠性水平，应在配电网一次规划方案基础上考虑

配电自动化、配电网通信系统、用电信息采集系统等智能化的要求。

2）在配电网信息化方面，应遵循相关信息安全防护要求，充分利用开放、标准的信息交互总线，实现规划设计、运维检修、营销服务等系统之间的信息交互，实现数据源端唯一、信息全面共享、工作流程互通、业务深度融合。

（2）配电自动化。

1）配电自动化是配电网管理信息系统的重要组成部分，是实现智能配电网的必要条件，是提高供电可靠性和运行管理水平的有效手段。通过对配电网的监测和控制，实时监控运行工况和故障处理，能够迅速进行故障研判，隔离故障区段，缩小停电范围，快速恢复供电，支撑配电网调度运行和抢修指挥等业务需求，并为配电网规划设计工作提供基础数据信息。故障处理功能应适应分布式电源接入。

2）配电自动化建设应与配电网一次网架相协调。实施前应对建设区域供电可靠性、一次网架、配电设备等进行评估，经技术经济比较后制定合理的配电自动化方案，因地制宜、分步实施。乡村线路可根据实际需求采用就地型馈线自动化或远传型故障指示器。

3）应根据各区域配电网规模和应用需求，合理确定配电自动化系统主站的功能。

（3）配电网通信系统。

1）在配电网一次网架规划时，应同步进行通信网规划，并预留相应位置和通道。

2）配电网通信系统应满足配电自动化、用电信息采集系统、分布式电源、电动汽车充换电站及储能装置站点的通信需求。

（4）用电信息采集系统。

1）用电信息采集系统应具备电能量采集、计量异常监测、用电分析和管理功能。

2）用电信息采集系统应实现“全覆盖、全采集”，通过信息交互实现供电可靠性和电压合格率统计到户。

7. 电力客户接入

（1）客户接入应符合电网规划，不应影响电网的安全运行及电能质量。

（2）客户的供电电压等级应根据当地电网条件、最大用电负荷、客户报装容量，经过技术经济比较后确定。供电电压等级一般可参照表7-1。供电半径较长、负荷较大的客户，当电压不满足要求时，应采用高一级电压供电。

客户接入容量和供电电压等级推荐表见表7-1。

表7-1　　客户接入容量和供电电压等级推荐表

供电电压等级	用电设备容量	受电变压器总容量
220V	10kW及以下单相设备	—
380V	100kW及以下	50kVA及以下
10kV	—	50kVA～10MVA
35kV	—	5～40MVA
110kV	—	20～100MVA

注　无35kV电压等级的电网，10kV电压等级受电变压器总容量为50kVA至20MVA。

（3）应严格控制专线数量，以节约廊道和间隔资源，提高电网利用效率。

（4）客户侧无功补偿宜采用集中和分散相结合的方式，100kVA 及以上的客户，在高峰负荷时的功率因数不宜低于 0.95；其他客户和大、中型电力排灌站，功率因数不宜低于 0.90；农业用电功率因数不宜低于 0.85。

（5）重要电力客户供电电源配置应符合《重要电力客户供电电源及自备应急电源配置技术规范》（GB/Z 29328—2012）的规定。重要电力客户供电电源应采用多电源、双电源或双回路供电，当任何一路或一路以上电源发生故障时，至少仍有一路电源应能满足保安负荷持续供电。特级重要电力客户宜采用双电源或多电源供电；一级重要电力客户宜采用双电源供电；二级重要电力客户宜采用双回路供电。

（6）重要电力客户应自备应急电源，电源容量至少应满足全部保安负荷正常供电的要求，并应符合国家有关技术规范和标准规定。

（7）客户因畸变负荷、冲击负荷、波动负荷和不对称负荷对公用电网造成污染的，应按照“谁污染、谁治理”和“同步设计、同步施工、同步投运、同步达标”的原则，在开展项目前期工作时提出治理、监测措施。

8. 分布式电源接入

（1）结合地区资源禀赋，提高乡村配电网与分布式电源的协调能力，适应乡村分布式光伏、地热、垃圾发电、生物质发电等新能源发展。

（2）分布式电源接入配电网的电压等级，可根据装机容量进行初步选择：在分布式电源容量合计不超过配电变压器额定容量和线路允许载流的条件下，8kW 及以下可接入 220V 电压等级；8～400kW 可接入 380V 电压等级；400～6000kW 可接入 10kV 电压等级；6000～20 000kW 可接入 35kV 电压等级。分布式电源项目可采用专线或 T 接方式接入系统，最终并网电压等级应根据电网条件，通过技术经济比较选择论证确定。若高低两级电压均具备接入条件，优先采用低电压等级接入。

（3）分布式电源接入系统方案应明确客户进线开关、并网点位置，并对接入分布式电源的配电线路载流量、变压器容量进行校核，电网侧设备选型宜按客户用电报装容量进行核算。接有分布式电源的配电变压器台区，不得与其他台区建立低压联络（配电室低压母线间联络除外）；分布式电源接入时应综合考虑该区域已接入的分布式电源情况。

（4）分布式电源并网运行信息采集及传输应同时满足《分布式电源接入电网监控系统功能规范》（NB/T 33012—2014）和《电力监控系统安全防护规定》（国家发展和改革委员会令第 14 号〔2014〕）等国家相关规定。

（5）分布式电源接入后，其与公用电网连接处的电压偏差、电压波动和闪变、谐波、三相电压不平衡、间谐波等电能质量指标应满足《电能质量　供电电压允许偏差》（GB/T 12325—2008）、《电能质量　电压波动和闪变》（GB/T 12326—2008）、《电能质量　公用电网谐波》（GB/T 14549—1993）、《电能质量　三相电压不平衡》（GB/T 15543—2008）、《电能质量　公用电网间谐波》（GB/T 24337—2209）等电能质量国家标准的规定。

（6）分布式电源继电保护和安全自动装置配置应符合相关继电保护技术规程、运行规程和反事故措施的规定。

（7）接入分布式电源的 380（220）V 客户进线计量装置后开关以及 10（35）kV 客户公共连接点处分界开关，应具备电网侧失压延时跳闸、客户单侧及两侧有压闭锁合闸、电网侧有压延时自动合闸等功能，确保电网设备、检修（抢修）作业人员以及同网其他客户的设备、

人身安全。其中，380（220）V 客户进线计量装置后开关失压跳闸定值宜整定为 20%U_N、10s，检有压定值宜整定为大于 85%U_N。

9. 电供暖接入

（1）推进乡村配电网建设改造，构建坚强灵活的网架结构，提升乡村配电网供电能力和农村生活电气化水平，满足电供暖接入需求。

（2）按照“企业为主、政府推动、家庭适用”的方针，因地制宜选择供暖技术方案，宜气则气、宜电则电。

（3）推进乡村取暖用散烧煤替代，提高清洁供暖比重。

（4）科学发展集中电锅炉供暖，鼓励利用低谷电力，提升电能占终端能源消费比重。

（5）应综合考虑不同电供暖模式的用电需求对客户容量进行设计与校核。其中，分散式供热客户，进户线选择原则上按照每户容量不低于 6kW 考虑；集中式供热客户，按照用电设备实际额定容量进行设备选型。

（6）配变容量宜选取 200（63）、400（125）kVA，优先采用有载调容调压变压器、高过载变压器、S13 及以上等节能变压器。

（7）电供暖涉及的 10kV 线路应实现合理分段、有效联络，以保证客户的供电可靠性。

10. 充换电设施接入

（1）推进智慧车联网、智慧能源服务系统向农村地区延伸，促进农村电动车、电动船等绿色交通工具发展。

（2）乡村充换电设施建设应科学研究当地电动汽车发展水平和充电需求，按照“快慢相济”原则进行，充换电站的选址、供配电、监控及通信系统的建设应符合《电动汽车充电站设计规范》（GB 50966—2014）、《电动汽车电池更换站通用技术要求》（GB/T 29772—2013）的规定。

（3）推进开展有序充电服务，采用有序充电策略后供电应满足村民基本生产生活需要。根据峰谷电价政策，在满足用车需求的前提下可采取随机延时、排队延时合闸等技术措施保证有序充电，避免高峰负荷叠加，改善电网负荷特性，提高电网运行经济性、可靠性。

（4）充换电设施所选择的标准电压应符合国家标准《标准电压》（GB/T 156—2017）的规定。供电电压等级应根据充换电设施的负荷，经过技术经济比较后确定。供电电压等级一般可参照表 7-2 确定。

充换电设施电压等级推荐表见表 7-2。

表 7-2　　充换电设施电压等级推荐表

供电电压等级	充换电设施总负荷
220V	10kW 及以下单相设备
380V	100kW 及以下
10kV	100kW 以上

（5）220V 充电设施，宜接入低压电缆分支箱或低压配电箱；380V 充电设备，宜接入低压线路或变压器的低压母线。接入 10kV 配电网的充换电设施，宜接入公用 10kV 线路或接入环网柜、电缆分支箱等。

（6）充换电站接入电网时应进行论证，分析各种充电方式对配电网的影响。

11. 储能系统接入

（1）储能系统接入配电网及储能系统的运行、监控应遵守相关的国家标准、行业标准和企业标准。

（2）储能系统接入不应对电网的安全稳定运行产生任何不良影响。

（3）储能系统接入后，其与公用电网连接处的电能质量应满足相关标准的规定。

（4）储能系统可通过三相或单相接入配电网，其容量和接入点的电压等级宜参照表7–3确定。

储能系统接入配电网电压等级推荐表见表7–3。

表7–3　储能系统接入配电网电压等级推荐表

储能系统容量范围	并网电压等级	接入方式
8kW及以下	220V	单相
8kW～400kW	380V	三相
400kW～6MW	10kV	三相
6MW至数十兆瓦	35kV	三相

（5）储能系统接入配电网规划设计应从全局出发，统筹兼顾，按照建设规模、工程特点、发展规划和配电网条件，通过技术经济比较后确定方案。

12. 节能和环保要求

（1）节能要求。配电设备选型应符合国家有关节能要求，优先选用小型化、无油化、少（免）维护、低损耗节能环保、具备可扩展功能的配电设备，积极稳妥采用先进适用的新技术、新设备、新工艺、新材料。

（2）环保要求。

1）配电网规划项目应符合国家有关环境标准的规定，供电设施的建设应与城镇、乡村的建设特点相适应，与环境相协调，并注意水土保持。在保护地区、重点景观环境周围，变电站和线路应与周围环境相协调。

2）新建供电设施时，应注意采用新技术、新设备、新工艺、新材料，以节约空间、控制用地，减少对自然保护区、绿化带、植被以及周围生态环境的破坏。

（二）《乡村电力建设　第2部分：通用技术标准》

1. 术语与定义

（1）美丽乡村：经济、政治、文化、社会和生态文明协调发展，产业兴旺、生态宜居、乡风文明、治理有效、生活富裕的可持续发展乡村（包括建制村和自然村）。

（2）供配电设施：从配电网电源点至居民电能计量装置（含表箱、电能表）及相关低压供电公建设施的产权分界处的电气设施。

（3）产权分界点：供电企业和客户资产（维护、管理）的电气设备连接分界处。

（4）配电室：主要为低压客户配送电能，设有中压进线（可有少量出线）、配电变压器和低压配电装置，带有低压负荷的户内配电场所称为配电室。

（5）箱式变电站：安装于户外，也称预装式变电站或组合式变电站，指将中压开关、配

电变压器、低压出线开关、无功补偿装置和计量装置等设备共同安装于一个封闭箱体内的户外配电装置。

（6）电缆分支箱：也称电缆分接箱，完成配电系统中电缆线路的汇集和分接功能。

（7）低压供电半径：从变电站（配电变压器）低压侧出线到其供电的最远负荷点之间的线路长度，不包含表后线路长度。

（8）接户线：从低压电力线路到客户室外计量装置的一段线路为接户线。

（9）进户线：从客户室外计量箱出线端至客户室内第一支持物或配电装置的一段线路为进户线。

（10）TN 系统：电力系统的一点直接接地，电气装置的外露可导电部分通过保护线与该接地点相连接。根据中性导体（N）和保护导体（PE）的配制方式，TN 系统可分为如下三类：

1）TN－C 系统，整个系统的 N、PE 线是合一的；

2）TN－C－S 系统，系统中有一部分线路的 N、PE 线是合一的；

3）TN－S 系统，整个系统的 N、PE 线是分开的。

（11）TT 系统：电力系统有一点直接接地，电气装置的外露可导电部分通过保护线接至与电力系统接地点无关的接地极。

（12）配电自动化：以一次网架和设备为基础，以配电自动化系统为核心，综合利用多种通信方式，实现对配电系统的监测与控制，并通过与相关应用系统的信息集成，实现配电系统的科学管理。

（13）电能计量装置：由各种类型的电能表或与计量用电压、电流互感器（或专用二次绕组）及其二次回路相连接组成的用于计量电能的装置，包括成套的电能计量柜（箱、屏）。

（14）智能电能表：由测量单元、数据处理单元、通信单元等组成，具有电能量计量、信息存储及处理、实时监测、自动控制、信息交互等功能的电能表。

（15）用电信息采集终端：对各测量点进行用电信息采集的设备，简称采集终端。可实现电能表数据的采集、管理、转发或执行控制命令。用电信息采集终端按应用场所分为厂站采集终端、专变采集终端、集中抄表终端（包括集中器、采集器）、回路状态巡检仪等类型。

（16）电能计量封印：具有自锁、防撬、防伪等功能，用来防止未授权的人员非法开启电能计量装置及相关设备，或确保电能计量装置不被随意开启，且具有法定效力的一次性使用的专用标识物体。

（17）通信接口转换器：通信接口转换器可通过 RS485、微功率无线、M－BUS 等多种通信接口采集电、水、气、热表数据，并能与用电信息采集终端或手持设备进行数据交换的设备。

（18）临时用电：小型基建工地、农田基本建设和非正常年景的抗旱、排涝等用电，时间一般不超过 6 个月。临时用电不包括农业周期性季节用电，如脱粒机、小电泵等电力设备。

（19）充换电设施：为电动汽车提供电能的相关设施的总称。一般包括充电站、电池更换站、电池配送中心、集中或分散布置的交流充电桩等。

（20）交流充电桩：采用传导方式为具有车载充电机的电动汽车提供交流电能的专用装置。

（21）船舶岸电系统：在船舶停靠港口时，由岸上供电设施向船舶提供电力的系统。

（22）岸电电源：能够提供适合靠岸船舶电压和频率的专用供电装置，可分为高压岸电电源和低压岸电电源。

（23）孤岛：公共电网失压时，电源仍保持对客户电网中的某一部分线路继续供电的状态。孤岛现场可分为非计划性孤岛现象和计划性孤岛现象。

非计划性孤岛现象：非计划、不受控地发生孤岛现象。

计划性孤岛现象：按预先设置的控制策略，有计划地发生孤岛现象。

（24）光伏方阵：光伏方阵又称光伏阵列，是由若干个光伏组件在机械和电气上按一定方式组装在一起并且具有固定的支撑结构而构成的直流发电单元。

（25）分布式光伏发电系统的基本设备：包括光伏组件、光伏方阵支架、汇流箱、并网逆变器、配电设施、供电系统监控装置和防雷设施。

2. 总则

为服务美丽乡村电气化建设，满足人民日益增长的用电需要，促进乡村配电网建设与社会经济发展相协调，结合山东省经济发展和配电网现状，本着以人为本、安全、经济、实用、节能、环保、适度超前的原则，制定本标准。

（1）按照《美丽乡村建设指南》标准，根据不同乡村经济发展水平和地理自然条件，因地制宜开展配电网规划，结合“四改一建”，同步实施村级电网升级改造工程，优化网络、提升供电能力。

（2）乡村配电网设计应满足标准化建设要求，差异化设计，设备及材料选型应坚持安全可靠、经济适用、节能环保、寿命周期合理的原则。积极稳妥采用成熟的新技术、新设备、新材料和新工艺，入网的设备及材料均应符合国家、行业和企业标准的规定并抽检合格。

（3）乡村配电网建设和改造应采用先进的施工技术和检验手段，合理安排施工周期，严格按照标准验收，所采用的施工工艺应便于验收检验，隐蔽工程应在工程实施各阶段予以介入管控并落实相应技术要求。

（4）乡村配电网建设应符合智能电网发展趋势，满足分布式电源接入需求，满足智能电能表和用电信息采集同步建设、同步改造要求，满足同期线损管理要求。

（5）乡村供配电建设除执行本标准外，还应符合国家、行业和地方相关标准规范要求。

3. 中低压配电网

（1）配电网。

1）中压配电网应合理布局，接线方式灵活、简洁，原则上应分区、分片供电，供电范围不应交叉重叠。

2）中压配电网接线应确定合理供电半径，乡村中压配电网线路供电半径不宜超过15km。

3）对于负荷密度小，超长供电的10kV线路，宜装设线路调压器的方式，调整线路中后端电压。

4）乡村中压配电网线路宜采用架空方式和绝缘导线。主干线路架空导线截面选择应参考供电区域饱和负荷值，按经济电流密度选取。架空主干线截面宜选用 240mm^2，乡村电网进村线路截面宜选用 95mm^2。

5）乡村 10kV 线路档距不宜超过 70m，特殊地段根据设计要求选定。对雷害多发地区及架空绝缘线路应加装防雷装置，防止雷击断线。

6）低压线路可与同一电源 10kV 配电线路同杆架设。当 10kV 配电线路有分段时，同杆架设的低压线路不应跨越分段区。

7）低压配电网应遵循分区供电、结构简单、安全可靠的原则，一般采用单电源辐射接线。

8）乡村低压线路供电半径不宜超过 500m。客户分布特别分散的地区供电半径可适当延长，但要对末端电压质量进行校核，220V 单相供电电压偏差为标称电压的+7%、-10%，380V 三相供电电压偏差为标称电压的±7%。

9）低压主干线路导线截面应参考供电区域饱和负荷值，按经济电流密度选取。低压主干线路导线截面宜采用 $120mm^2$。

10）中低压线路宜采用架空绝缘导线，对住房和城乡建设部等部委认定的历史文化名村、传统村落和民居，以及对环境、安全有特殊要求的地区，可采用低压电缆进行改造。

11）导线紧好后，弧垂的误差不应超过设计弧垂的±5%，同档内各相导线弧垂力求一致，水平排列的导线弧垂相差不应大于 50mm。

12）直线杆采用顶槽绑扎法固定，在导线与绝缘子接触部分均应用绝缘自粘带缠绕，缠绕长度应超出绑扎部位或与绝缘子接触部位两侧各 30mm，绑线使用截面不小于 $2.5mm^2$ 铜塑线。小角度直线杆采用边槽绑扎法。

13）耐张杆导线采用悬式绝缘子、绝缘耐张线夹进行固定，回头“S 弯”绑扎至主线，各相引线弧度保持一致。

（2）配电站房及相关设备。

1）乡村站房标准：单母线方式：PB-1（油浸式变压器 2×630kVA）和 PB-2（干式变压器 2×800kVA）；单母线分段：PB-3（油浸式变压器 2×630kVA）、PB-4（干式变压器 2×800kVA）和 PB-5（干式变压器 4×800kVA）。土建须按照 2 台或者 4 台变压器的最终规模建设，变压器可分期安装投运。

2）变压器安装前应进行外观检查，本体及附件无损伤及变形，油漆完好；油浸式变压器油箱封闭良好，无漏油、渗油现象，油标处油面正常；带有防护罩的干式变压器，防护罩与变压器的距离应符合标准规定。

3）变压器在搬运或装卸前，应核对高低压侧方向；变压器就位时，应注意其方位和距墙尺寸应与图纸相符，允许误差为±25mm，图纸无标注时，纵向按轨道定位，横向距离不得小于 800mm，距门不得小于 1000mm。

4）变压器一次引线采用电缆，二次引线采用封闭母线，变压器一、二次引线的安装不应使变压器接线柱直接承受应力。

5）封闭母线水平敷设距地高度不应小于 2.5m；母线槽的端头应装封闭罩，并可靠接地；母线与设备连接宜采用软连接；母线槽悬挂吊装，吊杆直径应与母线槽重量相适应，螺母应能调节。

6）高压环网单元与基础应固定可靠，排列整齐、高低一致，相邻两柜顶部水平误差小于 2mm，成列柜顶部小于 5mm；相邻两柜边盘面误差小于 1mm，成列柜面误差小于 5mm，柜间接缝小于 2mm。进入环网单元的三芯电缆用电缆卡箍固定在高压套管的正下方，电缆从基础下进入环网单元时应有足够的弯曲半径，能够垂直进入，电缆孔封堵良好。

7）低压开关柜与基础应固定可靠，排列整齐、高低一致，柜体应满足垂直度小于 1.5mm/m；相邻两柜顶部水平误差小于 2mm，成列柜顶部小于 5mm；相邻两柜边盘面误差小于 1mm，成列柜面误差小于 5mm，柜间接缝小于 2mm。

8）电缆绑扎应牢固，在接线后不应使端子排受机械应力，电缆绑扎应采用扎带，绑扎的高度一致、方向一致；电缆固定后应悬挂电缆标识牌，标识牌尺寸、规格统一。

9）电缆进出口及穿越墙壁、楼板、盘柜和管道两端时，应用防火堵料封堵。防火封堵材料应密实无气孔，封堵材料厚度不应小于 100mm。

（3）箱式变电站。

1）乡村电网建设改造需采用箱式变压器的，应选用美式箱变和欧式箱变。

2）美式箱变：变压器选用 S13 及以上节能型油浸式变压器，根据负荷情况选用 200kVA 及 400kVA 两种型号。

3）欧式箱变：变压器选用 S13 及以上节能型油浸式变压器，根据负荷情况选用 400kVA 及 630kVA 两种型号。

（4）配电变压器。

1）乡村公用配变容量的选择，应综合考虑乡村电气化水平、气候特点、用电负荷特性及同时系数等因素。

2）配电台区应按照“密布点、短半径、小容量”“先布点、后增容”的原则建设与改造。变压器应布置在负荷中心，一般采用柱上安装方式，变压器底部距地面高度不应低于 3.4m。对人口密集、安全性要求高的地区可采用箱式变电站或配电室供电。

3）新装及更换配电变压器应选用 S13 型及以上节能配电变压器或非晶合金铁芯配电变压器。

4）对于季节性负荷波动大的台区，可选择高过载能力配电变压器或有载调容配电变压器。

5）配变台架应按照终期规模一次建设到位，配电变压器容量应根据近期规划负荷合理选择。柱上配电变压器容量不应超过 400kVA，箱式变电站内变压器容量不应超过 630kVA，配电室单台变压器容量，油浸式变压器不宜超过 800kVA，干式变压器不宜超过 1250kVA。

6）单相变压器应采用高效节能型两相两绕组油浸式变压器，容量 10～100kVA，10kV 侧采用跌落式熔断器，220V 侧采用带空气断路器的低压开关箱。单相变压器台采用单杆，10kV 侧架空绝缘线采用侧面引下，熔断器背面安装，低压开关箱采用悬挂式安装；220V 侧架空绝缘导线引至杆上低压开关箱内。

7）以居民生活用电为主，且供电分散的地区可采用单、三相混合供电，单相变压器容量不宜超过 50kVA。

8）柱上配电变压器的高压侧宜采用熔断器保护，箱式变电站配电变压器宜采用负荷开关–熔丝组合单元保护，配电室配电变压器宜采用断路器保护，低压侧宜配置剩余电流动作保护，低压电网剩余电流保护一般采用剩余电流总保护（中级保护）和末级保护的多级保护方式。

9）配电变压器低压配电装置应具有防雷、过电流保护、计量、测量、信息采集等功能，箱体应采用坚固防腐阻燃材质。

10）新建或改造配电台区宜按照智能配电台区建设，配电变压器低压配电装置内应配备安装智能配变终端和电能计量装置（包含用电信息采集终端）。

11）地处偏远地区的变压器等设施应采取必要的防盗措施。

（5）变压器台架及附件。

1）10kV 侧采用绝缘导线正面引下，熔断器正面安装，低压综合配电箱悬挂式安装，变压器与线路平行安装。横担安装总体要求：各层横担安装符合安全距离。

2）变压器托担安装，托担使用螺栓固定、托担抱箍支撑，托担抱箍与杆体贴实，紧贴上

层横担，方向与横担垂直，变压器托担中心水平面距地面 3400mm，低压综合配电箱悬挂安装。

3）变压器使用背铁角钢固定在托担上，变压器高压出线柱头与熔断器在同一侧。低压综合配电箱采取悬挂式安装，利用双头螺栓（可采用防盗螺栓）和背铁角钢固定在变压器托担上。

4）避雷器横担及避雷器安装，避雷器横担采用单横担，安装在变台的变压器低压出线柱头一侧，横担中心水平面距地面 5200mm，在避雷器横担上安装避雷器和侧装绝缘子（朝向变压器高压出线柱头）；避雷器应加装与相序同色的绝缘护罩。

5）熔断器横担及熔断器的安装，熔断器横担采用单横担，安装在变台的变压器高压出线柱头的一侧，横担中心水平面距地面 6400mm，在熔断器横担上安装上装和侧装绝缘子（朝向变压器低压出线柱头一侧），熔断器使用螺栓固定在熔断器连板上，熔管轴线与地面垂线夹角宜为 15°～30°。

6）引线横担及绝缘子的安装，引线横担采用单横担，安装在变台的变压器高压出线柱头一侧，引线各相绝缘子间距离应不小于 500mm，绝缘子安装在横担侧面，朝向变压器低压接线柱头一侧。

7）螺栓安装要求，变压器托担及托担抱箍使用螺栓按“两平一弹双螺母”方式进行固定；穿向为由前向后、由下向上、由内向外；单螺母螺杆丝扣露出的长度不少于两个螺距，双螺母螺杆丝扣露出的长度与螺母相平。

8）台架引下线安装，台架引下线采用直接下引或者 C 型线夹 T 接的方式；引线各相间距为 500mm，引线与拉线、电杆或构架间的净空距离不应小于 200mm。

9）熔断器引线安装，上引线在上装绝缘子固定后，连接到熔断器上接线端；下引线经侧装绝缘子绑扎回头固定后，连接到熔断器下接线端。

10）接地挂环安装，在距熔断器横担侧装绝缘子中心水平面以下 600mm 处安装接地挂环，接地挂环开口方向向下，安装方向一致，并在同一水平面上。

11）避雷器引线安装在避雷器横担中心向上约 100mm 处将避雷器引线与熔断器下引线连接，引线另一端固定到避雷器接线端。

12）变压器高、低压侧引线安装，变压器高压侧引线使用接线端子、抱杆线夹与变压器高压接线柱连接，并安装绝缘护罩。变压器低压侧出线，使用接线端子、抱杆线夹与变压器低压侧接线柱连接，弯头处用绝缘胶带整齐包扎，做好防水处理，并安装绝缘护罩。

（6）无功补偿装置。

1）配电变压器配置低压电容器进行无功补偿，电容器容量应根据配变容量和负荷性质，通过计算确定。

2）低压无功补偿装置一般按配变容量的 10%～30%配置，可实现共补、分补以及相间补偿，采用复合开关自动投切（可控硅投切、接触器运行）方式。

3）配变低压无功补偿与运行数据采集应采用一体化装置。

（7）水泥杆及基础。

1）一般采用直埋式，受地形限制时可采用套筒无筋式、套筒式和台阶式等水泥杆基础形式。钢管杆或铁塔一般采用台阶式基础，也可结合当地地质条件、地形条件及各地区使用情况选用合理的基础形式，对于特殊地质条件须进行相应的加固措施。

2）低压架空线路宜采用 12m 及以上混凝土杆，稍径不小于 190mm；考虑负荷发展需求，可按 10kV 线路电杆选型，为 10kV 线路延伸预留通道，采用非预应力型混凝土电杆，防止车撞脆断。

3）底盘的规格应按设计图纸选定，使用水准仪对基坑底部进行抄平，利用方向桩、辅助桩和线绳确定底盘安装位置，底盘安装应平整，盘下回填土应夯实，其横向位移不应大于50mm。

4）卡盘安装依据设计图纸中标定的型式安装卡盘，卡盘上平面距地面不小于 500mm，允许偏差为±50mm。

5）拉盘的强度、埋设深度和方向应符合设计要求，回填土应每 300mm 夯实一次，地面上应留有高 300mm 的防沉土台。拉线棒埋设槽道角度正确且受力后不应弯曲。

6）电杆表面应光洁平整，无露筋、跑浆现象，杆身弯曲不应超过杆长的1/1000。钢管杆整体开始组装前，必须先核对现场基础预埋地脚螺栓个数及地脚螺栓分布直径与基础配置表中相应参数是否一致，同时应核实杆塔横担方向，核对无误后方可组塔施工。

7）电杆埋深及杆基回填：电杆埋深可根据对应杆位的地质条件确定，其中 10m 杆埋深不小于 1.7m，12m 杆埋深不小于 1.9m，15m 杆埋深不小于 2.3m；回填土应打碎并每隔 300mm 夯实一次；电杆周围设防沉土层，其上部面积不小于坑口面积，培土高度应超出地面 300mm。

8）电杆位移及偏差：直线杆顺线路方向位移不应超过设计档距的 3%，横向偏离线路中心线不应大于 50mm；直线杆的倾斜、杆梢的位移不应大于杆梢直径的 1/2。

9）钢管杆位移及偏差：钢管电杆连接后，其分段及整根电杆的弯曲均不应超过其对应长度的 2‰；架线后，直线杆的倾斜不应超过杆高的 5‰，转角杆组立前宜向受力侧预倾斜，预倾斜值应由设计确定。

（8）铁件及金具。

1）横担上下歪斜、左右扭斜，允许最大偏差为±20mm。线路直线杆横担均装于负荷侧，与线路方向垂直。10kV 直线杆横担中心水平面距杆顶为 1000mm，杆顶抱箍下抱箍板中心距杆顶为 350mm；380V 直线杆横担中心水平面距杆顶为 150mm。

2）10kV 架空绝缘线路直线杆之间最小垂直距离为 500mm，分支或转角杆之间最小垂直距离为 300mm；380V 架空绝缘线路直线杆之间最小垂直距离为 300mm，分支或转角杆之间最小垂直距离为 200mm。

3）10kV、380V 架空绝缘线路同杆架设时，横担间距最小垂直距离不应小于 1000mm。

4）线路出线杆、转角杆、分支杆及终端杆处应加装接地挂环。

5）螺栓安装施工顺线路的由电源侧穿入；横线路的面向负荷侧由左向右穿入；垂直地面的由下向上穿入（耐张串与横担连接的螺栓由上向下穿入）。

（9）拉线。

1）拉线抱箍位于横担下方 150mm 处，方向与线路横担垂直。楔形线夹、UT 形线夹的舌板与钢绞线接触吻合紧密，线夹凸肚在尾线侧，尾线露出线夹的长度宜为 400mm，用镀锌铁线或钢线夹子与主线绑扎固定，绑扎长度宜为 300mm，端部留头 50mm 并固定；采用钢线卡子固定时，数量不少于 2 个，拉线对地面夹角宜为 45°，受地形限制时不应大于 60°或不应小于 30°，地面范围的拉线应设置保护套。

2）穿越和接近导线的拉线必须装设与线路电压等级相同的拉线绝缘子。拉线绝缘子应装在最低穿越导线以下。在下部断拉线情况下拉线绝缘子距地面处不应小于 2.5m。拉线绝缘子，各地视情况并结合运行经验确定。

（10）电缆。

1）电缆的选择。① 电力电缆选用应满足负荷要求、热稳定校验、敷设条件、安装条件、对电缆本体的要求、运输条件等。② 电力电缆采用交联聚乙烯绝缘电缆。③ 电缆截面的选择，应在不同敷设条件下电缆额定载流量的基础上，考虑环境温度、并行敷设、热阻系数、埋设深度等因素后选择。

2）电缆终端的选择。① 外露于空气中的电缆终端装置类型应按下列条件选择：不受阳光直接照射和雨淋的室内环境应选客户内终端。② 受阳光直接照射和雨淋的室外环境应选客户外终端。③ 对电缆终端有特殊要求的，选用专用的电缆终端。目前最常用的终端类型有热缩型、冷缩型、预制型，在使用上根据安装位置、现场环境等因素进行相应选择。

3）电缆中间接头的选择。① 三芯电缆中间接头应选用直通接头。② 目前最常用的有热缩型、冷缩型，应考虑电缆敷设环境及施工工艺等因素进行相应选择。

4）电缆敷设。① 电缆敷设路径应综合考虑施工、安全运行和维护方便等因素。电缆与电缆、管道、道路、构筑物等之间的容许最小距离，应符合设计要求。② 电缆在任何敷设方式及其全部路径条件的上下左右改变部位，最小弯曲半径，三芯电缆应不小于电缆外径的 15 倍，单芯电缆应不小于电缆外径的 10 倍。③ 预制保护板直埋施工要点：电缆应敷设于壕沟内，沿电缆全长的上、下、侧面应铺以厚度不小于 100mm 的软土或砂层，沿电缆全长应覆盖保护板，宽度不小于电缆两侧各 50mm，电缆上方应铺设警示带，警示带距电缆护层不小于 200mm。敷设前应将沟底铲平夯实，电缆埋设后回填土应分层夯实。④ 穿保护管直埋施工要点：沿电缆全长应穿保护管，保护管长度在 30m 以下者，内径不应小于电缆外径的 1.5 倍，超过 30m 以上者不应小于 2.5 倍。上面应铺以厚度不小于 700mm 的细土并分层夯实，电缆上方应铺设警示带，警示带距电缆护层不小于 200mm，直埋电缆农田中覆土深度不应小于 1.0m。⑤ 电缆金属护层的接地方式：电力电缆金属屏蔽层必须直接接地。交流系统中三芯电缆的金属屏蔽层，应在电缆线路两终端和接头等部位实施接地。当三芯电缆具有塑料内衬层或隔离套时，金属屏蔽层和铠装层宜分别引出接地线，且两者之间宜采取绝缘措施。⑥ 附属设施：直埋电缆线路在直线、接头、转角处必须埋设标识桩。在人行道、车行道等其他不能设置高出地面的标志时，可采用平面标识桩，应每隔 20m 设置一块。在绿化隔离带、灌木丛等位置时应每隔 50m 设置电缆标识桩，应高出地面（草坪）500mm 以上。

（11）防雷设施。

1）10kV 绝缘导线线路防雷推荐采用：防雷绝缘子、带间隙的氧化锌避雷器和线路直连氧化锌避雷器等方式，其中防雷绝缘子建议每 3 基左右电杆加 1 处接地，多雷区应逐基加接地，带间隙的氧化锌避雷器和线路直连氧化锌避雷器方式应每基电杆加 1 处接地。

2）水泥杆可通过杆外敷接地引下线接地或与杆身接地螺母直接连接接地，钢管杆和窄基塔的杆（塔）身双接地点需可靠接地。接地引下线两端与其他装置应有可靠的电气连接。

3）接地装置选型及布置形式可根据各地区使用需求并结合运行经验确定。

（12）接地体。

1）乡村低压线路宜采用 TT 接线方式［配电变压器低压侧中性点直接接地（工作接地），低压电网内所有电气设备的外露可导电部分用保护接地线（PE 线）接到独立的接地体上，工作接地与保护接地在电气上没直接的联系］供电的配电台区，应在配电箱低压出线装设剩余电流动作保护器。

2）水平接地体采用-40×4mm的镀锌扁钢，搭接长度为其宽度的2倍，四面施焊，连接处应做好防腐处理。垂直接地体采用$\angle50\times5\times2500$mm的镀锌角钢，将接地体置于沟槽内并打入地下，垂直接地体的间距不宜小于其长度的2倍。实测接地电阻不应大于4Ω。

3）接地扁钢与接地引线安装接地引下线包括避雷器、变压器中性点接地、变压器外壳和低压综合配电箱外壳，所有接地引下线应汇集后统一接地。接地汇集装置设4孔位，从上到下依次为：避雷器、变压器中性点、变压器外壳、低压综合配电箱外壳，分别与上述接地引下线采用螺栓固定。接地扁钢沿杆内侧敷设，每间隔500mm用钢包带固定，考虑防盗要求，接地汇集装置设置在主杆3000mm处。

（13）低压出线。

1）配电变压器的进出线应采用电力电缆或绝缘导线，配电变压器的高低压接线端应安装绝缘护套。

2）低压综合配电箱内接线，低压电缆使用接线端子连接到断路器的进、出线端，并做好绝缘防护，各相排列整齐有序，相间距离不少于20mm，有明显相序标识。

3）电缆出线，低压出线分为电缆入地和电缆上返架空出线两种形式。低压电缆入地应采用热镀锌钢管保护。

4）电缆与架空线路连接，0.4kV架空线路尾线回头绑扎至主线，尾线线头应绝缘包扎；电缆与架空线尾线连接采用双线夹固定。

（14）低压架空接线。

1）架空接户线安装可采用架空绝缘导线、集束导线、交联聚乙烯电缆等方式。接户线采用横担安装时，应装于受电侧，横担抱箍装设在接户线侧，且与上层横担不小于300mm。

2）接户线 T 接时应有一定的裕度，不宜过紧，搭接方向应保持一致，与架空主线连接采用双线夹固定，引线制作滴水弯，安装弧度一致。从同一电杆T接的接户线不宜超过两处；其相线和零线应从同一电杆上T接。

3）接户线档距不宜大于25m，超过25m时宜设接户杆，总长度（包括沿墙敷设部分）不宜超过50m。

（15）低压电缆分支箱。

1）选用落地式安装方式，砌基础井体，井体为砖混结构，墙体宽240mm，基础地上高300mm，地面以下深700mm，砖墙上浇筑高200mm，宽240mm的混凝土台基座，基座四角安装预埋钢板。混凝土台基座长侧安装槽钢2根，与预埋钢板焊接，焊接处做防锈处理。

2）低压电缆分支箱与槽钢连接牢固，倾斜度不大于2°，低压电缆分支箱的外沿距基础井体的外沿120mm，基础露出地面部分封堵严密，用水泥抹面，刷黄黑相间防撞漆，宽度为200mm。基础竖面的防撞漆边线与地面夹角为45°，其方向从左下至右上，并顺延至基础上平面。

（16）电缆直埋接户线。

1）电缆与架空线连接采用双线夹固定，电缆引线制作滴水弯，引线安装弧度一致，高腐蚀、高污染等特殊环境可穿保护管安装。

2）电缆采用电缆抱箍固定，固定间隔宜在1500～2000mm，安DL HG-114A型电缆保护管，电缆保护管长度2500mm，埋深300mm，电缆保护管入口做防火封堵。

（17）户内配电设备。

1）住宅配电箱（分户箱）内应配置有断路器保护的照明供电回路、一般电源插座回路及空调、电炊具、电加热电器等专用电源插座回路。厨房电源插座和卫生间电源插座不宜同一回路。

2）住宅供电线路应装设剩余电流动作保护装置，采用分级保护。每幢住宅的总电源进线应装设剩余电流动作保护或剩余电流动作报警装置，除壁挂式空调器的电源插座回路外，其他电源插座回路均应设置剩余电流动作保护装置。

3）电源插座底边距地低于 1.8m 时应选用安全型插座。

4）灯具的选择视具体房间的功能而定，宜选用节能型灯具。

5）电气线路应采用符合安全和防火要求的布线方式，住户室内配电线路宜采用暗敷设。导线应采用铜线，住宅单相进户线截面不应小于 10mm^2，三相进户线截面不应小于 6mm^2。一般分支回路导线截面不应小于 2.5mm^2，柜式空调器、电加热设备等电源插座回路应根据实际情况选择导线截面。

6）单相电源回路的中性线应与相线截面相等。

4. 电能计量

（1）电能计量方式。

1）结算用电能计量点宜设置在购售电设施产权分界处，当客户采用 2 个及以上电源供电时，每个电源受电点分别设置电能计量装置，分电能计量点按不同电价类别分别设置。如客户需执行两种及以上电价，电能计量装置安装在执行不同电价受电装置出线处，宜采用总表加分表的计量方式。

2）用电应实行一户一表计量方式，应采用符合供电企业相关技术规范的智能电能表，并符合《智能电能表功能规范》（Q/GDW 1354—2013）、《单相智能电能表技术规范》（Q/GDW 1364—2013）、《三相智能表技术规范》（Q/GDW 1827—2013）标准，满足阶梯电价及分时计费、远程费控等需求。对执行同一电价的公共照明等公用设施用电，应相对集中设置公用计量表计。

3）当客户用电容量在 12kW 及以下时，宜采用单相供电到户计量方式；当客户用电容量在 12kW 至 100kW（含）时，宜采用低压三相供电到户计量方式；当客户用电容量在 100kW 以上时，宜采用高压三相供电到户计量方式；电能计量装置基本配置应符合《电能计量装置通用设计规范》（Q/GDW 10347—2016）相关要求。

4）每台配电变压器应安装满足计量要求的计量装置，应配备专用计量箱或计量柜以及计量专用电压、电流互感器或组合互感器。500kVA 及以下变压器宜采用高供低计计量方式，500kVA 以上变压器宜采用高供高计计量方式，计量箱（柜）及互感器配置应符合《电能计量装置通用设计规范》（Q/GDW 10347—2016）相关规定。

5）应采用远程自动采集方式进行用电信息采集，对采集情况进行监控、维护，保证采集效率、质量。

6）计量表计集中安装时，应采用多表位计量箱，单个计量箱不应超过 15 表位。除满足该处居民用电计量需求外，应预留远程自动抄表装置和通信接口转换器的安装位置。计量箱不宜安装在户外向阳处，可安装在户外背阴处。计量箱应合理选择安装位置，减少进户线长度。各规格计量箱应按国家和电力行业相关技术标准制造，符合《低压计量箱技术规范》

（Q/GDW 11008—2013）相关规定，并经当地供电企业确认后使用。

7）单户表箱应安装在户外，宜 4～6 户相对集中设置，应具有防雨和防阳光直射计量表等防护措施；单多层住宅的电能表应集中安装于地下一层或一层；高层住宅的电能表应按照每处不少于 30 只电能表的原则分层集中安装，安装在地下一层（或一层）及中间楼层，在相应楼层设置表箱间，表箱布置方式应经供电企业确认。

8）安装后箱体与采暖管、煤气管道距离不小于 300mm，与给、排水管道距离不小于 200mm，与门、窗框边或洞口边缘距离不小于 400mm。

（2）电能计量装置。

1）电能计量设计应满足《电能计量装置技术管理规程》（DL/T 448）相关规定。典型设计方案可参考《电能计量装置通用设计规范》（Q/GDW 10347—2016）附录中方案。施工应满足《国家电网公司计量现场施工质量工艺规范》相关规定。

2）接入中性点绝缘系统时，应采用三相三线接线方式，其电流互感器二次绕组与电能表之间应采用四线连接；接入中性点非绝缘系统时，应采用三相四线接线方式，其电流互感器二次绕组与电能表之间应采用六线连接。

3）电能计量箱应符合《低压计量箱技术规范》（Q/GDW 11008—2013）相关规定。箱体应采用高强度、阻燃、耐老化的环保材料。

4）表箱安装在专用表箱间、电缆井内时宜采用壁挂式设计，安装高度为表箱下沿距楼面（地）距离 1.2m±0.2m。表箱安装在其他位置时宜采用半镶嵌安装设计，表箱门轴以后部分镶嵌在墙内，表箱安装高度为电能表箱中心位置距楼面（地）距离 1.4m±0.2m。安装在户外的单户电能表箱下沿距地面距离大于 1.6m，可上下两排排列。若距楼面（地）距离小于上述要求，应采取安全防护措施。表箱门的开闭应灵活，开启角度不小于 120°。表箱安装在专用表箱间内或电缆井内时，应满足照明充足、通风良好、防潮防火等要求，对应钥匙由资产管理单位管理。最高观察窗中心线及门锁距地面高度应不超过 1.8m；独立式单表位计量箱、单排排列箱组式计量箱下沿距地面高度不小于 1.4m；多表位计量箱下沿距地面高度不小于 0.8m，当用于地下建筑物时（如车库、人防工程等）则不应小于 1.0m。

5）各回路接线正确（包含连接片的位置、有线通信线路）、整齐美观；强电与弱电布线必须分开。箱内导线应采用铜质导线，导线截面满足要求，布线合理整齐、工艺美观大方。固定可靠，无机械损伤；电缆头无外漏；线缆接入端子处松紧适度，轻轻拉动不脱落。相色、号牌、导线牌应装设齐全、标注清晰、计量封印齐全、无缺损。

6）多表位单相表箱内的开关、电能表应分别装设在独立的区域内。开关的操作手柄外露，方便停送电操作。开关室、电能表室应分别装设单独开启的门，并能够加挂专用锁或一次性防窃电封锁，方便计量箱加锁封闭。电能表、计量箱、采集终端、通信接口转换器等应安装牢固。

7）安装在室外的计量箱应采取防雨措施，计量箱的顶部、外露的开关操作手柄处、预付费电能表插卡处等部位，在进入建筑物前应有防水弯头（或滴水弯头）。

8）计量箱位置（含配电室内计量箱）应安装在无线通信信号良好或有线通信能够覆盖的地方。

9）表箱前后 2m 和表箱间所有通道应采用高强度、阻燃、耐老化的环保材料管线（如 PVC、PE、钢管或合金管等），沿建筑物、构筑物敷设的管线应固定（绑扎）牢固，导线穿墙时应

套瓷管、钢管或塑料管进行保护，进出计量箱（柜）时，应有密封和防止绝缘磨损的措施。预埋通道应预留钢丝，便于后期施工。电源线和信号线全部敷设后，不超过管径的40%。

5. 临时用电

（1）基本要求。

1）应采用耐气候型的绝缘电线，最小截面为6mm^2。

2）电线对地距离不低于3m。

3）档距不超过25m。

4）电线固定在绝缘子上，线间距离不小于200mm。

5）如采用木杆，梢径不小于70mm。

（2）其他要求。

1）临时用电应装设配电箱，配电箱内应配装控制保护电器、剩余电流动作保护器和计量装置。

2）如临时用电线路超过50m或有多处用电点时，应分别在电源处设置总配电箱，在用电点设置分配电箱，总、分配电箱内均应装设剩余电流动作保护器。

3）临时线路不应跨越铁路、公路和一、二级通信线路，如需跨越时必须满足有关规定。

4）配电箱外壳的防护等级应按周围环境确定，防触电类别可为Ⅰ类或Ⅱ类。

5）配电箱对地高度宜为1.3～1.5m。

6. 清洁电能替代及绿色节能

（1）电供暖。

1）一般要求。① 电供暖设备应符合本标准的要求，并按照经规定程序批准的设计图样和技术文件制造。② 电供暖设备设计应保证性能可靠，对使用者或周围环境没有危险。③ 电供暖设备所用零部件和材料应符合有关标准的规定，满足使用性能要求，保证安全。

2）设备要求。① 设备发热面温度应在合理的范围内，具备合理的防护措施。② 设备在正常工作条件下的泄漏电流和电气强度应满足《家用和类似用途电器的安全　第1部分：通用要求》（GB 4706.1—2005）、《家用和类似用途电器的安全　电热毯、电热垫及类似柔性发热器具的特殊要求》（GB 4706.8—2003）、《非金属基体红外辐射加热器通用技术条件》（GB/T 4654—2008）、《蒸气压缩循环冷水（热泵）机组安全要求》（GB 25131—2010）、《低温辐射电热膜》（JG/T 286—2010）等标准的规定。③ 设备结构和外壳应对意外触及带电部件有足够的防护。④ 热泵型电供暖设备机组的性能系数应满足《水源热泵机组》（GB/T 19409—2013）、《蒸气压缩循环冷水（热泵）机组和类似用途的冷水（热泵）机组》（GB/T 18430—2008）、《低环境温度空气源热泵（冷水）机组》（GB/T 25127—2010）的相关规定，辐射加热型电供暖设备的电热辐射转换效率应不小于60%；蓄热型电供暖设备在常温下静置24小时热损失率不应超过6%。⑤ 设备的防水防尘等级应满足《外壳防护等级》（GB/T 4208—2017）的相关规定。⑥ 设备的发热元件和内部布线的绝缘应有足够的耐非正常发热和起火的能力。应满足《家用和类似用途电器的安全第1部分；通用要求》（GB 4706.1—2005）、GB《家用和类似用途电器的安全电热毯电热垫及类似柔性发热器具的特殊要求》（GB 4706.8—2003）及各设备相关标准规定。⑦ 设备不应放出有害射线、出现毒性或类似的危险。⑧ 电加热型智能取暖设备宜具有超长时间运行自动关闭的能力。

3）电能质量要求。① 电供暖系统供电电压偏差的限值应符合《电能质量　供电电压允许偏差》（GB/T 12325—2008）的规定。② 电供暖系统电压波动和闪变的限值应符合《电能质量 电压波动和闪变》（GB/T 12326—2008）的规定。③ 电供暖系统设备接入电网后，应在设备的额定功率范围内运行，输入接入点的谐波电压限值应符合《电能质量 公用电网谐波》（GB/T 14549—93）的规定。

4）供电系统要求。① 电供暖机房的位置宜靠近本地区或本部门的总变配电站，当电供暖设备单独设置变配电设备时，电供暖机房和变配电设施宜靠近高压电网布置。② 单台电热锅炉额定热功率不小于 4.2MW 的锅炉房，宜设置低压配电室；当有 6kV 或 10kV 高压用电设备时，应设置高压配电室。③ 电供暖系统应用之后，系统功率因数不应低于 0.9。④ 电供暖专用变压器容量或由公用变电所提供的容量应满足电锅炉、蓄热水泵、循环水泵、补水泵等设备的总用电量要求，并应考虑 10%～20%的裕度。⑤ 同一台供暖设备不宜由多台变压器供电，多台小容量电供暖设备及其他电气设备可共用一台变压器；但不允许多台变压器供一台电锅炉。

（2）节能技术、产品、工艺应用。

1）LED 节能灯保护接地标准。① LED 灯的控制装置（不包括独立式灯的控制装置）宜固定在接地的金属件上来形成接地，如果灯的控制装置具备接地端子，则该接地端子只能用于灯的控制装置的接地。② 接地端子的螺钉或其他部件应由黄铜或其他耐腐蚀的金属制成，或由有防锈表面的材料制成，触面应接触良好，无锈蚀。

2）空气源热泵设置及安装标准。① 空气源热泵室外主机设置应确保进风与排风通畅，在排出空气与吸入空气之间不发生明显的气流短路。② 空气源热泵室外主机的噪声和排热（冷）应满足周围环境要求，室外主机上部应有遮水、遮雪设施。③ 空气源热泵室外主机安装时应校核设备运行重量对屋面结构荷载和墙体承重能力的影响。应安装在经过设计、有足够强度的水平基础之上，且设备必须固定在基础上。

（3）充换电设施。

1）充换电设施建设应满足充电系统、供配电系统、电能质量、计量、监控及通信系统、土建、节能与环保等方面的要求。

2）充换电消防设施建设应执行《电动汽车充电基础设施消防安全技术规程》（DB37/T 2908—2017）规定，设置灭火设备和消防给水设施。

3）涉及乡村电力网建设改造应符合《农村电力网规划设计导则》（DL/T 5118—2018）的规定，电压等级应符合《标准电压》（GB/T 156—2017）的规定。

4）采用有序充电策略后供电应满足乡村基本生产生活需要。

5）电动汽车充换电设施接入公共电网连接点谐波电压的限值（相电压）应符合《电能质量公用电网谐波》（GB/T 14549—1993）规定。需要降低或控制接入公共电网的谐波和公共连接点电压正弦畸变率，宜采取装设滤波器等措施进行改善。

6）交流充电桩的充电计量装置应选用静止式交流多费率有功电能表，应配置电能表现场检定接口，电能表与供电插座之间不应接入其他与计量无关的设备。

7）交流充电桩的剩余电流保护电器应安装在供电电缆进线侧。

8）电动汽车充换电设施的运行管理应执行《电动汽车充换电设施运行管理规范》（NB/T 33019—2015）的规定。

（4）岸电。

1）船舶岸电系统。① 船舶岸电系统包括岸电电源、接电箱、接插件、电缆及电缆管理等设备。② 船舶岸电系统宜采用放射式供电方式，输出为三相三线制式。③ 系统容量应能满足船舶靠港期间预期使用的船用电气设备正常工作的需求。④ 系统任何节点的断路器分断能力应不小于系统的最大预期短路电流。⑤ 系统为船舶供电时宜采用不断电切换方式，并应配置岸船间的联锁系统和通信系统。⑥ 系统产生的电压谐波分量应符合《电能质量　公用电网谐波》（GB/T 14549—1993）的规定。

2）高压岸电接电箱基本要求。① 宜安装在码头前沿，并应设置安全护栏或格栅。② 岸电接电箱内宜预留光纤接口。③ 宜采用快速接插式插座，防护等级不应低于 IP56。④ 爬电距离应符合《高压开关设备和控制设备标准的共用技术要求》（GB/T 11022—2011）的规定。

3）低压岸电接电箱基本要求。① 低压岸电接电箱宜安装在码头前沿及码头作业面以上，可采用预装固定式。② 低压岸电接电箱可采用与低压变压变频电源装置组合安装的方式。③ 低压岸电接电箱在码头前沿固定安装时，防护等级不应低于 IP56，且接电箱周围宜预留不小于 10m 的安全距离。

4）岸电计量。① 船舶岸电系统应设置电能计量装置。② 电能计量装置宜设置在船舶岸电系统输出侧。③ 同时为多个船舶提供供电服务时，电能计量装置应分船设置。④ 电能计量装置及计量柜应符合《电能计量柜》（GB/T 16934—2013）的规定。

5）其他要求。① 船舶岸电系统与船体的连接宜采用柔性电缆连接方式。② 船舶岸电系统输出端应配置短路、过负荷、欠电压、缺相、错相、低频、高频、逆功率、三相不平衡、浪涌电压、接地保护、功率因数检测功能。③ 保护系统宜设置备用电源，工作时间不小于 30min。④ 岸船之间应设置等电位接地，接地系统应符合《交流电气装置的接地设计规范》（GB/T 50065—2011）的规定。

7. 分布式电源的并网

（1）基本分类。

本标准所指分布式电源（不含小水电）分为两类。

1）第一类：10kV 及以下电压等级接入，且单个并网点总装机容量不超过 6MW 的分布式电源。

2）第二类：35kV 电压等级接入的自发自用模式分布式电源；或 10kV 电压等级接入且单个并网点总装机容量超过 6MW 的自发自用模式分布式电源。

（2）基本要求。

1）供电企业负责按照国家、行业、企业相关技术标准及规定，制定接入系统方案，审定 380/220V 多并网点及 10kV、35kV 分布式电源接入系统方案，出具评审意见，其中 35kV、10kV 接入项目同时出具接入电网意见函。

2）由客户出资建设的分布式电源及其接入系统工程，其设计单位、施工单位及设备材料供应单位应由客户自主选择。承揽接入工程的施工单位应具备政府主管部门颁发的承装（修、试）电力设施许可证。设备选型应符合国家与行业安全、节能、环保标准规定。

3）分布式电源的发电出口以及与公用电网的连接点均应安装电能计量装置。

4）每个计量点均应装设双向电能计量装置，其设备配置和技术要求应符合《电能计量装置技术管理规程》（DL/T 448—2016）的相关规定。

5）分布式电源并网运行信息采集及传输应满足《电力二次系统安全防护规定》等标

准规定。

6）计量表、用电信息采集设备均应集中安装在电能计量箱（柜）中，居民客户的所有计量表计应安装在便于管理的户外公共场所。

7）并网分布式电源应具备相应资质的单位或部门出具的测试报告，测试项目和测试方法应符合《分布式电源接入电网测试技术规范》（NB/T 33011—2017）的规定，测试结果应符合《分布式电源并网技术要求》（GB/T 33593—2017）的规定。

8）分布式电源接入电网前，其运营管理方与电网企业应按照统一调度、分级管理的原则，签订并网调度协议和发用电合同。

9）分布式电源并网开断设备应满足《分布式电源并网技术要求》（GB/T 33593—2017）的规定，且在运行过程中，不能随意改变并网开断设备的配置和参数。

10）直接接入公共电网的分布式电源，涉网设备发生故障或出现异常情况，其运营管理方应收集相关信息并报送电网运营管理部门。接入10（6）～35kV电网的分布式电源，应有专责人员负责设备的运营维护。

11）公共电网检修、故障抢修或其他紧急情况下，分布式电源所接入电网运营管理部门可直接限制分布式电源的功率输出直至断开并网开断设备。

12）接入电网的分布式电源，其并网/离网应按照并网调度等相关协议执行，已报停运的分布式电源不得自行并网。

13）在非计划孤岛情况下，并网分布式电源离网时间应满足《分布式电源并网技术要求》（GB/T 33593—2017）的规定，其动作时间应小于电网侧重合闸的动作时间。

14）分布式电源运营管理方应及时针对各类保护不正确动作情况，制定继电保护反事故措施，并应取得所接入电网运营管理部门的认可。

15）分布式电源无功电压控制宜具备支持定功率因数控制、定无功功率控制、无功电压下垂控制等功能。

16）接入10（6）～35kV电网的分布式电源，应具备无功电压调节能力，其配置容量和电压调节方式应符合《分布式电源接入配电网技术规定》（NB/T 32015—2013）的规定。

（3）光伏发电设备安装及测试。

1）光伏安装前准备。① 组件安装前，应按产品说明书检查组件及部件的外观，确保无破损及外观缺陷。② 根据组件参数，对每块组件进行性能测试确认，其参数值应符合产品出厂指标，测试项目包括开路电压和短路电流。③ 根据额定工作电流作为依据进行组件分类，可将额定工作电流相等或相接近的组件进行串联。

2）光伏组建安装施工要求。① 安装组件，应轻拿轻放，防止硬物刮伤和撞击组件表面玻璃和后面背板。② 组件在支架上的安装位置和排列方式应符合设计规定。③ 对于螺栓紧固方式安装的组件，如组件固定面与支架表面不相吻合，应用金属垫片垫至用手自然抬、压无晃动感为止，之后方可紧固连接螺丝，严禁用紧拧连接螺丝的方法使其吻合。④ 对于压块安装方式安装的组件，如组件固定面与支架表面不相吻合，应调整轨道和压块，禁止用工具敲击，使其吻合。⑤ 组件与支架的连接螺丝应全部拧紧，按设计要求做好防松措施。⑥ 组件在支架上的安装应目视平直，支架间空隙不应小于 8mm。⑦ 组件安装完毕后，应检查清理组件表面上污渍、异物，避免组件电池被遮挡。

3）光伏方阵测试要求。① 天气晴朗。② 太阳总辐照度不低于 800W/m^2。③ 在测试周

期内的辐照不稳定度不应大于±1%。④ 被测光伏方阵表面应清洁。

（三）《乡村电力建设 第3部分：服务规范》

1. 术语与定义

（1）供电：供电企业向客户供应电能的行为，指发、输、配、售电环节中的配、售电环节。

（2）供电企业：依法取得供电类电力业务许可证的企业。

（3）电力客户：依法与供电企业形成供用电关系的组织和个人，简称客户。

（4）供电服务：供电企业遵循一定的标准和规范，以特定的方式和手段，满足客户现实或者潜在用电需求的活动。通常包括向客户提供质量合格的电能、用电业务办理、抄表及收费、供电故障处理、新型业务服务等内容。

（5）首问负责制：受理客户用电需求的人员，无论办理业务是否对口，应认真倾听，热心引导，快速衔接，并为客户提供准确的联系沟通方式。

（6）电能计量方式：根据计量电能的不同对象、确定的供电方式及国家电费电价制度，确定电能计量点和电能计量装置的种类、结构及接线的方法。

（7）电能质量：供应到客户受电端的电能品质的优劣程度。通常以电压允许偏差、电压允许波动和闪变、电压正弦波形畸变率、三相电压不平衡度、频率允许偏差等指标来衡量。

（8）限电：当电力供应不足时，为保障电力系统安全和维持合格的电能质量，对一些用电需求进行限制的状态或行为。

（9）智慧民生：利用物联网、云计算、大数据、空间地理信息集成等信息通信技术手段，实现智能、高效、便利民生服务的新模式。

（10）服务融合：对多个服务按照某种形式进行组合调用，形成满足特定业务需求新服务的过程。

（11）智慧安居应用系统：基于信息技术实现数据分析和响应处理，满足服务区域内居民安全与舒适的生活需求，并提供交互式信息服务的应用系统。

2. 总则

（1）为满足人民日益增长生活水平的用电需要，本着以人为本、优质规范的原则，不断提高电力服务质量，规范电力服务行为。

（2）本标准适用于提供电力服务的企业和个人。

（3）本标准是全省乡村电力提供过程中，为客户开展服务时应达到的质量标准。

（4）供电方应当依据标准和国家有关规定，履行电力社会普遍服务义务。

3. 供电营业及服务

（1）供电营业厅。

1）供电营业厅设置。① 供电营业厅设置应综合考虑所服务的客户类型、客户数量、服务半径，以及当地客户的消费习惯。② 区县非中心营业厅和单一功能收费厅或自助营业厅，可视当地服务需求，设置于城市区域、郊区、乡镇。③ 供电营业厅应设置在交通方便、容易辨识的地方。

2）服务功能。

a. 供电营业厅服务功能包括：业务办理、收费、告示、引导、洽谈等。

业务办理包括：受理各类用电业务，包括新装、增容及变更用电、故障报修、信息订阅、咨询、投诉、举报和建议、客户信息更新等；

收费包括：提供电费及各类营业费用的收取和账单服务，以及充值销售、表卡售换等；

告示包括：提供电价标准及依据、收费标准及依据、业务流程、服务项目、供电服务热线等各种服务信息公示和功能展示，以及公布岗位纪律、服务承诺等；

引导包括：根据客户用电业务需要，将其引导至营业厅内相应的功能区；

洽谈包括：根据客户用电需要，提供专业接洽服务；

b. 区县非中心营业厅，应具备全部服务功能，单一功能收费厅或自助营业厅应具备电费收取、发票打印，以及服务信息公示等服务功能。

3）服务方式。① 供电所营业厅服务方式包括：面对面、电话、书面留言、传真、客户自助等。② 供电营业厅的服务方式应多样化。③ 区县非中心营业厅，应具备全部服务方式，单一功能收费厅应提供面对面、书面留言和客户自助服务。

4）服务环境。

a. 供电营业厅的功能分区包括业务办理区、收费区、业务待办区、展示区。

b. 区县的非中心营业厅应具备全部功能分区，单一功能收费厅或者自助营业厅应具备收费区、业务待办区、展示区。

c. 供电营业厅各功能分区的设置：

业务办理区：宜设置在面向大厅主要入口的位置，其受理台应为半开放式；

收费区：宜与业务办理区相邻，应采取相应的保安措施。收费区地面应有一米线，遇客流量大应设置引导护栏，合理疏导客户办理业务；

业务待办区：应配设与营业厅整体环境相协调且使用舒适的桌椅，配备书写台、宣传资料架、报刊架、饮水机、意见箱（簿）等。书写台上应有书写工具、登记表书写示范样本等。放置免费赠送的宣传资料；

展示区：应采用宣传手册、广告展板、电子多媒体、实物展示等多种形式，向客户宣传科学用电知识，介绍服务功能和方式，公布岗位纪律、服务承诺、服务及投诉电话，公示、公告各类服务信息，展示节能设备、用电设施等。

d. 供电营业厅应整洁明亮、布局合理、舒适安全，营业厅门前应清洁，宜设置无障碍通道。

e. 营业场所外设置规范的服务标志、营业时间牌。

5）供电营业厅服务。① 营业人员应准点上岗。② 接待客户采用“首问负责制”，应认真倾听、热心引导、快速衔接。③ 受理用电业务，应主动向客户说明该项业务需客户提供的相关资料、办理流程、相关的收费项目和标准，并提供业务咨询电话号码。④ 当有特殊情况暂停办理业务，应列示“暂停营业”标牌。⑤ 临下班有正在办理中的业务应照常办理完毕。下班时有等待办理业务的客户，应继续办理。

（2）收费网点。

1）依托邮政服务站、农村信用社、超市等合理设立电费代收网点。

2）营业窗口应悬挂委托代收电费标识，并告知客户收费方式和时间。

3）提供电费查询、收取、票据打印等服务。

4）应保证网络畅通，收费准确无误。

（3）服务行为。

1）遵守国家法律、法规，诚实守信、恪守承诺，爱岗敬业、乐于奉献，廉洁自律、秉公办事。

2）接待客户咨询、投诉，不推诿，不拒绝，不搪塞，应及时、耐心、准确地给予解答。

3）遵守国家保密原则，尊重客户保密要求，不对外泄露客户保密资料。

4）工作期间精神饱满，注意力集中。

5）应使用规范化文明用语，宜使用普通话。

6）熟知本岗位业务知识和相关技能，岗位操作规范、熟练。

7）保持仪容仪表美观大方，不浓妆艳抹。

8）为客户提供服务，应礼貌、谦和、热情。与客户会话，应亲切、诚恳，有问必答。工作发生差错，应及时更正并向客户道歉。

9）客户要求与政策、法律、法规及本企业制度相悖，应向客户耐心解释，争取客户理解，做到有理有节。客户提出不合理要求，应向客户委婉说明，不与客户争吵。

10）为行动不便的客户提供服务，应主动提供特别照顾和帮助。对听力不好的客户，应适当提高语音，放慢语速。

11）接听电话，应做到语言亲切、语气诚恳、语音清晰、语速适中、语调平和、言简意赅。应根据实际情况表示“是”“对”等，以示在专心聆听，重要内容应重复、确认。通话结束，应在客户挂断电话后再挂电话，不应强行挂断。

12）客户打错电话，应礼貌地说明情况。对带有主观恶意的骚扰电话，可用恰当的语音警告后挂断电话。

13）受理客户咨询，应耐心、细致，应少用生僻的专业术语，避免影响与客户的交流效果。如不能当即答复，应向客户致歉，并留下联系方式，经研究后尽快答复。客户咨询叙述不清，应引导或提示客户，不应随意打断客户。

14）核对客户资料（姓名、地址等），对于多音字应选择中性词或褒义词，不应使用贬义词或反面人物名字。

15）到客户现场服务前，可与客户预约时间，讲明工作内容和工作地点，请客户配合。

16）到客户现场工作，应携带必备的工具和材料，遵守客户内部有关规章制度，尊重客户风俗习惯。

17）在公共场所施工，应有安全措施，悬挂施工单位标志、安全标志，并配有礼貌用语。在道路两旁施工，应在恰当位置摆放醒目告示牌。

18）现场服务工作结束，应立即清扫，不留废料和污迹。

（4）电力故障报修。

1）供电方应对资产范围内的电力故障提供报修服务。

2）确认属于客户资产范围内的电力故障，应及时告知客户。

3）客户查询故障报修情况，应告知客户当前抢修进度或抢修结果。

4）供电方因特殊恶劣天气或交通堵塞等客观因素无法按规定时限到达现场，抢修人员应在规定时限内与客户联系、说明情况并预约到达现场时间。

（5）台区经理。

1）接待客户应实行“首问负责制”，认真倾听、热心引导、快速衔接。解答问题应耐心细致，使用文明用语，禁用文明忌语；不应冷漠待人、推诿扯皮。

2）客户要求与政策、法律、法规相悖，应向客户耐心解释，争取客户理解，有理有节。

3）应熟练掌握相关业务流程、行为规范和工作标准。能直接答复客户的，应根据有关政策、法规及规定立即答复客户；不能直接答复客户的，应向客户致歉，并记录事项内容和联系方式，经研究后及时答复客户。

4）对符合规定、手续齐全，能直接办理的应立即办理；不能直接办理的应出具回执、告知办事时限并主动向客户提供联系方式。

（6）服务用车。

1）供电方应配备满足电力服务需要的车辆。

2）服务车辆应用于保障电网安全生产、为客户提供应急抢修等服务。

3）车辆选用配置应考虑山区和地形复杂地区等因素。

4. 清洁电能替代及绿色节能服务

（1）电供暖、制冷。

1）供电方应配备专职安全管理人员、抢修人员，对电力设备定期进行巡查、检测、维修和维护，确保安全运行。

2）主管部门应及时发布、公示电供暖、制冷最新电价政策。

3）供电方应严格执行电供暖、制冷电价政策，指导客户经济用电。

4）应向客户宣传新型电供暖、制冷技术，推广碳晶、石墨烯发热器件、电热膜、蓄热电暖气等清洁能源供暖设备。

5）供电方应提供满足电供暖、制冷电能质量要求的电力供应。

（2）节能技术、产品、工艺应用。

1）应向客户宣传节能理念，宣传新型的节能技术及产品。

2）供电方可向客户提供能效审计、节能监测、节能工艺应用及其他增值服务。

3）供电方可采用合同能源管理等模式为客户提供节能服务。

（3）岸电。

1）应向客户公示岸电充电价格。

2）应在醒目位置提供岸电设备使用说明。

3）供电方应负责自建岸电设备运营、维护。

4）港口岸电运营服务平台应通过现场服务、营业厅、客服网站、自助终端等服务渠道，满足客户岸电业务、合同管理、费用支付、业务咨询、信息查询等服务请求。

（4）分布式电源服务。

1）应按照“统一服务模式、统一技术标准、统一工作流程、统一服务规则”的原则，向分布式电源业主提供“便捷高效、一口对外”服务。

2）供电方应免费提供并网申请受理、接入系统方案制订、设计审查、电能表安装、合同和协议签署、并网验收与调试、补助电量计量和补助资金结算服务，并“一次性告知”业务流程。

3）供电方受理分布式电源业主（或电力客户）并网申请，应提供营业厅、智能互动服务网站等多种并网申请渠道。

4）发电项目业主与电力客户为不同法人，供电方应与电力客户及项目业主签订三方发用电合同。

5）供电方应负责安装电能计量装置。

6）客户可自行选择全额上网、全部自用或自发自用余电上网等模式。

7）供电方应按国家规定的电价标准全额保障性收购上网电量，为纳入国家可再生能源电价附加资金目录的客户提供补贴计量和结算服务。

（5）充换电设施服务。

1）充换电设施安全管理应执行《中华人民共和国安全生产法》规定，按照“谁投资、谁主管、谁负责”的原则，定期组织消防安全活动。

2）产权所有人应负责充换电设施运营维护、安全运行。

3）宜提供电池检测、电池维护等便民服务。

4）应公示服务项目、电价表、收费项目及收费标准，公示内容应及时、准确。

5）充电电价、充电服务费应参照政府定价或政府指导价，充电服务费不应高于政府定价标准。

5. 智能化用电服务

（1）互联网+供电服务。

1）“互联网+”供电服务应融合创新，整合各类信息数据和服务资源，推动服务热线、网站、客户端 APP 等多流程、多渠道协调发展，实现“一点触发、多点联动”的全方位客户感知。

2）应构建线上服务支撑平台，为客户提供服务新体验，满足客户多元化能源服务需求。

3）服务支撑系统应高度集成、结构合理、安全可靠，具备扩容性和技术升级性，满足现阶段及未来发展需求。

4）应提供业务“一网通办”可视化交互服务，包括客户线上、线下实名认证管理、缴费、咨询、智能报修、停电信息可视化等应用。

（2）智慧社区。

1）科学布局。① 智慧社区建设应满足智慧民生用电服务需求。② 智慧社区供用电应符合安全、舒适、便捷、节能、高效的原则。

2）安全用电。① 智慧社区应建立智慧配电监控系统，提供电力供应监测、公共区照明系统监控和管理服务。② 智慧配电监控系统应采用先进、成熟的技术，设备应符合标准化、开放性的要求，并具有可扩展性和灵活性。③ 智慧配电监控系统应能根据安居服务发展与技术进步进行功能扩充，并支持通过接口与其他相关系统互联，实现协同管理、服务融合。④ 智慧配电监控系统应由检测装置、无线报警装置等组成，安装在电气线路和用电设备上。⑤ 小区客户通过联网的电脑或手机，使用授权的账号和密码可远程实时监测家庭用电安全运行信息，并接收报警信息。⑥ 小区客户接收到用电安全报警信息后，可进行相应系统远程操控处理，关闭用电设备或者切断电源。⑦ 智能插座类设备应具有实时计量电压、电流、频率、有功功率/电能和累计有功电能保存以及过电流值上限参数配置功能。

3）智能家居。① 设置智能家居通信系统，支持家居与智慧小区公共服务平台的互联互通，智能家居与互联网实时连接，实现对家庭自动化系统数据信息交换。② 设置智慧安居应用系统，实现通过无线移动终端设备对智能家居设备的智能本地和远程控制。提供包括但不限于家电控制、门禁控制等服务。③ 设置家庭自动化系统，应具有用电器最大瞬时电流短时延时控制和对大功率（加热型）安全状态检测能力。④ 智能化管理家居电供暖、制冷等用电负荷，根据采暖、制冷用电能效，配合用电需求计划，实现自动化定时控制功能，按指定的时间系统可实现智能化远程控制，为客户节约能源。

4）光伏云。① 应构建开放共享的新生态光伏云平台，提供“科技+服务+金融”一站式全流程服务。② 向客户提供并网申请、方案答复、并网验收与调试等互动服务。③ 可满足客户更换结算账户，查询光伏账单、结算信息、电量监控等需求。

5）智慧车联网。① 构建开放高效的智慧车联网，与充电运营平台、车企车辆管理平台数据融合，开放性共享。② 利用分时充电电价和服务费激励，智能引导客户充电行为，推进用电负荷削峰填谷。③ 车船一体化平台应具备可接入多种类型电动汽车、船舶、充电基础设施、港口岸电等数据的条件，并保障数据及客户信息的安全。④ 平台应具有较好的操作性，可为客户提供有效的充电服务，具备定期更新迭代能力。

6. 有序用电

（1）在电力供应不足、突发事件等情况下，通过行政措施、经济手段、技术方法，依法控制部分用电需求，实施有序用电，保持供用电秩序平稳。

（2）有序用电遵循安全稳定、有保有限、注重预防的原则。

（3）鼓励和引导电力客户加强电力需求侧管理，推行科学用电、节约用电。

（4）供电企业是有序用电工作的重要实施主体，电力客户应支持配合实施有序用电。

（5）编制有序用电方案原则上应按照先错峰、后避峰、再限电、最后拉闸的顺序安排电力电量平衡：

1）以下优先购电客户在编制有序用电方案时列入优先保障序列，原则上不参与限电：

a. 应急指挥和处置部门，主要党政军机关，广播、电视、电信、交通、监狱等关系国家安全和社会秩序的客户；

b. 危险化学品生产、矿井等停电将导致重大人身伤害或设备严重损坏企业的保安负荷；

c. 重大社会活动场所、医院、金融机构、学校等关系群众生命财产安全的客户；

d. 供水、供热、供能等基础设施客户；

e. 居民生活用电，排灌等农业生产用电；

f. 国家和省重点工程、军工企业。

2）编制有序用电方案应贯彻国家、省产业政策和节能环保政策，原则上重点限制以下用电：

a. 违规建成或在建项目；

b. 产业结构调整目录中淘汰类、限制类企业；

c. 单位产品能耗高于国家或地方强制性能耗限额标准的企业；

d. 景观照明、亮化工程；

e. 其他耗能高、排放重企业。

（6）应精细化实施有序用电，保障供需紧张情况下居民等重点用电需求不受影响。

（7）企业生产及用电负荷调整方案应报当地市（县、区）经济和信息化委员会、供电企业。

（8）供电企业应充分利用相关技术手段给予指导。

（9）电力客户应加强电能管理，制定班次调整、设备检修和生产调休措施，编制内部负荷控制方案。

（10）电力客户应依据下达的有序用电调控指标，严格执行既定的负荷控制方案，将压限负荷、电量落实到具体班组和设备。

7. 安全供用电

（1）电力管理部门应制定、宣传安全用电法律、法规，普及安全用电常识，监督安全用电法律、法规和技术标准的执行。

（2）供电方应接受电力管理部门对安全用电执行的监督管理。

（3）供电方应定期检查供电线路和设备，确保安全、稳定、可靠运行。

（4）供电方应对客户开展用电检查，告知、纠正设备状况、作业行为、运行管理方面不安全行为。

（5）供电方应提供安全用电咨询服务。

（6）用电方应接受供电方依法开展的安全用电检查。

（7）用电方的用电设施、设备选型、设计、安装和运行维护应符合国家和行业有关标准规定。

8. 宣传展示

（1）安全用电。

1）各级部门应开展乡村安全用电教育活动，宣传电力设施保护，普及安全用电常识，提高安全用电防护能力。

2）安全用电教育应进村、进户、进校园，构建和谐的乡村供用电环境。

3）应在乡村公开展示安全用电常识及安全用电指南，指导客户安全用电、节约用电、科学用电。

4）应在乡村公开展示触电急救原则和方法。

5）可利用媒体、标语、板报、录音播放、专题讲座及专题片等方式开展安全用电宣传和电力设施保护教育。

（2）服务规范。

1）按照宣传展示载体不同，宣传展示的形式分为上墙图版、宣传资料、信息化设备和营业窗口的其他服务资料。

2）上墙图版包括业务办理流程、服务项目、收费标准、现行电价表、服务人员监督台和服务电话等：

a. 宣传资料包括电费电价业务、新型服务方式、用电服务宣传资料等；

b. 电费电价业务包括现行电价表、居民阶梯电价宣传手册、常用交费方式介绍等；

c. 新型服务方式包括：电力服务 APP 客户端、网上营业厅、微信公众号、服务热线、网站等；

d. 用电服务宣传资料包括居民安全用电常识、智能电能表使用指南、远程费控宣传手册、节约用电常识、处于调整期的电价政策宣传材料等；

e. 营业窗口根据阶段性工作需要增加、调整的其他服务资料。

3）信息化设备：

a. 数码广告机：可展示电力法规、销售电价、业务流程、停电计划、交费方式、服务监督等；

b. 多功能查询机：可展示供电营业网点、银行代收网点、社会化收费网点的定位、导航、测距功能，为客户提供营业网点地址、联系电话等查询服务。

（3）智能用电。

1）智能用电业务宣传应采用公众易于接受、科学易懂、多层面、由浅入深的方式，可借助讲座、现场展现、图文宣传等介质和形式进行传播。

2）智能用电业务宣传应包括电动汽车及充换电设施、智慧社区、储能应用等业务。

3）宣传应因地制宜，引导客户需求。

二、实施“三型两网”创新“寿光模式”合作框架协议

为贯彻落实党的十九大精神和习近平总书记“四个革命、一个合作”能源安全新战略，积极推进新旧动能转换和乡村振兴战略实施，服务新时代“寿光模式”创新提升，服务国家电网有限公司“三型两网”战略落地，寿光市人民政府与国网潍坊供电公司就实施“三型两网”、创新“寿光模式”达成如下合作框架协议。

（一）合作宗旨

深入贯彻习近平新时代中国特色社会主义思想，通过打造寿光乡村电气化和电力物联网应用“双示范县”，建设能源大数据中心和城市能源综合示范站，探索县级坚强智能电网和电力物联网“两网融合”发展路径，推动形成“智慧能源+”农业、交通、旅游、教育、园区、会展、生活“七个生态圈”，促进寿光电网跨越发展、能源产业优化升级、智慧城市高效建设，实现“寿光模式”再创新和寿光经济社会高质量发展。

（二）合作原则

（1）坚持政治统领。以习近平新时代中国特色社会主义思想为指引，共同推动新旧动能转换和乡村振兴战略落地生效，探索“智慧能源+智慧农业+智慧城市”发展新模式，不断满足人民对美好生活向往。

（2）突出创新引领。推进能源领域先进技术开发和综合示范应用，注重新业务、新业态等领域的创新合作，共同打造寿光农业发展制高点，培育壮大能源互联网经济。

（3）遵循共建共享。充分尊重对方诉求，相互支持，密切协作，共同应对解决合作协议落地实施中遇到的问题，让合作成果惠及经济社会发展和人民美好生活。

（4）实现优势互补。发挥寿光市国家战略叠加、区位优势独特、创新要素聚焦等地域优势，运用国家电网技术、管理、平台、品牌等资源优势，全面深化合作。

（三）合作内容

1. 加快打造坚强智能电网，提供坚强电力保障

国网潍坊供电公司科学开展寿光电网规划，开展“一图一表”村镇规划及“功能区、网格化、单元制”规划研究工作，持续加大寿光电网投资力度，实现坚强智能电网建设与寿光经济社会发展有效衔接。到2025年，投资42亿元，新（扩）建35～500kV变电站17座，新建（改造）35～220kV线路725km，新建（改造）10kV线路936km，新增配变容量61万kVA，将寿光电网打造成全国一流的县级坚强智能电网。确保“利奇马”灾后电网重建工程2020年6月底前竣工。

寿光市人民政府将寿光电网发展规划、“三型两网”建设纳入“十四五”经济社会发展和国土空间规划，为电网规划落地和坚强智能电网建设提供政策支持。预留并保护好变电站站址、电力线路走廊和管网路径，确保坚强智能电网建设规划顺利实施。

2. 加快打造电力物联网，助力“智慧城市”建设

国网潍坊供电公司加快推进寿光示范项目建设，打造“一村一镇一站一中心”[1]智慧用能示范样板和孙集街道“一图一表”村镇规划落地示范区。推动“大云物移智链”、5G 等先进信息通信技术与电网深度融合，打造“平台+生态”智慧能源体系，构建智慧能源生态圈。承建寿光市能源大数据中心，构建互融互通的数字能源平台。建设城市能源综合示范站[2]，开展机房租赁、数据运营、光伏冷暖储能、基站运营等服务业务，打造综合能源、数据运营、应急抢修等示范样板。

寿光市人民政府支持开展“两网”融合建设试点，共同打造三元朱电气化示范村、洛城街道电气化示范镇，以点带面推动智慧能源发展。协调发改、财政、大数据等部门给予优惠政策，政企合作加快寿光市能源大数据中心建设，并适时协调接入相关能源产业生产、存储、运输、消费数据。支持全省首个县级城市能源综合示范站建设，在项目用地、手续办理等方面提供保障，协调有关部门单位做好示范站基站运营、数据运营、机房租赁等工作，实现智慧城市建设和电力物联网建设有机融合。

3. 推进乡村电气化示范项目落地，助力“智慧农业”建设

国网潍坊供电公司加快推进乡村电气化 12 个典型示范项目建设，其中农业生产领域实施电气化大棚、电气化畜牧养殖、电气化水产养殖 3 个智慧用能项目，乡村产业领域实施果蔬加工仓储、全电景区 2 个智慧用能项目，农村生活领域实施农村家居、多能互补供暖、绿色出行、分布式光伏发电 4 个智慧用能项目，乡村供电领域实施智慧台区、智慧营业厅、供电服务指挥中心 3 个项目。开发智慧能源服务平台和手机 APP，广泛接入四大领域智慧用能及农业数据，为客户提供“遥视、遥信、遥测、遥调”服务，实现“省时、省力、省钱、省心”效果，同时通过对数据集中分析利用，为政府制定行业标准、延伸产业链价值等提供决策支撑，助推寿光农业高质量发展。

寿光市人民政府出台新旧小区充电设施建设配套政策，将公交车、出租车、城区货物配送车逐步更换为新能源汽车或纯电动汽车，公务用车优先选购新能源汽车。对菜博会、巨淀湖等旅游景点进行电气化改造。在全国蔬菜质量标准中心智慧农业科技园等建设涉及区域部署 5G 网络试点应用。协调将智慧农业科技园、蔬菜小镇以及金宏、金投、港投、农发等单位建设的农业园区打造成智慧用能农业园区，并探索供电设施代维、综合能源开发等能源合作模式。协调将大棚供用电设计等技术要求纳入相关国家标准。按照“一河一景一主题、一城一路一风景”的思路，加快实施寿光城市亮化提升工程，在蔬菜高科技示范园等重点区域部署智慧路灯安装试点，构建城市物联网感知微网络。

4. 营造一流供电营商环境，打造电力服务“寿光样板”

国网潍坊供电公司推动审批制度改革在能源电力领域有效落地，融入政务证照信息共享，构建获得电力“一窗受理·一链办理·一网通办·一次办好”新模式。深入开展“简化获得电力”专项行动，全面实施大中型企业“三省”、小微企业“三零”服务，进一步压缩企业获得电力时间，提升办电服务水平，打造电力服务“寿光样板”。大力实施电能替代工程，加快电动汽车充电网络建设，助力新旧动能转换重点工程实施。

[1] 三元朱电气化示范村、洛城街道电气化示范镇、城市能源综合示范站、能源大数据中心。

[2] 供电站、数据中心站、充（换）电站、光伏站、储能站、5G 基站、北斗基站、应急抢修中心。

寿光市人民政府将“简化获得电力”纳入“一次办好”改革整体规划，出台寿光市持续深入优化供电营商环境实施方案，梳理获得电力的办理流程、办理时限、办理费用。全面实行涉电政务信息共享共用，将电力接入外线审批纳入政务服务审批流程，实现规划、园林、公安、住建、交通、公路等部门同步办理审批手续，明确行政审批部门职责和审批“一张表单”，深化获得电力“一链办理”新模式。

5. 加强组织协调，创造电网发展良好环境

国网潍坊供电公司主动争取国家电网有限公司和国网山东省电力公司支持，在技术和资金上对寿光电网重点倾斜。对建设条件落实的电网项目，在投资承受能力范围内给予最大保障。按照“谁提议、谁出资”的原则，积极配合做好城乡建设改造中的电力设施迁移、改造工作。

寿光市人民政府进一步优化电网工程建设项目审批程序，精简环节、优化流程、提升效率。支持将电网规划项目站址和廊道纳入详细规划，加强电网工程前期工作协调，规范行政审批材料要求并统一补偿标准；成立电网建设领导协调小组，全面协调电网建设中的前期、征地、拆迁、民事等问题，按照潍坊市评估标准和实际情况进行民事补偿，加大对非法阻挠或危害电网建设运行行为的执法力度，推动新旧动能转换、乡村振兴、抗灾救灾等相关电网项目尽早落地见效。

（四）合作机制

建立定期沟通协商机制，双方领导根据工作需要开展座谈会商，研究合作事项，协调解决推进过程中出现的问题，推动互利双赢战略目标的实现。建立部门衔接落实机制，双方分别指定由寿光市发改局、国网寿光市供电公司承担日常联络工作，负责具体衔接，推进合作项目落实。建立领导小组协调机制，针对项目推进实际情况、电网建设相关问题，通过电网建设领导协调小组进行全面协调解决，推动电网工程顺利实施。建立政企合作模式机制，针对取得良好效果的示范项目，双方研究出台或争取补贴政策，在更大范围内进行推广应用。建立依法合规保密机制，除法律法规另有规定外，双方对于合作过程中知悉的对方保密信息承担保密义务，未经对方书面同意，任何一方不得向第三方披露。

三、寿光市能源大数据中心建设方案

（一）建设必要性

党的十九大提出要实施大数据战略、建设“数字中国”，加快推进科技创新和产业发展升级。山东省政府落实“数字中国”发展战略，通过组织实施新型智慧城市试点建设及示范推广，致力打造“数字中国”建设领域代表山东的一张名片。国网寿光市供电公司以“双示范县”建设为契机，落实省、市电力公司关于打造示范项目样板、为助推当地经济社会发展提供电力方案的工作部署，通过建设能源大数据中心，结合寿光在农业领域的禀赋，能够有效支撑多能互补、智能互动、泛在互联的智慧农业用能发展示范区建设，普及居民生活智慧用能方式，有效助力当地“智慧农业”发展和“智慧城市”建设。

十九大报告也同时指出，我国能源转型的目标为建设清洁低碳、安全高效的现代能源体系。寿光市作为能源消费大县，煤炭、电力等一、二次能源消耗量在全市及全省位居前列，单位产值能耗、度电 GDP 贡献率等仍有较大提升空间。国网寿光市供电公司依托省、市电力公司信息通信基础设施和数据资源优势，通过建设能源大数据中心，能够汇集省内各地域、各类型、各环节能源数据，开展能效分析、能源决策辅助等，有效助推寿光能源结构优化、能源利用效率提升和能源转型升级，有力服务政府在能源领域科学施政，为经济高质量发展

提供优质能源供应。

（二）总体思路

发挥电网企业在能源领域处于核心的优势，以自有电力数据为基础，整合电力供应全链条数据，逐步引入水、电、气、暖等能源行业数据，实现能源生产、传输、配送、消费等全环节覆盖，打破能源行业信息壁垒，健全“共建、共享、共赢”的寿光市能源数据资源体系，实现能源数据共享和价值挖掘，服务政务决策、助力产业升级、保障社会民生，为地方发展贡献力量。

（三）建设目标

遵循国网山东省电力公司《山东能源大数据中心建设方案》总体设计，坚持“技术先进、架构统一、弹性拓展”原则，结合寿光资源禀赋和产业需求，按照“一个中心、两个定位、三个平台、四大功能”设计建设，为内外部客户提供多样化、深层次、全方位大数据分析服务和产品应用，打造枢纽型、平台型、共享型能源数据服务机构。

“一个中心”即建设寿光市能源大数据中心；“两个定位”即服务于政府、社会的能源大数据中心和服务于电网的电力大数据中心的定位；“三大平台”即统一云平台、大数据管理平台、数据安全支撑平台；“四大功能”即数据共享与委托运营、能源大数据应用定制开发、电力行业应用场景建设支持、营配贯通技术支撑四类服务功能。

（四）建设内容

1. 中心建设

采取“1+*N*”模式建设。“1”即由国网山东省电力公司建设运营的山东省能源大数据中心，部署全省统一的大数据中心平台，通过电力专用通信通道，向各地开放全省能源公共大数据资源、提供云平台运行环境，满足各地开展数据基础性管理、常规性分析应用等业务。“*N*”即省内各地供电公司建设运营的市、县级能源大数据中心，是遵循全省统一平台架构和技术标准的分布式子系统，并可结合当地数据运营情况、个性化需求等逐步拓展本地软硬件规模和功能等。

与相关方合作建设。寿光市能源大数据中心除依托山东省能源大数据中心资源外，还结合当地产业特点，与“365 电管家”智慧能源服务平台合作对接，在智慧农业领域提供数据服务。在地方大数据中心建设方面，寿光市能源大数据中心是寿光市大数据中心在能源行业的分中心，与寿光市大数据中心合作共建、数据共享，共同服务地方。

由电网企业建设运营。寿光市能源大数据中心位于国网寿光市供电公司，本地化机房部署于供电大厦 2 楼综合机房，现有机柜 64 面，与远端山东省能源大数据中心互联互通。运营展示区域部署于供电大厦 1 楼供电服务指挥中心。未来随着“多站合一”的建设，计划于 2021 年后随着业务发展、规模拓展逐步迁移到新的“多站合一”站点。

寿光市能源大数据中心初期与国网寿光市供电公司供电服务指挥中心合署运作，由其业务人员开展日常业务。未来根据国网山东省电力公司机构优化改革情况，力争单设机构、独立运营。

2. 功能定位

面向政府、社会建设能源大数据中心：在内部电力大数据中心基础上，与寿光市大数据中心共建、共享，接入能源、工业、政务、经济等领域数据，面向政府、企事业单位、行业相关方等提供数据查询、分析研究、应用产品开发及数据资产委托运营等一揽子服务。

面向电网企业打造电力大数据中心：依托省公司全业务数据中心，接入电网发展、电网运行、营销服务、设备运维等各专业业务数据，建立数据内部跨专业共享机制，针对营配业务贯通、各专业部门大数据应用场景建设等，提供数据资源和分析技术的支撑。

3. 数据库建设

广泛对接企业、行业、政府数据源，分批接入各类数据，建设四大主题库，充实核心数据资源。

（1）电力数据库。未来主要托国网山东省电力公司全业务数据中心、山东能源大数据中心数据资源进行建设。主要接入数据包括电网企业客户用电信息；电网设备台账、设备负载率、三相电压平衡率、供电可靠性、设备故障隐患、停电计划；电力客户信息、报修工单；分产业、行业用电量；最高负荷、统调负荷、非统调负荷、空调负荷、负荷曲线；电网在建规模、资源规模等电力资源数据库。

（2）能源供需数据库。利用电网企业 SCADA 系统、光伏云平台，归集覆盖电网基础设备、供电营业管理、电厂发电、新能源（风、光、生物）发电等数据，存储电力“源—网—荷—储—用”全链条数据；利用“多表合一”采集系统，逐步引入水、气、暖等能源信息。

（3）智慧农业数据库。与“365 电管家”智慧能源服务平台合作，在蔬菜大棚、水产和畜牧养殖、果蔬加工、集中供暖、全电景区等用能场所，实时采集温湿度、光照、含氧量、图像等非电气量，以及“变—柜—箱—表”等设施运行的电气量信息。

（4）非能源类数据库。与寿光市大数据中心共建共享，引入工业、气象、环保、经济等辅助性数据，包括国土面积、建设用地面积、土地规划、项目落地，分产业、行业生产总值及增长情况，分产业、行业投资情况，经济价格指数等。

4. 平台建设

县级能源大数据中心以利用全省提供的统一平台为主、本地设施功能拓展为辅，在遵循相同技术路线前提下，结合本地能源数据个性化需求，逐步完善建设寿光能源数据中心本地功能。依据《山东能源大数据中心建设方案》，统一平台主要包括以下 3 点。

（1）统一云平台。提供数据计算、网络通信和数据存储能力的软硬件环境，主要包括服务器存储资源、计算资源、网络资源和基础设施管理，实现统一的应用部署环境，支持各种微服务、微应用建设，满足能源数据增长需求实现动态扩展、灵活配置。

（2）大数据管理平台。采用成熟、开放的大数据平台构建，提供数据模型、算法服务、数据产品、数据管理等，支撑构建能源大数据多元化分析应用体系。

（3）数据安全支撑平台。提供数据加密、访问权限控制、数据备份和恢复、数据库防火墙等多项措施实现横向数据安全；采取数据脱敏技术，在数据产生、传输、存储、使用、共享、销毁过程中提供全生命周期数据安全保护，构建数据安全纵向防御体系。

5. 功能建设

（1）数据共享与委托运营。

1）数据共享查询服务。开放共享部分基础性数据，为公众提供简单查询服务。对接政府政务大数据建设需求，为政府提供企业、工商业客户用电数据、负荷特性等。对接公众需求，提供用电、用水、天然气、热能等居民生活用能个性化查询和定制化咨询建议。

2）数据交易服务。整合各类能源数据资源，经脱敏处理后，联合外部大数据公司开展数

据业务应用。对接高校、科研院所等，提供能源数据检索、处理、分析等。对接咨询机构，开展产业能源结构分析、区域能源发展研究等工作。对接行业相关方，为行业能效标准制订和修改提供基础数据支撑。

3）数据托管服务。采取市场化运作模式，利用丰富的软硬件、网络通道等资源，向互联网企业和行业企业提供服务器托管（机位、机架、机房）、空间租用（虚拟主机、数据存储）、系统维护（数据备份、故障排除）、数据流量管理（带宽管理、流量分析）等服务。

（2）能源大数据应用定制开发。

1）政府方面。一是提供能效研究分析服务。实现用能预测预警、能源政策校验，每月提供能效诊断报告，支撑政府能源规划及能源经济政策制定。二是研究农村智慧能源。探索农村分布式低碳能源发展路径，为建立绿色、低碳、清洁、高效的农村能源体系提供技术支撑。三是提供能耗监管服务。对园区重点高能耗客户用能实时在线监测，监控预警地区能效指标，促进节能减排政策落实。

2）能源行业。一是为企业提供能效对标服务。研究分地区、分行业、分工序的能效指标体系，形成行业能效先导指标。二是为企业提供能效分析诊断服务。开展能效提升与管理，引导客户科学用电、有序用电。三是为工商业客户提供负荷集成服务，引导客户优化用电方式和资源配置。四是为综合能源企业提供客户挖掘服务。借助用能数据进行客户画像，开展市场潜力挖掘、筛选客户群体，提供信息对接服务。

3）智慧农业。在蔬菜大棚、水产和畜牧养殖等用能场所，基于各类电气、环境量数据，通过应用智能化策略，为电动卷帘、自动放风、水肥一体化等电气化设备运行提供后台支撑，代替传统的人力操作，提升用能效率效益。

4）社会公众方面。一是为客户提供服务。提供个性化、定制化的用能账单，推送用能管理建议，引导形成良好的用能习惯。二是发布用能信息和节能资讯。发布用电信息、停电信息、负荷高峰预警、节约用电提醒等生产生活相关信息，推送国家和地方能源政策、产业政策、技术标准、节能产品。

（3）电力行业应用场景建设支持。对接电网企业内部大数据分析应用需求，提供数据、平台、技术支撑。在优质服务方面，提供客户用能、产值、能耗、负荷特性等数据，支撑工业客户监测预警、客户综合价值分析、客户行为习惯分析等。在电网设备精益化管理方面，提供电压质量、停电信息、设备缺陷、气象条件等数据，支撑配网电压质量精益化分析、输电线路覆冰舞动分析与预警、设备厂家质量评价等。在电网安全、可靠、灵活调度方面，提供电网统调负荷、火电、新能源发电量等数据，支撑电网设备运行状态智能感知、新能源机组运行状态监测评估等。在电网规划精准投资方面，提供电网投资规模、电量增长率、线路互联率、供电可靠率等数据，支撑全周期电力需求预测、电网企业投资效能分析、能源环境精准监测等。

（4）营配贯通业务技术支撑。结合国网寿光市供电服务指挥中心业务，提升营配贯通质量、支撑营配贯通业务应用。① 支撑营配数据同源维护。集中处理运检 PMS、营销系统及 GIS 业务数据，统一数据维护逻辑，支撑数据采集–校核–运维–应用全闭环管控机制，实现营配“数据一个源”。② 营配贯通监测。以台区、线路、挂接关系数据为重点，提供数据动态更新监测，推进问题数据核查清理。③ 对接营配贯通应用场景。基于营配贯通数据，优化业务系统功能，支撑停电信息主动推送、负损台区治理、故障快速研判等。

（五）建设计划

1. 近期建设计划（2019 年）

开展能源大数据中心场地建设及环境优化，挂牌成立寿光市能源大数据中心。

（1）数据资源。开发寿光智慧能源综合服务平台数据接口，接入农业园区、农户、全电景区的电量、水肥量、环境数据等。结合寿光供电公司供电服务指挥中心成立运行，积累相关业务数据。

（2）平台功能。依托国网寿光市供电公司供电服务指挥业务系统数据，先行利用国网寿光供电公司机房资源，实现外部数据收集和业务数据归集存储，待全省统一平台开放后再转入。

（3）应用场景。一是结合营配贯通业务，为停电故障研判、线损精益化治理、停电主动抢修等业务提供支撑；二是基于寿光智慧能源综合服务平台数据，开展工业企业综合绩效评价示范，以“亩产论英雄、经济论成败”为主题，计算企业综合能耗指标，为企业用能水平研判提供依据。

（4）运营机制。作为国网寿光供电公司内部机构，由供电服务指挥中心负责开展业务。

2. 中期建设规划（2020～2021 年）

依托全省能源大数据中心平台，初步建成能源大数据中心，结合寿光个性化需求，拓展数据存储、计算、分析应用的软硬件环境，服务内外客户数据共享、分析应用等。

（1）数据资源。主要依托省公司全业务统一数据中心，开通电量、负荷、客户信息、设备台账、停电计划、电网规划等数据接口。与寿光市大数据中心合作，开通各类能源数据接口，接入企业营业收入、工业增加值、实缴税金、总用能、污染物排放量等数据。

（2）平台功能。依托统一云平台，部署高效统一、安全可靠的运行环境，实现数据存储和在线计算，提供数据共享访问和数据分析服务，满足微服务、微应用个性化定制开发的要求。

（3）应用场景。对外以服务政府为主，提供能效研究分析，支撑能源规划和政策制定；配合用能监管，对高能耗客户进行监测预警。同时为综合能源企业提供信息对接服务、为大型企业提供能效诊断服务。对内主要结合专业需求，支撑业务数据的分析和应用。

（4）运营机制。在电网企业主导的前提下，引入外部开发人员，推动向与外部单位合作运营发展。根据市场化运作情况，探索向独立核算的运营模式过渡。

（5）建设投资。申请国网山东省电力公司建设项目投资，用于购置服务器、网络设备、安全设备，拓展平台本地功能、研发数据应用产品等。

3. 远期建设展望（2022～2030 年）

逐步引入水、气、暖等能源行业数据，实现能源全环节数据覆盖，全面建成能源大数据中心，能满足各类客户个性化数据应用要求，形成领先的能源大数据运营体系和机制。

第三节　经济补贴类政策参考

一、潍坊市 2019 年农村清洁取暖工作实施方案

为扎实推进全市 2019 年度农村清洁取暖工作，改善农村人居环境，根据《山东省冬季清洁取暖规划（2018—2022 年）》（鲁政字〔2018〕178 号）、《2019 年全市清洁取暖工作计划方

案》（潍管发〔2019〕18 号）要求，制定本方案。

（一）任务目标

农村清洁取暖是指利用天然气、电、地热、生物质、太阳能、工业余热等清洁化能源，通过高效用能实现低排放、低能耗的取暖方式。根据各县市区提报计划，2019 年全市农村地区新增清洁取暖 9.6516 万户。其中：潍城区 499 户，坊子区 4904 户，寒亭区 8000 户，青州市 16 921 户，诸城市 21 225 户，寿光市 944 户，安丘市 18 973 户，高密市 3350 户，昌邑市 4826 户，临朐县 1893 户，昌乐县 4274 户，高新区（保税区划转）230 户，滨海区 1983 户，经济区 137 户，峡山区 8357 户。

（二）工作要求

（1）因地制宜，合理选择改造方式。各县市区要按照政府推动、企业为主、居民可承受的方针，结合本地农村基础设施建设实际及各类能源供应情况，本着宜气则气、宜电则电、宜煤则煤、宜可再生能源则可再生能源的原则，科学合理确定改造方式。对于经济基础较好、燃气管网通达或区域电网网架结构相对可靠，且气源或电力供应有保障的村镇地区或中心村，因地制宜实施煤改气、煤改电工程。对一般农村地区，稳步有序推广天然气、电能、生物质能、地热能和太阳能等多元化的分散式清洁取暖方式；对偏远山区和经济条件相对薄弱等暂时不能通过清洁能源取暖替代的，可利用“清洁煤+环保炉具”取暖方式。

（2）科学组织，精准确定改造任务。各县市区要按照《2019 年全市清洁取暖工作计划方案》，进一步核准、明确到户的改造名单及具体供暖方式，并逐户编号、完善台账。特别对于电代煤项目，要按照“以电定改”的要求，会同供电部门在调研确户的基础上，确定由农村清洁取暖主管部门、电网企业、客户三方共同认定的任务清单，供电部门要据此制定电网改造计划，加快电力配套设施建设，确保按期完成改造任务。

（3）落实责任，加快推进项目实施。各县市区政府是农村清洁取暖工作的责任主体，负责组织镇村和项目实施主体开展工程建设，协调工程手续办理、质量安全监督等工作；各项目建设单位是工程建设的实施主体，负责编制施工方案，明确任务工期，规范建设流程，统筹做好项目招标、设备采购、工程设计、建设施工、竣工验收等工作。

（4）严格标准，确保工程改造质量。各县市区主管部门要组织专业力量指导工程建设，各项目建设单位要严格按照规范标准组织施工和竣工验收，健全质量安全管理体系和长效管护机制，抓好后续运营服务，严防停气、停电、设施损坏、废弃闲置以及安全事故的发生。

（三）补助政策

潍坊市（含市、县两级）对省级补助，资金按照 1:1 比例配套专项建设资金，市、县两级财政按照 3:7 比例分担；市级财政安排 3000 万元对 2019 年建设任务进行补助，先于后补。各县市区、市属各开发区要结合实际，制定具体实施方案，落实资金配套政策，分类确定本地区农村清洁取暖资金补助标准。

（1）补助范围。本政策适用于列入潍坊市 2019 年农村清洁取暖改造计划的项目；对具备集中取暖实施条件的，原则上不实施分散取暖。房地产开发企业配套建设的农村清洁取暖项目，按照有关规定已计入房屋开发成本的，计入年度改造任务但不享受清洁取暖补助；涉及农村“一户多宅”的，原则上按照“一户一宅”补助；鼓励各地统筹利用各级补助资金，选择具备条件的镇村开展试点建设，有序扩展清洁取暖范围。

（2）拨付程序。工程竣工验收后，项目建设单位向镇（街）政府提交工程建设有关资料，经审查合格后，镇（街）政府向县级主管部门提出申请，县级主管部门组织复核。对符合条件的改造工程、改造户，会同财政部门将补助资金逐级发放到位。

（3）运行政策。农村清洁取暖运行费用相关政策，按照省发改委、省住建厅《关于完善清洁取暖价格政策的通知》（鲁发改价格〔2018〕1269 号）执行。

（四）保障措施

（1）加快组织实施。清洁取暖是改善农村人居环境、防治大气污染的重要举措，各县市区要高度重视、落实责任，制定具体实施方案，加快工程建设进度，务于 2019 年 10 月底前完成年度改造任务，确保供暖季正常使用。

（2）强化督查考核。市级主管部门将对各县市区任务完成情况进行周调度、月通报，并不定期进行现场督查、暗访抽查，对进度滞后、工作不力的县市区进行约谈、通报。

（3）加大资金支持。各县市区要切实落实配套资金，并多渠道筹措资金，统筹生态文明建设财政奖补资金及各级涉农整合资金，重点支持农村清洁取暖改造。要严格做好补助资金使用管理，实行专款专用、专项管理，确保资金使用合法合规，保证补助资金足额落实到位。

（4）加强宣传引导。充分利用各类媒体宣传清洁取暖有关政策，宣传安全用电、用气常识，提高农村群众对清洁取暖工作的认可度、满意度；各运营单位要强化服务意识，增设服务机构或网点，满足农村清洁取暖客户的服务需求。

二、2018～2020 年寿光市农业机械购置补贴实施方案

（一）总体要求

全面贯彻落实党的十九大精神，以习近平新时代中国特色社会主义思想为指导，以实施乡村振兴战略为统领，以走在前列为目标定位，以推进农业供给侧结构性改革、加快新旧动能转换、推动“两全两高”农业机械化发展为基本要求，按照“立足大农业，面向现代化，发展新农机”的战略要求，突出重点，把握关键，全力保障粮食和主要农产品生产机械化需求，为粮食安全和主要农产品有效供给提供坚实的装备技术支撑；坚持绿色生态导向，大力推广节能环保、精准高效、复式多功能农机化机具技术，促进农业绿色发展；推动科技创新，加快技术先进农机产品推广，提升农机作业质量，促进农机工业转型升级；推动普惠共享，深入推进补贴范围内机具敞开补贴，加大对农机化薄弱地区、重点领域、关键环节支持力度，促进农机社会化服务，切实增强政策获得感；创新组织管理，着力提升制度化、信息化、便利化水平；严惩失信违规行为，严防系统性违规风险，确保政策规范廉洁高效实施，不断提升社会和农民群众满意度和政策实现度。

（二）补贴范围和补贴机具

根据全国农机购置补贴机具种类范围，结合寿光市农业生产实际需求，确定补贴机具种类范围为：耕整地机械、种植施肥机械、田间管理机械、收获机械、收获后处理机械、农产品初加工机械、排灌机械、畜牧机械、水产机械、农业废弃物利用处理设备、农田基本建设机械、设施农业设备、动力机械和其他机械等 14 大类 29 小类 60 个品目的机具。

在寿光市办理补贴申请的机具，必须是属于寿光市补贴范围内产品，同时还须具备以下资质之一：一是获得农业机械鉴定证书（农业机械推广鉴定证书）。二是获得农机强制性产品认证证书。三是列入农机自愿性认证采信试点范围，获得农机自愿性产品认证证书。补贴机具须在明显位置固定标有生产企业、产品名称和型号、出厂编号、生产日期、执行标准等信息的永久性铭牌。

对已在山东省完成补贴产品归档的机具实行敞开补贴，其中对保证寿光市主要农作物生产所需机具和深松整地、粮食烘干、免耕播种、高效植保、节水灌溉、高效施肥、水肥一体化、青饲料收获、秸秆还田离田、残膜回收、畜禽粪污资源化利用、病死畜禽无害化处理等支持农业绿色发展的机具实行优先补贴、应补尽补。

补贴范围总体上保持相对稳定，一般年度内不做调整；确因农机化发展需要做出调整的，在下一年度执行。

（三）补贴对象和补贴标准

补贴对象为从事农业生产的个人和农业生产经营组织（以下简称“购机者”），其中农业生产经营组织包括农村集体经济组织、农民专业合作经济组织、农业企业和其他从事农业生产经营的组织。在保障购机者购机权益的前提下，鼓励发展农机社会化服务组织，提升农机作业专业化、规模化、社会化服务水平。

按照省农机局、省财政厅及潍坊市农机局、潍坊市财政局文件精神，结合实际，我市中央农机购置补贴总体上实行定额补贴，补贴额原则上依据同档产品上年市场销售均价比例不超过30%测算。对实际补贴比例异常的产品，视情况在定额补贴基础上实行定比控制。一般补贴机具单机补贴额原则上不超过5万元；挤奶机械、烘干机单机补贴额不超过12万元；100马力以上拖拉机、高性能青饲料收获机、大型免耕播种机、大型联合收割机单机补贴额不超过15万元；200马力以上拖拉机单机补贴额不超过25万元；大型棉花采摘机单机补贴额不超过60万元。

鉴于市场价格具有波动性，在政策实施过程中，具体产品或具体档次的中央财政资金实际补贴比例在30%上下一定范围内浮动符合政策规定。在实际补贴实施中，对实际补贴比例异常的机械，生产企业须及时主动书面报告市农机局并说明原因。市农机局、财政局发现具体产品实际补贴比例异常或有违规线索时，应按规定及时组织调查处理；对无违规情节且已购置的产品，可按原规定履行相关手续，并在后续工作中视情况采取定比控制等措施优化调整该产品补贴额，并逐级上报备案。

（四）资金分配使用

中央农机购置补贴资金支出主要用于支持购置先进适用农业机械，以及开展农机报废更新补贴试点等方面。为加快淘汰耗能高、污染重、安全性能低的老旧农机具，鼓励采取融资租赁、贴息贷款等形式，支持购置大型农业机械。市农机局会同市财政局科学测算资金需求，综合考虑耕地面积、农作物播种面积、主要农产品产量、购机需求、绩效管理、违规处理、当年资金使用情况等因素，测算我市需要的补贴资金规模并及时上报潍坊市农机局、潍坊市财政局。市财政局要会同市农机局加强资金监管，定期调度和发布资金使用进度。

市财政局保证补贴工作实施必要的工作经费。

（五）操作流程

寿光市农机购置补贴政策实施采取自主购机、先购后补、县级结算、直补到卡（户）方式。

（1）自主选机购机。购机者自主选机购机，并对购机行为和购买机具的真实性负责，承担相应责任义务。倡导以非现金方式支付购机款，便于购置行为及资金往来全程留痕。购机者对其购置的补贴机具拥有所有权，可自主使用、依法依规处置。

（2）补贴资金申请。购机者自主向市农机局提出补贴资金申领事项，按规定提交申请资料，其真实性、完整性和有效性由购机者和补贴机具产销企业负责，并承担相应法律责任。实行牌证管理的机具，要先行办理牌证照。申请时购机者需持购机税控发票及复印件、本人居民身份证或工商营业执照原件及复印件、购机者银行存折或银行卡原件及复印件（其中购机者为农户的建议提供惠民补贴一本通存折）等资料，带机向市农机局申请办理农机购置补贴资金。对于烘干机等固定式机械的补贴可在购机者提交补贴申请资料后由市农机局上门核实。具体报名方式及所需材料见省级统建农机购置补贴信息公开专栏或寿光市政务信息公开栏。

（3）受理与资金兑付。市农机局对购机者提交的补贴资金申请结算资料进行形式审查，组织核验机具。经审验无问题和公示无异议的，汇总后向市财政局提交补贴资金结算清单，由财政局向购机者发放补贴资金。市财政局通过购机者提供的惠民补贴一本通或银行账号将补贴资金发放给购机者，并注明“农机具购置补贴”字样。对实行牌证管理的补贴机具，由市农机局农业机械管理服务站在上牌过程中一并核验；没有实行牌证管理的补贴机具，由村委会及镇街农业综合服务站负责核验；对安装类、设施类和安全风险较高类等补贴机具，可在投产应用一段时间后兑付补贴资金。

年度内，农业生产个人每户享受补贴资金最高上限为 100 万元，农业生产经营组织享受补贴资金最高上限为 500 万元。年度内超出最高补贴额限额的，市农机局不再予以受理该购机者补贴申请。

（六）保障措施

（1）加强领导，密切配合。市农机局、财政局把农机购置补贴政策实施作为实施乡村振兴战略，加快农业机械化、农业农村现代化发展步伐的重要战略措施来抓，切实加强组织领导，明确职责分工，密切沟通配合，凝聚工作合力。要加强补贴工作业务培训，组织开展廉政警示教育，不断提高补贴工作人员业务素质和工作能力。

市农机局、财政局在市政府领导下，主要负责组织实施农机购置补贴政策，认真做好补贴资金需求摸底、补贴对象确认、补贴机具核实、补贴资金兑付、违规行为处理等工作。重大事项需提交寿光市农机购置补贴领导小组集体研究决定，并上报市级农机、财政部门备案。寿光市农机购置补贴领导小组原则上应邀请监察、审计部门负责人员参加。

市农机局、财政局要把资金落实和结算兑付工作放到突出位置。补贴工作启动实施后，市农机局至少要按月提交相关资料，市财政局至少按月组织兑付和结算工作，确保补贴资金及时落实和兑付到位。补贴资金落实和结算工作应于 12 月中旬前完成。如寿光市补贴资金出现供求不平衡，市农机局、财政局应于每年 10 月 15 日前向潍坊市农机局、潍坊市财政局提出调剂申请。

（2）规范操作，高效服务。我市使用农机购置补贴辅助管理系统现场办理农机购置补贴申请受理工作，并在全市范围内推广使用手机 APP 开展补贴申请、机具核验，同时鼓励探索补贴机具“二维码”识别管理，提高政策实施信息化水平。

市农机局充分利用信息化手段，切实加快补贴申请受理、资格审核、机具核验、受益公示等工作。在购机集中地开展集中受理申请、核实登记等“一站式”服务。补贴申领有效期原则上当年有效。因当年财政补贴资金规模不够、办理手续时间紧张等无法享受补贴的，可在下一个年度优先办理补贴。补贴流程和补贴标准等按照受理补贴申请时的补贴政策执行。

细化完善补贴机具核验流程，重点加强对大中型机具的核验和单人多台套、短期内大批

量等异常申请补贴情形的监管，积极探索实行购机真实性承诺、受益信息实时公开和事后抽查核验相结合的补贴机具监管方式。

（3）公开信息，接受监督。进一步加强政策宣传，扩大社会公众知晓度，激发和调动农民群众购机用机积极性。要在省级统建农机购置补贴信息公开专栏中全面公开实施方案、补贴额一览表、操作程序、补贴机具信息表、投诉咨询方式、违规查处结果等信息，实时公开补贴资金使用进度。将农机购置补贴工作中的好经验、好做法和违规查处情况要及时报送市农机局，实现潍坊市域内信息共享和政策联动。

在年度补贴工作结束后，在次年 3 月底前市农机局、财政局以联合公告的形式将所有享受补贴的购机者信息及落实情况在政府或农业（农机）、财政部门网站或省级统建农机购置补贴信息公开专栏上公布。

（4）加强监管，严惩违规。全面建立农机购置补贴工作内部控制规程，规范业务流程，明晰岗位职责，强化监督制约。充分发挥专家和第三方作用，加强督导评估，强化补贴政策实施全程监管。加强购机者信息保护，配合相关部门严厉打击窃取、倒卖、泄露补贴信息和电信诈骗等不法行为。

严格规范补贴实施主体，严禁以任何方式授予补贴机具产销企业进入农机购置补贴辅助管理系统办理补贴申请的具体操作权限，严禁补贴机具产销企业代替购机者到农机部门办理补贴申请手续。

全面贯彻落实《农业部办公厅财政部办公厅关于印发〈农业机械购置补贴产品违规经营行为处理办法（试行）〉的通知》（农办财〔2017〕26 号）和《省农机局、省财政厅关于印发〈山东省农业机械购置补贴产品违规经营行为处理细则（试行）〉的通知》（鲁农机计字〔2017〕25 号）精神，进一步明确工作流程，细化工作措施，加大违规行为查处力度。同时，结合农业部黑名单制度建设，进一步推进省际联动联查，严处失信违规主体。

强化放管服推进力度，将补贴产品比例异常控制和涉嫌违规产品封闭暂停权限，扩大至市、县农机部门实施，进一步增强市县补贴监管自主权和处置时效性。

（5）搞好总结。市农机局、财政局认真搞好补贴工作总结和绩效考评工作，及时总结经验、查找并解决存在问题。寿光市上半年和全年总结应分别于 6 月 10 日、11 月 20 日前报送潍坊市农机局、市财政局。严格按照农机购置补贴政策落实延伸绩效管理工作有关要求，认真完成各项任务指标。

三、寿光市新建园区水肥一体化技术推广实施方案

为了加快推广水肥一体化技术、创建节肥节水型农业，根据山东省委、省政府办公厅印发《关于加快发展节水农业和水肥一体化的意见》（鲁办发〔2016〕41 号）和潍坊市委、市政府办公室《关于加快发展节水农业和水肥一体化的实施意见》（潍办发〔2017〕25 号），结合我市灾后新建园区实际，制定本方案。

（一）重要意义

我市水资源严重缺乏，农业节水灌溉面积比重偏低，农业用水效率不高，地下水超采严重。水肥一体化技术，既节水节肥、省工省力，又提高水肥利用效率、提高农产品质量，是转变农业发展方式、培育农业新动能的有效途径，是实现资源永续利用和绿色发展的必然选择。同时，发展水肥一体化技术还是控制化肥过量使用、实现“十三五”规划化肥使用零增长目标的重要措施。

（二）基本原则和目标任务

（1）基本原则。一是政府引导，市场带动。发挥市场导向作用，以企业为主体，吸引群众广泛参与，共同推进。二是产业引领，创新驱动。把握国内外节水节肥装备发展趋势，提高自主创新能力和装备技术水平，推动产业升级，增强市场竞争力。

（2）目标任务。2019 年，对全市 18 个重点蔬菜园区、清水泊农场高端蔬菜园区和稻田崔西众旺蔬菜园区蔬菜种植全部实施水肥一体化技术，农田灌溉用水总量和化肥使用量实现零增长，化肥利用率提高 10%以上。

（三）推广方案

1. 补贴范围

全市 18 个重点蔬菜园区、清水泊农场高端蔬菜园区和稻田崔西众旺蔬菜园区。

2. 补贴额度及实施单位

水肥一体化技术推广补贴额 400 万元，其中 364 万元用于推广补贴，36 万元用于培训、实验示范以及数量的核定等费用，由寿光农业发展集团组织实施。

3. 补贴方式

（1）对通过公开招标水肥一体化设备的园区按照中标价补贴，200～500 亩补贴比例为 50%，500 亩以上补贴比例为 60%。

（2）对园区自主安装水肥一体化设备：

1）安装自动施肥系统的：每台自动施肥系统控制净种面积大于 3 亩的（含 3 亩），按照每亩 2000 元的标准补助；净种面积小于 3 亩的，按照每亩 2500 元的标准补助。

2）未安装自动施肥系统的，按照净种面积每亩 1000 元标准补助。

4. 补贴程序

（1）托专业的中介机构进行价格和数量的核实工作。

（2）设备安装前填好《寿光市水肥一体化推广管理台账》。

（3）中介机构现场勘查并 GPS 定位，填写《寿光市水肥一体化推广管理台账》，然后进行设备安装。

（4）所有大棚安装结束后（原则上自申请之日起不超过 6 个月），在园区内公示 5 天。

（5）公示结束后，中介机构进行现场验收和设备价格核定，并在《寿光市水肥一体化推广管理台账》签字盖章确认。

（6）补贴资金下达到市农发集团，各园区使用 3 个月并且无质量问题后，补贴资金发放到安装企业。

5. 设备补贴范围

（1）过滤器、水表和压力表等设备。

（2）施肥系统（施肥机）。

（3）设备和管道补贴范围只限于大棚内部分。

（四）运行管理措施

设备安装企业必须保证产品质量，管道保质期不低于 1 年，施肥系统保质期不低于 3 年，对因设备问题造成的损失安装企业负全责，安装企业不得强制农户施用本企业所推荐的其他配套产品。对虚报、多报问题一经查实，取消该公司该年度所有补贴，并纳入后期推广黑名单，确保财政资金的安全。

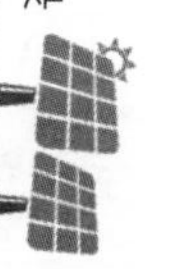

附录　乡村电气化设备（技术）推广目录

乡村电气化设备（技术）推广目录

推广领域	应用场所	设备/技术名称	替代对象	参考设备							建议投资模式
				厂家	型号	总容量	输出功率	额定电压	预估价格	样图	
一、农业生产	（一）电气化大棚	1. 电动通风机	人工	明基物联 OEM	MJZDFF－03	一拖三	1500～2000W	220V	6000 元/套		客户投资
		2. 电动卷帘机	人工	阳谷县鑫园农业机械有限公司	XY－L01		1.6kW	220V	1800 元/套		客户投资
		3. 电动喷淋机	人工	邯郸市邯山区普农温室设备经营部	PN2019－008		0.25～0.75kW		4600 元/套		客户投资
		4. 电补光设备	—	明基物联 OEM	MHK－PG－36W		每盏 36W	220V	180 元		客户投资
		5. 电动控温设备	人工	青州市旺达温控设备厂	WD－10kW		10kW		1500 元/台		客户投资
		6. 水肥一体机	人工	寿光坤阳自动化科技有限公司	KY－JC		1.5kW	220V/380V	9500 元/套		客户投资
		7. 智慧能源服务平台	—	省综合能源公司	—	—	—	—	—	—	公司投资
		8. 智能储肥控制系统	人工	明基物联	MJZNCF－08	8 路输出	每路三相输出：2.2kW 每路 24V 输出：30W 总功率：11kW	380V	7800 元/台		客户投资

续表

推广领域	应用场所	设备/技术名称	替代对象	参考设备							建议投资模式
				厂家	型号	总容量	输出功率	额定电压	预估价格	样图	
一、农业生产	（一）电气化大棚	9. 恒压供水系统	人工	明基物联	MJHYGS－01	1路泵控制	11～18kW不等	380V	7800～16 800元/台		客户投资
	（二）木材电烘干	1. 电烘干机	燃煤、秸秆等	潍坊千杰机电设备有限公司	QAG－300p－3380－15A		3～100kW		4000元/套		客户投资
		2. 木材烘烤房	燃煤、秸秆等	临朐县宏顺机械设备厂	HS系列		6kW		2.7万元/套		客户投资
		3. 微波干燥机	燃煤、秸秆等	东莞市华青微波设备制造有限公司	HQMW－T36		36kW		8万元/套		客户投资
		4. 智慧能源服务平台	—	省综合能源公司	—	—	—	—	—	—	公司投资
	（三）粮食电烘干	1. 粮食电烘干机	燃煤、燃油、秸秆、人工晾晒等	济南华中干燥设备有限公司			22kW		5.5万/台（NW－100）		客户/第三方投资
		2. 空气源热泵	燃煤、燃油、秸秆、人工晾晒等	浙江群邦工贸有限公司	JKF－30HG		9.2kW		5.1万元/台（10P分体机） 9万元/台（10P一体机）		客户/第三方投资
	（四）电气化畜牧养殖	1. 电保温设备	人工	山东迈威温控设备有限公司	MW－5kW，MW－10kW，MW－20kW，MW－30kW，MW－40kW		5～40kW		1100～4500元/套		客户投资
		2. 电循环风设备	人工	青州市华亿温控设备有限公司	1100#		0.37～1.5kW	380V	600～980元/个		客户投资

续表

推广领域	应用场所	设备/技术名称	替代对象	参考设备							建议投资模式
				厂家	型号	总容量	输出功率	额定电压	预估价格	样图	
一、农业生产	（四）电气化畜牧养殖	3. 电孵化	人工	德州市德城区钜诺畜牧机械有限公司			1.2～6kW		4000 元/台		客户投资
		4. 电气化喂养	人工	莱州市全顺机械有限公司	24		1.5kW		4000 元/台		客户投资
		5. 自动集蛋	人工	河南金凤牧业设备股份有限公司	五层层叠式				25 000 元/台		客户投资
		6. 自动清粪	人工	郑州浩聚机械设备有限公司	897 一拖三				3600 元/台		客户投资
		7. 自动挤奶	人工	河北景县瑞盛源橡塑牧械装配有限公司	HL－JN01		0.75kW	220/50Hz	3000 元/台		客户投资
		8. 智慧能源服务平台	—	省综合能源公司	—	—	—	—	—		公司投资
	（五）电气化水产养殖	1. 电动增氧机	柴油、瓶装氧气	江苏金湖金龙祥机械有限公司	ZY3G1		3kW	380V	1400 元/套		客户投资
		2. 电动热锅炉	煤加热	上海安尚锅炉有限公司	CLDR0.05－85/60		50kW	380V	1.7 万元/套		客户投资
		3. 循环水泵	柴油	广州蓝灵水产科技有限公司	ATP－150		1.1kW	220～240V	1050 元/套		客户投资
		4. 智慧能源服务平台	—	省综合能源公司	—	—	—	—	—	—	公司投资
		5. 海水源热泵	燃油、燃煤、燃气	盾安环境	RSL1190M	219kW	1400kW	380V	60 万元/台		

续表

推广领域	应用场所	设备/技术名称	替代对象	参考设备							建议投资模式
				厂家	型号	总容量	输出功率	额定电压	预估价格	样图	
一、农业生产	（六）电气化农业科技创新基地	内部育种、种植、养殖和农产品生产、加工、存储等设备电气化，具体参照（一）至（四）类	—								客户/第三方投资
	（七）电灌溉	1. 电水泵	燃油水泵	台州益农机械有限公司	DSU－80		3kW	220V	950 元/台		客户投资
		2. 智慧能源服务平台	—	省综合能源公司	—	—	—	—	—	—	公司投资
	（八）其他	1. 电动除草机	燃油、人工	绍兴哈玛匠机械有限公司	KH－10				3800 元/台		客户投资
		2. 锂电链锯	燃油、人工	东莞市瑞宝五金有限公司	DUC122Z 裸机 4.5 寸			18V	2400 元/台		客户投资
		3. 锂电高枝机	燃油、人工	上海苏隆实业有限公司	富世华 536LiP4			36V	3850 元/台		客户投资
		4. 电动喷药机	燃油、人工	潍坊摩通机械制造有限公司	ULV－18			220V/50Hz	350 元/台		客户投资
		5. 电动耕种机	燃油、人工	深圳市鑫聚诚机械设备有限公	FUJ－STJ－150A				400 元/台		客户投资
		6. 电动插秧机	燃油、人工	济宁晨畅机械设备有限公司	cc－1				3000 元/台		客户投资
		7. 电动收割机	燃油、人工	山东德欧重工机械有限公司	TNS－4S－120 型割晒机		1.2kW		3500 元/台		客户投资

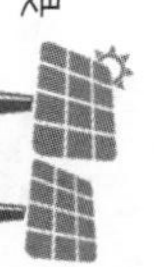

续表

推广领域	应用场所	设备/技术名称	替代对象	参考设备							建议投资模式
				厂家	型号	总容量	输出功率	额定电压	预估价格	样图	
一、农业生产	（八）其他	8. 电动施肥机	燃油、人工	山东圆农自动化控制设备有限公司	YN－BX			12/48V	4500 元/台		客户投资
		9. 电动翻土机	燃油、人工	济宁晨畅机械设备有限公司	cc－8				3800 元/台		客户投资
		10. 电动农用车	燃油	强云机械制造厂			1.5kW		7500 元/辆		
二、乡村产业	（一）电制茶	1. 杀青机	人工	济宁青科机械有限公司	qk－8		13kW	380V	9500 元/台		客户投资
		2. 揉捻机	人工	浙江武义增荣茶机厂	6CR－55 型		2.2kW	220V	8000 元/台		客户投资
		3. 烘干机	燃煤、燃气烘干	济宁青科机械有限公司	qk－385－k		2.2kW	220V	2500 元/台		客户投资
		4. 速包机	人工	安溪县南丹机械厂	21		3.7kW	380V	5000 元/台		客户投资
				佛山市榄田智能包装设备有限公司	ZV－320B		2.2kW	220V	2.3 万元/台		客户投资
		5. 茶叶储藏冷库	人工	上海冰贺制冷设备有限公司	1k		3kW		1.75 万（$10m^3$），1.85 万（$15m^3$），2 万（$20m^3$）		客户投资
		6. 连续化加工成套设备	人工	杭州千岛湖丰凯实业有限公司	丰凯牌 6CCB－22b				100 万元/套		客户/第三方投资
		7. 智慧能源服务平台	—	省综合能源公司	—	—	—	—	—	—	公司投资

续表

推广领域	应用场所	设备/技术名称	替代对象	参考设备							建议投资模式
				厂家	型号	总容量	输出功率	额定电压	预估价格	样图	
二、乡村产业	（二）电烤烟	1. 空气源热泵	燃煤、秸秆等	广州易科热泵烘干设备科技有限公司			3～12kW		8.5 万元/台		客户投资
		2. 鼓风机	人工	华大	华大 750	50kVA	0.75kW	220V	500 元/个		客户投资
		3. 智慧能源服务平台	—	省综合能源公司	—	—	—	—	—		公司投资
	（三）全电景区	1. 电动观光车	燃油、燃气	梁玉玺清洁产品有限公司	T600XL		4kW	48V	4.5 万元/辆		客户投资
				德州华瑞驰达新能源车辆制造有限公司	HRCD－GD14		5kW		4 万元/辆		客户投资
		2. 电动观光游船	燃油、燃气	常州市金迪游艇有限公司	K380				6200 元/艘		客户投资
		3. 电采暖	燃油、燃气	山东江汉中央空调有限公司	LSG（水源热泵）		40kW		3.5 万/台		客户投资
		4. 电烹饪	燃油、燃气	中山市舒华电器有限公司	双炒单尾电磁灶		6.5～25kW×2		8000～20 000 元/台		客户投资
		5. 电磁炉	—	杭州九阳生活电器有限公司	C22－L2D		2200W	220W	280.25 元/台		
				广东尚朋堂电器有限公司	YS－IC2372TE		2300W		710.79 元/台		

续表

推广领域	应用场所	设备/技术名称	替代对象	参考设备							建议投资模式
				厂家	型号	总容量	输出功率	额定电压	预估价格	样图	
二、乡村产业	（三）全电景区	6. 电蓄冷空调	—	上海桐硕冷暖设备工程有限公司	海尔 RFC180（560）MXS				1.5 万元/台		客户投资
		7. 空调	—	珠海格力电器股份有限公司	KFR－35GW/(35592) FNhAa－A3			220V	3533.05 元/台		
				珠海格力电器股份有限公司	KFR－35GW/(35570) Ga－3			220V	2950.7 元/台		
				青岛海尔股份有限公司	KFR－35GW/16QAB 21AU1 1.5 匹			220V	4050.8 元/台		
		8. 智慧能源服务平台	—	省综合能源公司	—	—	—	—	—	—	公司投资
	（四）全电民宿	1. 电采暖	燃油、燃气	山东江汉中央空调有限公司	LSW（空气源热泵）制冷、供暖均可		21kW		3 万元/台		客户投资
		2. 电制冷	—	山东瑞兴中央空调设备有限公司	RX0032		1.5kW		2.5 万元/台		客户投资
		3. 电厨具	燃油、燃气	中山市英海达电器有限公司	YHD－35PA		3.5kW	220V	1500 元/台		客户投资
		4. 电热水器	燃气	海尔	EC6002－D6（U1）		2kW	220V	1500 元/台		客户投资
		5. 即热式热水器	燃气	上海德凌电器有限公司	DTR/503H		8500W	220V	5696 元/台		
		6. 智慧能源服务平台	—	省综合能源公司	—	—	—	—	—	—	公司投资

续表

推广领域	应用场所	设备/技术名称	替代对象	参考设备							建议投资模式
				厂家	型号	总容量	输出功率	额定电压	预估价格	样图	
二、乡村产业	（五）果蔬加工仓储	1. 电净菜机	人工	广州市光之尊电子科技有限公司	A01		60W	220V	6000 元/台		客户投资
		2. 电烘干机	燃煤、秸秆等	济南华中干燥设备有限公司	HZ－S50		40kW		4.2 万元/台		客户投资
		3. 电动叉车	燃油、燃气	昆山奕华靖机械设备有限公司	EPT20－15ET2		0.65～0.84kW		7800 元/台		客户投资
		4. 电动分拣、包装机	人工	广州市圣天机械有限公司	ST－LGFX1		3kW	220/380V	6 万元/台		客户投资
				佛山市伟海诚智能设备有限公司	SK－450		2.5kW	220V	5.5 万元/台		客户投资
		5. 冷库仓储	—	常州安能制冷设备有限公司			4kW		2.6 万元/台		客户投资
		6. 智慧能源服务平台	—	省综合能源公司	—	—	—	—	—	—	公司投资
	（六）水产加工仓储（鱼、虾、紫菜、海带等）	1. 空气能热泵烘干机	人工晾晒	山东派菲克工业装备有限公司	PFK－5/PFK－10		7kW		3 万元/台（PFK－5），6 万元/台（PFK－10）		客户/第三方投资
		2. 空气能热泵烘干房	人工晾晒	河南蓝天机械制造有限公司	LT－HCPHGJ		7.5kW		6 万元/台		客户/第三方投资

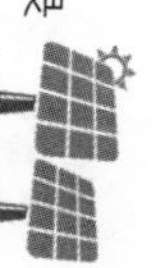

续表

推广领域	应用场所	设备/技术名称	替代对象	参考设备							建议投资模式
				厂家	型号	总容量	输出功率	额定电压	预估价格	样图	
三、农村生活	（一）绿色出行	1. 直流充电桩	—	爱普拉新能源有限公司	EVSED60A－1Q				36 500 元/台		客户/公司投资
				天津圣纳科技有限公司					52 000 元/台		
				青岛华烁高科新能源技术有限公司					17 403 元/台		
		2. 交流充电桩	—	深圳市伟创鑫电子有限公司	JSAC22032A－X				2000 元/台		客户/公司投资
				上海一电集团有限公司	YDJ25－A－32A/200V				3600 元/台		
		3. 电动汽车	燃油、燃气	上汽通用五菱	宝骏 E100	24kWh			4.98 万元/辆		客户投资
				北汽新能源	北汽新能源 EU 2018 款 EU 快换乐途版	45kWh			12.98 万元/辆		客户投资
				比亚迪	比亚迪 E6				厂商指导价 36.98 万元/辆		
		4. 储能电池	—	南都电源	铅碳电池				0.5～0.7 元/kWh		客户投资
				汉能储能电源					1599 元		
		5. 车联网系统	—								公司投资
	（二）智慧家庭	1. 扫地机器人	—	宁波克林斯曼智能科技有限公司	KRV210				500 元/台		客户投资
				长虹	C1－L075A				799 元/台		
				海尔、美的、科沃斯等					599～3676 元/台		

续表

推广领域	应用场所	设备/技术名称	替代对象	参考设备							建议投资模式
				厂家	型号	总容量	输出功率	额定电压	预估价格	样图	
三、农村生活	（二）智慧家庭	2. 桶式吸尘器	—	莱克（LEXY）	莱克（LEXY）CW1002		1000W	220V	806.55 元/台		
		3. 手持立式吸尘器	—	莱克（LEXY）	莱克（LEXY）SPD503－3		380W	220V	3794.49 元/台		
		4. 空气净化器	—	飞利浦（PHILIPS）	AC5655		50～60Hz	220V	4749 元/台		
		5. 遥控落地扇	—	艾美特（Airmate）	FS4093R 3 档		60W	220V	288.04 元/台		
		6. 空气循环扇	—	艾美特（Airmate）	FB2319DR 32 档		35W	220V	960.07 元/台		
		7. 单冷风扇	—	海伦宝（Helenbo）	HLB－08A		100W	220V	892.81 元/台		
		8. 电热水壶	—	九阳（Joyoung）	K17－D07	1.7L	1000W		450.58 元/台		
			—	飞利浦（Philips）	HD9312/00		1800W		356.53 元/台		
		9. 智能插座	—	公牛电器	GNV－YU115W 智能魔方无线插座			250V～	80 元/个		客户投资
			—	公牛电器					174～459 元/个		

续表

推广领域	应用场所	设备/技术名称	替代对象	参考设备							建议投资模式
				厂家	型号	总容量	输出功率	额定电压	预估价格	样图	
三、农村生活	（二）智慧家庭	10. 电烤箱	—	深圳市康佳智能电器科技有限公司	KAO－1208（电烤箱）		1050W	220V	100 元/台		客户投资
				小熊	DKX－A09A1		800W	220V	329 元/台		
		11. 空气炸锅	—	慈溪市君晟达商贸有限公司	MS289（智能无油空气炸锅）		1200W	220V	200 元/台		客户投资
				九阳	KL20－J71		800W	220V	499 元/台		
		12. 电磁炉	—	美的	WH2202S（电磁炉）		2200W	220V	200 元/台		客户投资
				奔腾等	CH2001		2000W	220V	299 元/台		
				海尔等	CH21－H1107		2100W	220V	299 元/台		
		13. 微波炉	—	美的	M1－L213B/211A（微波炉）		1150W	220V	300 元/台		客户投资
				美的等	M1－201A				379 元/台		
		14. 电饭煲	—	九阳	F－50FZ810（电饭煲）		860W	220V	200 元/台		客户投资
				奔腾、美的、长虹等	FJ401				229 元/台		
				美的（Midea）	FS165		350W	220V	334.59 元/台		

续表

推广领域	应用场所	设备/技术名称	替代对象	参考设备							建议投资模式
				厂家	型号	总容量	输出功率	额定电压	预估价格	样图	
三、农村生活	（二）智慧家庭	14. 电饭煲	—	美的（Midea）	HF50C1－FS		1250W	220V	660.25 元/台		客户投资
				美的（Midea）	HF40C1－FS		1250W	220V	525.35 元/台		
		15. 抽油烟机	—	华帝	i11083（抽油烟机）		242W	220V	3200 元/台		
				海尔、美的等	CXW－200－IC7201				799～3599 元/台		
		16. 智慧能源服务平台	—	省综合能源公司	—	—	—	—	—	—	公司投资
	（三）电采暖	1. 碳晶采暖	燃煤、燃气、秸秆等	山东得象电器科技有限公司	DXD220－80/60－400		400W	220V	400 元/片		客户/第三方投资
				博宇融通			400W	220V	560 元/片		
		2. 发热电缆采暖	燃煤、燃气、秸秆等	山东子都新能源科技有限公司	24K－3				28 元/根		客户/第三方投资
		3. 电热膜采暖	燃煤、燃气、秸秆等	广东暖丰电热科技有限公司	NF－360 型		6.5kW	220V	200 元/m^2		客户/第三方投资
		4. 地源/空气源/水源热泵采暖	燃煤、燃气、秸秆等	宁波德业变频技术有限公司	DRFC－40GW/BPDC－B		制冷：1.25kW；制热：1.74kW	220V	6300 元/台		客户/第三方投资

续表

推广领域	应用场所	设备/技术名称	替代对象	参考设备							建议投资模式
				厂家	型号	总容量	输出功率	额定电压	预估价格	样图	
三、农村生活	（三）电采暖	5. 电（蓄热）锅炉采暖	燃煤、燃气、秸秆等	廊坊国锐电伴热有限公司	A001		15kW	220V	2000 元/台		客户/第三方投资
			燃煤、燃气、秸秆等	济宁益群节能取暖设备有限公司			1.1kW	220V	700 元/台		客户/第三方投资
				美的	NDK18－15G		1800W	220V	459 元/台		
		6. 智慧能源服务平台	—	省综合能源公司	—	—	—	—	—	—	公司投资
	（四）其他	室外取暖照明一体机	燃油、燃气、燃煤	浙江添歌电器有限公司	RKJ－30		3kW		500 元/台		客户投资
四、供电服务	（一）智慧台区	1. 用采系统应用	—	—							公司投资
		2. 配电网智能终端	—	—							公司投资
	（二）分布式光伏服务	1. 光伏云网系统	—	—							公司投资
		2. 储能电池	—	南都电源	铅碳电池				0.5～0.7 元/kWh		客户/第三方投资
	（三）“网上国网”应用	1. 移动作业终端应用	—	—							公司投资
		2.“掌上电力”APP	—	—							公司投资
		3. 新零售	—	—							公司投资
		4. 大数据分析	—	—							公司投资

参 考 文 献

[1] 田宜水. 2015 年中国农村能源发展现状与展望 [J]. 中国能源，2016，38（7）：25－29.

[2] 周中仁，王效华，陈群，等. 北方小康农村家庭能源消费结构演变研究——以山东省桓台县为例 [J]. 农业工程学报，2007，23（3）：192－197.

[3] 李光全，聂华林，杨艳丽. 中国农村生活能源消费的区域差异及影响因素[J]. 山西财经大学学报，2010，32（2）：68－73.

[4] 岳立，杨帆. 新常态下中国能源供给侧改革的路径探析—基于产能、结构和消费模式的视角 [J]. 经济问题，2016，38（10）：1－6.

[5] Mu H，Kondou Y，Tonooka Y，et al. Grey relative analysis and future prediction on rural household biofurels consumption in China [J]. Fuel Processing Technology，2004，85（8）：1231－1248.

[6] Rabago K R. Building a Better Future：Why Public Support for Renewable Energy Makes Sense[J]. Spectrum Journal of State Government，1998，71:22－25.

[7] 王卫忠. 面向物联网应用的电能信息采集终端研究与设计 [D]. 广东工业大学，2013.

[8] 朱效章. 美国的农村电气化 [J]. 小水电，2005，22（6）：5－6.

[9] 朱效章. 国外农村电气化的经济分析与实施途径 [J]. 小水电，2008，25（2）：1－6.

[10] 袁素. C3loT：物联网平台“独角兽”初长成 [J]. 能源评论，2019，11（5）：28－29.

[11] 乔琦. 电能替代为乡村电气化加速 [J]. 中国电力企业管理，2019，37（17）：19－20.

[12] 王川，郭峰，夏荣珍. 应用电力物联网 提升农村客户满意度 [J]. 农村电工，2019，27（05）：3.

[13] 张治新，陆青，张世翔. 国内综合能源服务发展趋势与策略研究 [J]. 浙江电力，2019，38（02）：4－9.

[14] 朱兴荣. 基于物联网技术的湖南“智慧农业”发展对策研究 [J]. 农村经济与科技，2013（12）：28－30.

[15] 洪博文，冯凯辉，穆云飞，董晓红，等. 农村分布式可再生能源利用模式与应用 [J]. 中国电力，2019（11）：1－5.

[16] 倪金颖. 电能替代项目效益评价指标与方法研究 [D]. 天津工业大学，2019.

[17] 陈永权，王雄飞. 基于模糊层次分析法的我国电气化水平综合评价 [J]. 电力经济，2019，47（7）：24－28.

[18] 刘红霞. 满城县新农村电气化工程技术经济评价 [D]. 华北电力大学，2013.